PhoneGap
从入门到精通

巅峰卓越 编著

人民邮电出版社

北京

图书在版编目（ＣＩＰ）数据

PhoneGap从入门到精通 / 巅峰卓越编著. -- 北京：
人民邮电出版社，2017.1（2018.3重印）
ISBN 978-7-115-41466-3

Ⅰ. ①P… Ⅱ. ①巅… Ⅲ. ①移动电话机—应用程序
—程序设计 Ⅳ. ①TN929.53

中国版本图书馆CIP数据核字(2016)第006949号

内 容 提 要

本书以零基础讲解为宗旨，用实例引导读者学习，深入浅出地介绍了 PhoneGap 开发的相关知识和实战技能。

本书第 1 篇【基础知识】主要讲解 PhoneGap 的基础知识和移动 Web 开发的步骤等内容；第 2 篇【必备技术】主要讲解与 PhoneGap 开发相关的核心技术和工具，包括 HTML5、CSS、jQuery Mobile 及 PhoneGap 事件等内容；第 3 篇【核心内容】主要讲解应用、通知、设备、网络连接、加速计、地理位置、指南针、照相机、采集、媒体、通讯录、数据存储、文件操作及 PhoneGap 插件等内容：第 4 篇【综合实战】通过电话本管理系统和 RSS 订阅系统两个实战案例，介绍了完整的移动 Web 开发流程。

本书所附 DVD 光盘中，包含了与图书内容全程同步的教学录像。此外，还赠送了大量相关学习资料，以便读者扩展学习。

本书适合任何想学习 PhoneGap 开发的读者。无论是否从事计算机相关工作，是否接触过 PhoneGap，读者均可通过本书的学习快速掌握 PhoneGap 开发的方法和技巧。

◆ 编　　著　巅峰卓越
　　责任编辑　张　翼
　　责任印制　杨林杰

◆ 人民邮电出版社出版发行　　北京市丰台区成寿寺路 11 号
　　邮编　100164　电子邮件　315@ptpress.com.cn
　　网址　http://www.ptpress.com.cn
　　北京九州迅驰传媒文化有限公司印刷

◆ 开本：787×1092　1/16
　　印张：35
　　字数：1 021 千字　　　　　　　　2017 年 1 月第 1 版
　　印数：2 501-2 800 册　　　　　　2018 年 3 月北京第 2 次印刷

定价：79.80 元（附光盘）

读者服务热线：(010)81055410　印装质量热线：(010)81055316
反盗版热线：(010)81055315
广告经营许可证：京东工商广登字 20170147 号

序

　　国家 863 软件专业孵化器建设是"十五"初期由国家科技部推动、地方政府实施的一项重要的产业环境建设工作，围绕"推广应用 863 技术成果，孵化人、项目和企业"主题，在国家高技术发展研究计划（"863"计划）和地方政府支持下建立了服务软件产业发展的公共技术支撑平台体系。国家 863 软件孵化器各基地以"孵小扶强"为目标，在全国不同区域开展了形式多样的软件孵化工作，取得了较大的影响力和服务成效，特别是在软件人才培养方面，各基地做了许多有益探索。其中，设在郑州的国家"863"中部软件孵化器连续举办了四届青年软件设计大赛，引起了当地社会各界的广泛关注，并通过开展校企合作，以软件工程技术推广、软件国际化为背景，培养了一大批实用软件人才。

　　目前，我国大专院校每年都招收数以万计的计算机或者软件专业学生，这其中除了一部分毕业生继续深造攻读研究生学位之外，大多数都要直接走上工作岗位。许多学生在毕业后求职时，都面临着缺乏实际软件开发技能和经验的问题。解决这一问题，需要大专院校与企业界的密切合作，学校教学在注重基础的同时，应适当加强产业界当前主流技术的传授，产业界也可将人才培养、人才发现工作前置到学校教学活动中。国家"863"软件专业孵化器与大学、企业都有广泛合作，在开展校企合作、培养软件人才方面具有得天独厚的条件。当然，做好这些工作还有许多问题需要研究和探索，如校企合作方式、培养模式、课程设计与教材体系等。

　　欣闻由国家 863 中部软件孵化器组织编写的"从入门到精通"丛书即将面市，内容除涵盖目前主流技术知识和开发工具之外，更融汇了其多年从事大学生软件职业技术教育的经验，可喜可贺。作为计算机软件研究和教学工作者，我衷心希望这套丛书的出版能够为广大青年学子提供切实有效的帮助，能够为我国软件人才培养做出新的贡献。

北京大学信息科学技术学院院长　梅宏

2010 年 3 月 12 日

前　言

本书是专门为初学者量身打造的一本编程学习用书，由知名计算机图书策划机构"巅峰卓越"精心策划而成。

本书主要面向 PhoneGap 的初学者和爱好者，旨在帮助读者掌握 PhoneGap 的基础知识，了解开发技巧并积累一定的项目实战经验。

 ## 为什么要写这样一本书

荀子曰：不闻不若闻之，闻之不若见之，见之不若知之，知之不若行之。

实践对于学习的重要性由此可见一斑。纵观当前编程图书市场，理论知识与实践经验的脱节，是很多 PhoneGap 图书的写照。为了杜绝这一现象，本书立足于实践，从项目开发的实际需求入手，将理论知识与实际应用相结合。目标就是让初学者能够快速成长为初级程序员，并获得一定的项目开发经验，从而在职场中拥有一个高起点。

 ## PhoneGap 的最佳学习路线

本书总结了作者多年的教学实践经验，为读者设计了最佳的学习路线。

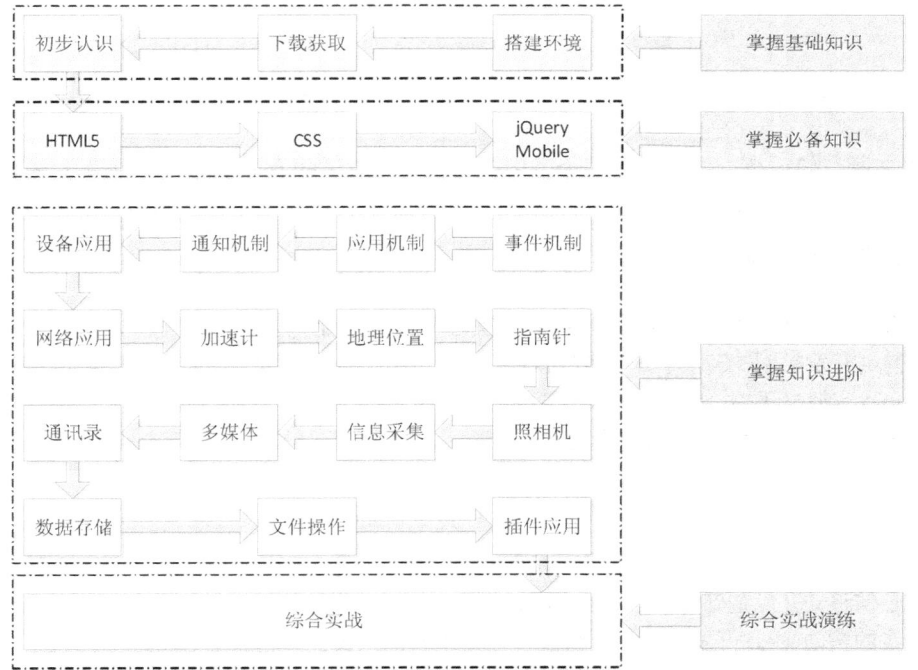

 **本书特色**

▶ **零基础、入门级的讲解**

无论读者是否从事计算机相关行业，是否接触过 PhoneGap，都能从本书中找到最佳起点。

▶ **超多、实用、专业的范例和项目**

本书彻底摒弃枯燥的理论和简单的说教，注重实用性和可操作性，结合实际工作中的范例，逐一讲解利用 PhoneGap 进行开发所需的各种知识和技术。最后，还以实际开发项目来总结本书所学内容，帮助读者在实战中掌握知识，轻松拥有项目经验。

▶ **随时检测自己的学习成果**

每章首页罗列了"本章要点"，以便读者明确学习方向。每章最后的"实战练习"则根据所在章的知识点精心设计而成，读者可以随时自我检测，巩固所学知识。

▶ **细致入微、贴心提示**

本书在讲解过程中使用了"提示""注意""技巧"等小栏目，帮助读者在学习过程中更清楚地理解基本概念，掌握相关操作，并轻松获取实战技能。

 **超值光盘**

▶ **9 小时全程同步教学录像**

涵盖本书所有知识点，详细讲解每个范例及项目的开发过程及关键点，帮助读者更轻松地掌握书中所有的 PhoneGap 知识。

▶ **超多王牌资源大放送**

赠送大量超值资源，包括 7 小时 HTML5 + CSS + JavaScript 实战教学录像、157 个 HTML+CSS+JavaScript 前端开发实例、571 个典型实战模块、184 个 Android 开发常见问题 / 实用技巧及注意事项、Android Studio 实战电子书、CSS3 从入门到精通电子书及案例代码、HTML5 从入门到精通电子书及案例代码，以及配套的教学用 PPT 课件等。

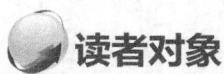 **读者对象**

▶没有任何移动开发基础的初学者和编程爱好者
▶有一定的移动 Web 开发基础，想精通 PhoneGap 的人员
▶有一定的 PhoneGap 开发基础，缺乏移动 Web 开发项目经验的从业者
▶大专院校及培训学校相关专业的老师和学生

光盘使用说明

01. 光盘运行后会首先播放带有背景音乐的光盘主界面，其中包括【配套源码】、【配套视频】、【配套 PPT】、【赠送资源】和【退出光盘】5 个功能按钮。

02. 单击【配套源码】按钮，可以进入本书源码文件夹，里面包含了"配套源码"和"实战练习"两个子文件夹，如下左图所示。

03. 单击【配套视频】按钮，可在打开的文件夹中看到本书的配套教学录像子文件夹，如下右图所示。

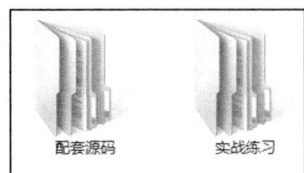

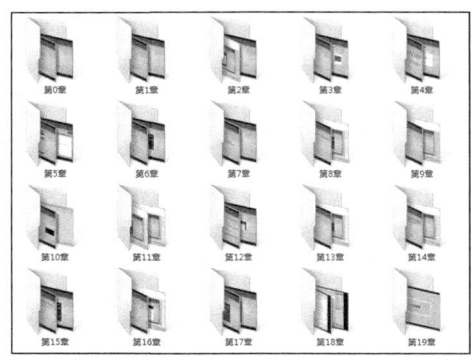

04. 单击【配套 PPT】按钮，可以查看本书的配套教学用 PPT 课件，如下左图所示。

05. 单击【赠送资源】按钮，可以查看本书赠送的超值学习资源，如下右图所示。

06. 单击【退出光盘】按钮，即可退出本光盘系统。

本书由巅峰卓越编著，参加资料整理的人员有周秀、付松柏、邓才兵、钟世礼、谭贞军、张加春、王教明、万春潮、郭慧玲、侯恩静、程娟、王文忠、陈强、何子夜、李天祥、周锐、朱桂英、张元亮、张韶青、秦丹枫等。

由于编者水平有限，纰漏和不尽如人意之处在所难免，诚请读者提出意见或建议，以便修订并使之更臻完善。若读者在学习过程中遇到困难或疑问，或有任何建议，可发送电子邮件至 zhangyi@ptpress.com.cn。

编者
2016 年 10 月

目　录

第 0 章　移动 Web 开发学习指南..1

 本章教学录像: 26 分钟

　　移动 Web 程序是指能够在智能手机、平板电脑、电子书阅读器等可移动设备中完整运行的 Web 程序。和传统桌面式 Web 程序相比,移动 Web 要求程序更加简单、高效,而且具备传统桌面 Web 程序所没有的硬件优势,例如 GPS 定位、传感器应用等。本章将简要介绍开发移动 Web 应用程序的基础知识,以便为读者步入本书后面知识的学习打下基础。

第 1 篇　基础知识

开启移动 Web 开发之门。

第 1 章　PhoneGap 基础..12

 本章教学录像: 31 分钟

　　PhoneGap 是基于 HTML、CSS 和 JavaScript 的技术,是一个创建跨平台移动应用程序的快速开发平台。PhoneGap 使开发者能够利用 iPhone、Android、Palm、Symbian、WP7、Bada 和 Blackberry 等智能手机的核心功能,包括地理定位、加速器、联系人、声音和振动等。此外 PhoneGap 拥有丰富的插件,可以以此扩展无限的功能。本章将详细讲解 PhoneGap 的基础知识,为读者步入本书后面知识的学习打下基础。

第 2 章　使用 PhoneGap 开发移动 Web 应用 23

本章教学录像：22 分钟

在充分了解 PhoneGap 的重要性和具体功能之后，本章将详细讲解使用 PhoneGap 开发移动 Web 应用程序的基础知识，以带领读者进入 PhoneGap 框架开发的学习阶段。

第2篇 必备技术

掌握必备技术，才能跨入移动 Web 开发的大门。

第3章 HTML5 技术初步...68

本章教学录像：42 分钟

HTML5 是文本标记语言 HTML 的最新版本，其提供了一些新的元素和属性。除了原先的 DOM 接口外，HTML5 还增加了更多 API。本章将详细讲解 HTML5 的基础知识，特别是新特性方面的知识。

第 4 章　CSS 基础 107

本章教学录像：40 分钟

　　CSS（层叠式样式表）是 Cascading Style Sheet 的缩写，中文名称为样式表，是 W3C 组织制定的、控制页面显示样式的标记语言。本章将详细讲解 CSS 技术的基础知识。

第 5 章　jQuery Mobile 基础 135

本章教学录像：37 分钟

jQuery Mobile 具有一些独一无二的重要特征。本章将讲解 jQuery Mobile 的基础语法知识和具体用法。

第6章　PhoneGap 事件详解 167

 本章教学录像：29 分钟

在 PhoneGap 开发应用中，事件是其他 PhoneGap API 的基础，在事件监听器中，包含了调用其他 API 的功能函数。本章将详细讲解 PhoneGap 所独有的事件列表，而不讨论传统网页元素所能触发的事件。

第3篇 核心内容

熟练掌握核心内容，才能真正参与移动 Web 开发。

第 9 章 地理位置 API 详解 255

本章教学录像：26 分钟

在现实应用中，很多智能手机都拥有 GPS 功能。PhoneGap 应用专门提供了地理位置 API 来实现 GPS 位置定位功能。本章将详细讲解地理位置 API 的相关知识。

第 10 章 指南针 API 详解................................ 277

 本章教学录像：19 分钟

在现实应用中，智能手机中的指南针功能可以确保我们在行程之中不会迷失方向。在 PhoneGap 应用中，专门提供了指南针 API 来实现方向定位功能。本章将详细讲解指南针 API 的相关知识和具体用法。

第 11 章 照相机 API 详解 297

 本章教学录像：27 分钟

很多智能手机都具有多媒体功能，例如相机、视频、音乐、录像等，以适应用户的需要。在 PhoneGap 应用中，专门提供了针对相机应用的 API，即 Camera。本章将详细讲解 Camera 的相关知识。

第12章 采集 API 详解................................317

本章教学录像：21 分钟

PhoneGap 相关应用专门提供了针对多媒体信息采集的 API，即 Capture。本章将详细讲解采集 API——Capture 的相关知识。

第13章 媒体 API 详解................................331

本章教学录像：20 分钟

PhoneGap 应用专门提供了针对多媒体应用的 API，即 Media。在本章的内容中，将详细讲解 Media 的相关知识。

第 14 章 通讯录 API 详解 359

本章教学录像：27 分钟

  在现实应用中，无论是智能手机还是非智能手机，都具有通讯录功能，通过通讯录能够快速找到联系人的信息。PhoneGap 应用专门提供了针对通讯录的 API，即 Contacts。本章将详细讲解通讯录 API 的相关知识。

第 15 章 数据存储 API 详解 389

本章教学录像：18 分钟

  在现实应用中，无论是智能手机还是非智能手机，都需要具备数据存储功能。通过此功能，多种信息可被存储为本地数据。PhoneGap 应用专门提供了实现数据存储应用的 API，即 Storage。本章将详细讲解 Storage 的相关知识。

第16章　文件操作 API 详解 407

本章教学录像：34 分钟

在 PhoneGap 应用中，文件 API 是 File，其提供了操作任意格式文件的功能，用于处理那些不适合数据库的用户场景。本章将详细讲解文件 API 的相关知识。

第 17 章　PhoneGap 的插件...441

 本章教学录像：20 分钟

　　在现实开发应用中，利用 PhoneGap 开发设计更加复杂的移动 Web 应用时，前面讲解的知识就难以胜任了，这时候我们可以尝试插件。本章将详细讲解 PhoneGap 插件的相关知识。

第 4 篇　综合实战

> 学以致用才是目的，只有掌握实际项目开发技能，才算真正成为移动
> Web 开发人员。

第 18 章　电话本管理系统... 476

 本章教学录像：16 分钟

　　经过本书前面内容的学习，读者已经掌握了使用 PhoneGap 框架开发移动 Web 程序的基础知识。在本章的内容中，我们将综合运用前面所学的知识，并结合使用 HTML5、CSS3 和 JavaScript 技术，开发一个在移动平台运行的电话本管理系统。希望读者认真阅读本章内容，仔细品味 HTML5+jQuery Mobile+PhoneGap

组合在移动 Web 开发领域的真谛。

第 19 章　RSS 订阅系统 493

 本章教学录像：13 分钟

RSS（Really Simple Syndication，简易信息聚合）是在线共享内容的一种简易方式，也叫聚合内容。通常在时效性比较强的内容上使用 RSS 订阅能更快速地获取信息，而网站提供 RSS 输出，有利于让用户获取网站内容的最新更新。本章综合运用前面所学的知识，详细讲解使用 HTML5、CSS3、jQuery Mobile 和 PhoneGap 等技术来开发一个 Web 版 RSS 订阅系统的方法。

 赠送资源（光盘中）

► 1. 7 小时 HTML5 + CSS + JavaScript 实战教学录像

► 2. 157 个 HTML+CSS+JavaScript 前端开发实例

► 3. 571 个典型实战模块

► 4. 184 个 Android 开发常见问题、实用技巧及注意事项

► 5. Android Studio 实战电子书

► 6. CSS3 从入门到精通电子书及案例代码

► 7. HTML5 从入门到精通电子书及案例代码

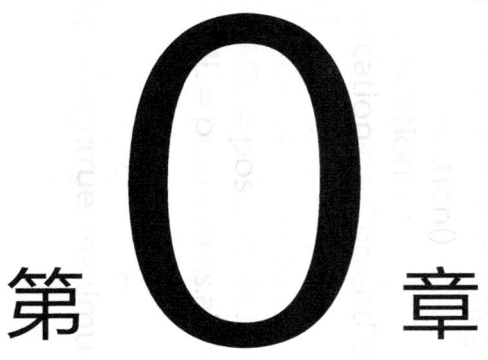

第 **0** 章

本章教学录像：26 分钟

移动 Web 开发学习指南

  移动 Web 程序是指能够在智能手机、平板电脑、电子书阅读器等可移动设备中完整运行的 Web 程序。和传统桌面式 Web 程序相比，移动 Web 要求程序更加简单、高效，而且具备传统桌面 Web 程序所没有的硬件优势，例如 GPS 定位、传感器应用等。本章将简要介绍开发移动 Web 应用程序的基础知识，以便为读者步入本书后面知识的学习打下基础。

本章要点（已掌握的在方框中打钩）

☐ Web 标准开发技术

☐ 移动 Web 开发概览

☐ 移动 Web 开发必备技术

☐ 移动 Web 学习路线图

☐ PhoneGap 学习路线图

0.1 Web 标准开发技术

 本节教学录像：5 分钟

自从互联网推出以来，因其强大的功能和娱乐性而深受广大浏览用户的青睐。随着硬件技术的发展和进步，各网络站点也纷纷采用不同的软件技术来实现不同的功能。这样，在互联网这个宽阔的舞台上，站点页面技术将变得更加成熟并稳定，将会推出更加绚丽的效果展现在广大用户面前。为了保证 Web 程序能够在不同设备中的不同浏览器中运行，国际标准化组织制定出了 Web 标准。顾名思义，Web 标准是所有站点在建设时必须遵循的一系列硬性规范。因为从页面构成来看，网页主要由 3 部分组成，分别为结构（Structure）、表现（Presentation）和行为（Behavior），所以对应的 Web 标准由这 3 方面构成。

0.1.1 结构化标准语言

当前使用的结构化标准语言是 HTML 和 XHTML，下面将简要介绍这两种语言。

❑ HTML

HTML 是 Hyper Text Markup Language（超文本标记语言）的缩写，是构成 Web 页面的主要元素，是用来表示网上信息的符号标记语言。通过 HTML，可以将所需要表达的信息按某种规则写成 HTML 文件，通过专用的浏览器来识别，并将这些 HTML 翻译成可以识别的信息。这就是所见到的网页。HTML 语言是网页制作的基础，是网页设计初学者必掌握的内容。

❑ XHTML

XHTML 是 Extensible Hyper Text Markup Language（可扩展超文本标记语言）的缩写，是根据在 XML 标准建立起来的标识语言，是由 HTML 向 XML 的过渡性语言。

0.1.2 表现性标准语言

目前的表现性语言是 CSS。CSS 是 Cascading Style Sheets（层叠样式表）的缩写。当前最新的 CSS 规范是 W3C 于 2001 年 5 月 23 日推出的 CSS3。通过 CSS 技术可以对网页进行布局，控制网页的表现形式。CSS 可以与 XHTML 语言相结合，实现页面表现和结构的完整分离，提高站点的使用性和维护效率。

0.1.3 行为标准

当前的行为标准是 DOM 和 ECMAScript。DOM 是 Document Object Model（文档对象模型）的缩写。根据 W3C DOM 规范，DOM 是一种与浏览器、平台和语言的接口，使得用户可以访问页面其他的标准组件。简单理解，DOM 解决了 Netscaped 的 Javascript 和 Microsoft 的 Jscript 之间的冲突，给予 Web 设计师和开发者一个标准的方法，让他们来访问他们站点中的数据、脚本和表现层对象。从本质上讲，DOM 是一种文档对象模型，是建立在网页和 Script 及程序语言之间的桥梁。

ECMAScript 是 ECMA（European Computer Manufacturers Association，欧洲计算机制造联合会）制定的标准脚本语言（JavaScript）。

上述 Web 标准间的相互关系如图 0-1 所示。

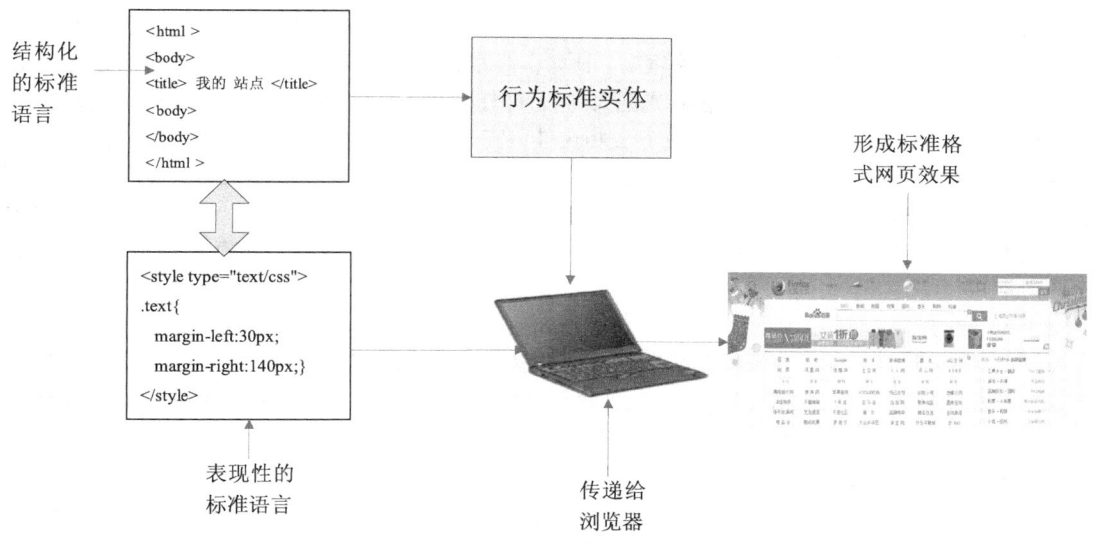

图 0-1　Web 标准结构关系图

上述标准大部分由 W3C 组织起草和发布，也有一些是其他标准组织制订的标准，比如 ECMA 的 ECMAScript 标准。

注　意　从上述内容中可以看出，Web 标准并不是某一技术的规范，而是构成页面三大要素的规范的集合体。只有充分了解上述标准，才能掌握其中的真谛。

0.2　移动 Web 开发概览

 本节教学录像：12 分钟

说起移动 Web 就不得不说传统桌面 Web。传统桌面 Web 是指在台式机和笔记本电脑中运行的 Web 程序。我们所说的 Web 通常也就是指桌面 Web。随着近年来智能手机和平板电脑等可移动设备的发展和兴起，人们纷纷在可移动设备中浏览网页。这就推动了移动 Web 技术的发展。在本节的内容中，将详细讲解主流移动平台和移动 Web 的基本特点。

0.2.1　主流移动平台介绍

在当今市面中有很多智能手机系统，但是最受大家的欢迎的当属微软、塞班、黑莓、苹果和 Android。在接下来的内容中，将对以上 5 个主流移动平台进行简要介绍。

（1）Symbian

Symbian 作为昔日智能手机的王者，在 2005 年至 2010 年曾一度独领风骚。那时，街上大大小小拿的很多都是诺基亚的 Symbian 手机，比如 N70、N73、N78、N97。诺基亚 N 系列曾经被称为"N= 无限大"的手机，其对硬件要求的水平底、操作简单、省电、软件资源多。

在国内软件开发市场内，基本每一个软件都会有对应的塞班手机版本。塞班开发之初的目标是要保证在较低资源的设备上能长时间稳定可靠的运行。这导致了塞班的应用程序开发有着较为陡峭的学习曲线，开发成本较高，但是程序的运行效率很高。比如，版本 5800 的 128M 的 RAM，后台可以同时保证10 个以上的程序操作流畅（多任务功能特别强大的），即使几天不关机它的剩余内存也可保持稳定。

由于对新兴的社交网络和 Web 2.0 内容支持欠佳，塞班占智能手机的市场份额日益萎缩。2010 年末，其市场占有量已被 Android 超过。自 2009 年底开始，包括摩托罗拉、三星电子、LG、索尼爱立信等各大厂商纷纷宣布终止塞班平台的研发，转而投入 Android 领域。2011 年初，诺基亚宣布将与微软成立战略联盟，推出基于 Windows Phone 的智能手机，从而在事实上放弃了经营多年的塞班，让塞班退市成为定局。

（2）Android

Android 一词最早出现于法国作家利尔亚当在 1886 年发表的科幻小说《未来夏娃》中。该书中将外表像人的机器起名为 Android。Android 机型数量庞大，简单易用，相当自由的系统能让厂商和客户轻松的定制各样的 ROM、桌面部件和主题风格。另外，简单而华丽的界面及能够方便地刷机也是不少Android 用户所津津乐道的事情。

Android 版本数量较多，市面上同时存在着 1.6、2.0、2.1、2.2、2.3 等各种版本的 Android 系统手机，而开发的应用软件对各版本系统的兼容性对程序开发人员是一种不小的挑战。同时由于开发门槛低，导致应用数量虽然很多，但是应用质量参差不齐，甚至出现不少恶意软件，导致一些用户受到损失。另外，Android 没有对各厂商在硬件上进行限制，导致一些用户在低端机型上体验不佳。此外，因为 Android 的应用主要使用 Java 语言开发，其运行效率和硬件消耗一直是其他手机用户所诟病的地方。

（3）iOS

iOS 作为苹果移动设备 iPhone 和 iPad 的操作系统，在 App Store 的推动之下，成为了世界上引领潮流的操作系统之一。原本这个系统名为 iPhone OS，直到 2010 年 6 月 7 日 WWDC（Apple Worldwide Developers Conference，苹果全球开发者大会）宣布改名为 iOS。iOS 的用户界面能够使用多点触控直接操作，其中，控制方法包括滑动、轻触开关及按键，与系统交互包括滑动（Swiping）、轻按（Tapping）、挤压（Pinching, 通常用于缩小）及反向挤压（Reverse Pinching or unpinching 通常用于放大）。此外，通过自带的加速器，iOS 可以令其旋转设备改变其 y 轴以令屏幕改变方向。这样的设计令 iPhone 更便于使用。

iOS 作为应用数量最多的移动设备操作系统，拥有优秀的系统设计和严格的 App Store，加上强大的硬件支持以及内置的 Siri 语音助手，让用户体验到了科技带来的好处。

（4）Windows Phone

早在 2004 年时，微软就开始以 "Photon" 的计划代号开始研发 Windows Mobile 的一个重要版本更新，但进度缓慢，最后整个计划都被取消了。直到 2008 年，在 iOS 和 Android 的冲击之下，微软才重新组织了 Windows Mobile 的小组，并继续开发一个新的行动操作系统。作为 Windows Mobile 的继承者，Windows Phone 把网络、个人电脑和手机的优势集于一身，让人们可以随时随地享受到想要的体验。内置的 Office 办公套件和 Outlook 使得办公更加有效和方便。

（5）Blackberry OS(黑莓)

Blackberry 系统，即黑莓系统，是加拿大 Research In Motion（简称 RIM）公司推出的一种无线手持邮件解决终端设备的操作系统，由 RIM 自主开发。和其他手机终端使用的 Symbian、Windows Mobile、ios 等操作系统有所不同，Blackberry 系统的加密性能更强，更安全。安装有 Blackberry 系统的黑莓机，指的不单单只是一台手机，而是由 RIM 公司所推出的包含服务器（邮件设定）、软件（操作接口）以及终端（手机）大类别的 Push Mail 实时电子邮件服务。

黑莓系统稳定性非常优秀，其独特定位也深得商务人士所青睐，可是也因此在大众市场上得不到优势，国内用户和应用资源也较少。

0.2.2 移动 Web 的特点

其实，移动 Web 和传统的 Web 并没有本质的区别，都需要 Web 标准制定的开发规范，都需要利用静态网页技术、脚本框架、样式修饰技术和程序联合打造出的应用程序。无论是开发传统桌面 Web 程序，还是移动 Web 应用程序，都需要利用 HTML、CSS、JavaScript 和动态 Web 开发技术（例如 PHP、JSP、ASP.NET）等技术。

移动 Web 是在传统的桌面 Web 的基础上，根据手持移动终端资源有限的特点，经过有针对性的优化，解决了移动终端资源少和 Web 浏览器性能差的问题。和传统 Web 相比，移动 Web 的主要特点如下。

（1）随时随地

因为智能手机和平板电脑等设备都是可移动设备，所以用户可以利用这些设备随时随地浏览运行的移动 Web 程序。

（2）位置感应

因为智能手机和平板电脑等可移动设备具备 GPS 定位功能，所以可以在这些设备中创建出具有定位功能的 Web 程序。

（3）传感器

因为智能手机和平板电脑等可移动设备中内置了很多传感器，例如温度传感器、加速度传感器、湿度传感器、气压传感器和方向传感器等，所以可以创造出气压计、湿度仪器等 Web 程序。

（4）量身定制的屏幕分辨率

因为市面中的智能手机和平板电脑等可移动设备的产品种类繁多，屏幕的大小和分辨率也不尽相同，所以在开发移动 Web 程序时，需要考虑不同屏幕分辨率的兼容性问题。

（5）高质量的照相和录音设备

因为智能手机和平板电脑等可移动设备具有摄像头和麦克风等硬件设备，所以可以开发出和硬件相结合的 Web 程序。

在当前 Web 设计应用中，移动 Web 的内容应当包括以下特点。

❑ 简短：设备越小，单次下载的内容就应当越简短。因此，在 iPad 或桌面电脑上可能一次性下载完的一个整页的文章，在功能手机上下载时应当分割为几部分下载，或仅仅下载标题。

❑ 直接：如果要在小型设备上迅速吸引读者的注意力，就需要将所有与主题无关的内容都应删除。

❑ 易用：在功能手机上单击返回键比填写表单要容易得多。因此要让移动内容，特别是针对小型设备的移动内容尽可能简单易用。

❑ 专注于用户需求：设备越小，越该注意仅向用户提供他们所需的最基本功能。另外，不要只考虑需要移除的内容，还应当考虑在页面上加入什么样的功能，以使移动用户的任务处理更为便捷。可以加入移动页面的功能包括以下几种。

● 回到首页链接：方便用户随时可以返回到首页。

● 电子邮件链接：加入链接让访问者可以将页面的某些部分邮寄给自己或其他人。这样做一方面推广了页面，另一方面由于在电脑上读取网站比在功能手机上简单得多，这样做可以提高移动用户的使用效率。

- 附加服务：加入 Mobilizer、Read It Later 以及 Instapaper 这类附加服务链接可以让移动用户将内容保存起来，并在方便的时候再进行阅读。

0.2.3 设计移动网站时需要考虑的问题

尽管移动设备的种类与日俱增，包括手机、平板电脑、网络电视设备甚至一些图像播放设备，但网页设计师们不应为移动网站设计迷茫。在为这些不同设备创建移动网站时，首先需要确保设计的网站能够适用于所有浏览器及操作系统，也就是说可以在尽量多的浏览器及操作系统中运行。除此之外，在为移动设备创建网站时，还需要考虑如下问题。

- ❑ 移动设备的屏幕尺寸和分辨率如何？
- ❑ 移动用户需要哪些内容？
- ❑ 使用的 HTML、CSS 及 JavaScript 是否有效且简洁？
- ❑ 网站是否需要为移动用户使用独立域名？
- ❑ 网站需要通过怎样的测试？

0.2.4 主流移动设备屏幕的分辨率

在当前的市面中，智能手机的屏幕尺寸主要包括如下几种标准。

- ❑ 128×160 像素
- ❑ 176×220 像素
- ❑ 240×320 像素
- ❑ 320×480 像素
- ❑ 400×800 像素
- ❑ 480×800 像素
- ❑ 960×800 像素
- ❑ 1080×1920 像素

就手机的尺寸而言，Android 给出了一个具体的统计，详情请参阅 http://developer.android.com/resources/dashboard/screens.html，如图 0-2 所示。

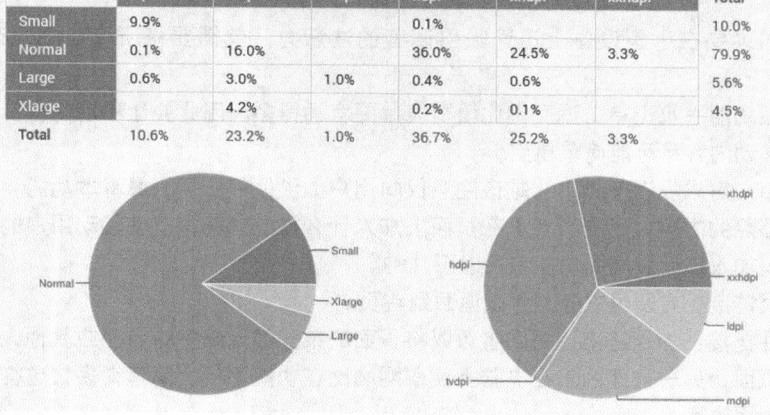

	ldpi	mdpi	tvdpi	hdpi	xhdpi	xxhdpi	Total
Small	9.9%			0.1%			10.0%
Normal	0.1%	16.0%		36.0%	24.5%	3.3%	79.9%
Large	0.6%	3.0%	1.0%	0.4%	0.6%		5.6%
Xlarge		4.2%		0.2%	0.1%		4.5%
Total	10.6%	23.2%	1.0%	36.7%	25.2%	3.3%	

图 0-2 Android 设备屏幕尺寸的市场占有率

由此可见，在目前市面中主要是以分辨率为 800×480 和 854×480 的手机用户居多。

另外，作为另一种主流移动设备，平板计算机（俗称平板电脑）不仅拥有更大的屏幕尺寸，而且在浏览方式上也有所不同。例如，大部分平板电脑（以及一些智能手机）都能够以横向或纵向模式进行浏览。这样即使在同一款设备中，屏幕的宽度有时为 1024 像素，有时则为 800 像素或更少。但是一般来说，平板电脑为用户提供了更大的屏幕空间，我们可以认为在大部分平板电脑设备的屏幕尺寸为最主流的 (1024 ~ 1280)×(600 ~ 800) 像素。事实证明，在平板电脑中可以很轻松地以标准格式浏览大部分网站。这是因为平板电脑上的浏览器使用起来就像在计算机显示器上使用一样简单，并且通过 Android 系统中的缩放功能可以放大难以阅读的微小区域。

0.2.5　使用标准的 HTML、CSS 和 JavaScript 技术

在开发移动网站时，只有使用正确的、标准格式的 HTML、CSS 和 JavaScript 技术，才能让页面在大部分移动设备中适用。另外，设计师可以通过 HTML 的有效验证来确认它是否正确，具体验证方法是登录 http://validator.w3.org/，使用 W3C 验证器检查 HTML、XHTML 以及其他标记语言。除此之外，W3C 验证器还可以验证 CSS、RSS，甚至是页面上的无效链接。

在为移动设备编写网页时，需要注意如下所示的 5 个 "慎用"。

（1）慎用表格 HTML 表格

由于移动设备的屏幕尺寸很小，使用水平滚动相对困难，从而导致表格难以阅读。因此，请尽量避免在移动布局中使用表格。

（2）慎用 HTML 表格布局

在 Web 页面布局中，建议不使用 HTML 表格，而且在移动设备中，表格会让页面加载速度变慢，并且影响美观，尤其是在它与浏览器窗口不匹配时。另外，在页面布局中通常使用的是嵌套表格，这类表格会让页面加载速度更慢，让渲染过程变得更困难。

（3）慎用弹出窗口

通常来讲，弹出窗口很讨厌，而在移动设备上它们甚至能让网站变得不可用。有些移动浏览器并不支持弹出窗口，还有一些浏览器则总是以意料之外的方式打开它们（通常会关闭原窗口，然后打开新窗口）。

（4）慎用图片布局

与在页面布局中使用表格类似，加入隐藏图像以增加空间及影响布局的方法经常会让一些老的移动设备死机或无法正确显示页面。另外，它们还会增加下载时间。

（5）慎用框架及图像地图（image maps）

在目前的许多移动设备中，都无法支持框架及图像地图特性。其实，从适用性上来看，HTML5 的规范中已经摒弃了框架（iframe 除外）。

因为移动用户通常需要为浏览网站而耗费流量并需要付费的，所以在设计移动页面时应尽可能地确保使用少的 HTML 标签、CSS 属性和服务器请求。

▌0.3　移动 Web 开发必备技术

 本节教学录像：4 分钟

除了前面介绍的 HTML、XHTML、CSS、JavaScript、DOM 和 ECMAScript 技术之外，开发移动

Web 还需要掌握如下技术。

（1）HTML5

HTML5 是当今 HTML 语言的最新版本，将会取代 1999 年制定的 HTML 4.01、XHTML 1.0 标准，以期望能在互联网应用迅速发展时，使网络标准符合当代的网络需求，为桌面和移动平台带来无缝衔接的丰富内容。

（2）jQuery Mobile

jQuery Mobile 是 jQuery 在手机上和平板设备上的版本。jQuery Mobile 不仅给主流移动平台带来 jQuery 核心库，还发布了一个完整统一的 jQuery 移动 UI 框架，以支持全球主流的移动平台。

（3）PhoneGap

PhoneGap 是一个用基于 HTML、CSS 和 JavaScript 的，创建移动跨平台移动应用程序的快速开发平台。PhoneGap 使开发者能够利用 iPhone、Android、Palm、Symbian、WP7、WP8、Bada 和 Blackberry 智能手机的核心功能，包括地理定位、加速器，联系人、声音和振动等。此外，PhoneGap 拥有丰富的插件供开发者调用。

（4）Node.js

Node.js 是一个基于 Chrome JavaScript 运行时建立的一个平台，用来方便地搭建易于扩展的网络应用。Node.js 借助事件驱动，使非阻塞 I/O 模型变得轻量和高效，非常适合运行在分布式设备的 数据密集型的实时应用。

（5）JQTouch

jQTouch 是一个 jQuery 的插件，是主要为手机 Webkit 浏览器实现一些包括动画、列表导航、默认应用样式等各种常见 UI 效果的 JavaScript 库。JQTouch 支持包括 iPhone、Android 等手机，是提供一系列功能为手机浏览器 WebKit 服务的 jquery 插件。

（6）Sencha Touch

Sencha Touch 和 JQTouch 密切相关，是基于 JavaScript 编写的 Ajax 框架 ExtJS，将现有的 ExtJS 整合 JQTouch、Raphaël 库，推出适用于最前沿 Touch Web 的 Sencha Touch 框架。该框架是世界上第一个基于 HTML5 的 Mobile App 框架。

当然，除了上述主流移动 Web 开发技术之外，还是其他盈利性商业组织推出的第三方框架。这些框架都方便了开发者的开发工作。读者可以参阅相关资料，了解并学习这些框架的知识。

▌ 0.4　移动 Web 学习路线图

 本节教学录像：2 分钟

移动 Web 开发是一个漫长的过程，需要读者总体规划合理的学习路线，以达到事半功倍的效果。学习移动 Web 开发的基本路线图如图 0-3 所示。

（1）打好基础

这一阶段主要做好基础工作。HTML、CSS 和 JavaScript 是网页设计的最基础技术，无论是学习传统桌面 Web 开发，还是移动 Web 开发，都必须具备这 3 项技术。Dreamweaver 是最流行的网页设计和开发工具，使用它可以达到事半功倍的效果。

这 4 种技术是相互贯通的，并且可以同时学习并使用。这一阶段比较耗时，要达到基本掌握需要耗时 3 个月左右的时间。

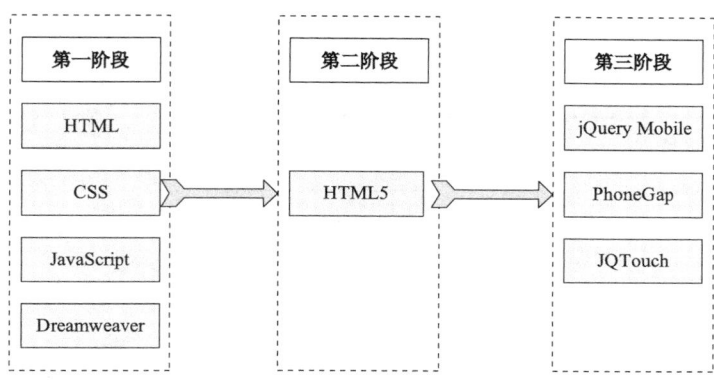

图 0-3　移动 Web 学习路线图

（2）学习最前沿技术

HTML5 是当今 HTML 技术的最新版本。和以前的版本相比，HTML5 的功能更加强大，并且支持移动 Web 应用。因为 HTML5 和第一阶段中的 HTML 技术有很多共同之处，所以这一阶段的学习比较容易，需要一个月左右的时间即可掌握。

（3）学习开源框架

本阶段的主要任务是学习第三方开源框架，例如 jQuery Mobile、PhoneGap、JQTouch 和 Sencha Touch 等框架。因为已经打好了基础，所以本阶段的学习比较轻松，图 0-3 中的 3 个框架需要一个月左右的时间即可掌握。

0.5　PhoneGap 学习路线图

 本节教学录像：3 分钟

PhoneGap 技术属于移动 Web 学习路线图中的第三阶段。PhoneGap 的学习路线图如图 0-4 所示。

（1）掌握基础知识

这是在学习 PhoneGap 开发技术之前的最基础性知识，包括移动 Web 基础、网站和网页开发基础、PhoneGap 基础、使用 PhoneGap 开发移动 Web 应用等内容。

（2）掌握必备知识

这是学习 PhoneGap 开发技术时必须具备的知识，包括 HTML5 技术、CSS 技术和 jQuery Mobile 等内容。

（3）掌握核心技术

这是 PhoneGap 开发技术的最核心语法知识，也是本书最重要的内容，占据了本书的绝大部分篇幅，主要包括：PhoneGap 事件，应用和通知，设备、网络连接和加速计，地理位置，指南针 API，照相机 API，采集 API，媒体 API，通讯录 API，数据存储 API，文件操作和插件等内容。

（4）综合实战演练

这部分对前面所学的内容进行综合演练，通过综合实例的实现过程，对前面所有的知识达到融会贯通的效果。

在本书后面的内容中，就是按照上述学习路线图进行内容安排的。

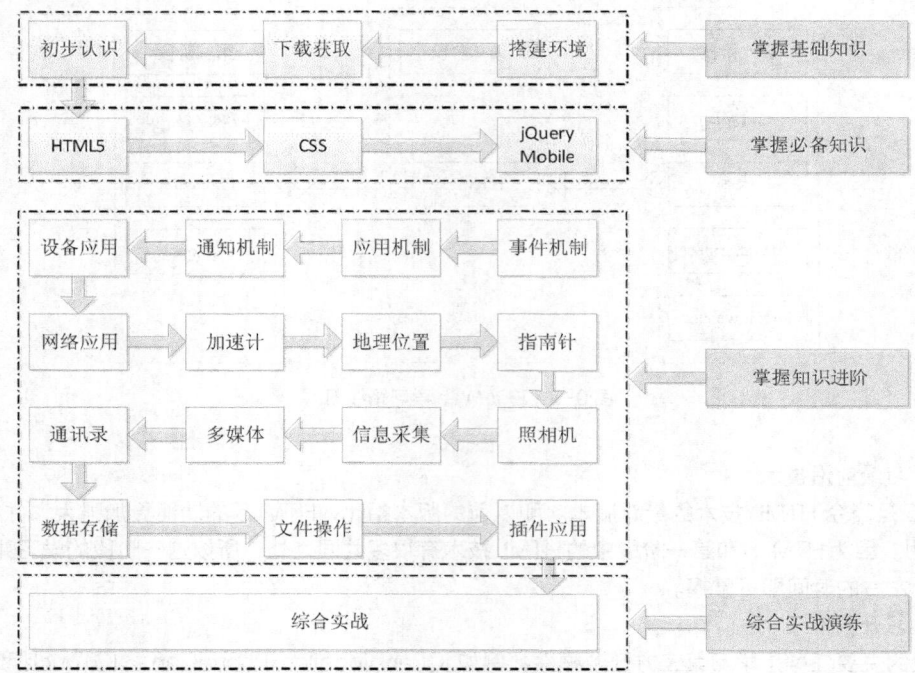

图 0-4 PhoneGap 学习路线图

第 1 篇

基础知识

第 **1** 章

 本章教学录像：31 分钟

PhoneGap 基础

　　PhoneGap 是基于 HTML、CSS 和 JavaScript 的技术，是一个创建跨平台移动应用程序的快速开发平台。PhoneGap 使开发者能够利用 iPhone、Android、Palm、Symbian、WP7、Bada 和 Blackberry 等智能手机的核心功能，包括地理定位、加速器、联系人、声音和振动等。此外 PhoneGap 拥有丰富的插件，可以以此扩展无限的功能。本章将详细讲解 PhoneGap 的基础知识，为读者步入本书后面知识的学习打下基础。

本章要点（已掌握的在方框中打钩）

☐ PhoneGap 简介

☐ PhoneGap API 基础

☐ PhoneGap 的工作

☐ PhoneGap 开发必备技术

■ 1.1　PhoneGap 简介

 本节教学录像：20 分钟

PhoneGap 是一个免费的开发平台，需要特定平台提供的附加软件，例如 iPhone 的 iPhone SDK 和 Android 的 Android SDK 等，也可以和 Dreamweaver5.5 及以上版本配套开发。使用 PhoneGap 只比为每个平台分别建立应用程序好一点点，因为虽然基本代码是一样的，但是仍然需要为每个平台分别编译应用程序。在本节的内容中，将简要讲解 PhoneGap 的基本知识，为读者步入本书后面知识的学习打下基础。

1.1.1　什么是 PhoneGap

PhoneGap 是目前唯一支持当今 7 种主流移动平台的开源移动开发框架。具体来讲，PhoneGap 支持如下平台。

- ❑　iOS
- ❑　Android
- ❑　BlackBerry OS
- ❑　Palm WebOS
- ❑　Windows Phone
- ❑　Symbian
- ❑　Bada

PhoneGap 是一个基于 HTML、CSS 和 JavaScript 创建跨平台移动应用程序的开发平台，与传统 Web 应用相比，其使开发者能够利用 iPhone、Android 等智能手机的核心本地功能，例如地理定位、加速器、联系人、声音和振动等。此外，PhoneGap 还拥有非常丰富的插件，并可以凭借其轻量级的插件式架构来扩展无限的功能。

虽然 PhoneGap 是免费的，但是它需要特定平台提供的附加软件来实现，例如 iPhone 的 iPhone SDK、Android 的 Android SDK 等，也可以和 Adobe Dreamweaver5.5 及以上版本配套开发。利用 PhoneGap Build，可以在线打包 Web 应用成客户端并发布到各移动应用市场。

有了 PhoneGap 和 PhoneGap Build，Web 开发人员便可以利用他们非常熟悉的 JavaScript、HTML 和 CSS 技术，或者结合移动 Web UI 框架 jQuery Mobile、Sencha Touch，以开发跨平台移动客户端，还能非常方便地发布程序到不同移动平台上。

1.1.2　背景介绍

随着智能移动设备的快速普及，伴随着 Web 新技术（例如 HTML5）的飞速发展，Web 开发人员将不可避免地遇到一大挑战：怎样在移动设备上将 HTML5 应用程序作为本地程序运行？与传统 PC 机不同的是，智能移动设备完全是移动应用的天下，那么 Web 开发人员如何利用自己熟悉的技术（例如 Objective-C 语言）来进行移动应用开发，而不用花费大量的时间来学习新技术呢？在手机浏览器上，用户必须通过打开超链接来访问 HTML5 应用程序，而不能像访问本地应用程序那样，仅仅通过点击一个图标就能得到想要的结果，尤其是当移动设备脱机以后，用户几乎无法访问 HTML5 应用程序。

在当前的移动应用市场中，已经初步形成了 iOS、Android 和 Windows Phone 等三大阵营。随着移动应用市场的迅猛发展，越来越多的开发者也加入到了移动应用开发的大军当中。目前，Android 应用是基于 Java 语言进行开发的，苹果公司的 iOS 应用是基于 Objective-C 语言开发的，微软公司的

Windows Phone 应用则是基于 C# 语言开发的。如果开发者编写的应用要同时在不同的移动设备上运行的话，则必须掌握多种开发语言，但这必将严重影响软件开发进度和项目上线时间，而这已经成为开发团队的一大难题。

为了进一步简化移动应用开发，很多公司已经找到了相应的解决方案。Adobe 推出的 AIR Mobile 技术，能使 Flash 开发的应用同时发布到 iOS、Android 和黑莓的 Playbook 上。Appcelerator 公司推出的 Titanium 平台能直接将 Web 应用编译为本地应用运行在 iOS 和 Android 系统上。Nitobi 公司（现已被 Adobe 公司收购）也发布了一套基于 Web 技术的开源移动应用解决方案：PhoneGap。2008 年夏天，PhoneGap 技术面世。从此，开发移动应用时我们有了一项新的选择。PhoneGap 基于 Web 开发人员所熟悉的 HTML、CSS 和 JavaScript 技术，为创建跨平台移动应用程序的快速开发平台。

1.1.3 PhoneGap 的发展历程

2008 年 8 月，PhoneGap 在旧金山举办的 iPhoneDevCamp 上初次崭露头角。创始人为 PhoneGap 定义了一个历史使命：为跨越 Web 技术和 iPhone 之间的鸿沟牵线搭桥。

2009 年 2 月 25 日，PhoneGap 0.6 发布。这是第一个稳定版，支持 iOS、Android 和 BlackBerry 平台。

2009 年 8 月到 2010 年 7 月，PhoneGap 实现了对 Windows Mobile、Palm、Symbian 平台的支持，支持平台达到 6 个。

2010 年 10 月 4 日，Adobe 公司宣布收购创建了 HTML5 移动应用框架 PhoneGap 和 PhoneGap Build 的新创公司 Nitobi Software。Adobe 表示，收购 PhoneGap 后，开发者便可选择在 PhoneGap 平台使用 HTML、CSS 和 JavaScript 创建移动应用程序，也可选择使用 Adobe Air 和 Flash。

随后，Adobe 把 PhoneGap 项目捐给了 Apache 基金会，但保留了 PhoneGap 的商标所有权。

2011 年 7 月 29 日，PhoneGap 发布了 1.0 版产品，其中加入了不少访问本地设备的 API(Application Programming Interface，应用程序编程接口)。

2011 年 10 月 1 日，PhoneGap 发布了 1.1 版。该版本的新功能包括支持黑莓 PlayBook 的 WebWorks 并入及 orientationchange 事件和媒体审查等。

2011 年 11 月 7 日，PhoneGap 1.2 发布，开始正式支持 Windows Phone 7，支持的平台数达到了 7 个。

2011 年 12 月 19 日，PhoneGap 团队与微软发布了 1.3 版，对 iOS、Android 与 RIM 进行了一些增强，同时还为 Windows Phone 7 提供了可用于产品的特性集，包括完整的 API 支持、更棒的 Visual Studio 模板、文档、指南、bug 修复以及大量插件。

在成为 Apache Incubator 项目后，PhoneGap 已经更名为 Apache Callback。在 PhoneGap1.4 版本发布后，名字再次变更为 Cordova。Cordova 其实是 PhoneGap 团队附近一条街的名字。

2013 年 6 月，PhoneGap2.9.0 版本公布。这是最后一个可以在其官方网站 http://www.phonegap.com 在线下载的版本。之后，需要使用 NodeJS 进行下载并管理。

1.1.4 PhoneGap 的主要功能

PhoneGap 的更新速度非常快，相应功能也在不断变化。以 2014 年 11 月发布的 3.6.3 版为例，该版本的 PhoneGap 在主要的智能手机设备上提供了以下功能的支持。

❑ 加速计

- ❏ 摄像头
- ❏ 罗盘
- ❏ 通讯录
- ❏ 文档
- ❏ 地理定位
- ❏ 媒体
- ❏ 网络
- ❏ 通知，例如警告、声音和振动
- ❏ 存储

如果读者正在为 iOS 或 Android 设备做开发，则上述功能都是支持的。如果是为 BlackBerry、WebOS、Windows Phone、Symbian 或 Bada 设备做开发，则不支持一些功能。例如，在 Windows Phone 7 上，不支持摄像头、罗盘或存储功能。PhoneGap 未来版本的发行路线图包括对 Contact API 的升级，将会被更新到最新的 W3C 规范中。此外，PhoneGap 计划支持如下功能。

- ❏ 加密
- ❏ Websockets
- ❏ Web 通知
- ❏ HTML 媒体捕获
- ❏ Calendar API
- ❏ 国际化支持
- ❏ 命令行编译
- ❏ 网损 / 恢复事件

1.1.5　PhoneGap 的发展现状

国外知名调查分析机构 Vision Mobile 发布了 2013 跨平台开发工具报告，其中开发者市场占有率 Top10 依次为 PhoneGap、Sencha Touch/JQ Touch、Mono、Appcelerator、Adobe Flex、Unity3、Corona、AppMobi、RunRev 和 Mosync。由此可见，PhoneGap 发展非常迅猛，已经成为移动市场跨平台开发工具的"领头羊"。

除去一些桌面跨平台技术（例如 Mono）和 JavaScript UI 框架（例如 Sencha Touch 和 jQuery Mobile），我们可以看出，目前在移动跨平台开发技术领域中，PhoneGap 已经遥遥领先于竞争对手。更加难以可贵的是，PhoneGap 现已完全支持 Windows Phone 7 所有的原生功能，其支持力度达到了 iOS 与 Android 的水平，而目前完整支持 Windows Phone 7 的移动跨平台工具寥寥无几。

总而言之，PhoneGap 已经是一个非常成功而且成熟的移动跨平台解决方案。它具备相当丰富的第三方资源和成熟的产业链：开发者可以选择 jQuery Mobile 和 Sencha Touch 等 JavaScript 库加快开发速度，可以使用 AppMobi 和 Tiggr 等集成开发环境进行开发和调试（通过拖曳进行排版、在线编码以及运行各种移动设备的模拟器），也可以选择 PhoneGap Build 这个专业的在线编译工具，免去你准备各种编译环境的烦恼。

1.1.6　PhoneGap 优点和缺点分析

在完全了解 PhoneGap 的优缺点之前，必须先对原生应用、Web 应用和混合型应用等 3 个概念有所了解，因为 PhoneGap 的优缺点主要体现在这 3 个概念中。在本节的内容中，将简要讲解这 3 个概念的基本知识，并总结出 PhoneGap 的优缺点。

1. 原生应用

原生应用是指通过各种应用市场安装，采用平台特定语言开发的应用，比如 iOS 使用 Objective-C 语言、Android 使用 Java 语言。使用原生应用的优点是可以完全利用系统的 API 和平台特性，以发挥最好的性能，缺点是由于开发技术不同，如果你要覆盖多个平台，则要针对每个平台独立开发。

原生应用因为位于平台层上方，所以向下访问和兼容的能力会比较好一些，其可以支持在线和离线、消息推送和本地资源访问、摄像头和拨号功能的调取。但是由于设备的碎片化，原生应用的开发成本要高很多，维持多个版本的更新升级比较麻烦，用户的安装门槛也比较高。比如，新浪微博的客户端就是原生应用。

（1）优点

在移动 Web 开发应用过程中，使用原生应用的优点如下。

❑ 提供最佳的用户体验、最优质的用户界面和最华丽的交互。
❑ 针对不同平台提供不同体验。
❑ 可节省带宽成本。
❑ 可访问本地资源。
❑ 盈利模式明朗。

（2）缺点

在移动 Web 开发应用过程中，使用原生应用的缺点如下。

❑ 移植到不同平台上比较麻烦。
❑ 维持多个版本的成本比较高。
❑ 需要通过 store 或 market 确认。
❑ 盈利需要与第三方分成。

2. Web 应用

Web 应用通过浏览器访问，采用 Web 技术开发。Web 应用无需安装，对设备碎片化的适应能力要强于原生应用。它只需要通过 HTML、CSS 和 JavaScript 就可以在任意移动浏览器中执行。随着 iPhone 带来的 WebKit 浏览体验的升级，专为 iPhone 等由 WebKit 浏览内核的移动设备开发的 Web 应用也有了如原生应用一般流畅的用户体验。例如，百度地图的移动网页版本就是 Web 应用。

Web 应用其优势在于开发跨平台的应用时，可以充分利用现代移动浏览器的 HTML5 特性。当然这些基于浏览器的应用无法调用系统 API 来实现一些高级功能，也不适合高性能要求的场合。

（1）优点

在移动 Web 开发应用过程中，使用 Web 应用的优点如下。

❑ 开发成本低。
❑ 适配多种移动设备的成本低。
❑ 跨平台和终端。
❑ 迭代更新容易。
❑ 无需安装成本。

（2）缺点

在移动 Web 开发应用过程中，使用 Web 应用的缺点如下。

❑ 浏览体验短期内还无法超越原生应用。

- ❏ 不支持离线模式（HTML5 将会解决这个问题）。
- ❏ 消息推送不够及时。
- ❏ 调用本地文件系统的能力弱。

3. 混合型应用

在移动 Web 开发应用过程中，混合型应用通过各种应用市场安装，其表面看上去是一个原生应用，但里面访问的实际上是一个 Web 应用。从长远来看，Web 技术是未来，虽然现阶段原生应用给了用户更好的体验，但如果某个开发者不能有效利用 Web 技术，那他一定会落伍。但是如果过分依赖 Web，完全不用原生功能的话，则所开发的应用的用户体验和提供的功能将大打折扣。

由此可见，混合型应用是为了弥补上面两种应用开发模式的缺陷而生的，是两者混合的产物，并且尽可能继承了双方的优势。具体来说，混合型应用的主要特点如下。

（1）混合型应用可以让众多 Web 开发人员几乎零成本地转型成移动应用开发者。

（2）相同的代码只需针对不同平台进行编译就能在多平台的分发，大大提高了多平台开发的效率。

（3）和 Web 应用相比，开发者可以通过包装好的接口调用大部分常用的系统 API。

不过，混合型应用还不能完全取代原生应用。在一些复杂的 API 调用或者涉及高性能计算的应用开发上，原生应用还是唯一的选择。除此以外的大多数场合下，混合型应用以很小的性能牺牲为代价，带来了极大的灵活性和开发效率，有什么理由不去使用它呢？例如，掌上百度就是混合型应用。

PhoneGap 正是混合型框架中的佼佼者，其基于标准的 Web 技术，用 JavaScript 包装平台的 API 供开发者调用，具备强大的编译工具来为不同平台生成应用，同时拥有丰富的第三方资源和产业链。

PhoneGap 在 Web 应用和设备之间搭建了一个通信的桥梁，封装了移动设备的平台差异，统一使用 JavaScript 接口访问设备本地 API，以此提供了一个优秀的跨平台解决方案。

（1）PhoneGap 的优点

结合本章前面对于 PhoneGap 的讲解，我们知道 PhoneGap 具备如下优点。

- ❏ 开发成本低。
- ❏ 对各大主流平台的兼容性非常好。
- ❏ 采用 W3C 标准化技术。
- ❏ 能够快速进行开发，迭代更新容易。
- ❏ 轻量级和插件式架构显著降低了维护成本。
- ❏ 开源免费，并由 Adobe 公司和 Apache 基金会共同支持。

（2）PhoneGap 的缺点

PhoneGap 技术的缺点如下。

- ❏ 浏览体验短期内还无法超越原生应用。
- ❏ 特别复杂的应用运行速度稍显缓慢。
- ❏ 在某些 JavaScript 渲染速度较慢的设备上，UI 反应略有延时。

注意　　跨平台的流行是不可避免的，而上述 PhoneGap 的劣势一定会随着移动技术和 Web 标准的迅猛发展而渐渐消失。

目前，PhoneGap 已经有了相当多的成功案例，例如著名的维基百科移动客户端和 NFB Films，而在国内目前也已经涌现出了一批 PhoneGap 应用，例如赶集网团购的移动客户端。

▌ 1.2　PhoneGap API 基础

 本节教学录像：2 分钟

PhoneGap 为开发者提供了功能丰富的 API，帮助大家可以更方便地获取移动设备的信息。PhoneGap 官方网站的 API 文档地址是 http://docs.phonegap.com/en/1.5.0/index.html，如图 1-1 所示。

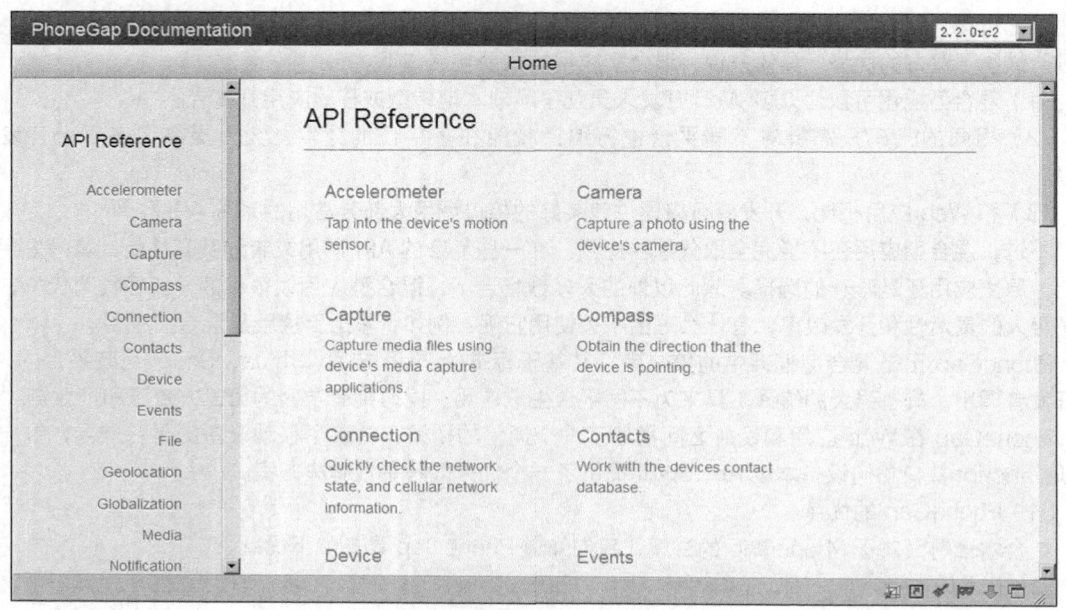

图 1-1　PhoneGap 官方网站的 API

在目前的版本中，PhoneGap 拥有如下几种可用的 API。

- ❑ Accelerometer：加速计，也就是我们常说的重力感应功能。
- ❑ Camera：用于访问前置摄像头和后置摄像头。
- ❑ Capture：提供了对于移动设备音频、图像和视频捕获功能的支持。
- ❑ Compass：对于罗盘的访问，由此可以获取移动设备行动的方向。
- ❑ Connection：能够快速检查并提供移动设备的各种网络信息。
- ❑ Contacts：能够获取移动设备通讯录的信息。
- ❑ Device：能够获取移动设备的硬件和操作系统信息。
- ❑ Events：能够为应用提供各种移动设备操作事件，例如暂停、离线、按下返回键、按下音量键等。
- ❑ File：能够访问移动设备的本地文件系统。
- ❑ Geolocation：能够获取移动设备的地理位置信息。
- ❑ Media：提供了对于移动设备上音频文件的录制和回放功能。
- ❑ Notification：提供了本地化的通知机制，包括提示、声音和振动。
- ❑ Storage：提供了对于 SQLite 嵌入式数据库的支持。

关于 API 的具体用法，我们将在后面的章节中为读者详细讲述。这里不妨先看看 PhoneGap 是如何工作的。

1.3　PhoneGap 的工作

 本节教学录像：2 分钟

　　PhoneGap 架构拥有强大的跨平台访问能力，但是其工作原理并不神秘。iOS 和 Android 平台的共同点是都有内置的 WebView 组件，具备如下所示的两个特性。

　　（1）WebView 组件实质是移动设备的内置浏览器

　　此特性是 Web 能被打包成本地客户端的基础，可方便地用 HTML5 和 CSS3 页面布局。这是移动 Web 技术相对于原生开发的优势。

　　（2）WebView 提供 Web 和设备本地 API 双向通信的能力

　　PhoneGap 针对不同平台的 WebView 做了扩展和封装，使 WebView 变成可访问设备本地 API 的强大浏览器。因此，开发人员在 PhoneGap 框架下可通过 JavaScript 访问设备本地 API。

　　了解了上述两个特性，可知一个成熟的 PhoneGap 技术客户端的运行过程如下。

　　（1）应用运行在 WebView 组件上。

　　（2）通过 PhoneGap 在各平台的扩展。

　　（3）最终访问设备中的本地资源。

1.4　PhoneGap 开发必备技术

 本节教学录像：7 分钟

　　本节将详细介绍在 PhoneGap 开发过程中需要用到的相关技术，并简要介绍在一些 PhoneGap 应用中经常会用到的 JavaScript 移动 UI 框架，以便为读者步入本书后面知识的学习打下基础。

1.4.1　Titanium 框架

　　Titanium 是 Appcelerator 公司旗下的跨平台开源框架。现在，iTunes 应用商店中的超过 500000 个的应用中，很多都是基于 Titanium 开发的。Titanium 是一个跟手机平台无关的开发框架，用来开发具有本地应用效果的 Web 应用。当前主要支持 iPhone 和 Android 手机。

　　Titanium 可以用来创建富 Web 应用和桌面应用程序。不仅如此，现在它还允许你使用 HTML、CSS、JavaScript、Ruby 和 Python 等创建移动应用，并且创建的应用能运行在 iPhone 和 Android 平台上。Titanium 独特的跨平台编译技术能将 Web 应用直接转换为各种平台中原生的应用程序。

　　Titanium 框架最成功的案例是 NBC Universal 的 iPad 应用。这个应用可以让用户观看 NBC 节目，也可以让用户玩游戏等。Titanium 框架的主要特性如下。

　　❑　支持 Linux、Mac OS、Windows、Android 和 iPhone 平台。

　　❑　支持 Adobe Flash、Microsoft Silverlight 或其他第三方的 Ajax 库。

　　❑　支持 Module API 用于扩展核心的 Titanium 平台。

　　❑　支持使用 Ruby 和 Python 编写应用程序的脚本。

❑ 支持 C++、JavaScript、Ruby 和 Python 之间的无缝操作。

Titanium 的系统架构如图 1-2 所示。

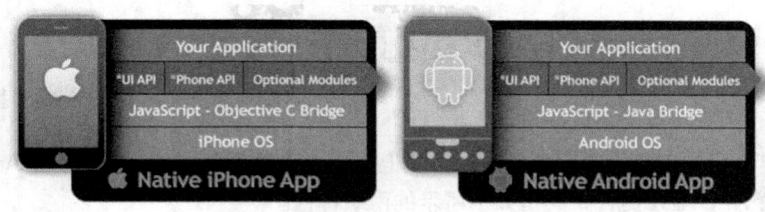

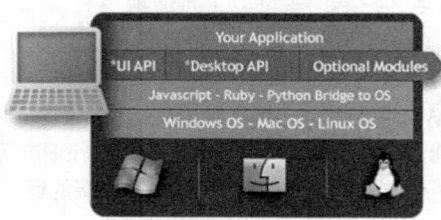

图 1-2　Titanium 的系统架构图

Titanium 的收入主要来源于扩充模块 Titanium+Plus 的销售。该模块里面包含了像 BarCode 的条码扫描功能、Apple 的 In-App Purchase 服务、PayPal 付费等功能。

PhoneGap 也提供了丰富的插件来实现这些功能，但相比之下，Titanium 的优势在于各个插件都是开源的。

1.4.2　Adobe AIR 技术

Adobe AIR 是 Adobe Integrated Runtime 的缩写，开发代号为 Apoll，其是针对网络与桌面应用的结合所开发出来的技术，可以不必经由浏览器而对网络上的云端程式做控制。Adobe AIR 运行时使开发人员能使用 HTML、JavaScript、Adobe Flash Professional 软件和 ActionScript 构建 Web 应用程序。这些应用程序可以作为独立的客户端应用程序运行并且不受浏览器的约束。Adobe AIR 作为 Flash Platform 的一个关键组件，为跨设备和平台交付应用程序提供了一个一致、灵活的开发环境，使设计人员和开发人员能完全释放自己的创意。目前，Adobe AIR 提供 Android、BlackBerry、Tablet OS 和 iOS 移动操作系统及电视支持。

通过使用 Adobe AIR，用户可以将相同的代码用于桌面、平板电脑和智能手机。这不仅节省了时间和资金，而且还提供了部署效率。随后，用户可以快速、有效地通过 Adobe 的应用程序分发服务 Adobe InMarket 分发这些应用程序。

使用 Adobe AIR 和 Flash Platform 创建的应用程序的投资回报和资源节省可观。目前，Adobe AIR 是唯一可用的解决方案，其让我们通过重用代码瞄准智能手机、平板电脑、台式机和电视。Adobe AIR 通过多种设备提供电子教学内容的能力令几乎所有人都能学习。

目前，各个领域已经涌现出了许多优秀的使用 Adobe AIR 技术开发的客户端软件，例如著名的 Twitter 桌面客户端 TweetDeck。

自从 Adobe AIR 诞生数年来，已经从 1.0 版本升级至如今的 3.5 版本，相关产品日趋成熟，其跨平台理念也从电脑桌面扩展到了移动平台。不过，Adobe AIR 目前支持的移动平台数量不是很多，仅支持

Android、iOS 和黑莓 Playbook 系统。

对于用户来说，Adobe AIR 实现的跨平台应用，使其不再受限于不同的操作系统，在桌面上即可体验丰富的互联网应用，并且是比以往更低的资源占用、更快的运行速度和顺畅的动画表现。读者现在就可以马上访问 Adobe AIR Marketplace，那里已经可以找到不少基于 Adobe AIR 开发的实用工具，例如新浪微博客户端微博 AIR、Google Analytics 分析工具、Twitter 客户端 TweetDeck 及众多最新影片介绍工具等。

经验表明，在复杂游戏和三维游戏方面，Adobe AIR 是首选方案；不过若是仅仅开发不是很复杂的应用或者游戏，就不如 PhoneGap 方便了。

1.4.3　Corona 库

Corona 是基于著名的游戏脚本语言 Lua 的 SDK 库。通过使用 Corona SDK，Lua 语言可以运行在 iOS 平台上。Corona SDK 的优点如下。

- ❑　稳定。
- ❑　支持硬件加速、GPS、指南针及照相机等。
- ❑　支持与 Map、Facebook、OpenFient、GameCenter 的集成。
- ❑　内建的物理集成。
- ❑　Lua 语言比较容易学习。
- ❑　不错的社区支持。

Corona SDK 当然也有一些缺点，具体如下。

- ❑　只支持 iOS 和 Android。
- ❑　Lua 语言不是面向对象的。
- ❑　每年都要交授权费。
- ❑　Android 支持还有太多问题。
- ❑　无法自己集成 Corona SDK 不支持的第三方 SDK。
- ❑　编译项目的时候需要把代码上传到 Corona 服务器上去编译，而不能在本地直接编译。
- ❑　无法扩展 Corona 的功能，而官方的更新速度又太慢。
- ❑　物理模块还存有一些缺陷。

1.4.4　常用的 JavaScript 移动 UI 框架

在移动 Web 开发的总体架构中，PhoneGap 处于移动 Web UI 框架和移动设备操作系统（Android、iOS、BlackBerry、Symbian、WebOS 等）之间，因此它也可以称为移动应用中间件。在接下来的内容中，将简要讲解几种最常用的移动 Web UI 框架。

（1）Sencha Touch 框架

基于 JavaScript 编写的 Ajax 框架 Ext JS，将现有的 Ext JS 整合成 jQTouch 和 Raphal 库，推出了适用于移动应用开发的 Sencha Touch 框架，同时，Ext JS 更名为 Sencha，jQTouch 的创始人 David Kaneda 以及 Raphal 的创始人也已加盟 Sencha 团队。由此，Sencha Touch 框架是世界上第一个基于 HTML5 的移动应用框架。

Sencha Touch 支持的平台相对不多，但是功能强大，可以简单看成 Ext 在移动设备上的移植版本，使熟悉 Ext 框架的 Web 开发人员用起来会非常顺手。Sencha Touch 具有丰富的组件支持和华丽的页面效果，但是在开发过程中需要考虑性能问题。

（2）Dojo Mobile 框架

Dojo Mobile 框架是一套移动终端的 Web 应用开发框架，是 Dojo 的一个子项目，具有轻量级、模块化、速度快及封装性好的特点。Dojo Mobile 主要面向手持设备上的 Web 富客服端应用开发，提供了iPhone 和 Android 两套主题，使得基于 iPhone 或者 Android 的 Web 应用具有手机本地应用的外观和效果，而同时也给了开发者更多的主导权。

Dojo Mobile 开发框架的特点如下。

❑ 轻量级。Dojo Mobile 框架在压缩之后仅有 100KB，与同类 JavaScript 框架相比，应用存储空间相当小，十分合适移动设备。

❑ 大量使用 HTML5 和 CSS3 实现 iPhone 和 Android 本地程序的特效，动画效果流畅。

❑ 跨浏览器平台，Dojo Mobile 同时也支持非 WebKit 内核的手机浏览器，使用 Dojo 自带的 dojo.animateProperty 与 dojox.gfx 模拟特效。

❑ Dojo Mobile 对于 iOS 和 Android 主题的封装性好，开发者只需使用统一的布局和 CSS 即可实现不同平台的本地效果。

❑ 相对于 jQuery Mobile 在互联网领域的风生水起，很多从事企业级应用开发的公司比较喜欢使用 Dojo 进行前端开发，比如 IBM 的很多企业级产品和 SpringSource 的 WebFlow 等。

（3）XUI 框架

XUI 在 2008 年随 PhoneGap 产生，是一个用于移动 Web 应用的轻量、极简、高度模块化的框架。XUI 类似于 jQuery 的一个 JavaScript 库，与 Sencha Touch、jQuery Mobile 不同。XUI 框架非常轻量的原因是其只支持移动浏览器，而所有支持跨浏览器的代码都被剥离。它面向大多数主流移动 Web 浏览器，如 WebKit、IE Mobile 以及黑莓浏览器。

▋ 1.5 高手点拨

Cordova 是 Adobe 捐献给 Apache 的项目，是一个开源的、核心的跨平台模块。PhoneGap 是Adobe 的一项商业产品。Cordova 和 PhoneGap 的关系类似于 WebKit 与 Chrome 或者 Safari 的关系。PhoneGap 还包括一些额外的商用组件，例如 PhoneGap Build 和 Adobe Shadow。

▋ 1.6 实战练习

1. 从网络中搜索"移动 Web 框架"，下载几款常用的开源框架。

2. 从网络中检索 PhoneGap API 的中文翻译文档。

第 **2** 章

本章教学录像：22 分钟

使用 PhoneGap 开发移动 Web 应用

在充分了解 PhoneGap 的重要性和具体功能之后，本章将详细讲解使用 PhoneGap 开发移动 Web 应用程序的基础知识，以带领读者进入 PhoneGap 框架开发的学习阶段。

本章要点（已掌握的在方框中打钩）

☐ 使用 PhoneGap 进行移动 Web 开发的步骤

☐ 搭建 PhoneGap 开发环境

☐ 搭建 Android 开发环境

☐ 搭建 iOS 开发环境

☐ 综合应用——在 iOS 平台创建基于 PhoneGap 的程序

2.1 使用 PhoneGap 进行移动 Web 开发的步骤

 本节教学录像：3 分钟

到目前为止，常用的基于 Web 技术的移动应用开发技术有 RhoMobile、Titanium Mobile 和 PhoneGap。与前两种技术相比，利用 PhoneGap 可以从标准的 Web 应用开始进行构建工作。 PhoneGap 基于 Web 的移动开发应用的基本步骤如下。

（1）基于 HTML、CSS 和 JavaScript 构建标准的 Web 应用

在手机上访问 Web 应用有如下两种形式。

❑ 通过浏览器来访问应用，即发布 Web 应用到一个服务器后，通过手机浏览器访问服务器的网址。这种方式虽然部署简单，但是可能得不到很好的用户体验，不同移动设备的显示效果不同，并且无法访问手机的原生功能和设备信息。

❑ 基于 Web 的移动原生程序来访问运用，即使用 WebView 来显示页面。这种方式有更好的用户体验，其可针对移动平台进行优化而且充分利用手机的特性，比如根据屏幕的大小来调整元素的布局和样式。它们都利用基础的 Web 技术 HTML、CSS 和 JavaScript，因此，相应的移动 Web 应用程序可以在传统 Web 应用的基础上进行开发，然后针对手机平台做一些优化。

（2）准备开发环境

到目前为止，PhoneGap 支持 7 个平台，分别是 Android、iOS、Windows Phone 7、HP WebOS、 BlackBerry、Symbian 和 Bada。在后面的内容中，我们将以 iOS 平台为例，讲述在 iOS 系统上利用 PhoneGap 快速构建移动 Web 应用的知识。

对于开发环境的选择，建议采用集成的 IDE，如 Eclipse，也可以采用命令行方式利用 Notepad 或者 TextEdit 编辑代码。

（3）利用 PhoneGap 进行包装

PhoneGap 的主要用途就是提供访问手机原生功能和设备信息的 API，而所有的 API 都是基于 JavaScript 的，因此第一步创建的 Web 应用可以集成 PhoneGap 的功能，成为原生程序。

（4）打包成不同移动平台的原生程序

PhoneGap 其实为每一个支持的平台提供了一个模板，只要 Web 程序实现了该平台模板要求的功能，就能打包成该平台的原生应用程序。

2.2 搭建 PhoneGap 开发环境

 本节教学录像：5 分钟

在使用 PhoneGap 进行移动 Web 开发之前，需要先搭建 PhoneGap 开发环境。在本节的内容中，将详细讲解搭建 PhoneGap 开发环境的基本知识。

2.2.1 准备工作

在安装 PhoneGap 开发环境之前，需要先安装如下框架。

❑ Java SDK
❑ Eclipse

- ❏ iOS SDK
- ❏ ADT Plugin

2.2.2 获得 PhoneGap 开发包

本书撰写之时，PhoneGap 的最新版本是 3.6.3。在 2.9.0 及其以前的版本中，读者可以登录 PhoneGap 的官方网站 http://www.phonegap.com 在线下载 PhoneGap。

下面以获得 PhoneGap 2.9.0 为例，讲解获得 PhoneGap 2.9.0 及其以前的版本开发包的基本流程如下。

（1）登录 PhoneGap 的官方网站 http://phonegap.com/download/，如图 2-1 所示。

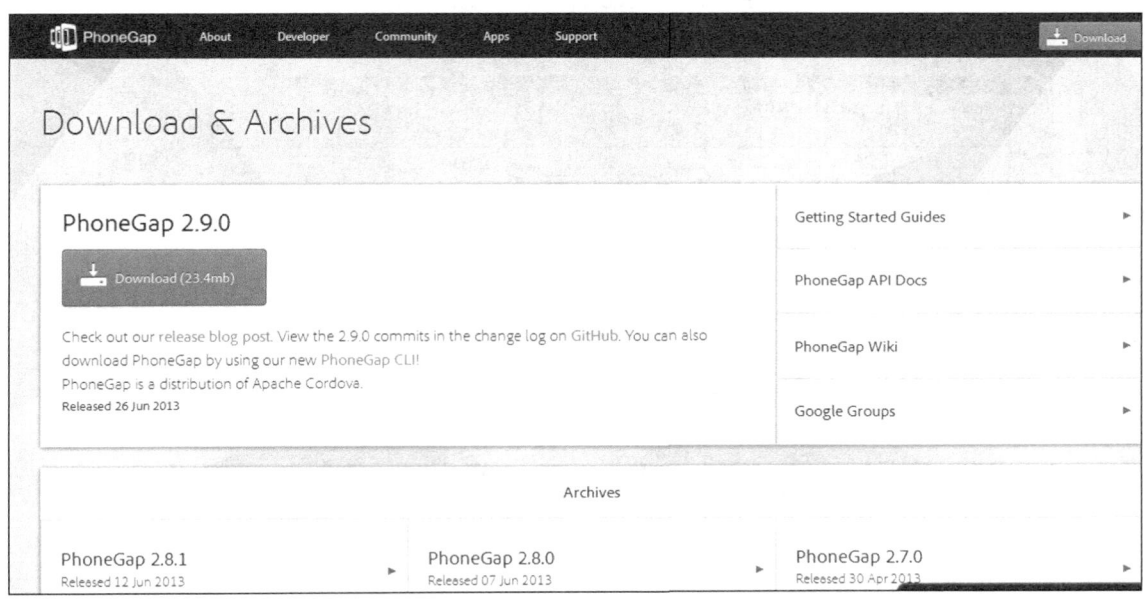

图 2-1 PhoneGap 的官方网站

（2）单击最新版本下方的 按钮下载 PhoneGap 开发包，下载成功后的压缩包名为 "phonegap-2.9.0.zip"。

（3）解压缩文件 "phonegap-2.9.0.zip"，假设解压到本地硬盘的 "D" 目录下，解压后的根目录名是 "phonegap-2.9.0"，双击打开后的效果如图 2-2 所示。

对图 2-2 中各个子目录的具体说明如下。

- ❏ "doc"：在里面包含了 PhoneGap 的源代码文档，如图 2-3 所示。
- ❏ "lib"：在里面包含了 PhoneGap 支持的各种平台，如图 2-4 所示。
- ❏ "changelog"：一个日志文件，保存了更改历史记录信息和作者信息等。
- ❏ "LICENSE"：Apache 软件许可证（v2 版本）。
- ❏ "VERSION"：版本信息。
- ❏ "README.md"：帮助文档。

从 2.9.0 以后版本开始，PhoneGap 使用 NodeJS 进行管理，获得 PhoneGap 2.9.0 以后的版本开发包的基本流程如下。

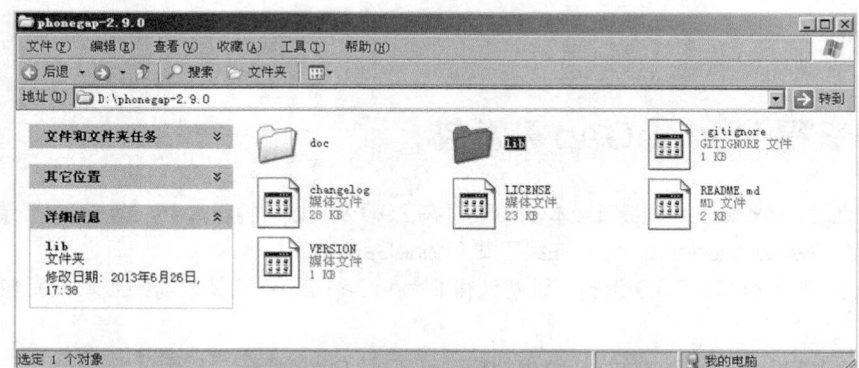

图 2-2 "phonegap-2.9.0" 的根目录

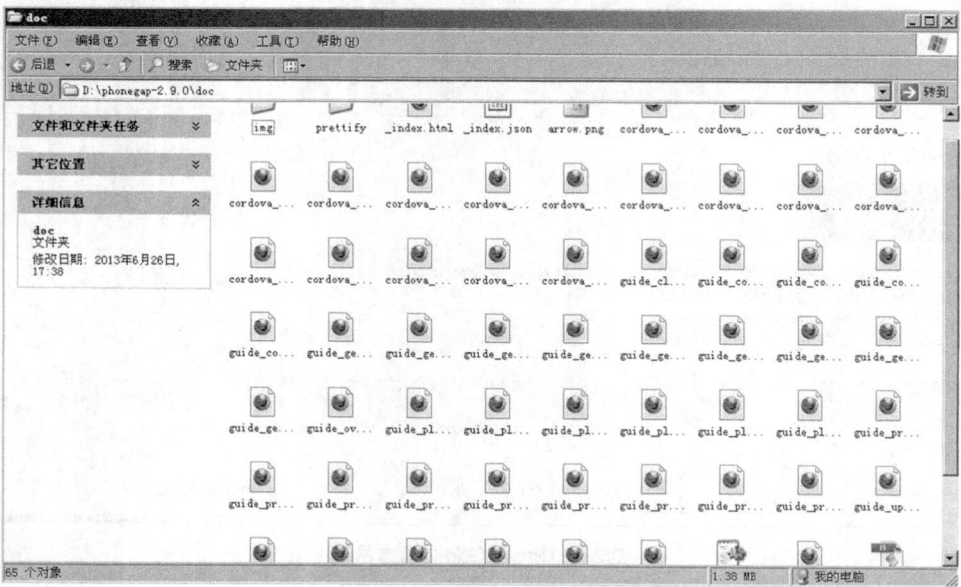

图 2-3 "doc" 目录

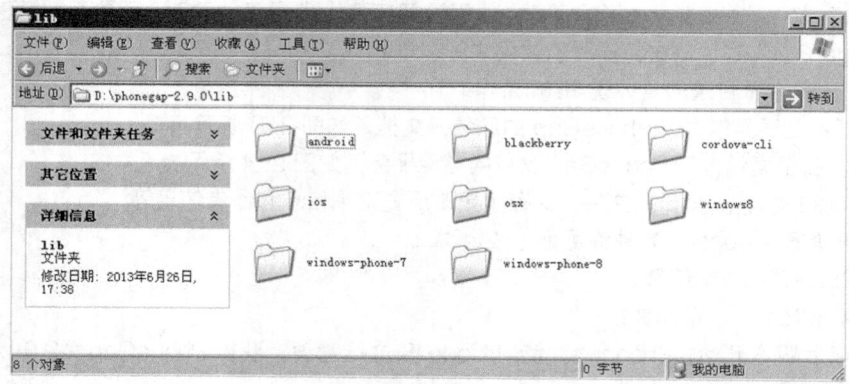

图 2-4 "lib" 目录

（1）登录 http://nodejs.org 下载 NodeJS，如图 2-5 所示。

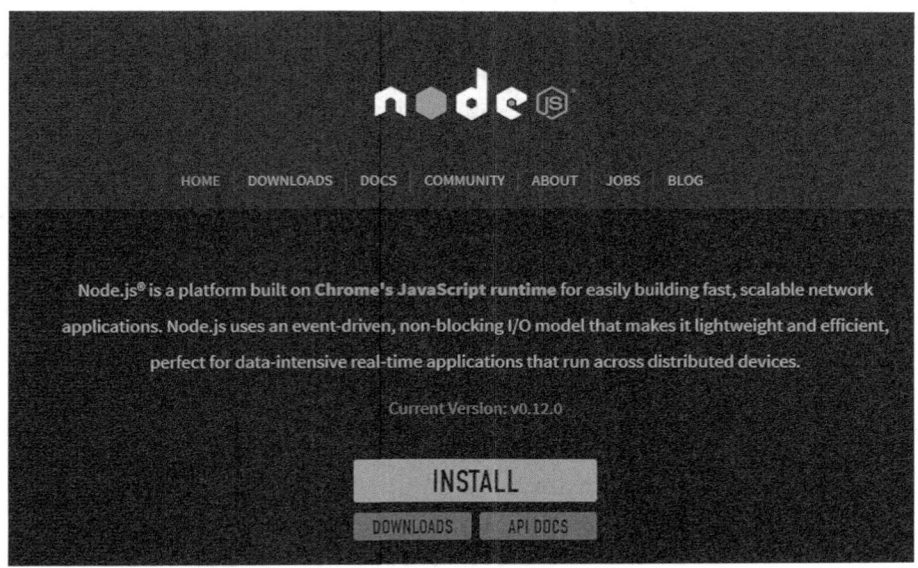

图 2-5 登录并下载

（2）http://nodejs.org 页面会自动识别当前机器的操作系统版本和位数（32 位或 64 位），单击"INSTALL"按钮后将自动下载适用当前机器的版本。下载界面如图 2-6 所示。

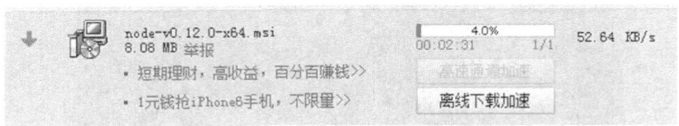

图 2-6 下载 NodeJS 界面

（3）双击下载的文件"node-v0.12.0-x64.msi"，在弹出的欢迎界面中单击"Next"按钮，如图 2-7 所示。

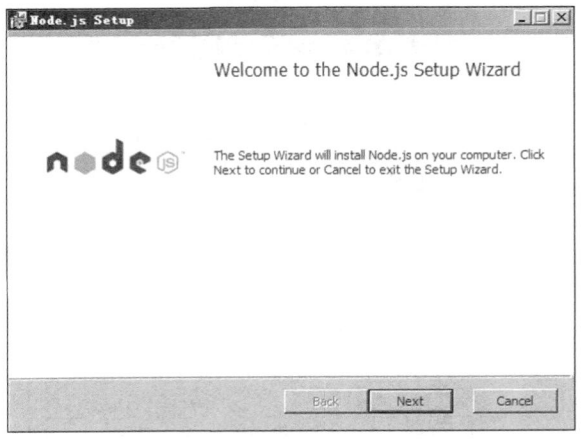

图 2-7 欢迎界面

（4）在弹出的协议接受界面中勾选"I accept…"选项，然后单击"Next"按钮，如图 2-8 所示。

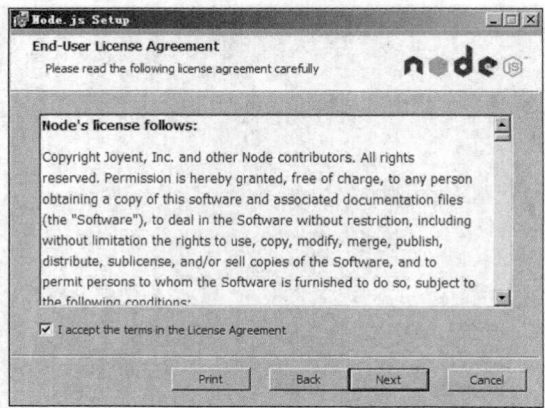

图 2-8　协议接受界面

（5）在弹出的安装路径界面中设置安装路径，然后单击"Next"按钮，如图 2-9 所示。

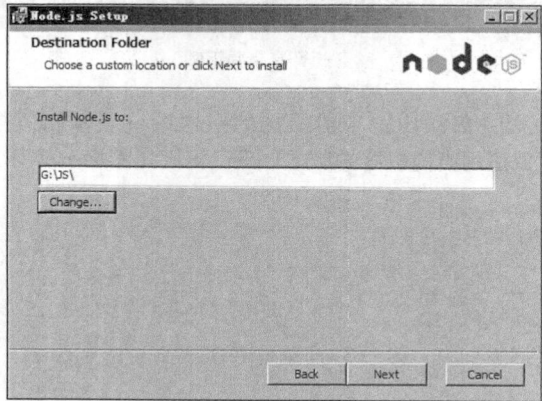

图 2-9　安装路径界面

（6）在弹出的典型设置界面中单击"Next"按钮，如图 2-10 所示。

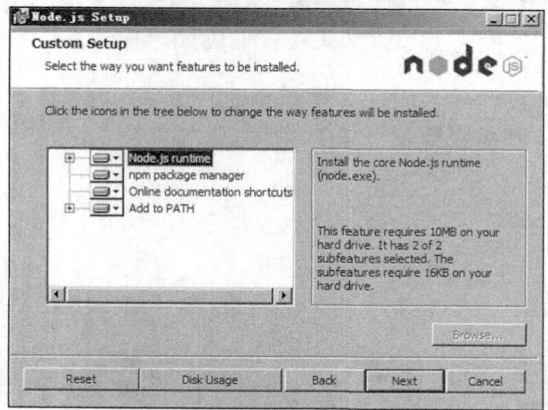

图 2-10　典型设置界面

（7）在弹出的准备安装界面中单击"Install"按钮开始安装，如图 2-11 所示。

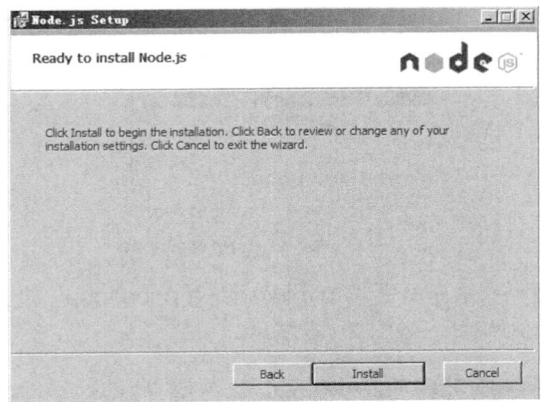

图 2-11　准备安装界面

（8）在弹出的安装界面中显示安装进度条，如图 2-12 所示。

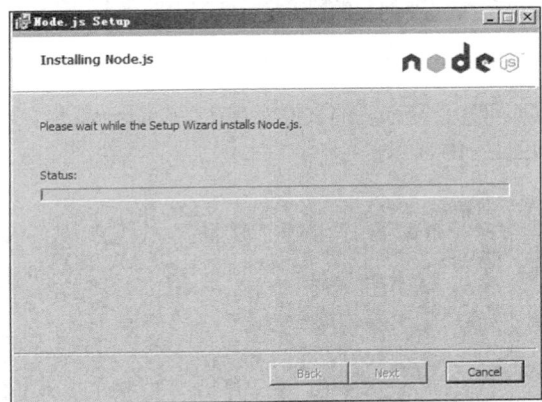

图 2-12　安装界面

（9）在弹出的完成界面中单击"Finish"按钮完成安装操作，如图 2-13 所示。

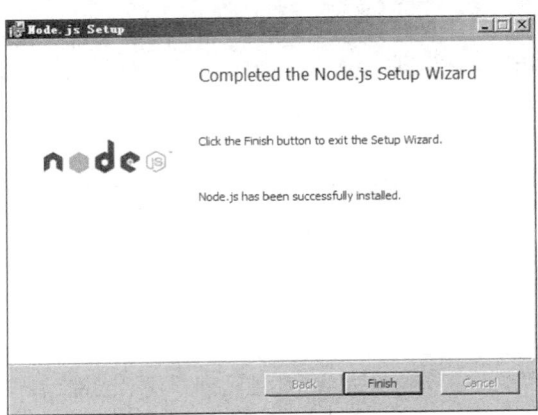

图 2-13　完成安装

（10）接下来开始使用 NodeJS 获得 PhoneGap，单击开始菜单中的"Node.js command prompt"选项，启动 NodeJS，如图 2-14 所示。

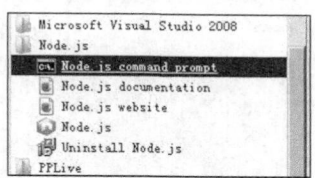

图 2-14　启动 NodeJS

（11）在弹出的命令行界面中输入命令"npm install -g phonegap"进行安装，此时系统会自动检测并安装当前最新版本的 PhoneGap，如图 2-15 所示。

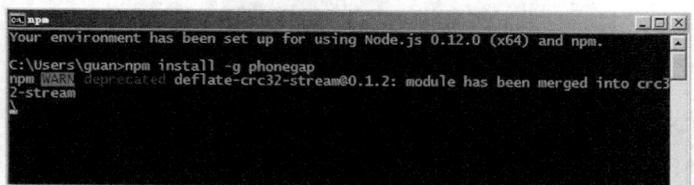

图 2-15　安装命令行界面

（12）通过安装命令行界面可知，获取后的文件保存在"C:\Users\ 用户名 \AppData\Roaming\npm\node_modules"目录下，如图 2-16 所示。

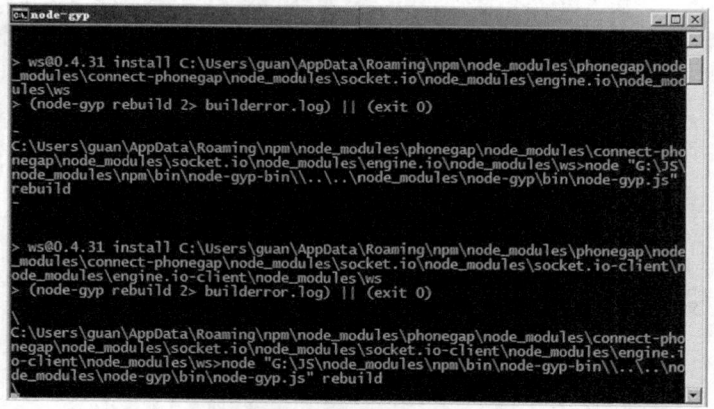

图 2-16　安装路径

注　意

当用 nodejs 安装 PhoneGap 时，需解决提示"not found git"的问题。这时，需先登录 http://nodejs.org/ 下载安装 nodejs，然后执行如下命令。

npm install -g phonegap

有时会报错，提示"没有安装 git"，解决方法是下载 msysgit 并安装，然后设置系统环境变量，把 git 安装目录的"*\bin"目录添加到 PATH 中。当提示缺少"libiconv-2.dll"时，需单独下载"libiconv-2.dll"，并放到"bin"目录（git 做些简单的配置）。

2.3 搭建 Android 开发环境

 本节教学录像：10 分钟

"工欲善其事，必先利其器"出自《论语》，意思是要想高效地完成一件事，需要有一个合适的工具。对于安卓（Android）开发人员来说，开发工具同样至关重要。作为一项新兴技术，在进行开发前首先要搭建一个对应的开发环境。对于本书内容来讲，搭建 Android 开发环境的过程不仅是搭建应用开发环境的过程，还是搭建移动 Web 开发环境的过程。本节将详细讲解搭建 Android 移动 Web 开发环境的基本知识。

2.3.1 安装 Android SDK 的系统要求

在搭建之前，一定先确定基于 Android 应用软件所需要开发环境的要求，具体如表 2-1 所示。

表 2-1 开发系统所需求参数

项目	最低版本要求	说明	备注
操作系统	Windows XP 或 Vista Mac OS X 10.4.8+Linux Ubuntu Drapper	根据自己的电脑自行选择	选择自己最熟悉的操作系统
软件开发包	Android SDK	选择最新版本的 SDK（Software Development Kit,软件开发工具包）	截止到目前，最新手机版本是 6.0
IDE	Eclipse IDE+ADT	Eclipse3.3（Europa），3.4（Ganymede)ADT(Android Development Tools，安卓开发工具）开发插件	选择 "for Java Developer"
其他	JDK Apache Ant	Java SE Development Kit 5 或 6 Linux 和 Mac 上使用 Apache Ant 1.6.5+，Windows 上使用 1.7+ 版本	单独的 JRE 是不可以的，必须要有 JDK），不兼容 Gnu Java 编译器（gcj）

Android 工具是由多个开发包组成的，具体说明如下。

❑ JDK：可以到网址 http://java.sun.com/javase/downloads/index.jsp 处下载。
❑ Eclipse（Europa）：可以到网址 http://www.eclipse.org/downloads/ 下载 Eclipse IDE for Java Developers。
❑ Android SDK：可以到网址 http://developer.android.com 下载。
❑ 对应的开发插件。

2.3.2 安装 JDK

JDK(Java Development Kit) 是整个 Java 的核心，包括了 Java 运行环境、Java 工具和 Java 基础的类库。JDK 是学好 Java 的第一步，是开发和运行 Java 环境的基础。当用户要对 Java 程序进行编译的时候，必须先获得对应操作系统的 JDK，否则将无法编译 Java 程序。在安装 JDK 之前需要先获得 JDK，而获得 JDK 的操作流程如下。

（1）登录 Oracle 官方网站，网址为 http://www.oracle.com/，如图 2-17 所示。

图 2-17　Oracle 官方下载页面

（2）在图 2-17 中可以看到有很多版本，在此选择当前最新的版本 Java7，下载页面如图 2-18 所示。

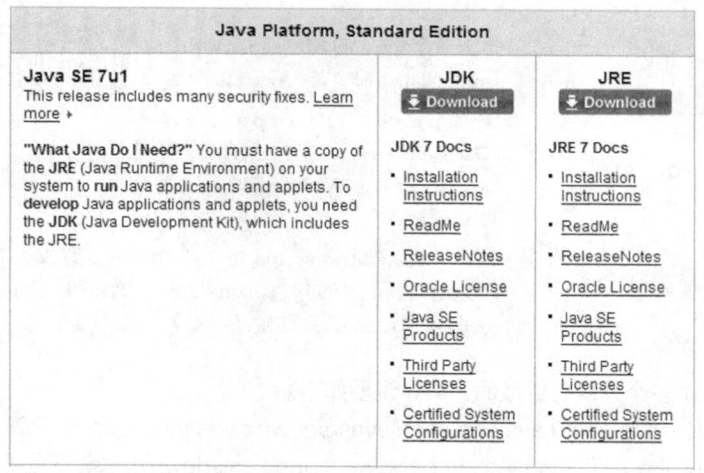

图 2-18　JDK 下载页面

（3）在图 2-18 中单击 JDK 下方的 "Download" 按钮，在弹出的新界面中选择将要下载的 JDK，在此选择的是 Windows X86 版本，如图 2-19 所示。

（4）下载完成后双击下载的 ".exe" 文件开始进行安装，将弹出 "安装向导" 对话框，在此单击 "下一步" 按钮，如图 2-20 所示。

（5）弹出 "安装路径" 对话框，在此选择文件的安装路径，如图 2-21 所示。

（6）在图 2-21 中单击 "更改（A）..." 按钮并设置安装路径是 "E:\jdk1.7.0_01\"，然后单击 "下一步" 按钮开始在安装路径解压缩下载的文件，如图 2-22 所示。

图 2-19　选择 Windows X86 版本

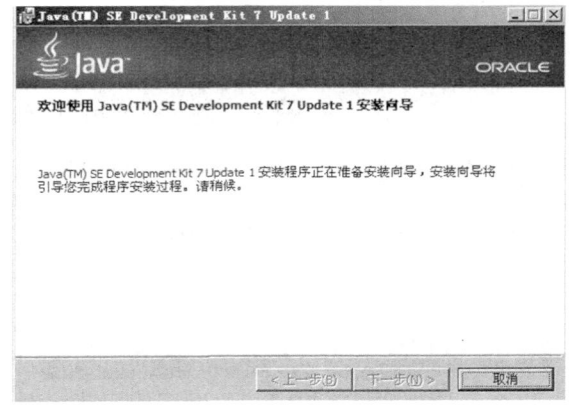

图 2-20　"许可证协议"对话框

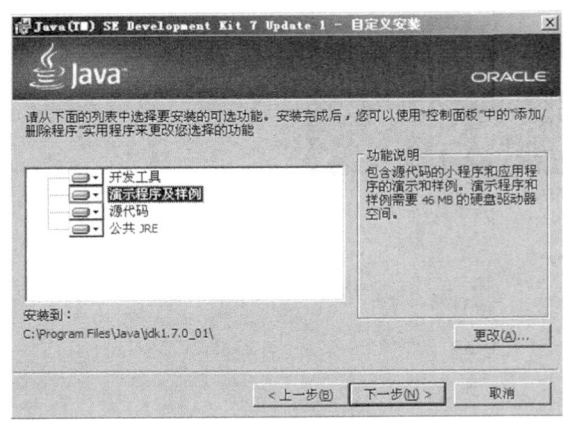

图 2-21　"安装路径"对话框

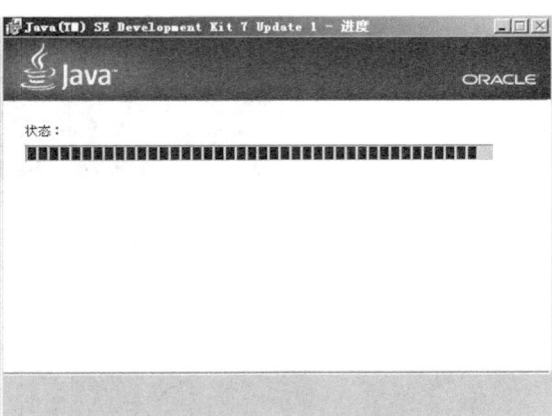

图 2-22　解压缩下载的文件

（7）完成后弹出"目标文件夹"对话框，在此选择要安装的位置，如图 2-23 所示。

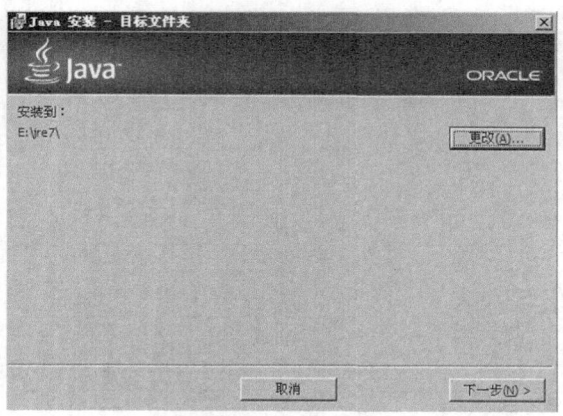

图 2-23 "目标文件夹"对话框

（8）单击"下一步"按钮后开始正式安装，如图 2-24 所示。

图 2-24 继续安装

（9）完成后弹出"完成"对话框，单击"完成"按钮后完成整个安装过程，如图 2-25 所示。

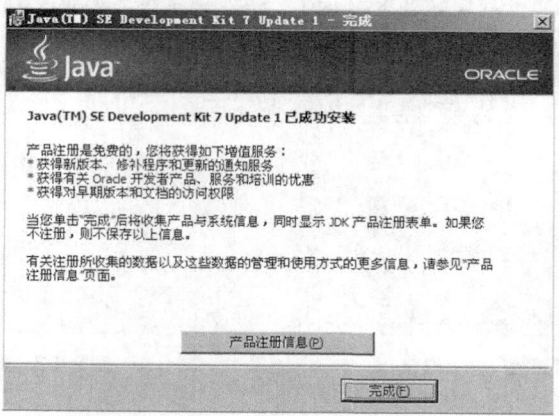

图 2-25 完成安装

完成安装后可以检测是否安装成功，检测方法是依次单击【开始】➤【运行】，在运行框中输入"cmd"并按下回车键，在打开的"CMD"窗口中输入"java － version"，如果显示如图 2-26 所示的提示信息，则说明安装成功。

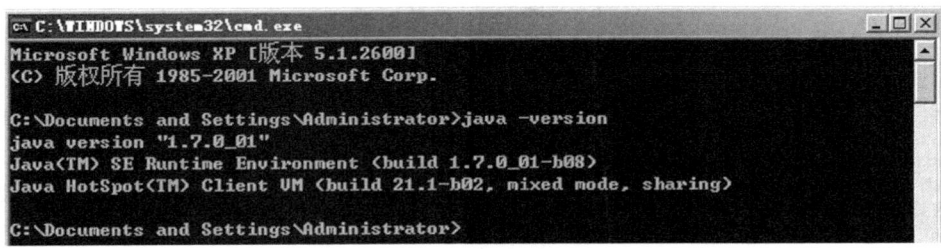

图 2-26　"CMD"窗口

 如果检测没有安装成功，需要将其目录的绝对路径添加到系统的 PATH 中，具体做法如下。

（1）右键依次单击【我的电脑】➤【属性】➤【高级】，点击下面的"环境变量"，在下面的"系统变量"处选择新建，在变量名处输入"JAVA_HOME"，变量值中输入刚才的目录，比如设置为"C:\Program Files\Java\jdk1.6.0_22"，如图 2-27 所示。

（2）再次新建一个变量名为 classpath，其变量值如下。

.;%JAVA_HOME%/lib/rt.jar;%JAVA_HOME%/lib/tools.jar

单击"确定"按钮找到 PATH 的变量，双击或点击编辑，在变量值最前面添加如下值，添加字段后如图 2-28 所示。

%JAVA_HOME%/bin;

图 2-27　设置系统变量

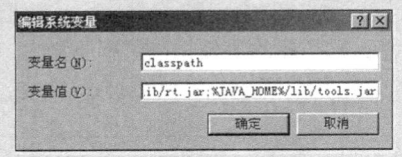

图 2-28　设置系统变量

（3）再依次单击【开始】➤【运行】，在运行框中输入"cmd"并按下回车键，在打开的"CMD"窗口中输入"java-version"，如果显示如图 2-29 所示的提示信息，则说明安装成功。

图 2-29　"CMD"窗口

注意　　上述变量设置中，是按照安装路径设置的，而这里安装的 JDK 的路径是 C:\Program Files\Java\jdk1.7.0_02。

2.3.3　获取并安装 Eclipse 和 Android SDK

在安装好 JDK 后，接下来需要安装 Eclipse 和 Android SDK。Eclipse 是进行 Android 应用开发的一个集成工具，而 Android SDK 是开发 Android 应用程序锁必须具备的框架。在 Android 官方公布的最新版本中，已经将 Eclipse 和 Android SDK 这两个工具进行了集成，一次下载即可同时获得这两个工具。获取并安装 Eclipse 和 Android SDK 的具体步骤如下。

（1）登录 Android 的官方网站 http://developer.android.com/index.html，如图 2-30 所示。

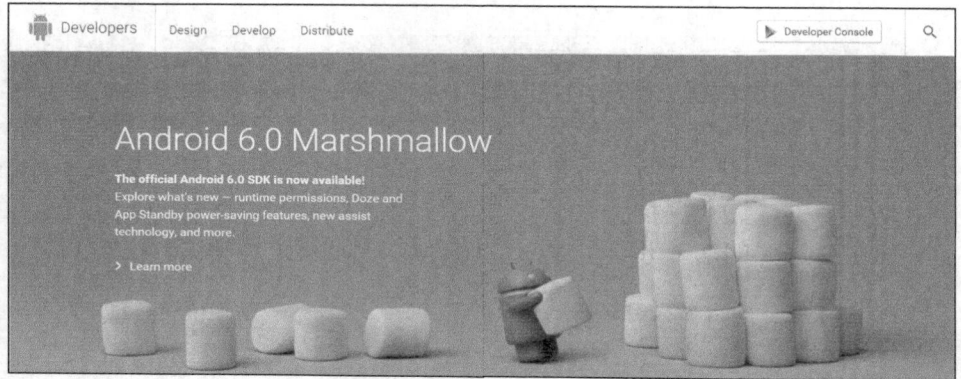

图 2-30　Android 的官方网站

（2）然后来到 http://developer.android.com/sdk/index.html#Other，如图 2-31 所示。在此页面中可以根据自己机器的操作系统选择下载 SDK 的版本，例如笔者机器是 64 位的 Windows 系统，所以单击 "installer_r24.4.2-windows.exe" 链接。

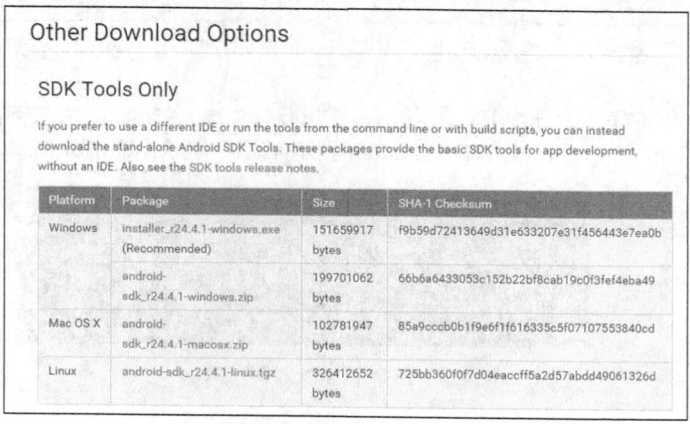

图 2-31　单击 "Get the SDK" 链接

（3）在弹出的"Get the Android SDK"界面中勾选"I have read and agree with the above terms and conditions"前面的复选框，如图 2-32 所示。

图 2-32　"Get the Android SDK"界面

（4）单击图 2-32 中的  按钮后开始下载工作，下载完成后将会获得一个可执行的"EXE"文件，双击后可以自动根据你的系统位数（32/64）下载获取 Android SDK 安装包。

（5）将下载得到的压缩包进行解压，解压后的目录结构如图 2-33 所示。

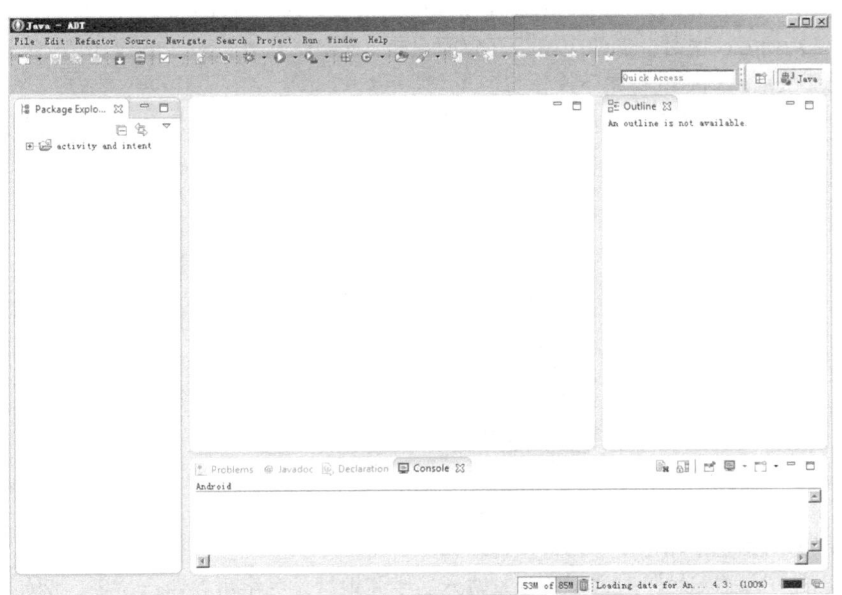

图 2-33　解压后的目录结构

由此可见，Android 官方已经将 Eclipse 和 Android SDK 实现了集成。双击"eclipse"目录中的"eclipse.exe"可以打开 Eclipse，界面效果如图 2-34 所示。

图 2-34　打开 Eclipse 后的界面效果

（6）打开 Android SDK 的方法有两种，第一种是双击下载目录中的"SDK Manager.exe"文件，第二种在是 Eclipse 工具栏中单击 图标。Android SDK 打开后的效果如图 2-35 所示。

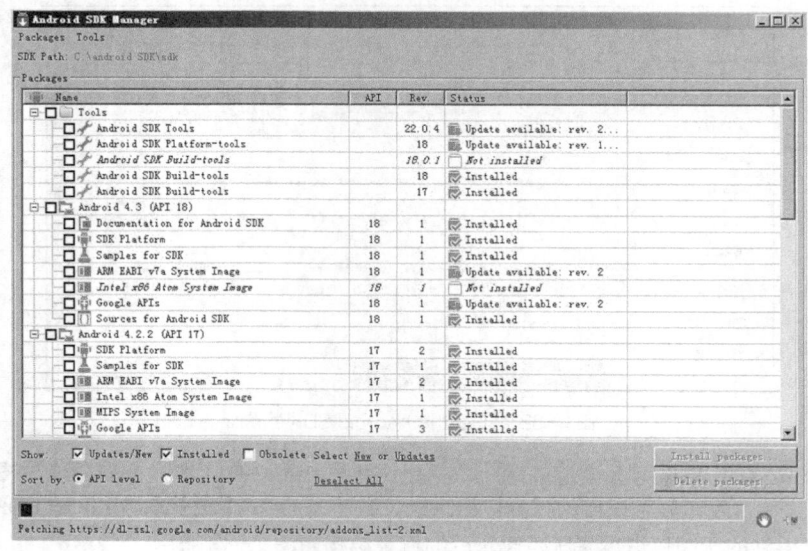

图 2-35　打开 Android SDK 后的界面效果

2.3.4　安装 ADT

Android 为 Eclipse 定制了一个专用插件 Android Development Tools（ADT，安卓开发工具），此插件为用户提供了一个强大的开发 Android 应用程序的综合环境。ADT 扩展了 Eclipse 的功能，可以让用户快速地建立 Android 项目，创建应用程序界面。要安装 Android Development Tools plug-in，需要首先打开 Eclipse IDE，然后进行如下操作。

（1）打开 Eclipse 后，依次单击菜单栏中的"Help"｜"Install New Software..."选项，如图 2-36 所示。

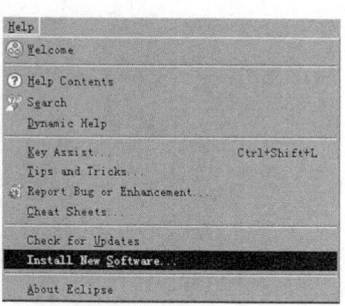

图 2-36　添加插件

（2）在弹出的对话框中单击"Add"按钮，如图 2-37 所示。

（3）在弹出的"Add Site"对话框中分别输入名字和地址，名字可以自己命名，例如"123"，但是在 Location 中必须输入插件的网络地址 http://dl-ssl.google.com/Android/eclipse/，如图 2-38 所示。

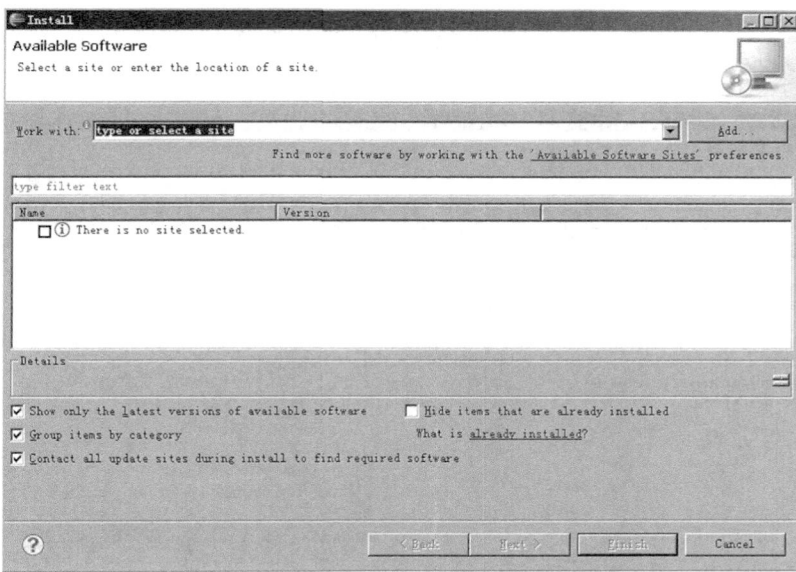

图 2-37　添加插件

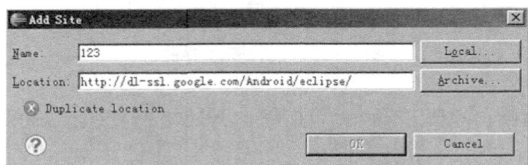

图 2-38　设置地址

（4）单击"OK"按钮后，在"Install"界面上将会显示系统中可用的插件，如图 2-39 所示。

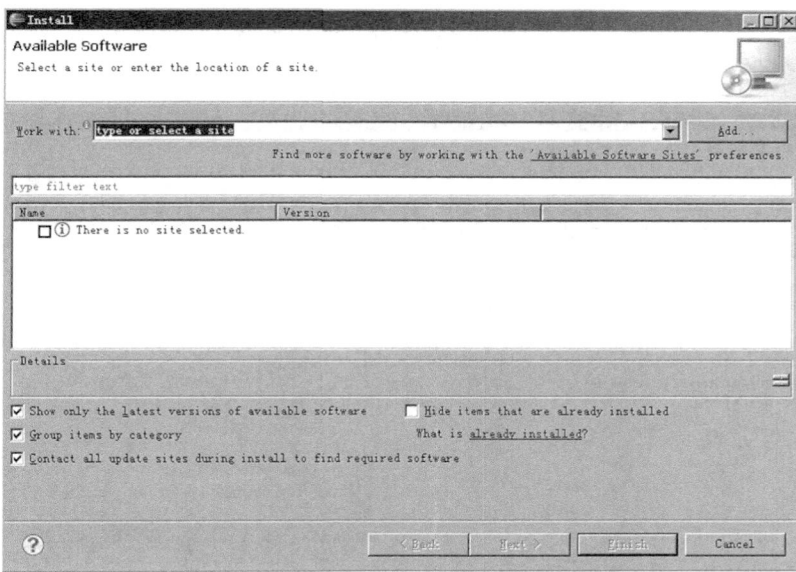

图 2-39　插件列表

（5）选中"Android DDMS"和"Android Development Tools"，然后单击"Next"按钮来到安装界面，如图 2-40 所示。

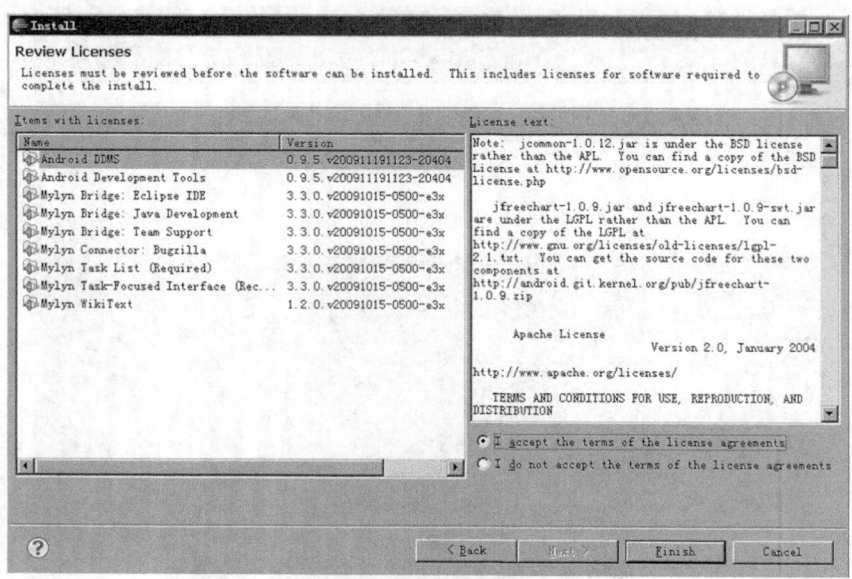

图 2-40　插件安装界面

（6）选择"I accept"选项，单击"Finish"按钮，开始进行安装，如图 2-41 所示。

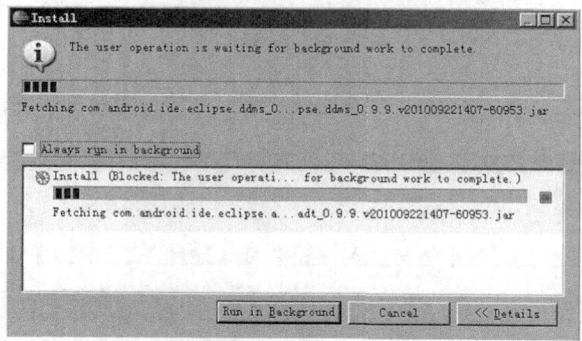

图 2-41　开始安装

　　　　　在上个步骤中，可能会发生计算插件占用资源情况，过程有点慢。完成后会提示重启
Eclipse 来加载插件，等重启后就可以用了。不同版本的 Eclipse 安装插件的方法和步骤不
注意　尽相同，但是也大同小异，读者可以根据操作提示能够自行解决。

2.3.5　设定 Android SDK Home

　　仅完成上述插件装备工作，还不能使用 Eclipse 创建 Android 项目。这时，我们还需要在 Eclipse
中设置 Android SDK 的主目录，具体步骤如下。

（1）打开 Eclipse，在菜单中依次单击【Windows】➤【Preferences】项，如图 2-42 所示。

（2）在弹出的界面左侧可以看到 "Android" 项，选中 Android 后，在右侧设定 Android SDK 所在目录，单击 "OK" 按钮完成设置，如图 2-43 所示。

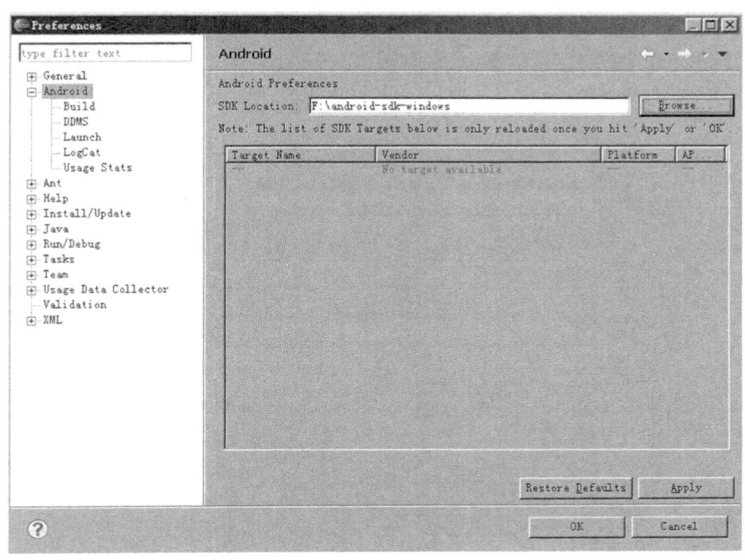

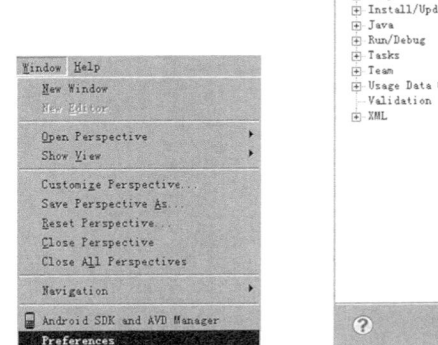

图 2-42　单击 "Preferences" 项　　　　　　　图 2-43　设置目录

2.3.6　验证开发环境

经过前面步骤的讲解，一个基本的 Android 开发环境算是搭建完成了。下面通过新建一个项目来验证当前的环境是否可以正常工作。

（1）打开 Eclipse，在菜单中依次选择【File】➤【New】➤【Project】项，在弹出的对话框上可以看到 Android 类型的选项，如图 2-44 所示。

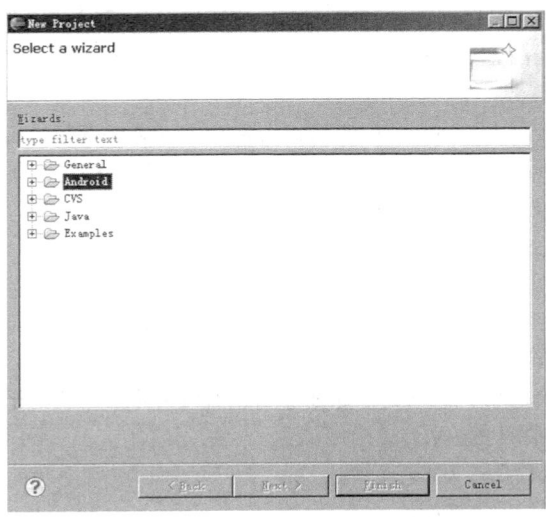

图 2-44　新建项目

（2）在图 2-44 上选择 "Android"，单击 "Next" 按钮后打开 "New Android Project" 对话框，在对应的文本框中输入必要的信息，如图 2-45 所示。

（3）单击 "Finish" 按钮后 Eclipse 会自动完成项目的创建工作，最后会看到如图 2-46 所示的项目结构。

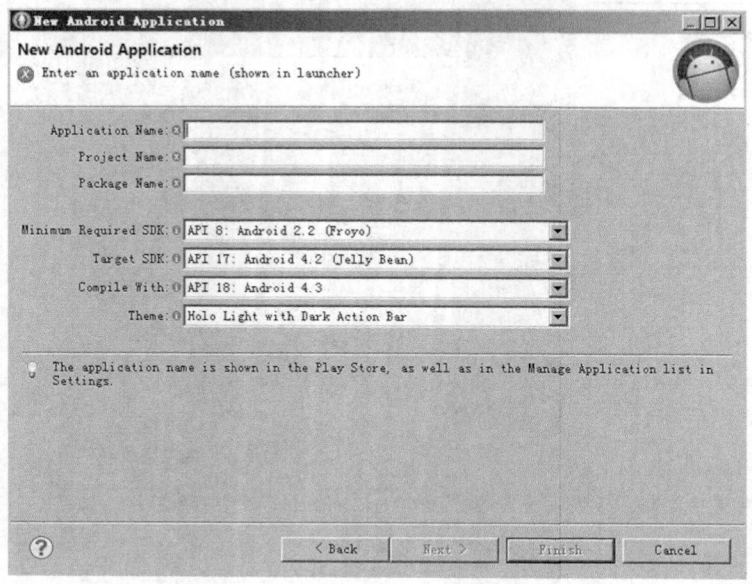

图 2-45 "New Android Application" 对话框

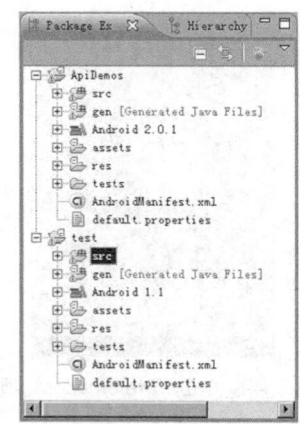

图 2-46 项目结构

2.3.7 实战演练——创建 Android 虚拟设备

我们都知道程序开发需要调试，只有经过调试之后才能知道我们的程序是否正确运行。作为一款手机系统，我们怎么样能在电脑平台之上调试 Android 程序呢？不用担心，谷歌为我们提供了模拟器来解决该问题。所谓模拟器，就是指在电脑上模拟安卓系统，以调试并运行开发的 Android 程序。开发人员不需要一个真实的 Android 手机，只通过电脑即可模拟运行一个手机，进而开发出应用在手机上面程序。

AVD 全称为 Android Virtual Device，中文名称为 Android 虚拟设置。每个 AVD 模拟了一套虚拟设备来运行 Android 平台。这个平台至少要有自己的内核、系统图像和数据分区，还可以有自己的的 SD卡和用户数据以及外观显示等。创建 AVD 的基本步骤如下。

（1）单击 Eclips 菜单中的图标 ，如图 2-47 所示。

（2）在弹出的 "Android SDK and AVD Manager" 窗口的左侧导航中选择 "Virtual device" 选项，如图 2-48 所示，在 "Virtual device" 列表中列出了当前已经安装的 AVD 版本，我们可以通过右侧的按钮来创建、删除或修改 AVD。主要按钮的具体说明如下。

❑ ▭ New... ▭：创建新的 AVD，单击此按钮在弹出的窗口中可以创建一个新 AVD，如图 2-49 所示。

❑ ▭ Edit... ▭：修改已经存在的 AVD。

❑ ▭ Delete... ▭：删除已经存在的 AVD。

❑ ▭ Start... ▭：启动一个 AVD 模拟器。

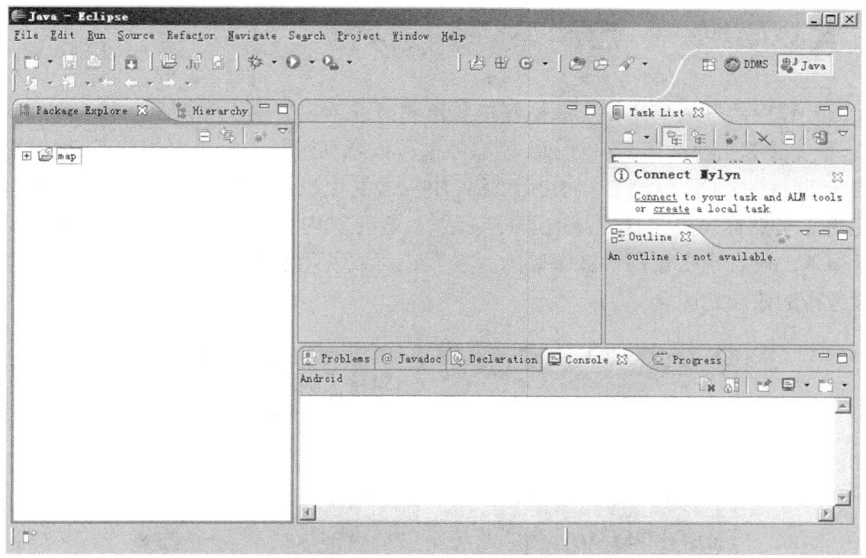

图 2-47　"Eclipse" 窗口

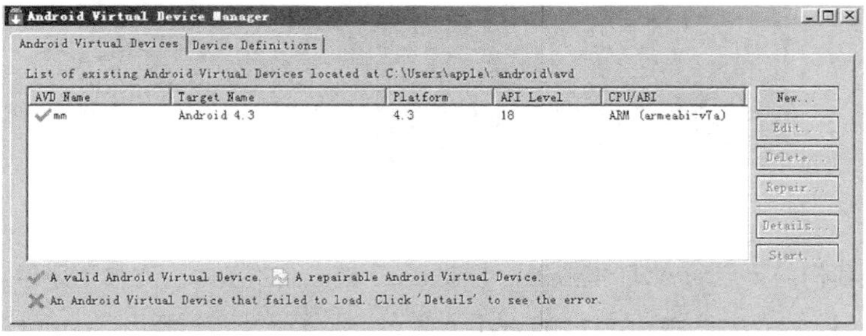

图 2-48　"Android SDK and AVD Manager" 窗口

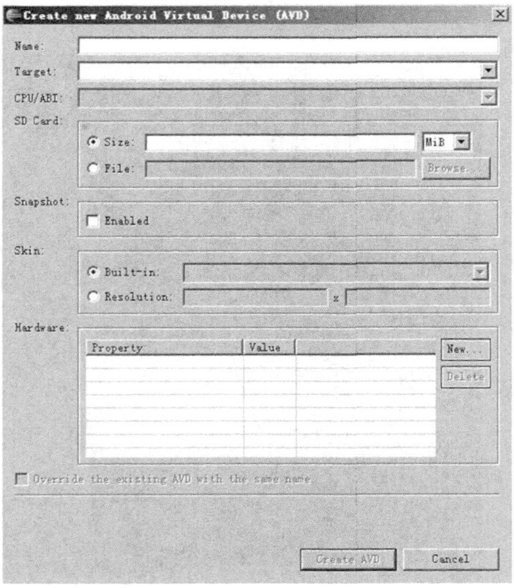

图 2-49　新建 AVD

2.3.8 实战演练——启动 AVD 模拟器

对于 Android 程序的开发者来说，模拟器的推出给开发者在开发上和测试上带来了很大的便利。无论在 Windows 下，还是 Linux 下，Android 模拟器都可以顺利运行。官方提供的 Eclipse 插件，可以将模拟器集成到 Eclipse 的 IDE 环境。Android SDK 中包含的模拟器的功能非常齐全，电话本、通话等功能都可正常使用（当然你没办法真的从这里打电话），甚至其内置的浏览器和 Maps 都可以联网。用户可以使用键盘输入，鼠标点击模拟器按键输入，甚至还可以使用鼠标点击、拖动屏幕进行操纵。模拟器在电脑上模拟运行的效果如图 2-50 所示。

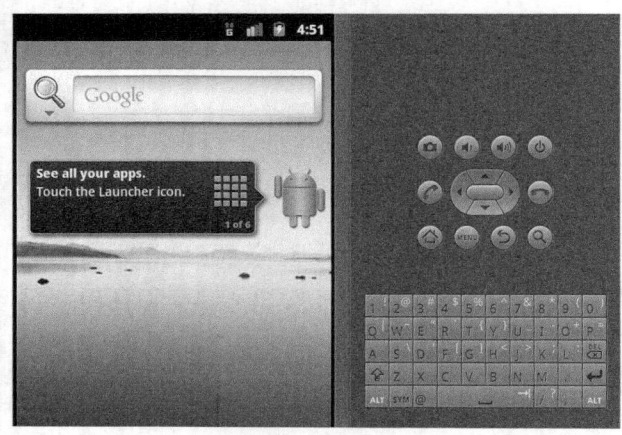

图 2-50　模拟器

在调试的时候我们需要启动 AVD 模拟器。启动 AVD 模拟器的基本流程如下所示。

（1）选择图 2-49 列表中名为"mm"的 AVD，单击 Start... 按钮后弹出"Launch Option"对话框，如图 2-51 所示。

（2）单击"Launch"按钮后将会运行名为"mm"的模拟器，运行界面效果如图 2-52 所示。

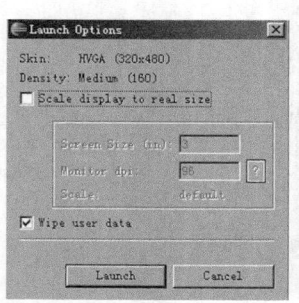

图 2-51　"Launch"对话框

图 2-52　模拟运行成功

2.3.9 实战演练——在 Android 平台创建基于 PhoneGap 的程序

在接下来的内容中，将详细讲解在 Android 平台中创建一个基于 PhoneGap 的程序的过程。

【范例 2-1】在 Android 平台创建基于 PhoneGap 的应用程序（光盘 \ 配套源码 \2\HelloWorld\）。

【范例分析】

首先，利用 HTML、CSS 和 JavaScript 来搭建一个标准的 Web 应用程序，然后用 PhoneGap 封装来访问移动设备的基本信息，并在 Android 模拟器上调试成功后，部署到实体机。为了在不同的设备上得到一样的渲染效果，将采用 jQuery Mobile 来设计应用程序界面。

基于以上分析，我们可通过以下步骤来创建相应的应用程序。

1. 建立一个基于 Web 的 Android 应用

创建标准 Android 应用的操作步骤如下。

（1）启动 Eclipse，依次选中"File""New""Other"菜单，然后在向导的树形结构中找到"Android"节点，并点击"Android Project"，在项目名称上填写"HelloWorld"。

（2）单击"Next"按钮，选择目标"SDK"，在此选择 2.3.3。单击"Next"按钮，然后填写包名为"com.adobe.phonegap"，如图 2-53 所示。

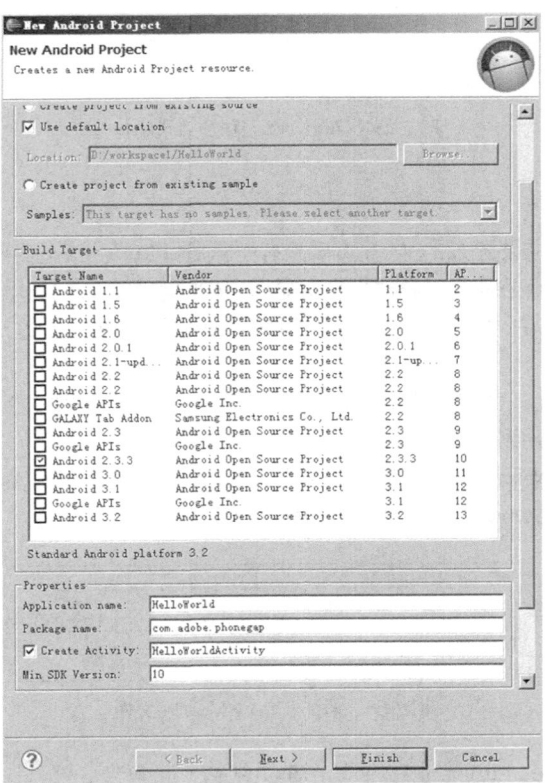

图 2-53　创建 Android 工程

（3）单击"Finish"按钮，将成功构建一个标准的 Android 项目。图 2-54 展示了当前项目的目录结构。

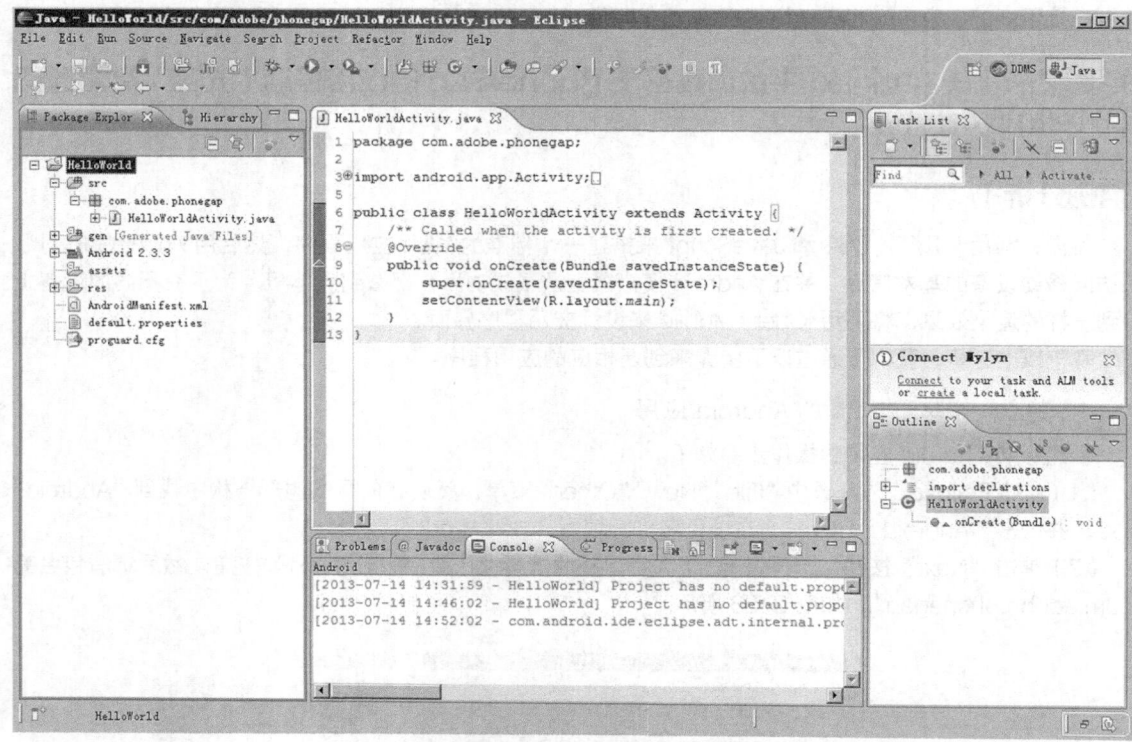

图 2-54　Android 工程的目录结构

2. 添加 Web 内容

在"HelloWorld"中，将要添加的 Web 页面只有"index.html"。该页面要完成的功能是在内容区域输出"HelloWorld"。为了确保在不同的移动平台上显示一样的效果，我们使用 jQuery Mobile 来设计 UI。

（1）在"HelloWorld"的"assets"目录下创建"www"文件夹。这个文件夹是所有 Web 内容的容器。

（2）下载 jQuery Mobile，此实例使用的版本是 1.1.0 RC1。除了需要 jQuery Mobile 的 CSS 和相关 JavaScript 文件外，还需要用到"jquery.js"。

（3）下载完 jQuery Mobile 并解压缩后，将"jquery.mobile-l.0.min.css""jquery.mobile-l.O.min.js"和"jquery.js"放置在"www"文件夹下，如图 2-55 所示。

图 2-55　添加 jQuery Mobile 文件

（4）开始编写文件"index.html"。该页面是个单页结构，共包含 3 部分，分别是页头、内容和页脚。文件"index.html"的具体代码如下所示。

```
<!DOCTYPE html>
<html>
<head>
  <meta charset="utf-8">
  <meta name="viewport" content="width=device-width, initial-scale=1">
  <title>index.html</title>
  <link rel="stylesheet" href="jquery.mobile-1.0.1.min.css" />
  <script type="text/javascript" charset="utf-8" src="jquery.js"></script>
  <script type="text/javascript" charset="utf-8" src="jquery.mobile-1.0.1.min.js"></script>
</head>
<body>
<!-- begin first page -->
<div id="page1" data-role="page" >
<header data-role="header"><h1>Hello World</h1></header>
<div data-role="content" class="content">
<h3> 设备信息 </h3>

</ul>
</div>
<footer data-role="footer"><h1>Footer</h1></footer>
</div>
<!-- end first page -->
</body>
</html>
```

【运行结果】

目前，该页面无法显示在移动设备中，其在桌面浏览器上的显示效果如图 2-56 所示。

图 2-56　文件 "index.html" 的执行效果

3. 利用 PhoneGap 封装成移动 Web 应用

整个封装过程可以分为如下 4 部分。

修改项目结构，即创建一些必要的目录结构。

引入 PhoneGap 相关文件，包含"cordova.js"和"cordova.j ar"，其中"cordova.js"主要用于 HTML 页面，而"cordova.jar"作为 Java 库文件引入。

第三部分：修改项目文件（包含 HTML 页面和 activity 类文件）。

第四部分：是可选的，就是修改项目元数据"AndroidManifest.xml"。我们可以根据实际需要来修改该配置文件。

在接下来的内容中，将将逐一介绍每一部分的具体实现过程。

（1）修改项目结构

在项目的根目录下创建"libs"和"assets/www"文件夹，前者是将要添加的"cordova.jar"包的容器，后者（该文件夹在"添加 Web 内容"一节中已经创建）是 Web 内容的容器。

（2）引入 PhoneGap 相关文件

进入前面已经下载的 PhoneGap 发布包的"\lib\android"目录，将文件"cordova.js"复制到"assets/www"目录下，将"cordova-2.9.0.jar"库文件复制到"libs"目录下，将"XML"文件夹复制到"res"目录下，作为"res"目录的一个子目录。在 PhoneGap 2.0 以前，"XML"文件夹包含两个配置文件"cordova.xml"和"plugins.xml"，从 2.0 开始这两个文件合并成一个"config.xml"。修改项目的 Java 构建路径，把"libs"下的"cordova-2.9.0.jar"添加到编译路径中。

（3）修改项目文件

修改默认的 Java 文件"HelloWorldActivity"，使其继承 DroidGap，修改后的代码如下所示。

```
package com.adobe.phonegap;
import org.apache.cordova.DroidGap;
import android.app.Activity;
import android.os.Bundle;
public class HelloWorldActivity extends DroidGap {
    /** Called when the activity is first created. */
    @Override
    public void onCreate(Bundle savedInstanceState) {
        super.onCreate(savedInstanceState);
        super.loadUrl("file:///android_asset/www/index.html");
    }
}
```

在上述代码中，DroidGap 是 PhoneGap 提供的类，其继承自 android.app.Activity 类。如果需要 PhoneGap 提供的 API 访问设备的原生功能或者设备信息，则需要在"index.html"的 <header> 标签中加入如下代码。

```
<script type="text/javascript" charset="utf-8" src="cordova.js" >
```

【运行结果】

在本例中，我们先实验一下不引入"cordova.js"时的情况。此时在模拟器上的运行效果如图 2-57 所示。

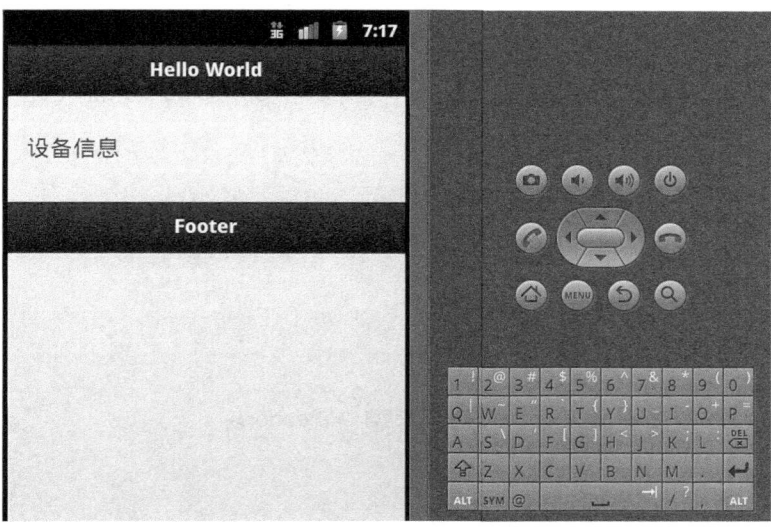

图 2-57 不引入"cordova.js"时的执行效果

现在修改文件"index.html",将文本"Iam here"替换为显示设备信息。更改后的"index.html"页面的代码如代码如下所示。

```
<!DOCTYPE html>
<html>
<head>
  <meta charset="utf-8">
  <meta name="viewport" content="width=device-width, initial-scale=1">
  <title>index.html</title>
  <link rel="stylesheet" href="jquery.mobile-1.0.1.min.css" />
  <script type="text/javascript" charset="utf-8" src="jquery.js"></script>
  <script type="text/javascript" charset="utf-8" src="jquery.mobile-1.0.1.min.js"></script>
  <script type="text/javascript" charset="utf-8" src="cordova.js" ></script>
  <script type="text/javascript" charset="utf-8">

$( function() {

});
$(document).ready(function(){

    console.log("jquery ready");
    document.addEventListener("deviceready", onDeviceReady, false);
    console.log("register the listener");
});

function onDeviceReady()
{
```

```
        console.log("onDeviceReady");
        $(".content").html("<ul data-role='listview'><li>"+device.name+"</li><li>"+device.cordova+"</
li><li>"+device.platform+"</li><li>"+device.version+"</li><li>"+device.uuid+"</li></ul>");
    }


    </script>
</head>
<body>
<!-- begin first page -->
<div id="page1" data-role="page" >
<header data-role="header"><h1>Hello World</h1></header>
<div data-role="content" class="content">
<h3> 设备信息 </h3>

</ul>
</div>
<footer data-role="footer"><h1>Footer</h1></footer>
</div>
<!-- end first page -->
</body>
</html>
```

在上述代码中，使用函数 onDeviceReady() 调用 $(".content").html() 函数来修改 div 中的 HTML 内容。

4. 修改权限文件 "AndroidManifest.xml"

在文件 "AndroidManifest.xml" 中，增加访问网络和照相机的权限，并添加适用不同分辨率的设置代码。文件 "AndroidManifest.xml" 的具体代码如下所示。

```
<?xml version="1.0" encoding="utf-8"?>
<manifest xmlns:android="http://schemas.android.com/apk/res/android"
    package="com.adobe.phonegap"
    android:versionCode="1"
    android:versionName="1.0">

    <supports-screens android:largeScreens="true" android:normalScreens="true" android:smallScreens="true"
android:resizeable="true" android:anyDensity="true"  />
    <uses-permission android:name="android.permission.CAMERA" />
    <uses-permission android:name="android.permission.VIBRATE" />
    <uses-permission android:name="android.permission.ACCESS_COARSE_LOCATION" />
    <uses-permission android:name="android.permission.ACCESS_FINE_LOCATION" />
    <uses-permission android:name="android.permission.ACCESS_LOCATION_EXTRA_COMMANDS" />
    <uses-permission android:name="android.permission.READ_PHONE_STATE" />
```

```
<uses-permission android:name="android.permission.INTERNET" />
<uses-permission android:name="android.permission.RECEIVE_SMS" />
<uses-permission android:name="android.permission.RECORD_AUDIO" />
<uses-permission android:name="android.permission.MODIFY_AUDIO_SETTINGS" />
<uses-permission android:name="android.permission.READ_CONTACTS" />
<uses-permission android:name="android.permission.WRITE_CONTACTS" />
<uses-permission android:name="android.permission.WRITE_EXTERNAL_STORAGE" />
<uses-permission android:name="android.permission.ACCESS_NETWORK_STATE" />
<uses-permission android:name="android.permission.BROADCAST_STICKY" />
    <uses-sdk android:minSdkVersion="10" />

    <application android:icon="@drawable/icon" android:label="@string/app_name">
        <activity android:name=".HelloWorldActivity"
                android:label="@string/app_name">
            <intent-filter>
                <action android:name="android.intent.action.MAIN" />
                <category android:name="android.intent.category.LAUNCHER" />
            </intent-filter>
        </activity>
    </application>
</manifest>
```

【 运行结果 】

到此为止，整个实例介绍完毕。此时在 Android 中的执行效果如图 2-58 所示。

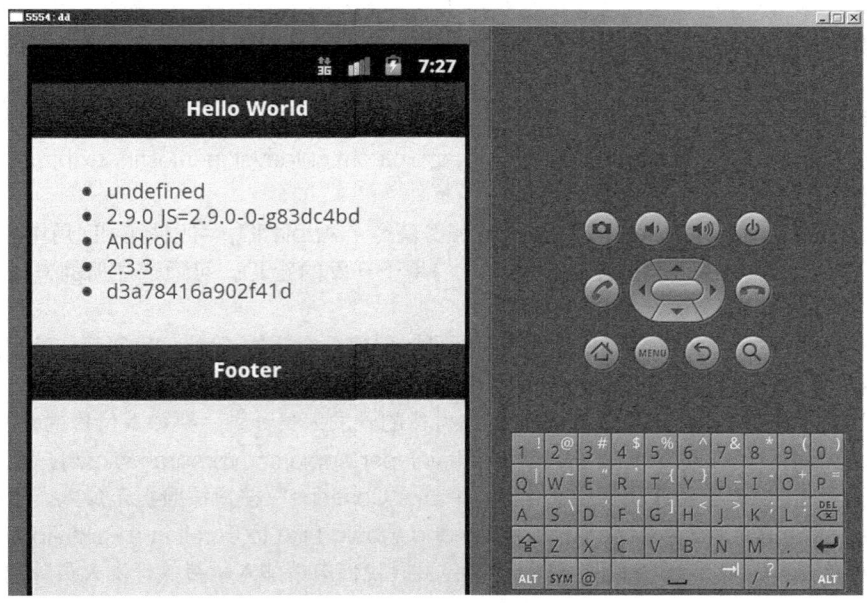

图 2-58　最终的执行效果

2.4 搭建 iOS 开发环境

 本节教学录像：2 分钟

要想成为一名 iOS 开发人员，首先需要拥有一台 Intel Macintosh 台式计算机或便携式计算机（俗称笔记本电脑），并运行苹果的操作系统，例如 Snow Leopard 或 Lion。所使用的计算机的硬盘至少有 6GB 的可用空间，并且开发系统的屏幕越大越好。对于广大初学者来说，建议购买一台 Mac 机器，因为这样的开发效率更高，更加能获得苹果公司的支持，也避免一些因为不兼容所带来的调试错误。除此之外，还需要加入 Apple 开发人员计划。本节将详细讲解搭建 iOS 开发环境的基本知识。

2.4.1 搭建前的准备——加入 iOS 开发团队

对于绝大多数读者来说，其实无需任何花费即可加入到 Apple 开发人员计划（Developer Program），然后下载 iOS SDK（软件开发包）、编写 iOS 应用程序，并且在 Apple iOS 模拟器中运行它们。需注意的是，相比收费成员，免费成员的操作会受到较多的限制。例如，要想获得 iOS 和 SDK 的 beta 版，必须是付费成员，要想将编写的应用程序加载到 iPhone 中或通过 App Store 发布它们，也需支付会员费。

 注 意 本书的大多数应用程序都可在免费工具提供的模拟器中正常运行。如果不确定成为付费成员是否合适，建议读者先不要急于成为付费会员，而是先成为免费成员，在编写一些示例应用程序并在模拟器中运行它们后再考虑是否升级为付费会员。因为模拟器不能精确地模拟移动传感器输入和 GPS 数据等应用，所以建议有条件的读者付费成为付费会员。

付费的开发人员计划提供了两种等级，分别为标准计划（99 美元）和企业计划（299 美元），前者适用于要通过 App Store 发布其应用程序的开发人员，后者适用于开发的应用程序要在内部（而不是通过 App Store）发布的大型公司（雇员超过 500）。其实，无论是公司用户，还是个人用户，都可选择标准计划（99 美元）。在将应用程序发布到 AppStore 时，如果需要指出公司名，则在注册期间会给出标准的"个人"或"公司"计划选项。

无论是大型企业，还是小型公司，无论是要成为免费成员，还是付费成员，都要先登录 Apple 的官方网站，并访问 Apple iOS 开发中心（http://www.apple.com.cn/developer/ios/index.html）注册成为会员，如图 2-59 所示。

如果通过使用 iTunes、iCloud 或其他 Apple 服务获得了 Apple ID，可以将该 ID 用作开发账户。如果目前还没有 Apple ID，或者需要新注册一个专门用于开发的新 ID，可通过注册的方法创建一个新 Apple ID。注册界面如图 2-60 所示。

单击图 2-60 中的"Create Apple ID"按钮后可以创建一个新的 Apple ID 账号，注册成功后输入登录信息登录，登录成功后的界面如图 2-61 所示。

在成功登录 Apple ID 后，可以决定是否加入付费的开发人员计划。要加入付费的开发人员计划，需要再次将浏览器指向 iOS 开发计划网页（http://developer.apple.com/programs/ios/），并单击"Enron New"链接可以马上加入。阅读说明性文字后，单击"Continue"按钮按照提示加入。当系统提示时选择"I'm Registered as a Developer with Apple and Would Like to Enroll in a Paid Apple Developer Program"，再单击"Continue"按钮。注册工具会引导我们申请加入付费的开发人员计划，包括在个人和公司选项之间做出选择。

图 2-59　Apple iOS 的开发中心页面

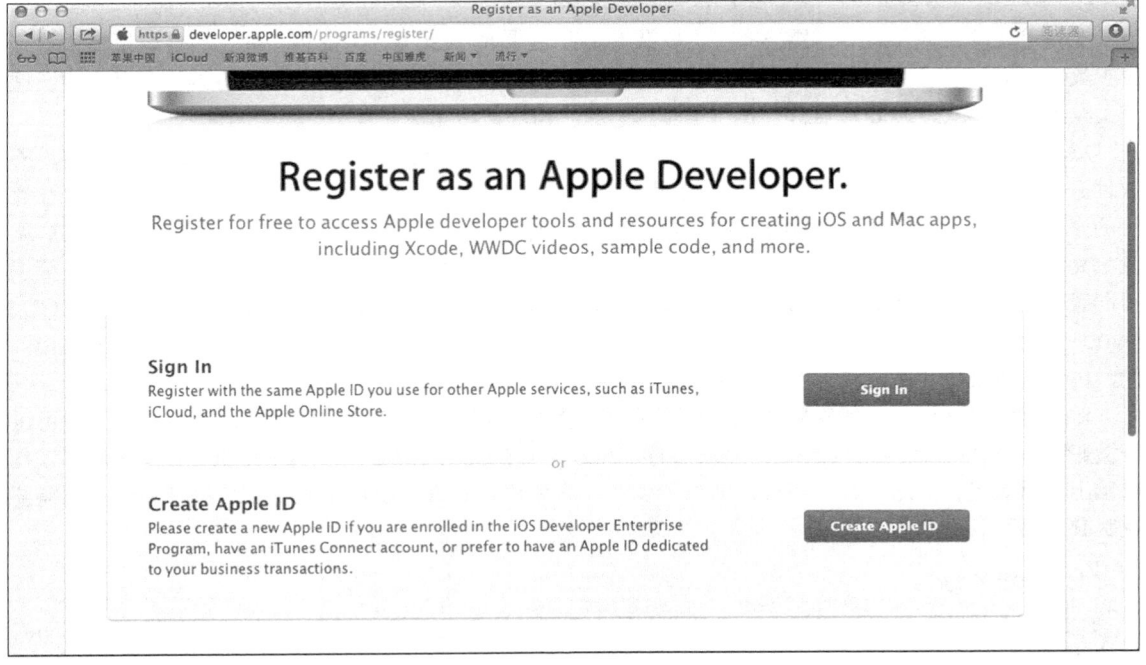

图 2-60　注册 Apple ID 的界面

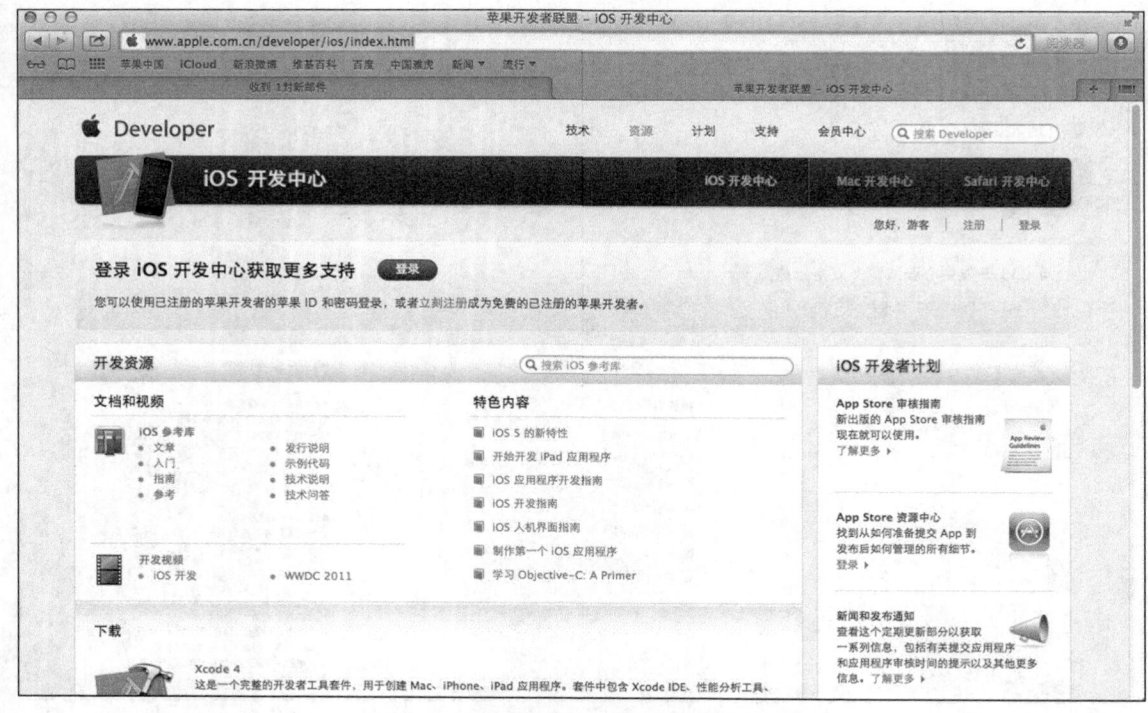

图 2-61　使用 Apple ID 账号登录后的界面

2.4.2　安装 Xcode

要开发 iOS 的应用程序，需要有一台安装 Xcode 工具的 Mac OS X 电脑。Xcode 是苹果提供的开发工具集、提供了项目管理、代码编辑、创建执行程序、代码调试、代码库管理和性能调节等功能。这个工具集的核心就是 Xcode 程序，提供了基本的源代码开发环境。

Xcode 是一款强大的专业开发工具，可以简单快速、而且以我们熟悉的方式执行绝大多数常见的软件开发任务。相对于创建单一类型的应用程序所需要的能力而言，Xcode 要强大得多。它的设计目的是使我们可以创建任何想像得到的软件产品类型，从 Cocoa 及 Carbon 应用程序，到内核扩展及 Spotlight 导入器等各种开发任务，Xcode 都能完成。通过使用 Xcode 独具特色的用户界面，可以帮助我们以各种不同的方式来漫游工具中的代码，并且可以访问工具箱下面的大量功能，包括 GCC、javac、jikes 和 GDB。这些功能都是制作软件产品需要的。简单来讲，Xcode 是一个由专业人员设计的、由专业人员使用的工具。

对于初学者来说，只需安装 Xcode 即可完成大多数的 iOS 开发工作。通过使用 Xcode，不但可以开发 iPhone 程序，而且也可以开发 iPad 程序。Xcode 还是完全免费的，通过它提供的模拟器就可以在电脑上测试我们的 iOS 程序。不过，如果要发布 iOS 程序或在真实机器上测试 iOS 程序的话，则需要花费 99 美元。

1. 下载 Xcode

（1）下载的前提是先注册成为一名开发人员，需到苹果开发页面主页 https://developer.apple.com/，如图 2-62 所示。

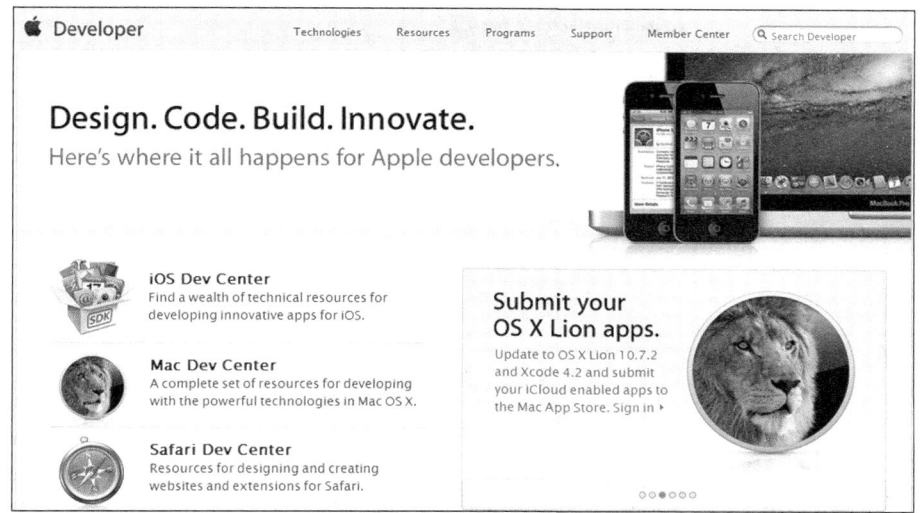

图 2-62　苹果开发页面主页

（2）登录 Xcode 的下载页面 http://developer.apple.com/devcenter/ios/index.action，如图 2-63 所示。

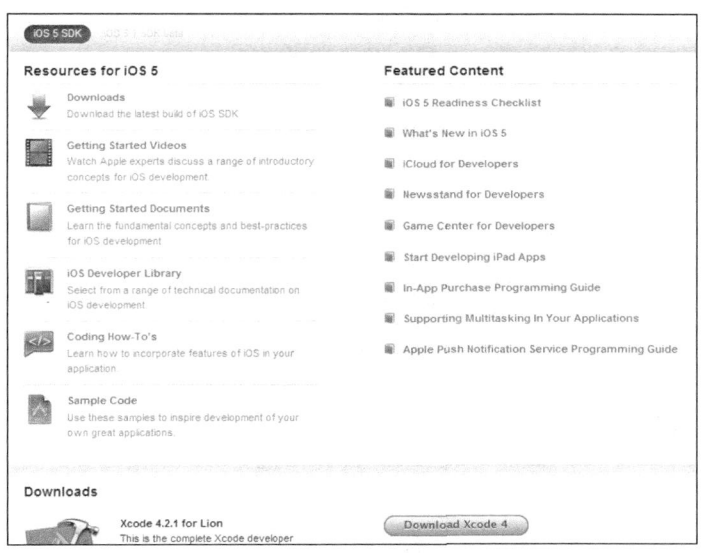

图 2-63　Xcode 的下载页面

（3）单击图 2-63 下方的"Download Xcode 4"按钮，在得到的新界面中显示"必须在 iOS 系统中使用"的提示信息，如图 2-64 所示。

（4）单击图 2-64 下方的"Download now"链接后弹出下载提示框。

注　意　　我们可以使用 App Store 来获取 Xcode。这种方式的优点是完全自动，操作方便。

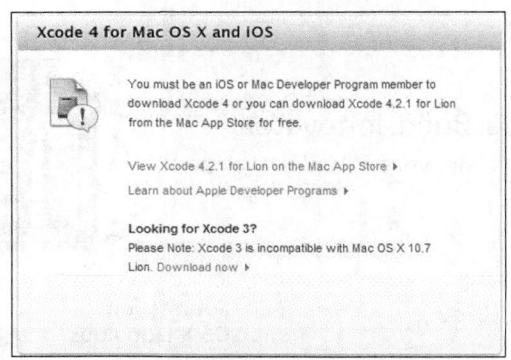

图 2-64　提示信息界面

2.　安装 Xcode

（1）下载完成后单击打开".dmg"格式文件，然后双击"Xcode"文件开始安装。

（2）在弹出的对话框中单击"Continue"按钮，如图 2-65 所示。

图 2-65　单击"Continue"按钮

（3）在弹出的欢迎界面中单击"Agree"按钮，如图 2-66 所示。

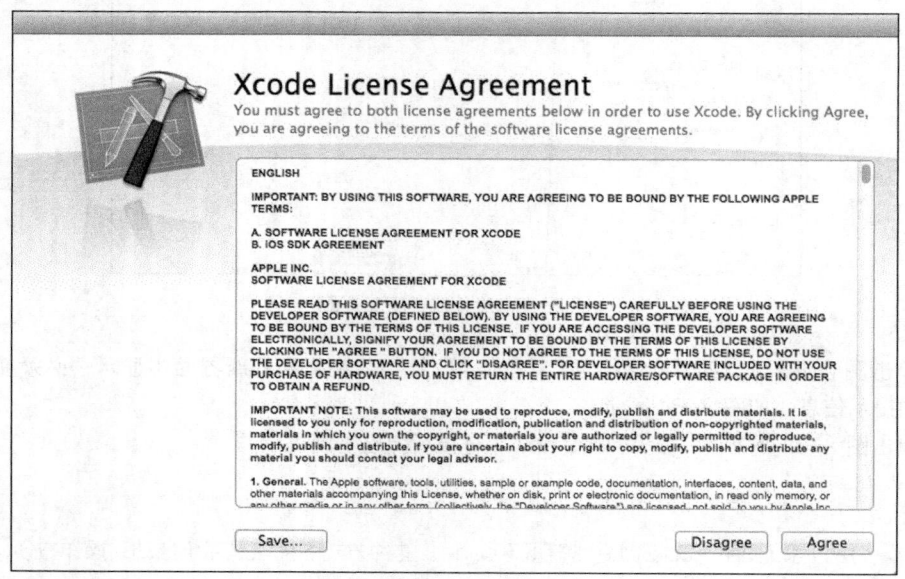

图 2-66　单击"Continue"按钮

（4）在弹出的对话框中单击"Install"按钮，如图 2-67 所示。

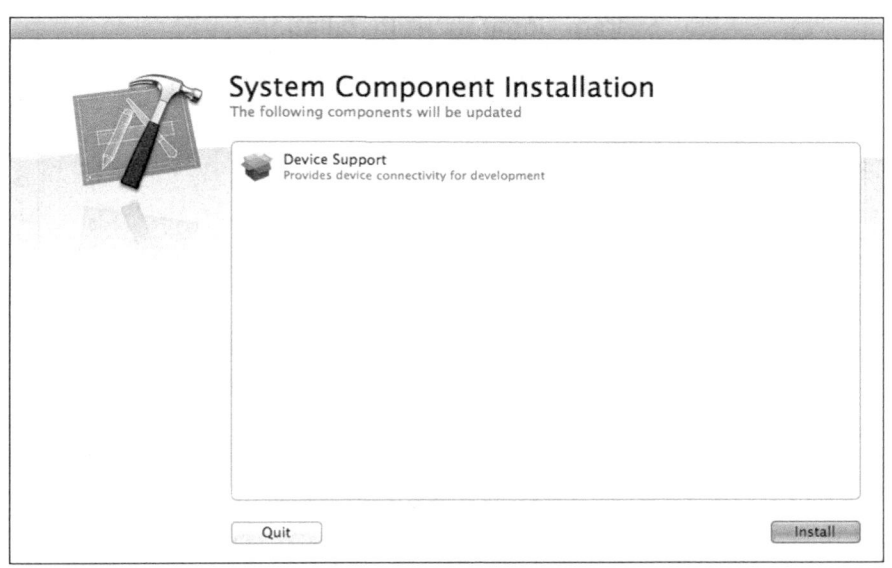

图 2-67　单击"Continue"按钮

（5）在弹出的对话框中输入用户名和密码，然后单机按钮"好"，如图 2-68 所示。

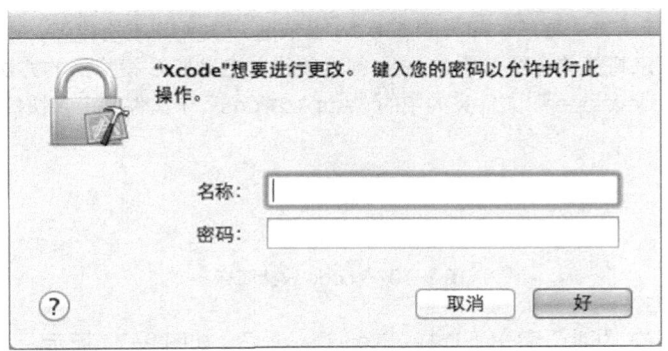

图 2-68　单击"好"按钮

（6）在弹出的新对话框中显示安装进度，进度完成后的界面如图 2-69 所示。

注 意

　　（1）如果没有购买苹果机的预算，则可以在 Windows 系统上采用虚拟机的方式安装 OS X 系统。

　　（2）无论读者们是已经有一定 Xcode 经验的开发者，还是刚刚开始迁移的新用户，都需要对 Xcode 的用户界面及如何用 Xcode 组织软件工具有一些理解。这样才能真正高效地使用这个工具。这种理解可以大大加深您对隐藏在 Xcode 背后的哲学的认识，并帮助您更好地使用 Xcode。

　　（3）建议读者将 Xcode 安装在 OS X 的 Mac 机器上，也就是装有苹果系统的苹果机上。通常来说，在苹果机器的 OS X 系统中已经内置了 Xcode，默认目录是"/Developer/Applications"。

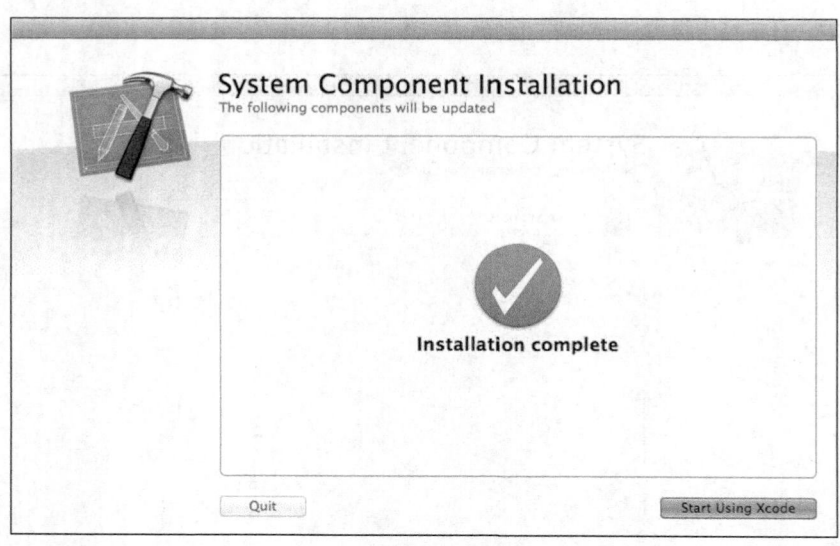

图 2-69　安装完成

2.4.3　创建一个 Xcode 项目并启动模拟器

　　Xcode 是一款功能全面的应用程序，通过此工具可以轻松输入、编译、调试并执行 Objective-C（是开发 iOS 项目的最佳语言）程序。如果想在 Mac 上快速开发 iOS 应用程序，则必须学会使用这个强大的工具的方法。接下来将简单介绍使用 Xcode 创建项目并启动 iOS 模拟器的方法。

　　（1）Xcode 位于"Developer"文件夹内中的"Applications"子文件夹中，快捷图标如图 2-70 所示。

Xcode

图 2-70　Xcode 快捷图标

　　（2）启动 Xcode，在"File"菜单下选择"New Project"，如图 2-71 所示。

New Project...	⇧⌘N
New File...	⌘N
Open...	⌘O
Open Quickly...	⇧⌘D
Open Recent File	▶
Open Recent Project	▶
Get Info	⌘I
Close Window	⌘W
Close Current File	⇧⌘W
Save	⌘S
Save As...	⇧⌘S
Revert to Saved	⌘U
Make Snapshot	⌃⌘S
Snapshots	
Print...	⌘P

图 2-71　启动一个新项目

（3）此时出现一个窗口，如图 2-72 所示。

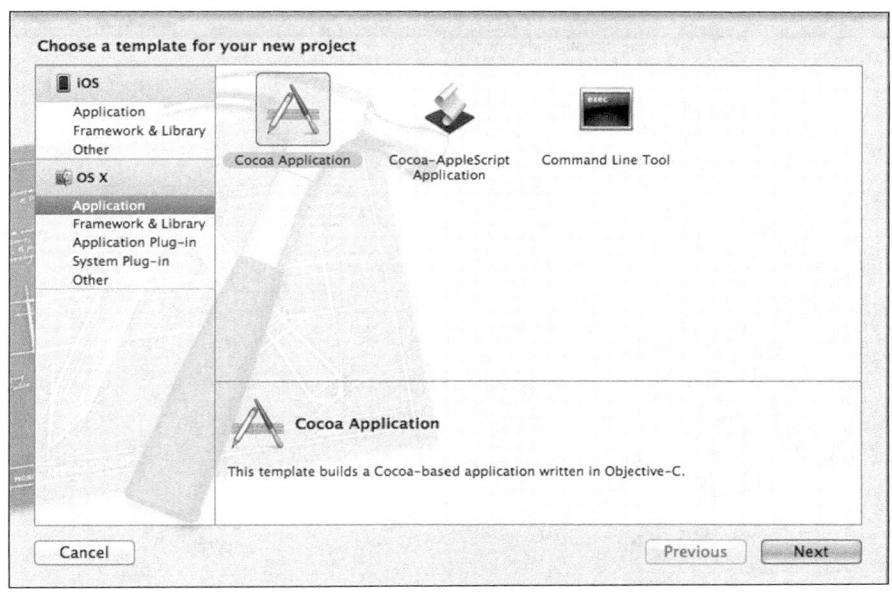

图 2-72　启动一个新项目：选择应用程序类型

（4）在新项目窗口的左侧，显示了可供选择的模板类别。因为我们的重点是类别 iOS Application，所以在此需要确保选择了它。在右侧显示了当前类别中的模板以及当前选定模板的描述。就这里而言，请单击模板"Empty Application（空应用程序）"，再单击"Next（下一步）"按钮，如图 2-73 所示。

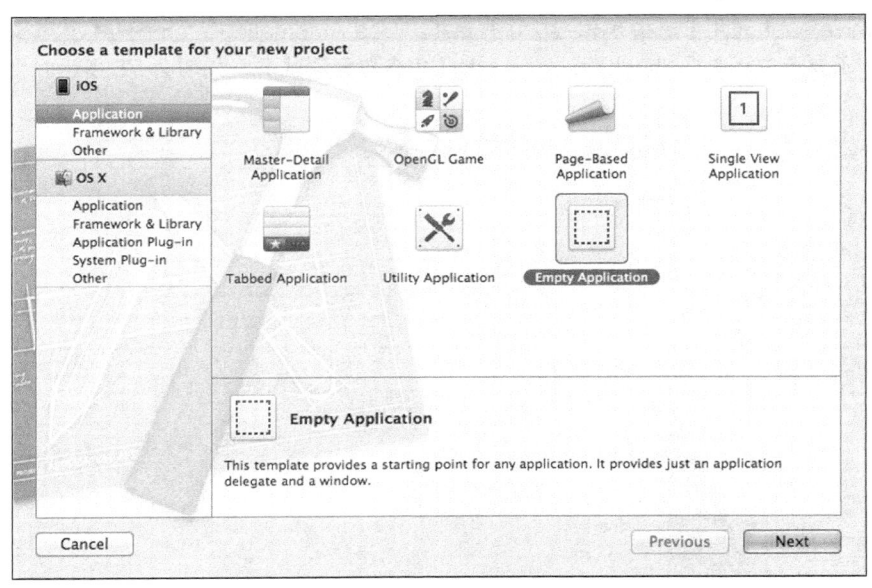

图 2-73　单击模板"Empty Application（空应用程序）"

（5）单击"Next"按钮后，Xcode 将要求在新界面中指定产品名称和公司标识符。产品名称就是应用程序的名称，而公司标识符为创建应用程序的组织或个人的域名，需按照相反的顺序排列。这两者组成了束标识符，它将您的应用程序与其他 iOS 应用程序区分开来，如图 2-74 所示。

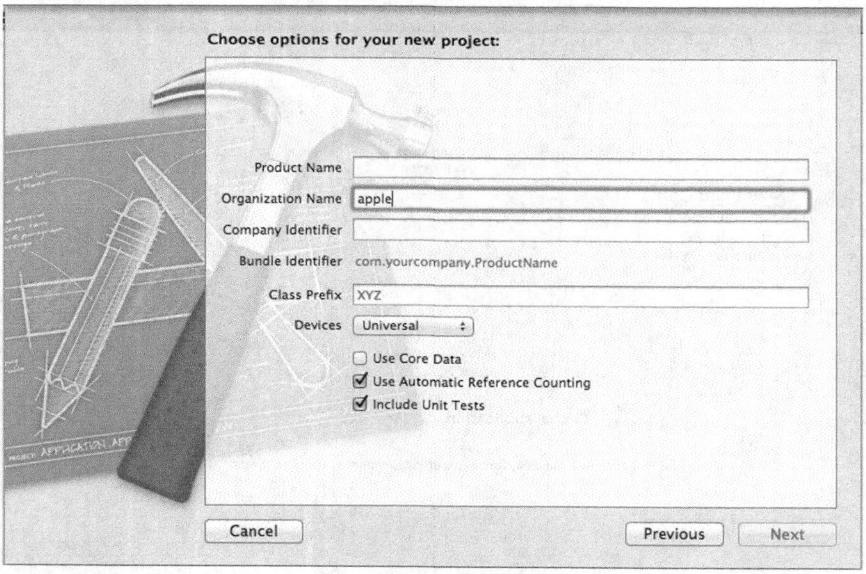

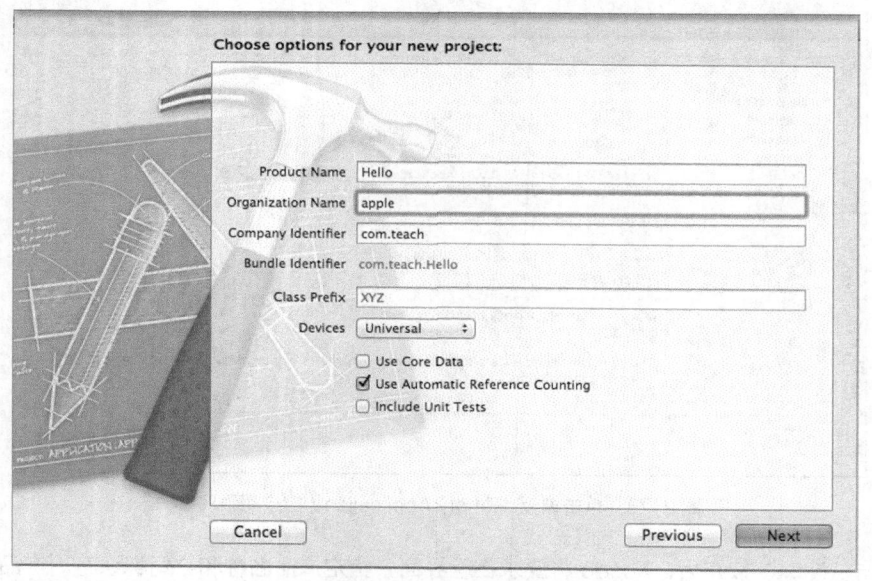

图 2-74　Xcode 文件列表窗口

　　例如，若创建一个名为"Hello"的应用程序，则"Hello"就是产品名，若设置域名为"teach.com"，则需将公司标识符设置为"com.teach"。如果您没有域名，开始开发时可使用默认标识符。

　　（6）将产品名设置为"Hello"，再提供我们选择的公司标识符。文本框 Class Prefix 可以根据自己的需要进行设置，例如输入易记的"XYZ"。从下拉列表 Device 中选择使用的设备（iPhone 或 iPad），默认值是"Universal（通用）"，并确保选中了复选框"Use Automatic Reference Counting（使用自动引用计数）"，不要选中复选框"Include Unit Tests（包含单元测试）"，如图 2-75 所示。

图 2-75　指定产品名和公司标示符

（7）单击"Next"按钮后，Xcode 将要求我们选择项目的存储位置。切换到硬盘中合适的文件夹，确保没有选择复选框"Source Control"，再单击"Create（创建）"按钮。Xcode 将创建一个名称与项目名相同的文件夹，并将所有相关联的模板文件都放到该文件夹中，如图 2-76 所示。

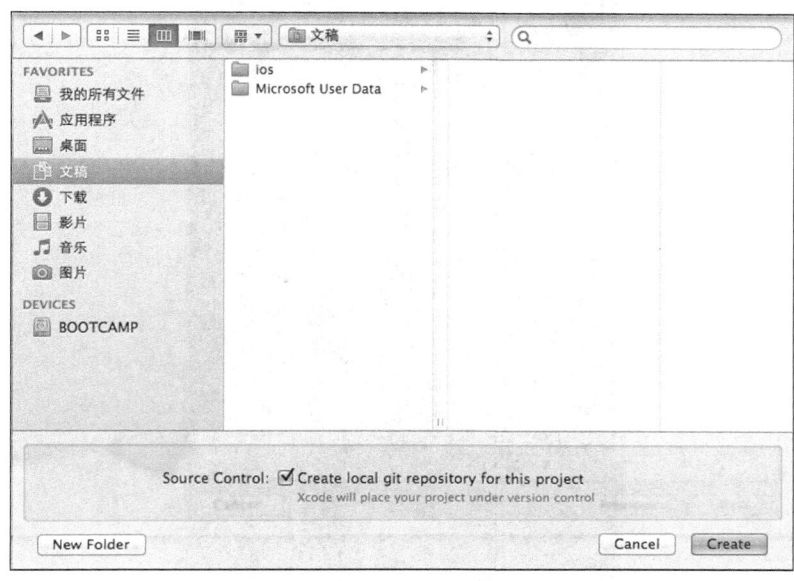

图 2-76　选择保存位置

（8）在 Xcode 中创建或打开项目后，将出现一个类似于 iTunes 的窗口。该窗口可以用来完成包含从编写代码到设计应用程序界面在内的所有工作。如果是第一次接触 Xcode，会发现有很多复杂的按钮、下拉列表和图标，如图 2-77 所示。

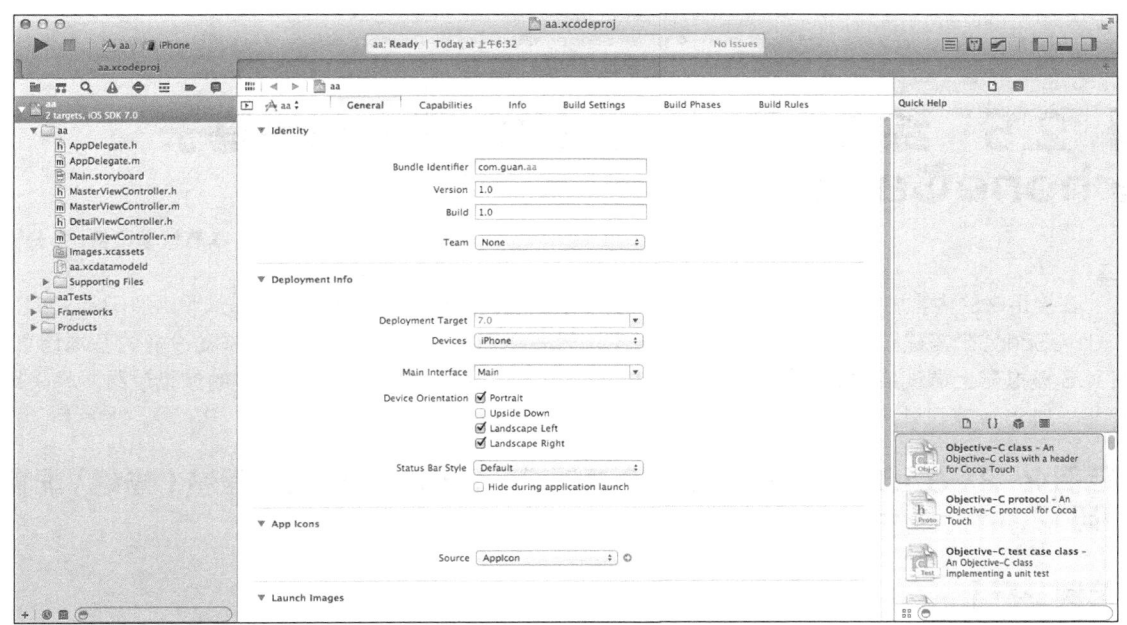

图 2-77　Xcode 界面

（9）运行 iOS 模拟器的方法十分简单，只需单击左上角的 按钮即可。例如 iPhone 模拟器的运行效果如图 2-78 所示。

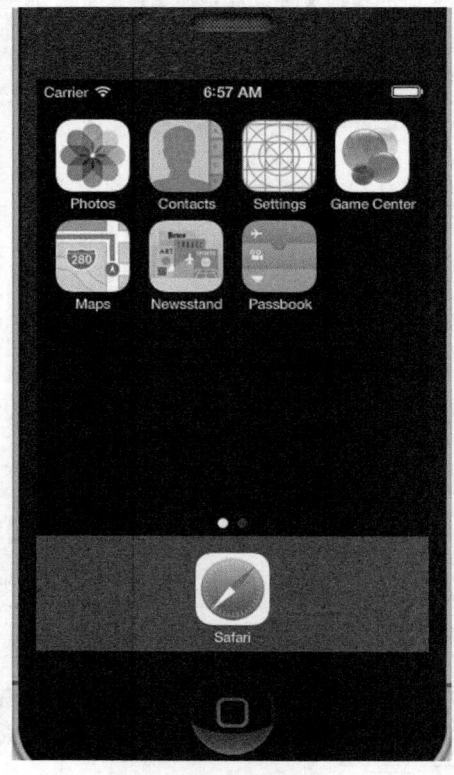

图 2-78　iPhone 模拟器的运行效果

▌2.5　综合应用——在 iOS 平台创建基于 PhoneGap 的程序

本节教学录像：2 分钟

在接下来的内容中，我们将创建第一个基于 iOS 系统的 PhoneGap 实例。首先，利用 HTML、CSS 和 JavaScript 来搭建一个标准的 Web 应用程序，然后用 PhoneGap 封装来访问移动设备的基本信息，在 iOS 模拟器上调试成功后，最后部署到实体机。为了在不同的设备上得到一样的渲染效果，将采用 jQuery Mobile 来设计应用程序界面。

【范例 2-2】在 iOS 系统中创建一个基于 PhoneGap 的应用程序（光盘 \ 配套源码 \2\phonegap-2.9.0）。

【范例分析】

（1）在开始之前需要先准备集成开发环境 Xcode，必须先安装 iOS SDK 以及 PhoneGap。如果应用程序仅在模拟器中运行，则不需要准备开发者证书。

（2）利用 Xcode 中的模板创建一个空项目，将整个目录结构主要分为 3 个部分，分别为项目文件夹（以项目名称为文件夹名称，这里是"HelloWorld"）、"Frameworks"和"Products"。"Frameworks"中包含该应用可能用到的所有库文件，一般不需要修改。"Products"文件夹包含了编译成功后的 .app 文件。"HelloWorld"文件夹包含项目的主体文件，其中"Cordova.framework"引入了 Cordova 静态库，"Resources"目录包含图片和国际化有关的资源。"Classes"目录包含了应用程序委派的头文件和可执行文件、主界面控制器的头文件和可执行文件。"Plugins"中包含了可能添加的插件头文件和可执行文件。"Supporting Files"中的文件".plist"类似于项目的"properties"，包含项目基本信息（如名称和图标），"InfoPlist.strings"包含国际化"info.plist"键值对。

（3）把系统生成的"www"文件夹添加到"HelloWorld"中，具体做法是右击"HelloWorld"项目，在弹出的快捷菜单中选择"添加文件到 HelloWorld"菜单，然后选择"www"目录，最后点击"Finish"按钮。此时可以看到"www"文件夹出现在项目的文件列表下，并且文件夹的图标是蓝色的，表示该文件夹已经成为文件引用类型，而不是虚拟的目录。

创建后的目录结构如图 2-79 所示。

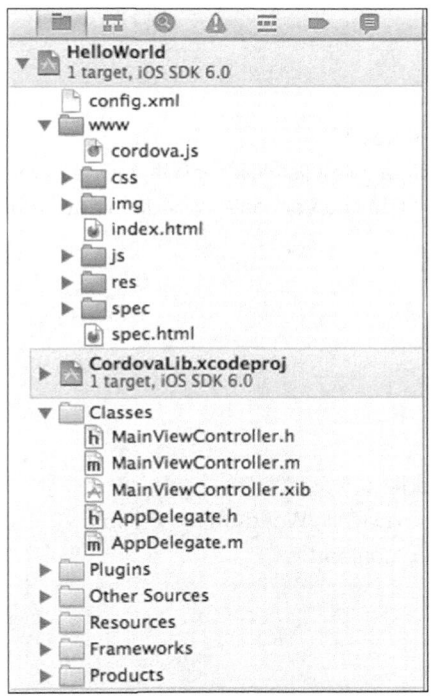

图 2-79　目录结构

在"www"目录下编写测试的网页文件"index.html"的代码如下所示。

```
<!DOCTYPE html>
<html>
<head>
  <meta charset="utf-8">
  <meta name="viewport" content="width=device-width, initial-scale=1">
```

```
<title>index.html</title>
<link rel="stylesheet" href="jquery.mobile-1.0.1.min.css" />
<script type="text/javascript" charset="utf-8" src="jquery.js"></script>
<script type="text/javascript" charset="utf-8" src="jquery.mobile-1.0.1.min.js"></script>
<script type="text/javascript" charset="utf-8" src="cordova.js" ></script>
<script type="text/javascript" charset="utf-8">

$( function() {

});
$(document).ready(function(){

    console.log("jquery ready");
    document.addEventListener("deviceready", onDeviceReady, false);
    console.log("register the listener");

});

function onDeviceReady()
{
    console.log("onDeviceReady");
    $(".content").html("<ul data-role='listview'><li>"+device.name+"</li><li>"+device.cordova+"</
li><li>"+device.platform+"</li><li>"+device.version+"</li><li>"+device.uuid+"</li></ul>");
}



</script>
</head>
<body>
<!-- begin first page -->
<div id="page1" data-role="page" >
<header data-role="header"><h1>Hello World</h1></header>
<div data-role="content" class="content">
<h3> 设备信息 </h3>

</ul>
</div>
<footer data-role="footer"><h1>Footer</h1></footer>
</div>
<!-- end first page -->
</body>
</html>
```

【运行结果】

在 iOS 模拟器中的执行效果如图 2-80 所示。

图 2-80　执行效果

■ 2.6　高手点拨

1. 快速检验 JDK 是否安装成功

完成安装后可以检测是否安装成功，方法是依次单击"开始" | "运行"，在运行框中输入 "cmd" 并按下回车键，在打开的 CMD 窗口中输入"java – version"，如果显示如图 2-81 所示的提示信息，则说明安装成功。

```
C:\WINDOWS\system32\cmd.exe
Microsoft Windows XP [版本 5.1.2600]
<C> 版权所有 1985-2001 Microsoft Corp.

C:\Documents and Settings\Administrator>java -version
java version "1.7.0_01"
Java<TM> SE Runtime Environment <build 1.7.0_01-b08>
Java HotSpot<TM> Client VM <build 21.1-b02, mixed mode, sharing>
```

图 2-81　CMD 窗口

2. 用 CMD 命令管理 AVD 的方法

开发者可以在 CMD 中创建或删除 AVD，例如可以按照如下 CMD 命令创建一个的 AVD。

android create avd --name <your_avd_name> --target <targetID>

上述命令中，"your_avd_name"是需要创建的 AVD 的名字，在"CMD"窗口中的效果如图 2-82 所示。

图 2-82　"CMD"窗口显示效果

▊ 2.7　实战练习

1. 尝试创建一个 Android+PhoneGap 程序。

2. 尝试创建一个 iOS+PhoneGap 程序。

第 2 篇
必备技术

第 **3** 章

本章教学录像：42 分钟

HTML5 技术初步

HTML5 是文本标记语言 HTML 的最新版本，其提供了一些新的元素和属性。除了原先的 DOM 接口外，HTML5 还增加了更多 API。本章将详细讲解 HTML5 的基础知识，特别是新特性方面的知识。

本章要点（已掌握的在方框中打钩）

☐ HTML5 简介

☐ 视频处理

☐ 音频处理

☐ Canvas 画布处理

☐ Web 数据存储

☐ 表单的新特性

☐ 综合应用——制作一个颜色滑动控制器

3.1　HTML5 简介

 本节教学录像：5 分钟

HTML5 是近十年来 Web 标准最巨大的飞跃。和以前的版本不同，HTML5 并非仅仅用来表示 Web 内容。它的使命是将 Web 带入一个成熟的应用平台。在这个平台上，视频、音频、图象、动画及同电脑的交互都被标准化。尽管 HTML5 的实现还有很长的路要走，但 HTML5 正在改变 Web。本节将简要介绍 HTML5 标准的基本知识。

3.1.1　发展历程

HTML 最近的一次升级是 1999 年 12 月发布的 HTML4.01。自那以后，发生了很多事。最初的浏览器战争已经结束，Netscape 灰飞烟灭，IE5 作为赢家后来又发展到 IE6、IE7、IE8。Mozilla Firefox 从 Netscape 的死灰中诞生，并跃居第二位。苹果和 Google 各自推出自己的浏览器，而小家碧玉的 Opera 仍然嘤嘤嗡嗡地活着，并以推动 Web 标准为己命。我们甚至在手机和游戏机上有了真正的 Web 体验，而这要感谢 Opera、iPhone 以及 Google 经推出的 Android。

然而这一切，仅仅让 Web 标准运动变得更加混乱，HTML5 和其他标准被束之高阁，导致 HTML5 一直以来都是以草案的面目示人。于是，一些公司联合起来，成立了一个叫做 Web Hypertext Application Technology Working Group（Web 超文本应用技术工作组，WHATWG）的组织，重新拣起 HTML5。这个组织独立于 W3C，成员来自 Mozilla、KHTML/Webkit 项目组、Google、Apple、Opera 及微软。尽管 HTML5 草案不会在短期内获得认可，但 HTML5 总算得以延续。

3.1.2　HTML5 的吸引力

在接下来的内容中，将简要介绍 HTML5 标准中创新性升级。

1. 激动人心的部分

（1）全新的且更合理的 Tag

多媒体对象将不再全部绑定在 object 或 embed Tag 中，而是视频有视频的 Tag、音频有音频的 Tag。

（2）本地数据库

这个功能将内嵌一个本地的 SQL 数据库，以加速交互式搜索、缓存以及索引功能。同时，那些离线 Web 程序也将因此获益匪浅，例如不需要插件即可实现功能丰富动画。

（3）Canvas 对象将给浏览器带来直接在上面绘制矢量图的能力

这意味着我们可以脱离 Flash 和 Silverlight，直接在浏览器中显示图形或动画。一些最新的浏览器，除了 IE 外，已经开始支持 Canvas。浏览器中的真正程序将提供能够实现浏览器内的编辑、拖放各种图形用户界面的 API。此时，内容修饰 Tag 将被 CSS 替代。

2. 为 HTML5 建立的一些规则

（1）新特性应该基于 HTML、CSS、DOM 以及 JavaScript。

（2）减少对外部插件的需求，比如 Flash。

（3）更优秀的错误处理。

（4）更多取代脚本的标记。

（5）HTML5 应该独立于设备。

（6）开发进程应对公众透明。

3. 新特性

在 HTML5 中主要增加如下新特性。

（1）用于绘画的 canvas 元素。

（2）用于媒介回放的 video 和 audio 元素。

（3）对本地离线存储的更好的支持。

（4）新的特殊内容元素，比如 article、footer、header、nav、section。

（5）新的表单控件，比如 calendar、date、time、email、url、search。

　　　　HTML5 与 XHTML 不同，其可自由选择使用或不使用引号将属性包裹起来。如下代码中就没有使用引号。

注 意

　　　　<p class=myClass id=someId> Start the reactor.

　　　　在这点上开发者可以自己决定。如果想要一个结构非常清楚的文档的话，坚持使用引号也挺好的。

3.2　视频处理

 本节教学录像：6 分钟

使用全新的 HTML5，我们可以在网页中实现视频处理功能。本节将介绍用 HTML5 处理视频的基本知识。

3.2.1　video 标记概述

直到现在，仍然不存在一项旨在网页上显示视频的标准。在此之前，Web 页面上的大多数视频是通过插件来显示的，例如 Flash。然而，并非所有浏览器都拥有同样的插件。在 HTML5 规定了一种新的标记——video。通过这个标记，我们可以在网页中包含视频。

当前，video 标记支持如下 3 种视频格式。

❑　Ogg：带有 Theora 视频编码和 Vorbis 音频编码的 Ogg 文件。

❑　MPEG4：带有 H.264 视频编码和 AAC 音频编码的 MPEG4 文件。

❑　WebM：带有 VP8 视频编码和 Vorbis 音频编码的 WebM 文件。

上述 3 种格式在主流浏览器版本的支持信息如表 3-1 所示。

表 3-1　主流浏览器版本支持 video 标记的情况

格式	IE	Firefox	Opera	Chrome	Safari
Ogg	No	3.5+	10.5+	5.0+	No
MPEG 4	9.0+	No	No	5.0+	3.0+
WebM	No	4.0+	10.6+	6.0+	No

video 标记的使用格式如下。

```
<video src="movie.ogg" controls="controls">
</video>
```

❑　control：供添加播放、暂停和音量控件。
❑　<video> 与 </video> 之间插入的内容：供不支持 video 元素的浏览器显示的。例如下面的代码。

```
<video src="movie.ogg" width="320" height="240" controls="controls">
你的浏览器不支持这种格式
</video>
```

在上述代码中使用了 Ogg 格式的视频文件，而此格式视频适用于 Firefox、Opera 以及 Chrome 浏览器。如果要确保在 Safari 浏览器也能使用，则视频文件必须是 MPEG4 类型。

另外，video 标记允许多个 source 元素。source 元素可以链接不同的视频文件。浏览器将使用第一个可识别的格式。例如下面的代码。

```
<video width="320" height="240" controls="controls">
    <source src="movie.ogg" type="video/ogg">
    <source src="movie.mp4" type="video/mp4">
你的浏览器不支持这种格式
</video>
```

注意　Internet Explorer 8 不支持 video 标记。在 IE 9 中，将提供对使用 MPEG4 的 video 元素的支持。

3.2.2　autoplay 属性实战——自动播放一个视频

在 HTML5 的 <video> 标记中包含了多个属性，各个属性的具体说明如表 3-2 所示。

表 3-2　<video> 的属性信息

属性	值	描述
autoplay	autoplay	如果出现该属性，则视频在就绪后马上播放
controls	controls	如果出现该属性，则向用户显示控件，比如播放按钮
height	pixels	设置视频播放器的高度
loop	loop	如果出现该属性，则当媒介文件完成播放后再次开始播放
preload	preload	如果出现该属性，则视频在页面加载时进行加载，并预备播放。如果使用 "autoplay"，则忽略该属性
src	url	要播放的视频的 URL
width	pixels	设置视频播放器的宽度

通过此属性设置自动播放 video 中设置的视频，代码如下。

```
<video controls="controls" autoplay="autoplay">
  <source src="movie.ogg" type="video/ogg" />
  <source src="movie.mp4" type="video/mp4" />
你的浏览器不支持！
</video>
```

【范例 3-1】在网页中自动播放一个视频（光盘 \ 配套源码 \3\autoplay.html）。

文件"autoplay.html"的实现代码如下。

```
<!DOCTYPE HTML>
<html>
<body>
<video controls="controls" autoplay="autoplay">
  <source src="123.ogg" type="video/ogg" />
Your browser does not support the video tag.
</video>
</body>
</html>
```

【范例分析】

上述代码的功能是在网页中自动播放名为"123.ogg"视频文件，在代码中设置的此视频文件和实例文件"autoplay.html"同属于一个目录下。

【运行结果】

执行后的效果如图 3-1 所示。

图 3-1　执行效果

3.2.3　controls 属性实战——控制播放的视频

controls 属性的功能是设置浏览器应该为视频提供播放控件。如果设置了该属性，则规定不存在作者设置的脚本控件。设置浏览器控件应该包括如下控制功能。

- ❑　播放
- ❑　暂停
- ❑　定位
- ❑　音量
- ❑　全屏切换
- ❑　字幕
- ❑　音轨

相应代码编写格式如下。

```
<video controls="controls" controls="controls">
   <source src="movie.ogg" type="video/ogg" />
   <source src="movie.mp4" type="video/mp4" />
你的浏览器不支持!
</video>
```

【范例 3-2】在网页中控制播放的视频（光盘 \ 配套源码 \3\controls.html）。

实例文件"controls.html"的代码如下。

```
<!DOCTYPE HTML>
<html>
<body>
<video controls="controls" controls="controls">
   <source src="123.ogg" type="video/ogg" />
你的浏览器不支持!
</video>
</body>
</html>
```

【范例分析】

上述代码的功能是设置在网页中播放名为"123.ogg"视频文件，并且在播放时可以控制这个视频，例如播放进度。

【运行结果】

执行后的效果如图 3-2 所示。

图 3-2　执行效果

3.2.4　height 属性实战——设置播放视频的高度

通过使用 height 属性可以设置播放视频播放器的高度，其语法格式如下。

```
<video height="value" />
```

value 表示属性值，单位是 pixels，以像素计高度值，比如 100px 或 100。

【范例 3-3】在网页中设置播放视频的高度（光盘 \ 配套源码 \3\height.html）。

实例文件 "height.html" 的实现代码如下。

```
<!DOCTYPE HTML>
<html>
<body>

<video width="500" height="600" controls="controls">
    <source src="123.ogg" type="video/ogg" />
你的浏览器不支持!
</video>
</body>
</html>
```

【范例分析】

上述代码的功能是设置在网页中播放名为 "123.ogg" 视频文件，并且设置视频播放器的高度为 600Px。

【运行结果】

执行后的效果如图 3-3 所示。

图 3-3 执行效果

在开发过程中，随时设置视频的高度和宽度是一个好习惯。如果设置这些属性，在页面加载时会为视频预留出空间。如果没有设置这些属性，那么浏览器就无法预先确定视频的尺寸。也就无法为视频保留合适的空间，进而导致页面布局在页面加载的过程中产生变化。

技巧

3.2.5 其他属性

除了上面介绍的属性外，在 <video> 标记中还包含了多个其他属性，具体说明如下。

1. loop 属性

属性 loop 用于重复播放视频。如果设置该属性，该视频将循环播放，代码如下。

```
<video controls="controls" loop="loop">
    <source src="movie.ogg" type="video/ogg" />
    <source src="movie.mp4" type="video/mp4" />
你的浏览器不支持！
</video>
```

2. preload 属性

属性 preload 用于设置是否在页面加载后载入视频。如果设置了 autoplay 属性，则忽略该属性，具体代码以下。

```
<video controls="controls" preload="auto">
  <source src="movie.ogg" type="video/ogg" />
  <source src="movie.mp4" type="video/mp4" />
你的浏览器不支持!
</video>
```

3. src 属性

属性 src 用于设置要播放的视频的 URL。另外，我们也可以使用 <source> 标签来设置要播放的视频。视频文件 URL 的可能值有如下两种。

❑ 绝对 URL 地址：指向另一个站点，例如 href="http://www.xxxxxx.com/song.ogg"。

❑ 相对 URL 地址：指向网站内的文件，例如 href="song.ogg"。

3.3　音频处理

 本节教学录像：5 分钟

使用全新的 HTML5，我们可以在网页中实现音频处理功能。本节将介绍用 HTML5 处理音频的基本知识。

3.3.1　audio 标记概述

到目前为止，仍然不存在一项旨在网页上播放音频的标准。当前大多数音频都是通过第三方插件来实现的，例如 Flash。然而，并非所有浏览器都拥有同样的插件。在 HTML5 中规定了一种新的标记元素——audio，通过它可以在网页中播放一个音频。

通过 audio 标记元素能够播放声音文件或者音频流。当前，audio 标记支持 3 种音频格式。这 3 种格式在主流浏览器版本的支持信息，如表 3-3 所示。

表 3-3　主流浏览器版本支持 audio 标记的情况

说明	IE 9	Firefox 3.5	Opera 10.5	Chrome 3.0	Safari 3.0
Ogg Vorbis		√	√	√	
MP3	√			√	√
Wav		√	√		√

如需想在 HTML5 中播放音频，只需输入如下格式的代码。

```
<audio src="song.ogg" controls="controls">
</audio>
```

上述代码的相关说明如下。

❑ control 属性：供添加播放、暂停和音量控件。

❑ <audio> 与 </audio> 之间插入的内容：供不支持 audio 元素的浏览器显示。

在上述代码中使用一个"Ogg"格式的音频文件，可以适用于 Firefox、Opera 以及 Chrome 浏览器。要想确保适用于 Safari 浏览器，则音频文件必须是 MP3 或 Wav 类型。

在标记 audio 中允许有多个 source 元素，然后通过 source 元素链接不同的音频文件，而浏览器将使用第一个可识别的格式，代码如下。

```
<audio controls="controls">
   <source src="song.ogg" type="audio/ogg">
   <source src="song.mp3" type="audio/mpeg">
你的浏览器不支持！
</audio>
```

3.3.2　autoplay 属性实战——自动播放一个音频

在 HTML5 的 <audio> 标记中包含了多个属性，各个属性的具体说明如表 3-4 所示。

表 3-4　<audio> 的属性信息

属性	值	描述
autoplay	autoplay	如果出现该属性，则音频在就绪后马上播放
controls	controls	如果出现该属性，则向用户显示控件，比如播放按钮
loop	loop	如果出现该属性，则每当音频结束时重新播放
preload	preload	如果出现该属性，则音频在页面加载时进行加载，并预备播放。如果使用 "autoplay"，则忽略该属性
src	url	要播放的音频的 URL

通过此属性实现音频自动播放功能的代码如下。

```
<audio controls="controls" autoplay="autoplay">
   <source src="song.ogg" type="audio/ogg" />
   <source src="song.mp3" type="audio/mpeg" />
你的浏览器不支持！
</audio>
```

属性 autoplay 规定一旦音频就绪马上开始播放，如果设置了该属性，音频将自动播放。

【范例 3-4】在网页中自动播放一个音频（光盘 \ 配套源码 \3\yinautoplay.html）。

实现文件 "yinautoplay.html" 的代码如下。

```
<!DOCTYPE HTML>
<html>
<body>

<audio controls="controls" autoplay="autoplay">
   <source src="song.ogg" type="audio/ogg" />
   <source src="song.mp3" type="audio/mpeg" />
Your browser does not support the audio element.
</audio>

</body>
</html>
```

【范例分析】

上述代码的功能是在网页中自动播放名为"song.mp3"音频文件,在代码中设置的此视频文件和实例文件"yinautoplay.html"同属于一个目录下。

【运行结果】

执行后的效果如图 3-4 所示。

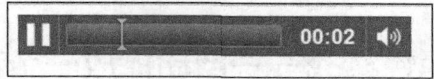

图 3-4　执行效果

3.3.3　controls 属性实战——控制播放的音频

controls 属性的功能是设置浏览器应该为视频提供播放控件。如果设置了该属性,则规定不存在作者设置的脚本控件。设置浏览器控件应该包括如下控制功能。

- ❑　播放
- ❑　暂停
- ❑　定位
- ❑　音量
- ❑　全屏切换
- ❑　字幕
- ❑　音轨

相关代码的格式如下。

```
<audio controls="controls">
  <source src="song.ogg" type="audio/ogg" />
  <source src="song.mp3" type="audio/mpeg" />
你的浏览器不支持!
</audio>
```

【范例 3-5】在网页中控制播放的音频(光盘 \ 配套源码 \3\yincontrols.html)。

实例文件"yincontrols.html"的实现代码如下。

```
<!DOCTYPE HTML>
<html>
<body>

<audio controls="controls">
  <source src="song.ogg" type="audio/ogg" />
  <source src="song.mp3" type="audio/mpeg" />
你的浏览器不支持!
</audio>
```

```
</body>
</html>
```

【范例分析】

上述代码的功能是设置在网页中播放指定的音频文件，并且在播放时可以控制这个音频，例如播放进度。

【运行结果】

执行后的效果如图 3-5 所示。

图 3-5　执行效果

3.3.4　loop 属性实战——循环播放音频

属性 loop 用于重复播放音频。如果设置该属性，该音频将循环播放，相关代码如下。

```
<audio controls="controls" loop="loop">
    <source src="song.ogg" type="audio/ogg" />
    <source src="song.mp3" type="audio/mpeg" />
你的浏览器不支持!
</audio>
```

【范例 3-6】在网页中循环播放音频（光盘 \ 配套源码 \3\loop.html）。

实例文件"loop.html"的实现代码如下所示。

```
<!DOCTYPE HTML>
<html>
<body>

<audio controls="controls" loop="loop">
    <source src="song.ogg" type="audio/ogg" />
    <source src="song.mp3" type="audio/mpeg" />
你的浏览器不支持!
</audio>

</body>
</html> >
```

上述代码的功能是设置在网页中循环播放指定的音频文件。

【运行结果】

执行后的效果如图 3-6 所示。

图 3-6　执行效果

3.3.5　其他属性

除了上面介绍的属性外，在 <audio> 标记中还包含了多个其他属性，具体说明如下所示。

1. preload 属性

属性 preload 用于设置是否在页面加载后载入音频。如果设置了 autoplay 属性，则忽略该属性。preload 属性的语法格式如下。

```
<audio preload="load" />
```

load 用于规定是否预加载音频，其可能的取值如下所示。
❑ auto：当页面加载后载入整个音频。
❑ meta：当页面加载后只载入元数据。
❑ none：当页面加载后不载入音频。
相关实例中的代码如下。

```
<audio controls="controls" preload="auto">
  <source src="song.ogg" type="audio/ogg" />
  <source src="song.mp3" type="audio/mpeg" />
你的浏览器不支持!
</audio>
```

2. src 属性

属性 src 用于设置要播放的音频的 URL。另外，我们也可以使用 <source> 标签来设置要播放的音频。音频文件 URL 的可能值有如下两种。
❑ 绝对 URL 地址：指向另一个站点，例如：href="http://www.xxxxxx.com/song.ogg"。
❑ 相对 URL 地址：指向网站内的文件，例如 href="song.ogg"。
相关实例中的代码如下。

```
<audio src="song.ogg" controls="controls">
你的浏览器不支持!
</audio>
```

提 示

很可能读者仍然像下面的代码一样给链接和脚本标签添加类型的属性。

```
<link rel="stylesheet" href="path/to/stylesheet.css" type="text/css" />
<script type="text/javascript" src="path/to/script.js"></script>
```

在 HTML5 中，这些已经不再需要了。标签 <href> 和 <src> 分别代表着样式和脚本。因此，我们可以将它们的类型属性都删除掉，即上述代码可做如下修改。

```
<link rel="stylesheet" href="path/to/stylesheet.css" />
<script src="path/to/script.js"></script>
```

3.4 Canvas 画布处理

 本节教学录像：10 分钟

使用全新的 HTML5 标记语言，可以在网页中绘制图像，就像在画布中绘制图画一样。本节将介绍用 HTML5 绘制图像的基本知识。

3.4.1 Canvas 标记介绍

\<canvas\> 是一个新的 HTML 元素，可以被 Script 语言（通常是 JavaScript）用来绘制图形。例如，可以用它来画图、合成图象、或做简单的（和不那么简单的）动画。\<canvas\> 最先在苹果公司（Apple）的 Mac OS X Dashboard 上被引入，而后被应用于 Safari。基于 Gecko1.8 的浏览器，例如 Firefox 1.5，也支持这个新元素。元素 \<canvas\> 是 WhatWG Web applications 1.0 也就是大家都知道的 HTML5 标准规范的一部分。

通过使用 HTML5 中的 Canvas 标记元素，可以使用 JavaScript 技术在网页上绘制图像。我们都知道画布是一个矩形区域，在上面可以控制其中的每一像素。HTML5 中的 Canvas 能够绘制多种图形的方法，例如矩形、圆形、字符以及添加图像。

在向 HTML5 页面中添加 \<canvas\> 元素时，需要规定元素的 id、宽度和高度，相关实例的代码如下。

```
<canvas id="myCanvas" width="200" height="100"></canvas>
```

Canvas 标记本身并没有绘图能力，所以其绘制工作必须在 JavaScript 内部完成，相关实例的代码如下。

```
<script type="text/javascript">
var c=document.getElementById("myCanvas");
var cxt=c.getContext("2d");
cxt.fillStyle="#FF0000";
cxt.fillRect(0,0,150,75);
</script>
```

3.4.2 HTML DOM Canvas 对象

Canvas 对象表示一个 HTML 画布元素 \<canvas\>。它没有自己的行为，但是定义了一个 API 支持脚本化客户端绘图操作。

我们可以直接在该对象上指定宽度和高度，但是其大多数功能都可以通过 CanvasRendering Context2D 对象来获得。这是通过 Canvas 对象的 getContext() 方法并且把字符串 "2d" 作为唯一的参数传递给它而获得的。

　　<canvas> 标记在 Safari 1.3 中引入，并在 Firefox1.5 和 Opera9 中得到了支持。在 IE 中，<canvas> 标记及其 API 可以使用位于 "excanvas.sourceforge.net" 的 ExplorerCanvas 开源项目来模拟。

　　1. Canvas 对象的属性

Canvas 对象的属性有如下两个属性。

（1）height 属性

　　height 属性表示画布的高度。和一幅图像一样，此属性可以指定为一个整数像素值或者是窗口高度的百分比。当这个值改变的时候，在该画布上已经完成的任何绘图都会擦除掉。该属性的默认值是 300。

（2）width 属性

　　width 表示画布的宽度。和一幅图像一样，此属性可以指定为一个整数像素值或者是窗口宽度的百分比。当这个值改变的时候，在该画布上已经完成的任何绘图都会擦除掉。该属性的默认值是 300。

　　2. Canvas 对象的方法

　　Canvas 对象只有一个方法，即 getContext()。此方法用于返回一个用于在画布上绘图的环境，使用格式如下。

```
Canvas.getContext(contextID)
```

　　参数 contextID 指定了我们想要在画布上绘制的类型，其当前唯一的合法值是 "2d"。它指定了二维绘图，并且导致这个方法返回一个环境对象，而该对象导出一个二维绘图 API。很可能，在不久的将来，如 <canvas> 标签会扩展到支持3D绘图，此时用 getContext() 方法就可以允许传递一个 "3d" 字符串参数。

　　getContext() 方法的返回值是一个 CanvasRenderingContext2D 对象，并将其绘制到 Canvas 元素中。由此可见，getContext() 方法的功能是返回一个表示用来绘制的环境类型的环境；其本意是要为不同的绘制类型（二维、三维）提供不同的环境。当前，唯一支持的是 "2d"，并返回一个 CanvasRenderingContext2D 对象，而该对象实现了一个画布所使用的大多数方法。

3.4.3　实战演练——实现坐标定位

　　经过前面 4.3.1 的学习，了解了 Canvas 标记的基本知识，在接下来的内容中，我们将通过具体范例 3-7 来讲解其使用方法。本范例的功能是，在网页内绘制一个矩形，并在我们将鼠标放在矩形内的某一个位置时，提示显示鼠标的坐标。

【范例 3-7】定位显示鼠标的坐标（光盘 \ 配套源码 \3\dingwei.html）。

　　实例文件 "dingwei.html" 的主要代码如下。

```
<!DOCTYPE HTML>
<html>
<head>
<style type="text/css">
body
{
font-size:70%;
font-family:verdana,helvetica,arial,sans-serif;
```

```
}
</style>

<script type="text/javascript">
function cnvs_getCoordinates(e)
{
x=e.clientX;
y=e.clientY;
document.getElementById("xycoordinates").innerHTML="Coordinates: (" + x + "," + y + ")";
}

function cnvs_clearCoordinates()
{
document.getElementById("xycoordinates").innerHTML="";
}
</script>
</head>

<body style="margin:0px;">

<p> 把鼠标悬停在下面的矩形上可以看到坐标: </p>

<div id="coordiv" style="float:left;width:199px;height:99px;border:1px solid #c3c3c3"
onmousemove="cnvs_getCoordinates(event)" onmouseout="cnvs_clearCoordinates()"></div>
<br />
<br />
<br />
<div id="xycoordinates"></div>


</body>
</html>
```

【运行结果】

执行之后的效果如图 3-7 所示。

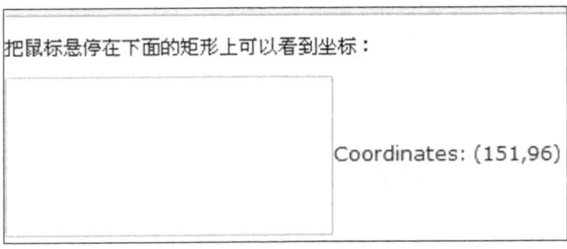

图 3-7　执行效果

3.4.4 实战演练——在指定位置画线

本实例的功能是，在指定的坐标位置绘制指定角度的相交线。

【范例 3-8】在指定的坐标位置绘制指定角度的相交线（光盘\配套源码\3\xiangjiao.html）。

实例文件 "xiangjiao.html" 的主要代码如下。

```html
<!DOCTYPE HTML>
<html>
<body>

<canvas id="myCanvas" width="200" height="100" style="border:1px solid #c3c3c3;">
Your browser does not support the canvas element.
</canvas>

<script type="text/javascript">
var c=document.getElementById("myCanvas");
var cxt=c.getContext("2d");
cxt.moveTo(10,10);
cxt.lineTo(150,50);
cxt.lineTo(10,50);
cxt.stroke();

</script>

</body>
</html>
```

执行之后的效果如图 3-8 所示。

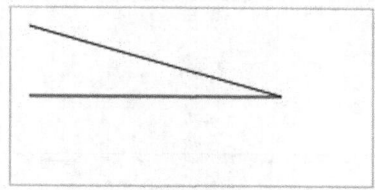

图 3-8　执行效果

3.4.5 实战演练——绘制一个圆

本实例的功能是，在网页中绘制一个红色填充颜色的圆。

【范例 3-9】在网页中绘制一个圆（光盘 \ 配套源码 \3\yuan.html ）。

实例文件"yuan.html"的主要代码如下。

```
<!DOCTYPE HTML>
<html>
<body>

<canvas id="myCanvas" width="200" height="100" style="border:1px solid #c3c3c3;">
Your browser does not support the canvas element.
</canvas>

<script type="text/javascript">

var c=document.getElementById("myCanvas");
var cxt=c.getContext("2d");
cxt.fillStyle="#FF0000";
cxt.beginPath();
cxt.arc(70,18,15,0,Math.PI*2,true);
cxt.closePath();
cxt.fill();

</script>

</body>
</html>
```

【运行结果】

执行之后的效果如图 3-9 所示。

图 3-9　执行效果

3.4.6　实战演练——用渐变色填充一个矩形

本实例的功能是，在网页中绘制一个矩形，并且用渐变颜色来填充这个矩形。

【范例 3-10】用渐变色填充一个矩形（光盘 \ 配套源码 \3\jianbian.html ）。

实例文件"jianbian.html"的主要代码如下。

```
<!DOCTYPE HTML>
<html>
<body>

<canvas id="myCanvas" width="200" height="100" style="border:1px solid #c3c3c3;">
Your browser does not support the canvas element.
</canvas>


<script type="text/javascript">

var c=document.getElementById("myCanvas");
var cxt=c.getContext("2d");
var grd=cxt.createLinearGradient(0,0,175,50);
grd.addColorStop(0,"#FF0000");
grd.addColorStop(1,"#00FF00");
cxt.fillStyle=grd;
cxt.fillRect(0,0,175,50);
</script>


</body>
</html>
```

【运行结果】

执行之后的效果如图 3-10 所示。

图 3-10　执行效果

3.4.7　实战演练——显示一幅指定的图片

本实例的功能是，在 Canvas 画布中显示一幅指定的图片。

【范例 3-11】在 Canvas 画布中显示一幅指定的图片（光盘 \ 配套源码 \3\tupian. html）。

实例文件 "tupian.html" 的主要代码如下所示。

```
<!DOCTYPE HTML>
<html>
```

```
<body>

<canvas id="myCanvas" width="600" height="800" style="border:1px solid #c3c3c3;">
Your browser does not support the canvas element.
</canvas>

<script type="text/javascript">

var c=document.getElementById("myCanvas");
var cxt=c.getContext("2d");
var img=new Image()
img.src="http_imgload.jpg"
cxt.drawImage(img,0,0);

</script>

</body>
</html>
```

【运行结果】

执行之后的效果如图 3-11 所示。

图 3-11　执行效果

注意　本实例用 Google Chrome 浏览器不能正确显示，而用 Firefox 则可以正确显示。

3.5 Web 数据存储

 本节教学录像：6 分钟

使用全新的 HTML5，我们可以在客户端存储数据。本节将介绍用 HTML5 存储数据的基本知识。

3.5.1 Web 存储简介

HTML5 中提供了如下两种在客户端存储数据的新方法。

❑ localStorage：没有时间限制的数据存储。

❑ sessionStorage：针对一个 session 的数据存储。

在这以前，客户端的存储功能都是通过 cookie（存储在用户本地终端上的数据）来完成的。但是因为它们由每个对服务器的请求来传递，使得 cookie 速度很慢而且效率也不高，所以 cookie 不适合大量数据的存储。

在 HTML5 中，数据不是由每个服务器请求传递的，而是只有在请求时使用数据。它使在不影响网站性能的情况下，存储大量数据成为可能。对于不同的网站来说，数据存储于不同的区域，并且一个网站只能访问其自身的数据。

在 HTML5 中使用 JavaScript 技术来存储和访问数据。

3.5.2 HTML5 中 Web 存储的意义

首先，让我们来回顾下 cookie。cookie 的出现可谓大大推动了 Web 的发展，但它既有优点也有一定的缺陷。

cookie 的优点在于其记录了登录网站时的用户名和密码，使得下一次登录时不需要再次输入，达到自动登录的效果。但是另一方面，cookie 的安全问题也日趋受到关注，比如，cookie 由于存储在客户端浏览器中，很容易受到黑客的窃取，安全机制并不是十分好。还有另外一个问题，cookie 存储数据的能力有限。目前在很多浏览器中规定每个 cookie 只能存储不超过 4KB 的限制，所以一旦 cookie 的内容超过 4KB，唯一的方法是重新创建。此外，每次 HTTP 请求中都必须附带 cookie，这有可能增加网络的负载。

HTML5 中新增加的 Web 存储机制，可以弥补了 cookie 的缺点。Web 存储机制在以下两方面作了加强。

（1）对于 Web 开发者来说，它提供了很容易使用的 API 接口，通过设置键值对即可使用。

（2）在存储的容量方面，可以根据用户分配的磁盘配额进行存储，可以在每个用户域下存储不少于 5-10MB 的内容。这就意味者，用户可以不仅仅存储 session 了，还可以在客户端存储用户的设置偏好，本地化的数据，离线的数据。这对提高效率是很有帮助的。

Web 存储更提供了使用 JavaScript 编程的接口，使得开发者可以使用 JavaScript 在客户端做很多以前要在服务端才能完成的工作。目前，各主流浏览器已经开始对 Web 存储的支持。

3.5.3 localStorage 存储实战——显示访问页面的统计次数

在 HTML5 中提供了两种在客户端存储数据的新方法，接下来将首先讲解 localStorage 方法存储的方法。使用 localStorage 方法存储的数据没有任何时间限制，可以在第二天、第二周，甚至是下一年之后，使用存储的数据。例如下面的代码演示了如何创建和访问 localStorage 的过程。

```
<!DOCTYPE HTML>
<html>
<body>
<script type="text/javascript">
localStorage.lastname=" 东方不败 ";
document.write("Last name: " + localStorage.lastname);
</script>
</body>
</html>
```

上述代码执行之后的效果如图 3-12 所示。

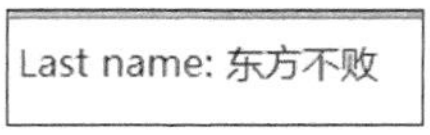

Last name: 东方不败

图 3-12　执行效果

【范例 3-12】显示访问页面的统计次数（光盘 \ 配套源码 \3\tongji.html）

本实例的功能是统计访问此页面的次数，每刷新一次，次数会增加 1 次。相关实例文件"tongji.html"的实现代码如下。

```
<!DOCTYPE HTML>
<html>
<body>
<script type="text/javascript">
if (localStorage.pagecount)
  {
  localStorage.pagecount=Number(localStorage.pagecount) +1;
  }
else
  {
  localStorage.pagecount=1;
  }
document.write("Visits: " + localStorage.pagecount + " time(s).");

</script>
<p> 刷新页面会看到计数器在增长。</p>
<p> 请关闭浏览器窗口，然后再试一次，计数器会继续计数。</p>
</body>
</html>
```

【运行结果】

执行之后的效果如图 3-13 所示。

```
Visits: 7 time(s).
刷新页面会看到计数器在增长。
请关闭浏览器窗口，然后再试一次，计数器会继续计数。
```

图 3-13 执行效果

3.5.4 sessionStorage 存储实战——显示访问页面的统计次数

另外一种在客户端存储数据的方法是 sessionStorage。此方法可以针对一个 session 进行数据存储，并在用户关闭浏览器窗口后，删除数据。例如，下面的代码演示了创建并访问一个 sessionStorage 的过程。

```
<!DOCTYPE HTML>
<html>
<body>
<script type="text/javascript">
sessionStorage.lastname="Smith";
document.write(sessionStorage.lastname);
</script>
</body>
</html>
```

【范例 3-13】显示访问页面的统计次数（光盘 \ 配套源码 \3\tongjiL.html）。

本实例的功能是统计访问此页面的次数，每刷新一次，次数会增加 1 次，实例文件 tongjiL.html 的实现代码如下所示。

```
<!DOCTYPE HTML>
<html>
<body>
<script type="text/javascript">
if (sessionStorage.pagecount)
  {
  sessionStorage.pagecount=Number(sessionStorage.pagecount) +1;
  }
else
  {
  sessionStorage.pagecount=1;
  }
document.write("Visits " + sessionStorage.pagecount + " time(s) this session.");
</script>
<p> 刷新页面会看到计数器在增长。</p>
<p> 请关闭浏览器窗口，然后再试一次，计数器已经重置了。</p>
</body>
</html>
```

【运行结果】

执行之后的效果如图 3-14 所示。

> Visits 3 time(s) this session.
>
> 刷新页面会看到计数器在增长。
>
> 请关闭浏览器窗口，然后再试一次，计数器已经重置了。

图 3-14　执行效果

 **注 意** 　　本实例的统计和上一个实例的有一点区别，本实例当关闭浏览器后再次打开后，此时的统计数字将从 1 开始重新统计。而上一个实例从新打开后继续从被关闭时的次数继续累加统计。

3.6　表单的新特性

 本节教学录像：7 分钟

在全新的 HTML5 中，在表单中增加了很多的功能。本节将介绍 HTML5 表单中新增功能的基本知识。

3.6.1　全新的 Input 类型

HTML5 中拥有多个新的表单输入类型。这些新特性提供了更好的输入控制和验证。HTML5 中新增了如下表单输入类型。

- ❏　email
- ❏　url
- ❏　number
- ❏　range
- ❏　Date pickers（date, month, week, time, datetime, datetime-local）
- ❏　search
- ❏　color

各个主流浏览器版本对上述新增表单输入类型支持的具体说明如表 3-5 所示。

表 3-5　各浏览器版本对新增表单输入类型支持的说明

Input type	IE	Firefox	Opera	Chrome	Safari
email	No	4.0	9.0	10.0	No
url	No	4.0	9.0	10.0	No
number	No	No	9.0	4.0	No
range	No	No	9.0	4.0	4.0
Date pickers	No	No	9.0	10.0	No
search	No	4.0	4.0	10.0	No
color	No	No	4.0	No	No

1. email

email 类型能够在页面中提供一个输入电子邮件地址的文本框。在提交表单时，会自动验证 email 文本框中的值。例如，iPhone 中的 Safari 浏览器就支持 email 输入类型，并通过改变触摸屏键盘来配合它（添加 @ 和 .com 选项）。

下面的代码演示了使用 e-mail 类型的过程。

```
<!DOCTYPE HTML>
<html>
<body>
<form action="demo_form.asp" method="get">
E-mail: <input type="email" name="user_email" /><br />
<input type="submit" />
</form>
</body>
</html>
```

上述代码执行后的效果如图 3-15 所示。

2. url

使用 url 类型可以在网页中显示一个输入 URL 地址的文本框。在提交表单时，会自动验证 url 文本框中的值。例如，下面的代码演示了使用 url 类型的过程。

```
<!DOCTYPE HTML>
<html>
<body>
<form action="demo_form.asp" method="get">
Homepage: <input type="url" name="user_url" /><br />
<input type="submit" />
</form>
</body>
</html>
```

上述代码执行后的效果如图 3-16 所示。

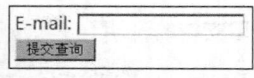

图 3-15 执行效果

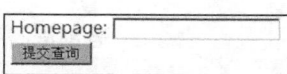

图 3-16 执行效果

3. number

使用 number 类型可以在网页中创建一个可包含数值的输入文本框。我们还能够设定所接受的数字的范围。例如，下面的代码演示了使用 number 类型的过程。

```
<!DOCTYPE HTML>
<html>
```

```
<body>
<form action="demo_form.asp" method="get">
Points: <input type="number" name="points" min="1" max="10" />
<input type="submit" />
</form>
</body>
</html>
```

上述代码执行后的效果如图 3-17 所示。

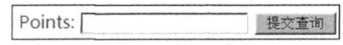

图 3-17 执行效果

我们还可以使用表 3-6 中的属性来设定数字类型。

表 3-6 设置数字类型的属性

属性	值	描述
max	number	规定允许的最大值
min	number	规定允许的最小值
step	number	规定合法的数字间隔（如果 step="3"，则合法的数是 −3,0,3,6 等）
value	number	规定默认值

在下面的代码中演示了表 3-6 中属性的用法。

```
<!DOCTYPE HTML>
<html>
<body>
<form action="demo_form.asp" method="get">
Points: <input type="number" name="points" min="1" max="10" />
<input type="submit" />
</form>
</body>
</html>
```

4. range

使用 range 类型可以在网页中创建一个包含一定范围内的数字值的输入文本框。我们还能够设定所接受的数字的范围。例如，下面的代码演示了使用 range 类型的过程。

```
<!DOCTYPE HTML>
<html>
<body>
<form action="demo_form.asp" method="get">
Points: <input type="range" name="points" min="1" max="10" />
<input type="submit" />
```

```
</form>
</body>
</html>
```

上述代码执行后的效果如图 3-18 所示。

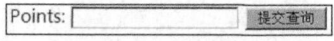

图 3-18　执行效果

我们还可以使用表 3-7 中的属性来设定数字类型。

表 3-7　设置数字类型的属性

属性	值	描述
max	range	规定允许的最大值
min	range	规定允许的最小值
step	range	规定合法的数字间隔（如果 step="3"，则合法的数是 –3、0、3、6 等）
value	range	规定默认值

5. Date Pickers（数据检出器）

在 HTML5 中拥有多个可供选取日期和时间的新输入类型，具体说明如下。

❑ date：选取日、月、年。
❑ month：选取月、年。
❑ week：选取周和年。
❑ time：选取时间（小时和分钟）。
❑ datetime：选取时间、日、月、年（UTC 时间）。
❑ datetime-local：选取时间、日、月、年（本地时间）。

以下代码可以实现从日历中选取一个日期的功能。

```
<!DOCTYPE HTML>
<html>
<body>
<form action="demo_form.asp" method="get">
Date: <input type="date" name="user_date" />
<input type="submit" />
</form>
</body>
</html>
```

上述代码执行后的效果如图 3-19 所示。

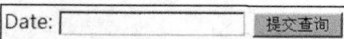

图 3-19　执行效果

6. search

使用 search 类型可以实现一个搜索域，比如站点搜索或 Google 搜索。HTML5 中的 search 域显示为常规的文本域。

3.6.2　全新的表单元素

在 HTML5 中拥有如下 3 个新的表单元素和属性。

❑ datalist

❑ keygen

❑ output

各个主流浏览器版本对上述新增表单元素支持的具体说明如表 3-8 所示。

表 3-8　各浏览器版本对新增表单元素支持的说明

Input type	IE	Firefox	Opera	Chrome	Safari
datalist	No	No	9.5	No	No
keygen	No	No	10.5	3.0	No
output	No	No	9.5	No	No

1. datalist

使用 datalist 元素可以规定网页中输入域中的选项列表。列表是通过 datalist 内的 option 元素创建的。如果需把 datalist 绑定到输入域，则需要用输入域的 list 属性来引用 datalist 的 id。例如，下面的代码演示了 datalist 元素的用法。

```
<!DOCTYPE HTML>
<html>
<body>
<form action="demo_form.asp" method="get">
Webpage: <input type="url" list="url_list" name="link" />
<datalist id="url_list">
    <option label="AAA" value="http://www.AAAA.com.cn" />
    <option label="BBB" value="http://www.BBBB.com" />
    <option label="CCC" value="http://www.CCCC.com" />
</datalist>
<input type="submit" />
</form>
</body>
</html>
```

上述代码执行后的效果如图 3-20 所示。

Webpage: 提交查询

图 3-20　执行效果

注 意　　　option 元素永远都要设置 value 属性。

2. keygen 元素

通过 keygen 元素可以提供一种验证用户的可靠方法，而 keygen 元素是密钥对生成器（key-pair generator）。当提交表单时会生成两个键，一个是私钥，一个公钥，其中，私钥（private key）存储于客户端，公钥（public key）则被发送到服务器。公钥可用于之后验证用户的客户端证书（client certificate）。目前浏览器对此元素的糟糕支持度不足以使其成为一种有用的安全标准。

下面是一段演示 keygen 元素用法的代码。

```
<!DOCTYPE HTML>
<html>
<body>
<form action="demo_form.asp" method="get">
Username: <input type="text" name="usr_name" />
Encryption: <keygen name="security" />
<input type="submit" />
</form>
</body>
</html>
```

上述代码执行后的效果如图 3-21 所示。

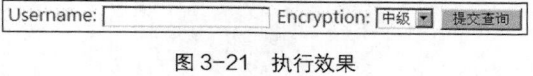

图 3-21　执行效果

3. output 元素

使用 output 元素可以输出不同类型，比如计算输出或脚本输出。下面代码演示了 output 元素的使用流程。

```
<!DOCTYPE HTML>
<html>
<head>
<script type="text/javascript">
function resCalc()
{
numA=document.getElementById("num_a").value;
numB=document.getElementById("num_b").value;
document.getElementById("result").value=Number(numA)+Number(numB);
}
</script>
</head>
```

```
<body>
<p> 使用 output 元素的简易计算器: </p>
<form onsubmit="return false">
    <input id="num_a" /> +
    <input id="num_b" /> =
    <output id="result" onforminput="resCalc()"></output>
</form>
</body>
</html>
```

上述代码执行后的效果如图 3-22 所示。

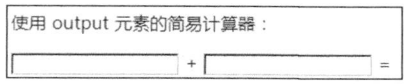

图 3-22　执行效果

3.6.3　全新的表单属性

在 HTML5 中的 <form> 和 <input> 元素中新增加一些有用的属性。

（1）新增了如下 form 属性。

❑ autocomplete

❑ novalidate

（2）新增了如下 input 属性。

❑ autocomplete

❑ autofocus

❑ form

❑ form overrides（formaction, formenctype, formmethod, formnovalidate, formtarget）

❑ height 和 width

❑ list

❑ min, max 和 step

❑ multiple

❑ pattern（regexp）

❑ placeholder

❑ required

各个主流浏览器版本对上述新增属性支持的具体说明如表 3-9 所示。

1. autocomplete 属性

属性 autocomplete 规定 form 或 input 域应该拥有自动完成功能，适用于 <form> 标签以及以下类型的 <input> 标签，例如 text、search、url、telephone、email、password、datepickers、range 和 color。当用户在自动完成域中开始输入时，浏览器应该在该域中显示填写的选项。

下面的代码演示了 autocomplete 属性的基本用法。

表 3-9　各浏览器版本对新增属性支持的说明

Input type	IE	Firefox	Opera	Chrome	Safari
autocomplete	8.0	3.5	9.5	3.0	4.0
autofocus	No	No	10.0	3.0	4.0
form	No	No	9.5	No	No
form overrides	No	No	10.5	No	No
height and width	8.0	3.5	9.5	3.0	4.0
list	No	No	9.5	No	No
min, max and step	No	No	9.5	3.0	No
multiple	No	3.5	No	3.0	4.0
novalidate	No	No	No	No	No
pattern	No	No	9.5	3.0	No
placeholder	No	No	No	3.0	3.0
required	No	No	9.5	3.0	No

```
<!DOCTYPE HTML>
<html>
<body>
<form action="demo_form.asp" method="get" autocomplete="on">
First name:<input type="text" name="fname" /><br />
Last name: <input type="text" name="lname" /><br />
E-mail: <input type="email" name="email" autocomplete="off" /><br />
<input type="submit" />
</form>
<p> 请填写并提交此表单，然后重载页面，来查看自动完成功能是如何工作的。</p>
<p> 请注意，表单的自动完成功能是打开的，而 e-mail 域是关闭的。</p>
</body>
</html>
```

上述代码执行后的效果如图 3-23 所示。

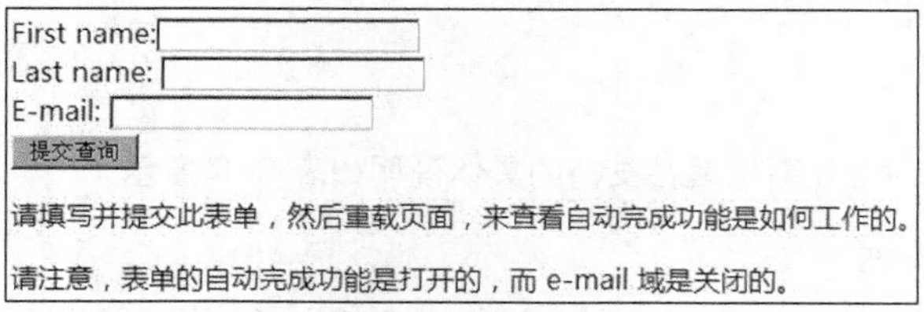

图 3-23　执行效果

2. autofocus 属性

属性 autofocus 规定在页面加载时，域自动获得焦点。此属性适用于所有 <input> 标签的类型。下面的代码演示了 autofocus 属性的基本用法。

```
<!DOCTYPE HTML>
<html>
<body>
<form action="demo_form.asp" method="get">
User name: <input type="text" name="user_name" autofocus="autofocus" />
<input type="submit" />
</form>
</body>
</html>
```

上述代码执行后的效果如图 3-24 所示。

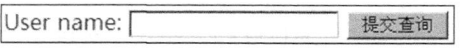

图 3-24　执行效果

3. form 属性

属性 form 规定输入域所属的一个或多个表单，适用于所有 <input> 标签的类型，需引用所属表单的 id。如需引用一个以上的表单，请使用空格分隔的列表。下面的代码演示了 form 属性的基本用法。

```
<!DOCTYPE HTML>
<html>
<body>
<form action="demo_form.asp" method="get" id="user_form">
First name:<input type="text" name="fname" />
<input type="submit" />
</form>
<p> 下面的输入域在 form 元素之外，但仍然是表单的一部分。</p>
Last name: <input type="text" name="lname" form="user_form" />
</body>
</html>
```

上述代码执行后的效果如图 3-25 所示。

First name: 　　　　　　提交查询
下面的输入域在 form 元素之外，但仍然是表单的一部分。
Last name:

图 3-25　执行效果

4. 表单重写属性

表单重写属性（form override attributes）允许我们重写 form 元素的某些属性。HTML5 中有如下表单重写属性。

❑ formaction：重写表单的 action 属性。

❑ formenctype：重写表单的 enctype 属性。

❑ formmethod：重写表单的 method 属性。

❑ formnovalidate：重写表单的 novalidate 属性。

❑ formtarget：重写表单的 target 属性。

表单重写属性适用于 <input> 标签中的 submit 和 image 类型。下面的代码演示了表单重写属性的基本用法。

```
<!DOCTYPE HTML>
<html>
<body>
<form action="demo_form.asp" method="get" id="user_form">
E-mail: <input type="email" name="userid" /><br />
<input type="submit" value="Submit" /><br />
<input type="submit" formaction="demo_admin.asp" value="Submit as admin" /><br />
<input type="submit" formnovalidate="true" value="Submit without validation" /><br />
</form>
</body>
</html>
```

上述代码执行后的效果如图 3-26 所示。

5. height 和 width 属性

属性 height 和 width 用于设置 image 类型的 input 标签的图像高度和宽度。这两个属性只适用于 image 类型的 <input> 标签。下面的代码演示了 height 和 width 属性的基本用法。

```
<!DOCTYPE HTML>
<html>
<body>
<form action="demo_form.asp" method="get">
User name: <input type="text" name="user_name" /><br />
<input type="image" src="eg_submit.jpg" width="99" height="99" />
</form>
</body>
</html>
```

上述代码执行后的效果如图 3-27 所示。

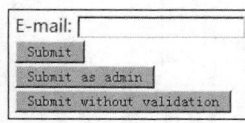

图 3-26　执行效果

图 3-27　执行效果

6. list 属性

使用 list 属性来设置输入域中的 datalist，而 datalist 是输入域的选项列表。list 属性适用于以下类型

的 <input> 标签。

- ❏ text
- ❏ search
- ❏ url
- ❏ telephone
- ❏ email
- ❏ date pickers
- ❏ number
- ❏ range
- ❏ color

下面的代码演示了 list 属性的基本用法。

```
<!DOCTYPE HTML>
<html>
<body>
<form action="demo_form.asp" method="get">
Webpage: <input type="url" list="url_list" name="link" />
<datalist id="url_list">
    <option label="A" value="http://www.A.com.cn" />
    <option label="AA" value="http://www.google.com" />
    <option label="AAA" value="http://www.microsoft.com" />
</datalist>
<input type="submit" />
</form>
</body>
</html>
```

上述代码执行后的效果如图 3-28 所示。

7. min、max 和 step 属性

属性 min、max 和 step 用于为包含数字或日期的 input 类型设置范围（约束），具体说明如下。

- ❏ max 属性：规定输入域所允许的最大值。
- ❏ min 属性：规定输入域所允许的最小值。
- ❏ step 属性：为输入域规定合法的数字间隔（如果 step="3"，则合法的数是 -3，0，3，6 等）。

属性 min、max 和 step 适用于以下类型的 <input> 标签。

- ❏ date pickers
- ❏ number
- ❏ range

下面的代码用于显示一个数字域，该域接受介于 0 到 10 之间的值，且步进为 3（即合法的值为 0、3、6 和 9）。

```
<!DOCTYPE HTML>
<html>
<body>
<form action="/example/html5/demo_form.asp" method="get">
```

```
Points: <input type="number" name="points" min="0" max="10" step="3"/>
<input type="submit" />
</form>
</body>
</html>
```

上述代码执行后的效果如图 3-29 所示。

| Webpage: _____ [提交查询] | | Points: _____ [提交查询] |

图 3-28　执行效果 　　　　　　　　　　　　图 3-29　执行效果

8. multiple 属性

属性 multiple 用于设置输入域中可供选择的多个值，此属性适用于 <input> 标签中的 email 类型概念和 file 类型，相关代码格式如下。

```
Select images: <input type="file" name="img" multiple="multiple" />
```

9. novalidate 属性

属性 novalidate 用于设置在提交表单时不验证 form 或 input 域。此属性适用于 <form> 以及以下类型的 <input> 标签：text、search、url、telephone、email、password、date pickers、range、color。

下面是一段使用 novalidate 属性的代码。

```
<form action="demo_form.asp" method="get" novalidate="true">
E-mail: <input type="email" name="user_email" />
<input type="submit" />
</form>
```

10. pattern 属性

属性 pattern 用于验证 input 域的模式（pattern）。模式（pattern）是正则表达式，读者可以在 JavaScript 的相关教程中学习到有关正则表达式的内容。

pattern 属性适用于以下类型的 <input> 标签：text、search、url、telephone、email 以及 password。

下面的代码用于实现显示一个只能包含 3 个字母的文本域（不含数字及特殊字符）的功能。

```
Country code: <input type="text" name="country_code"
pattern="[A-z]{3}" title="Three letter country code" />
```

11. placeholder 属性

属性 placeholder 提供一种提示（hint）机制，用于描述输入域所期待的值。此属性适用于以下类型的 <input> 标签：text、search、url、telephone、email 以及 password。

提示（hint）会在输入域为空时显示出现，而在输入域获得焦点时消失，相关代码如下。

```
<input type="search" name="user_search"  placeholder="Search W3School" />
```

12. required 属性

属性 required 规定必须在提交之前填写输入域，并不能为空。此属性适用于以下类型的 <input> 标签：text、search、url、telephone、email、password、date pickers、number、checkbox、radio 和 file。

相关实例的代码如下。

```
Name: <input type="text" name="usr_name" required="required" />
```

 注　意　在 HTML5 中是否还需要使用 <div> 标签呢？当然需要。例如，如果想在一个元素里将一段代码包裹住，特别是为了内容的定位，<div> 将会是非常理想的选择。不过，如果不是上述情况而是要包裹博客文章或者页脚的链接列表，建议分别使用 <article> 和 <nav> 元素。

■ 3.7　综合应用——制作一个颜色滑动控制器

 本节教学录像：3 分钟

在接下来的内容中，我们将通过一个具体的演示实例的实现过程来讲解通过滑动条来设置颜色的方法。

【范例 3-14】使用滑动条来设置颜色（光盘 \ 配套源码 \3\3-5.html）。

文件 "3-5.html" 的具体实现流程如下。

（1）首先新建了 3 个页面表单中，分别为其创建了 3 个 "range" 类型的 <input> 元素，分别用于设置颜色中的 "红色" (r)、"绿色" (g)、"蓝色" (b)。

（2）新建一个 <p> 元素，用于展示当滑动条改变时的颜色区。当用户任意拖动某个绑定颜色的滑动条时，对应的颜色区背景色都会随之发生变化。

（3）在颜色区下面显示对应的色彩值 (rgb)。

实例文件 "3-5.html" 的主要实现代码如下。

```
<link href="css.css" rel="stylesheet" type="text/css">
<script type="text/javascript" language="javascript"
        src="js4.js">
</script>
</head>
<body>
<form id="frmTmp">
  <fieldset>
    <legend> 通过滑动条可以设置颜色值: </legend>
    <span id="spnColor">
    <input id="txtR" type="range" value="0"
```

```
            min="0" max="255" onChange="setSpnColor()" >
    <input id="txtG" type="range" value="0"
            min="0" max="255" onChange="setSpnColor()">
    <input id="txtB" type="range" value="0"
            min="0" max="255" onChange="setSpnColor()">
    </span>
    <span id="spnPrev"></span>
    <P id="pColor">rgb 格式 (0,0,0)</P>
  </fieldset>
</form>
</body>
```

在上述代码中，分别使用"range"类型定义了 3 个 <input> 元素。这些元素都以滑动条的形式展示在页面中。当拖动滑块时，脚本文件"js4.js"中的自定义函数 setSpnColor() 被触发。此函数可以根据获取滑动条的值动态改变颜色块的背景色。

脚本文件"js4.js"的代码如下。

```
// JavaScript Document
function $$(id){
    return document.getElementById(id);
}
// 定义变量
var intR,intG,intB,strColor;
// 根据获取变化的值，设置预览方块的背景色函数
function setSpnColor(){
    intR=$$("txtR").value;
    intG=$$("txtG").value;
    intB=$$("txtB").value;
    strColor="rgb("+intR+","+intG+","+intB+")";
    $$("pColor").innerHTML=strColor;
    $$("spnPrev").style.backgroundColor=strColor;
}
// 初始化预览方块的背景色
setSpnColor();
```

【运行结果】

执行后的初始效果如图 3-30 所示，滑动三个滑条可以设置不同的颜色，并且在右侧区域预览显示颜色，如图 3-31 所示。

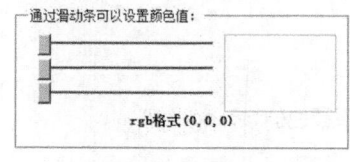

图 3-30　初始效果

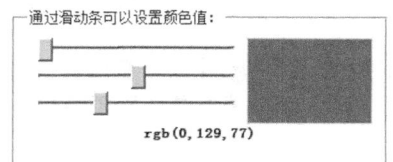

图 3-31　通过滑动条预览颜色

▌ 3.8　高手点拨

1. 尽量不要用 height 和 width 属性来缩放视频

通过 height 和 width 属性来缩小视频，只会迫使用户下载原始的视频（即使在页面上它看起来较小）。正确的方法是在网页上使用该视频前，使用软件对视频进行压缩。

2. JavaScript 绘图的基本流程

JavaScript 绘图的基本流程如下。

（1）JavaScript 使用 id 来寻找 canvas 元素，相关代码如下。

```
var c=document.getElementById("myCanvas");
```

（2）创建 context 对象，相关代码如下。

```
var cxt=c.getContext("2d");
```

对象 getContext("2d") 是内建的 HTML5 对象，其拥有多种绘制路径、矩形、圆形、字符以及添加图像的方法。例如，通过下面的代码可以绘制一个红色的矩形。

```
cxt.fillStyle="#FF0000";
cxt.fillRect(0,0,150,75);
```

上述代码中，fillRect() 方法规定了形状、位置和尺寸。在上述 fillRect() 方法中，设置了其坐标参数为 (0,0,150,75)，意思是在画布上绘制一个 150x75 的矩形，并且是从左上角 (0,0) 开始绘制的。

▌ 3.9　实战练习

1. 实现动态对话框效果

在页面中分别添加一个 <menu> 元素和两个 <command> 元素，并将 <command> 元素包含在 <menu> 中。当单击其中一个 <command> 元素时，系统会弹出一个显示对应操作内容的对话框。

2. 实现动态进度条效果

分别在页面中创建一个 <progress> 元素和一个"下载按钮"。当单击"下载按钮"时，通过元素 <progress> 动态展示下载进度状态和百分比信息，并在下载结束时显示"恭喜你，下载已经完成！"的提示信息。

第 **4** 章

本章教学录像：40 分钟

CSS 基础

　　CSS（层叠式样式表）是 Cascading Style Sheet 的缩写，中文名称为样式表，是 W3C 组织制定的、控制页面显示样式的标记语言。本章将详细讲解 CSS 技术的基础知识。

本章要点（已掌握的在方框中打钩）

☐ 体验 CSS 的功能　　　　☐ 在网页中使用 CSS

☐ 基本语法　　　　　　　☐ CSS 的编码规范

☐ 使用选择符　　　　　　☐ CSS 调式

☐ CSS 属性　　　　　　　☐ 综合应用——实现精致、符合标准的表单页面

☐ 几个常用值

4.1 体验 CSS 的功能

 本节教学录像：4 分钟

通过 CSS，开发人员可以轻松地将指定内容按照指定样式显示在网页中。在网页中有如下两种使用 CSS 的方式。

- ❑ 页内直接设置 CSS：即在当前使用页面直接指定样式。
- ❑ 第三方页面设置：即在别的网页中单独设置 CSS，然后通过文件调用这个 CSS 来实现指定显示效果。

CSS 样式设置的具体运行流程如图 4-1 所示。

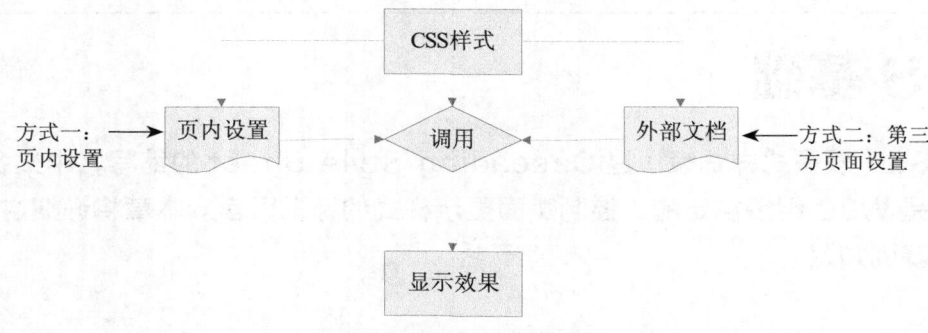

图 4-1 CSS 样式设置运行流程

【范例 4-1】演示 CSS 在网页中的表现效果（光盘 \ 配套源码 \4\1.html）。

文件 "1.html" 的主要代码如下。

```html
<head>
<meta http-equiv="Content-Type" content="text/html; charset=utf-8" />
<title> 无标题文档 </title>
<!-- 设置样式 STYLE1，指定页面文件字体。-->.
<style type="text/css">
<!--
.STYLE1 {
    font-family: Arial, Helvetica, sans-serif;
    font-size: 24px;
    color: #990033;
    font-weight: bold;
    font-style: italic;
}
-->
</style>
</head>
<body>
<!-- 调用样式 STYLE1，应用于此页面字体后的显示效果 -->
```

```
<span class="STYLE1"> 要使用 CSS 呀 </span>
</body>
```

【运行结果】

执行后效果如图 4-2 所示，如果取消样式，则效果如图 4-3 所示。

　　　　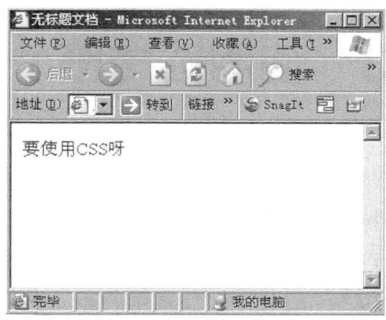

图 4-2　显示效果　　　　　　　　　　图 4-3　取消样式后效果

从上述不同的显示效果中可以看出 CSS 的样式的作用十分明显，即 CSS 在页面中表现外观的桥梁作用十分明确。

4.2　基本语法

 本节教学录像：2 分钟

因为在现实应用中经常用到的 CSS 元素是选择符、属性和值，所以在 CSS 的应用语法中其主要应用格式也主要涉及上述 3 种元素。CSS 的基本语法结构如下。

```
<style type="text/css">
<!--
. 选择符 { 属性：值 }
-->
</style>
```

例如，下面的代码就严格按照上述格式。

```
<style type="text/css">
<!--
.STYLE1 {
    font-family: Arial, Helvetica, sans-serif;
    font-size: 24px;
    color: #990033;
    font-weight: bold;
    font-style: italic;
}
-->
</style>
```

在使用 CSS 时，需要遵循如下所示的原则。

❏ 当有多个属性时，属性之间必须用"；"隔开。

❏ 属性必须包含在"{}"中。

❏ 在属性设置过程中，可以使用空格、换行等操作。

❏ 如果一个属性有多个值，必须用空格将它们隔开。

▌ 4.3 使用选择符

 本节教学录像：5 分钟

选择符即样式的名称。CSS 选择符可以使用如下所示的字符。

❏ 大小写的英文字母

❏ 数字

❏ 连字号（－）

❏ 下划线（_）

❏ 冒号

❏ 句号

注　意　　　　CSS 选择符只能以字母开头。

本节将详细讲解 CSS 选择符的基本知识。

4.3.1　选择符的种类

现实中常用的 CSS 选择符有通配选择符、类型选择符、群组选择符、包含选择符、id 选择符、class 选择符、标签指定选择符、组合选择符等。在下面内容中，我们将对上述各类选择符做详细介绍。

（1）通配选择符

通配选择符的书写格式是 *，功能是表示页面内所有元素的样式。如下代码就使用了通配选择符。

```
* {
    font-family: Arial, Helvetica, sans-serif;
    font-size: 24px;
    color: #990033;
font-weight: bold;
    font-style: italic;
}
```

（2）类型选择符

类型选择符是指以网页中已有的标签类型作为名称的选择符。例如，可将 body、div、p、span 等网页中的标签作为选择符名称。例如，下面的代码将页面 body 元素内的字体进行了设置。

```
div {
font-size: 24px;
    color: #990033;
    font-weight: bold;
}
```

注 意　　　　所有的页面元素都可以作为选择符。

（3）群组选择符

在 XHMTL 中，对其一组对象同时进行相同的样式指派，只需使用半角逗号对选择符进行分隔即可。这种方法的优点是对于同样的样式只需要书写一次，减少了代码量，改善了 CSS 代码结构。群组选择符的书写格式如下所示。

选择符 1, 选择符 2, 选择符 3, 选择符 4

例如，下面的代码使用群组选择符对指定对象的页面字体进行了设置。

```
.name,div,p{
    font-size: 24px;
    color: #990033;
}
```

注 意　　　　在使用群组选择符时，使用的是在半角逗号。

（4）包含选择符

包含选择符的功能是对某对象中的子对象进行样式指定，其书写格式如下所示。

选择符 1 选择符 2

例如，下面的代码使用包含选择符对 body 元素内 p 元素包含的字体进行了设置。

```
body p{
    font-size: 24px;
    color: #990033;
}
```

此方法的优点是避免过多的 id 和 class 设置，而直接对所需的元素进行定义。

注 意

在使用包含选择符时需要注意如下两点。

❑ 样式设置仅对指定对象的子对象标签有效，对于其他单独存在或位于指定对象以外的子对象无效。例如，上例中的样式只对 body 元素内的 p 元素进行设置，而对 body 元素外的 p 元素没有效果。

❑ 选择符 1 和选择符 2 之间必须用空格隔开。

（5）ID 选择符

ID 选择符是根据 DOM 文档对象模型原理所出现的选择符。在 XHTML 文件中，每一个标签都可以使用"id="""的形式进行名称指派。在 div css 布局的网页中，可以针对不同的用途进行命名，例如，头部为命名为 header、底部命名为 footer。

ID 选择符的使用格式如下所示。

选择符

注 意

在一个 XHTML 文件中，id 要具有唯一性，即 id 命名不能重复。

（6）class 选择符

从本质上讲，上面介绍的 id 是对 XHTML 标签的扩展，而 class 选择符和 ID 选择符类似。class 是对 XHTML 多个标签的一种组合，直译的意思是类或类别。class 选择符可以在 XHTML 页面中使用 class="""进行名称指派。与 id 相区别的是，class 可以重复使用，页面中多个样式的相同元素可以直接定义为一个 class。

class 选择符的使用格式如下所示。

. 选择符

使用 class 的好处是众多的标签均可以使用一个样式来定义，而不需要为每一个标签编写一个样式代码。

使用 class 选择符的方法和 ID 选择符一样，只需在页面中直接调用样式代码。

（7）组合选择符

组合选择符是指对前面介绍的 6 种选择符进行组合使用。例如，如下代码组合使用了上述几种方法。

---

h1 .p1 {}// 设置 h1 下的所有 class 为 p1 的标签
#content h1 {}// 设置 id 为 content 的标签下的所有 h1 标签

由本节内容可以看出，CSS 选择符非常灵活。读者可以根据自己页面的需要，合理的使用各种选择符，以尽量做到结构化和完美化的统一。

4.3.2　实战演练——使用 ID 选择符设置文字颜色

【范例 4-2】讲解 ID 选择符的使用（光盘 \ 配套源码 \4\2.html）。

```
<title> 无标题文档 </title>
<style type="text/css">
<!--
#STYLE2 {
    color: #FF0000;
    font-size: 24;
}
-->
</style>
</head>
<body>
<div id="STYLE2"> 要使用 CSS 呀 </div>
</body>
```

【运行结果】

执行后的效果如图 4-4 所示。

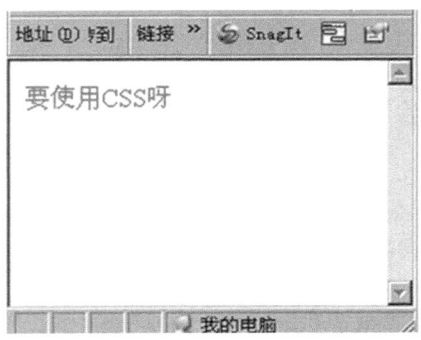

图 4-4　执行效果

4.4　CSS 属性

 本节教学录像：4 分钟

CSS 属性是 CSS 中最为重要的内容之一。CSS 就是利用其本身的属性实现其绚丽的显示效果的。在 CSS 中常用的属性及其对应的属性值如下所示。

（1）字体属性

❑ font-family：使用什么字体。

❑ font-style：字体的样式，是否斜体，有 normal/italic/oblique。

❑ font-variant：字体大小写，有 normal/small-caps。

❑ font-weight：字体的粗细，有 normal/bold/bolder/lithter。

❑ font-size：字体的大小，有 absolute-size/relative-size/length/percentage。

（2）颜色和背景属性

❑ color：定义前景色，例如：p{color:red})。

❑ background-color：定义背景色。

❑ background-image：定义背景图片。

❑ background-repeat：背景图案重复方式，有 repeat-x/repeat-y/no-repeat 等 3 个值可选。

❑ background-attachmen：设置滚动，有 scroll（滚动）/fixe（固定的）等两个值可选。

❑ background-position：设置背景图案的初始位置，有 percentage/length/top/left/right/bottom 等 6 个值可选。

（3）文本属性

定义排序的属性如下。

❑ text-align：文字的对齐，有 left/right/center/justify 等 3 个值可选。

❑ text-indent：文本的首行缩进，有 length/percentage 等两个值可选。

❑ line-height：文本的行高，有 normal/numbet/lenggth/percentage（百分比）等 4 个值可选。

定义超链接的属性如下。

❑ a:link {color:green;text-decoration:nore}：未访问过的状态。

❑ a:visited {color:ren;text-decoration:underline;16pt}：访问过的状态。

❑ a:hover {color:blue;text-decoration:underline;16pt}：鼠标激活的状态。

（4）块属性

边距属性的相关说明如下。

❑ margin-top：设置顶边距。

❑ margin-right：设置右边距。

填充距属性的相关说明如下。

❑ padding-top：设置顶端填充距。

❑ padding-right：设置右侧填充距。

（5）边框属性

❑ border-top-width：顶端边框宽度。

❑ border-right-width：右端边框宽度。

当图文混排时，需使用到如下属性。

❑ width：定义宽度。

❑ height：定义高度。

（6）项目符号和编号属性

❑ display：定义是否显示符号。

❑ white-spac：定义处理空白部分的方式，有 normal/pre/nowrap 等 3 个值可选。

（7）层属性

该种属性用于设定对象的定位方式，有如下 3 种定位方式。

❑ Absolute：绝对定位。

❑ Relative：相对定位。

❑ Static：无特殊定位。

除了上述属性外，CSS 还包含列表属性、表格属性和扩展属性等。

在上述属性中，有的只受部分浏览器支持。CSS 属性的更详细知识和具体用法，将在本书后面的章节中进行详细介绍。

▌ 4.5 几个常用值

 本节教学录像：8 分钟

单位和属性值是 CSS 属性的基础，正确理解单位和值的概念将助于 CSS 属性的使用。本节将对 CSS 中几个常用的单位和属性值做简要介绍。

4.5.1 颜色单位

在 CSS 中，可以通过多种方式来定义颜色，其中最为常用的方法有如下两种。

1. 颜色名称定义

使用颜色名称定义颜色的方法只能实现比较简单的颜色效果，因为只有一定数量的颜色名称才能被浏览器识别。例如，下面的代码将文字颜色定义成红色。

```
<style type="text/css">
<!--
.STYLE2 {color: red}/* 使用颜色名 red 设置字体颜色 */
-->
</style>
</head>
<body>
<div class="STYLE2"> 要使用 CSS 呀 </div><!-- 调用样式后的显示效果 -->
</body>
```

执行后的效果如图 4-5 所示。

图 4-5 执行效果

目前，主流浏览器能够识别的颜色名称如表 4-1 所示。

表 4-1 浏览器识别的颜色名称列表

颜色名称	描述	颜色名称	描述
red	红色	teal	深青
yellow	黄色	white	白色
blue	蓝色	navy	深蓝

续表

颜色名称	描述	颜色名称	描述
silver	银色	olive	橄榄
purple	紫色	gray	灰色
green	绿色	lime	浅绿
maroon	褐色	aqua	水绿
black	黑色	fuchsia	紫红

2. 十六进制定义

十六进制定义是指使用颜色的十六进制数值定义颜色值。使用十六进制定义方法后，可以定义更加复杂的颜色。例如，下面的代码就使用十六进制数值定义了文字颜色。

```
<style type="text/css">
<!--
.STYLE2 {
    color: #0000FF /* 使用十六进制: 0000FF，定义了文字颜色。*/
}
-->
</style>
</head>
<body>
<div class="STYLE2"> 要使用 CSS 呀 </div><!-- 调用样式 -->
</body>
```

执行后的效果如图 4-6 所示。

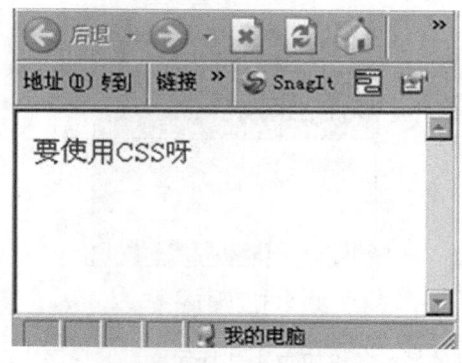

图 4-6　执行效果

注　意　　在网页设计中，颜色的十六进制值有多个。读者可以从网上获取具体颜色的对应值，也可以在 Dreamwerver 中选择某元素颜色后，通过查看其代码的方法获取此颜色对应的十六进制值。Dreamwerver 方法获取的操作方法如图 4-7 所示。

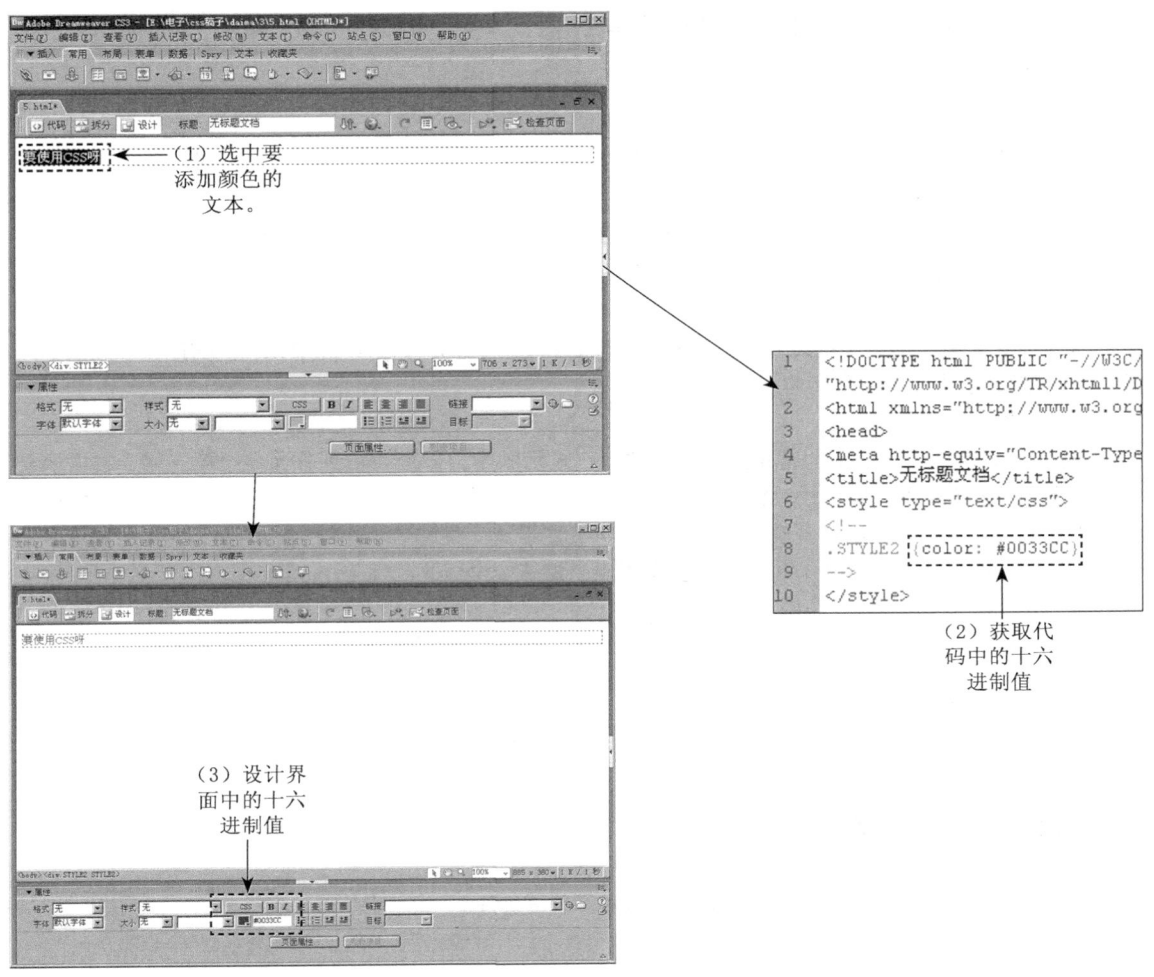

图 4-7 Dreamwerver 获取颜色值流程图

在使用十六进制颜色时，颜色值前面一定要加上字符"#"。

4.5.2 长度单位

在 CSS 中常用的长度单位有如下两种。

1. 绝对长度单位

常用的绝对长度单位表 4-2 所示。

表 4-2　常用绝对长度单位列表

名称	描述	名称	描述
in	英寸	cm	厘米
mm	毫米	pt	磅
m	米	pc	pica

上述 CSS 长度单位和现实中测量用的长度单位一样，其中，pt(磅) 和 pc(pica) 是标准印刷单位，72 pt=1 in，1 pc=12 pt。

2．相对长度单位

在网页设计中，使用最为频繁的是相对长度单位。最为常用的相对长度单位如下所示。

❑ 字体大小——em

em 用来定义文本中 font-size (字体大小) 的值。例如，在页面中对某文本定义的文字大小为 12 pt，那么对于这个文本元素来说，1 em 就是 12 pt。也就是说，em 的实际大小是受字体尺寸影响的。

❑ 文本高度——ex

ex 和 em 类似，其用来定义文本中元素的高度。和 em 一样，因为不同字体和的高度是不同的，所以 ex 的实际大小也受字体和字体尺寸的影响。

❑ 像素——px

像素 px 是网页设计中最为常用的长度单位。在显示器中，界面将被划分为多个单元格，其中的每个单元格就是一个像素。像素 px 的具体大小是和屏幕分辨率有关的。例如，有一个 100 px 大小的字符，如图 4-8 所示，在 800×600 分辨率的屏幕上，字符显示宽度是屏幕的 1/8；在 1024×768 分辨率的屏幕上，字符显示宽度是屏幕的 1/10，从视觉角度看，浏览者会以为字体变小了。

图 4-8　不同分辨率的对比

4.5.3　百分比值

百分比值是网页设计中常用的数值之一，其书写格式如下。

数字 %

这里的数字可正可负。

在页面设计中，百分比值需要通过另外一个值对比得到。例如，一个元素的宽度为 200px，定义在它里面子元素的宽度为 20%，则此自元素的实际宽度为 40px。

4.5.4　URL 统一资源定位符

URL 是 Uniform Resource Locator 的缩写，中文名称为统一资源定位符，是指文件、文档或图片等对象的路径。通过这个路径，用户可以获取相应对象的信息。使用 URL 的语法格式如下。

url (路径)

这里的"路径"是对象存放路径。URL 路径分为相对路径和绝对路径，在下面内容中将分别介绍。

1．相对路径

相对路径是指相对于某文件本身所在位置的路径。例如，若某 CSS 文件和文件名为"2.jpg"的图片处在同一目录下，则当 CSS 给此图片设置某种样式时，可以使用如下代码。

body{background:url(2.jpg);}

在上述代码中，"2.jpg" 是相对于 CSS 文件的路径。

（1）在 HTML（XHTML）中使用相对路径时，是相对于 CSS 文件，而不是相对于 HTML（XHTML）页面文件本身。
（2）url 和后面的括号 "(" 之间不能有空格，否则功能失效。
注意

2. 绝对路径

绝对路径是指某对象放在网络空间中的绝对位置，是该对象的实际路径。例如，下面的代码使用了绝对路径来调用某图片。

body{background:url(http://www.sohu.com/sports/guoji/2.jpg);}

在上述代码中，网址表示图片的实际存放路径。

4.5.5　URL 默认值

在 CSS 中的默认值是指在页面中没有定义某属性值时的取值。CSS 中的基本默认值是 none 或 0，具体和所使用的浏览器有关。例如，body 元素的默认补白属性值在 IE 浏览器中是 0，而在 OPEAR 浏览器中是 8px。

▋ 4.6　在网页中使用 CSS

 本节教学录像：9 分钟

在网页中添加 CSS 的方法和将 CSS 添加到 XTML 文件中方法类似。本节将简要介绍页面调用 CSS 的方式和使用优先级等知识。

4.6.1　页面调用 CSS 方式

在现实应用中，在页面中通常使用如下 5 种方法调用 CSS。
（1）链接外部 CSS 样式表
链接外部 CSS 样式表是指在 "<head></head>" 标记内使用 <link> 标记符调用外部 CSS 样式。若已有若干 CSS 外部文件，则在网页中用下列代码即可将 CSS 文档引入，然后在 <body> 部分直接使用 CSS 中的定义。

使用上述方法时，外部样式表不能含有任何诸如 <head> 或 <style> 的 HTML 标记，并且样式表仅仅由样式规则或声明组成。
注意

（2）文档中植入

文档中植入法是指通过 <style> 标记元素将设置的样式信息作为文档的一部分用于页面中。所有样式表都应列于文档的头部，即包含在 <head> 和 </head> 之间。在 <head> 中，可以包含一个或多个 <style> 标记元素，但须注意 <style> 和 </style> 需成对使用。另外，应将 CSS 代码置于 "<!--" 和 "-->" 之间。

下面的代码便是通过文档中植入法实现了样式设置。

```
<head>
<meta http-equiv="Content-Type" content="text/html; charset=utf-8" />
<title> 这里是我的标题 </title>
<style type="text/css">
<!--
.STYLE1 {/* 页面内定义样式 */
   color: #990000;
   font-size: 24px;
}
-->
</style>
<body>
<span class="STYLE1"> 我的 CSS 样式 </span><!-- 调用样式显示 -->
</body>
```

执行后的效果如图 4-9 所示。

图 4-9　执行效果

注 意　如果浏览器不能识别 STYLE 元素，就会将其作为 BODY 元素的一部分照常展示其内容，从而使这些样式表对用户是可见的。为了防止出现这种情况，建议将 STYLE 元素的内容要包含一个注解 <!-- --> 里面。

嵌入的样式表可用于为一个文档设置独一无二的样式。如果多个文档都使用同一样式表，则链接外部 CSS 样式表会更适用。

（3）页面标记中加入

页面标记中加入是指在某个标记符的属性说明中加入设置样式代的码。例如，下面的代码就使用此方法对文字进行了设置。

```
<title> 这里是我的标题 </title>
<body>
```

```
<H1 STYLE="color:#990033;font-family:Arial"> 我的样式 </h1><!-- 加入样式 -->
</body>
```

（4）导入 CSS 样式表

使用 @import url 选择器可以导入第三方样式表，其实现方法类似于链接 link。它可以放在 html 文档的 <style> 与 </style> 标记符之间。@import url 选择器与 <link> 的区别在于：无论该网页是否应用了 css 样式表，它都将读取样式表；而 <link> 只有在该网页应用 CSS 样式表时，才去读样式表。

下面的代码说明了 @import 选择器的使用方法。

```
<HEAD>
<Style type="text/css">
<!--
@import url(http://www.html.com/style.css);/* 调用样式表的路径 */
TD { background: yellow; color: black }
-- >
</style>
</HEAD>
```

（5）脚本运用 CSS 样式

在 DHTML 页面中，可以使用脚本语句来实现 CSS 的调用。当 DHTML 页面结合使用内嵌的 CSS 样式和内嵌的脚本事件时，就可以在网页上产生一些动态的效果，如动态地改变字体、颜色、背景、文本属性等。例如，在如下代码中将页面中的文本颜色进行了设置，当鼠标移动到文本上面是字体为红色，离开文本时字体为绿色。

```
<title> 这里是我的标题 </title>
<body>
<SPAN onMouseOver="this.style.color='red'" onMouseOut="this.style.color='#0000CC'">
变为红色
</SPAN>
</body>
```

鼠标离开   脚本设置文本样式   鼠标放上
时的颜色   时的颜色

执行效果如图 4-10 所示。

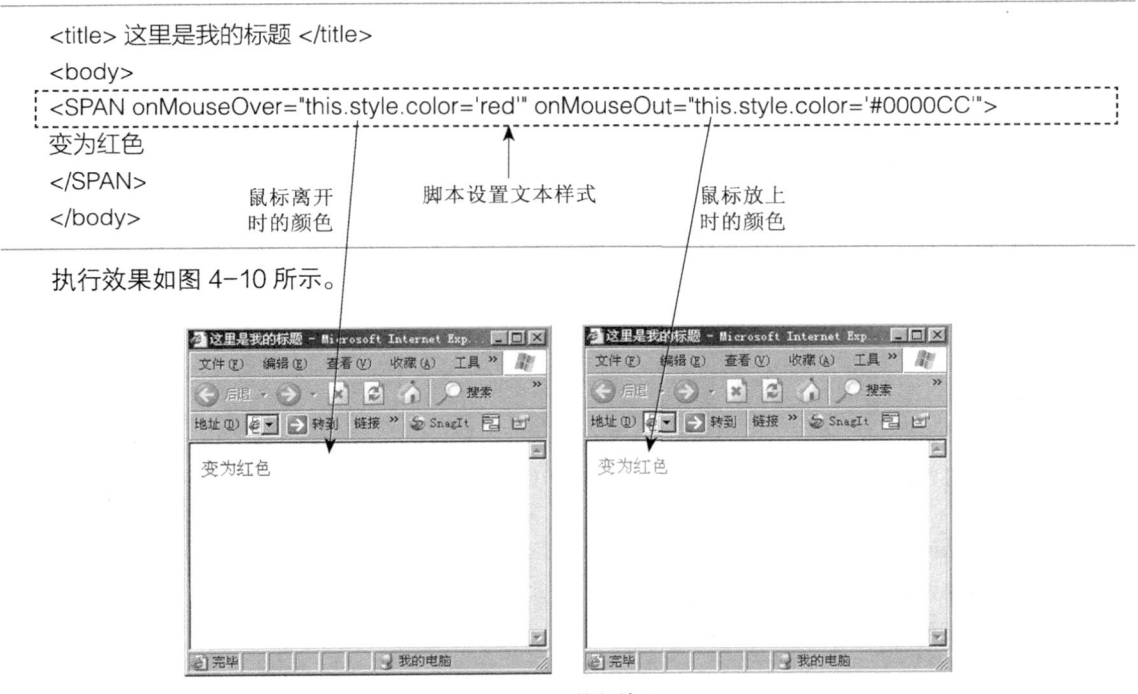

图 4-10　执行效果

4.6.2 通用优先级实战

上述几种常用的页面调用方法在具体使用时的作用顺序是不同的。在接下来的内容中，我们将向读者介绍几种通常所遵循的优先级样式。

一般来说，在页面元素中直接使用的 CSS 样式是最高优先级样式，其次是在页面头部定义的 CSS 样式，最后是使用链接形式调用的样式。

【范例 4-3】说明样式优先级的使用。

本实例包含两个文件，分别是"youxian.html"和"style.css"，其中，文件"style.css"的代码如下。源码路径为光盘 \ 配套源码 \4\style.css。

```css
/* 设置 P 元素的外部样式 P */
p {
    font:Arial, Helvetica, sans-serif;
    font-size:14px;
    color:#0000CC;
    background-color:#FFCC33;
}
```

文件"youxian.html"的主要代码如下。
源码路径为光盘 \ 配套源码 \4\youxian.html。

```html
<title> 无标题文档 </title>
<link href="style.css" type="text/css" rel="stylesheet"/>
<style type="text/css">
<!--
.STYLE1 {/* 设置内部样式的文字大小和字体颜色 */
    font-size: 18px;
    color: #FF0000;
}
-->
</style>
</head>
<body>
<p class="STYLE1"> 花褪残红青杏小。燕子飞时，绿水人家绕。</p><!-- 调用上面设置的内部样式 --
STYLE1>
<p> 枝上柳绵吹又少，天涯何处无芳草！ </p>
<p> 墙里秋千墙外道。墙外行人，墙里佳人笑。</p>
<p> 笑渐不闻声渐悄，多情却被无情恼。</p>
</body>
```

【运行结果】

执行后，首行字符按照 p 样式显示，其余行按照外部样式 STYLE 显示。执行效果如图 4-11 所示。

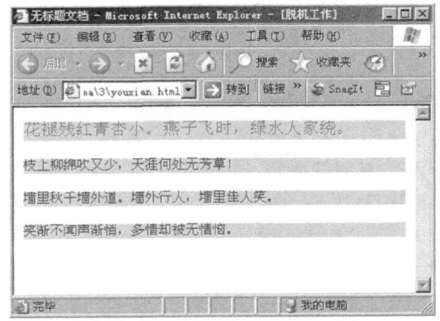

图 4-11　执行效果

【范例分析】

从上述实例的显示效果可以看出，如果某页面元素同时被设置了多个样式，并且样式内元素重复（例如上例中的两个样式都设置了字体颜色和字体大小），则应该首先遵循页面元素中直接调用的样式，然后再遵循其他样式。

4.6.3　类型选择符和类选择符实战

在页面中同时使用类型选择符和类选择符时，类选择符的优先级要高于类型选择符。也就是说，要首先遵循类选择符，然后再遵循类型选择符。下面通过一个具体的实例来对比类型选择符和类选择符的优先级。本实例包含两个文件，分别是"youxian1.html"和"style1.css"。

【范例 4-4】对比类型选择符和类选择符的优先级。

文件"style1.css"的源码路径为光盘 \ 配套源码 \4\style1.css，其中主要代码如下。

```
/* 分别定义了类型选择符样式 p 和类选择符样式 mm */
p {
  font:Arial, Helvetica, sans-serif;
  font-size:14px;
  color:#0000CC;
  background-color:#FFCC33;
}
.mm {
    font:Geneva, Arial, Helvetica, sans-serif;
  font-size:20px;
  color:#990033;
  background-color:#FF99FF;
}
```

文件"youxian1.html"的源码路径为光盘 \ 配套源码 \4\youxian1.html，其中主要代码如下所示。

```
<title> 无标题文档 </title>
<link href="style1.css" type="text/css" rel="stylesheet"/>
</head>
<body>
<p class="mm"> 花褪残红青杏小。燕子飞时，绿水人家绕。</p><!-- 调用类选择符样式 mm-->
<p> 枝上柳绵吹又少，天涯何处无芳草！ </p>
<p> 墙里秋千墙外道。墙外行人，墙里佳人笑。</p>
<p> 笑渐不闻声渐悄，多情却被无情恼。</p>
</body>
```

【运行结果】

执行后，首行字符按照类选择符样式 mm 显示，其余行按照类型选择符样式 p 显示。执行效果如图 4-12 所示。

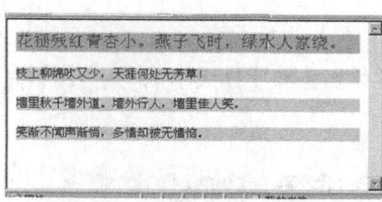

图 4-12　执行效果

【范例分析】

在上述实例代码中，通过类型选择符样式 p 和类选择符样式 mm，对文本首行同时设置了字体大小、字体颜色和背景颜色。页面显示执行后，文本首行所遵循的样式是类选择符样式 mm。由此，我们可以看出类选择符的优先级要高于类型选择符。

4.6.4　ID 选择符实战

在页面设计中，ID 选择符的优先级要高于类选择符。下面通过一个具体的实例来对比 ID 选择符和类选择符的优先级。本实例包含两个文件，分别是"youxian2.html"和"style2.css"。

【范例 4-5】对比 ID 选择符和类选择符的优先级。

文件"style2.css"的源码路径为光盘 \ 配套源码 \4\style2.css，相关主要代码如下。

```
/* 分别定义了类选择符样式 mm 和 ID 选择符样式 mm */
.mm{
  font:Arial, Helvetica, sans-serif;
  font-size:14px;
  color:#0000CC;
  background-color:#FFCC33;
}
```

```
#mm{
    font:Geneva, Arial, Helvetica, sans-serif;
    font-size:20px;
    color:#990033;
    background-color:#FF99FF;
}
```

文件 "youxian2.html" 的源码路径为光盘 \ 配套源码 \4\youxian2.html，主要代码如下。

```
<title> 无标题文档 </title>
<link href="style2.css" type="text/css" rel="stylesheet"/>
</head>
<body>
<!-- 首行同时调用类选择符样式 mm 和 ID 选择符样式 mm-->
<p class="mm" id="mm"> 花褪残红青杏小。燕子飞时，绿水人家绕。</p>
<p class="mm" id="mm"> 花褪残红青杏小。燕子飞时，绿水人家绕。</p>
<p class="mm"> 枝上柳绵吹又少，天涯何处无芳草！</p>
<p class="mm"> 墙里秋千墙外道。墙外行人，墙里佳人笑。</p>
<p class="mm"> 笑渐不闻声渐悄，多情却被无情恼。</p>
</body>
```

【运行结果】

执行后，首行字符按照 id 选择符样式 mm 显示，其余行按照类选择符样式 mm 显示。执行效果如图 4-13 所示。

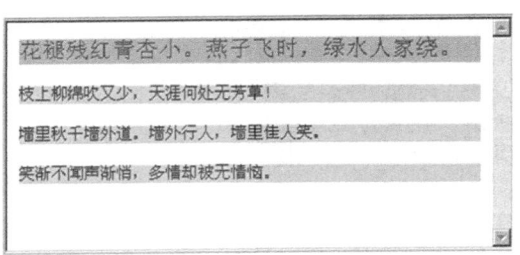

图 4-13 执行效果

【范例分析】

在上述实例代码中，通过类选择符样式 mm 和 id 选择符样式 mm，分别对文本首行同时设置了字体大小、字体颜色和背景颜色。页面显示执行后，文本首行所遵循的样式是 id 选择符样式 mm。由此，我们可以看出 id 选择符的优先级要高于类选择符。

4.6.5　最近优先原则实战

最近优先原则是在页面设计中所遵循的原则。例如，在前面介绍的实例中，如果某元素的 ID 选择符被定义在其父元素中，那么其父元素会使用最近定义的样式。下面通过一个具体的实例来对比 ID 选择符和类选择符的优先级。

【范例 4-6】对比 ID 选择符和类选择符的优先级。

本实例包含两个文件，分别是 youxian3.html 和 style3.css，其中，文件"style3.css"的源码路径为光盘 \ 配套源码 \4\style3.css，其主要代码如下。

```css
/* 分别定义了类选择符样式 mm 和 ID 选择符样式 mm */
.mm{
    font:Arial, Helvetica, sans-serif;
    font-size:14px;
    color:#0000CC;
    background-color:#FFCC33;
}
#mm{
     font:Geneva, Arial, Helvetica, sans-serif;
    font-size:20px;
    color:#990033;
    background-color:#FF99FF;
}
```

文件"youxian3.html"的源码路径为光盘 \ 配套源码 \4\youxian3.html，其主要代码如下。

```html
<title> 无标题文档 </title>
<link href="style3.css" type="text/css" rel="stylesheet"/>
</head>
<body>
<!-- 首行同时调用类选择符样式 mm 和 ID 选择符样式 MM，但是类选择符样式 mm 更靠近首行文本。-->
<p id="mm">
<div class="mm"> 花褪残红青杏小。燕子飞时，绿水人家绕。</div>
</p>
<p id="mm"> 枝上柳绵吹又少，天涯何处无芳草！</p>
<p id="mm"> 墙里秋千墙外道。墙外行人，墙里佳人笑。</p>
<p id="mm"> 笑渐不闻声渐悄，多情却被无情恼。</p>
</body>
```

【运行结果】

执行后，首行字符按照最靠近它的类选择符样式 mm 显示，其余行按照 ID 选择符样式 mm 显示。执行效果如图 4-14 所示。

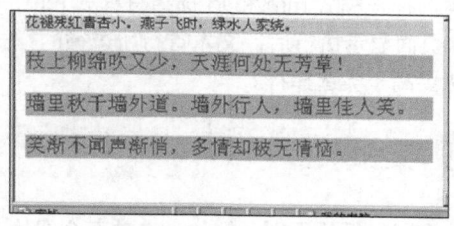

图 4-14　执行效果

至此，样式优先级的知识介绍完毕。读者在网页设计过程中，要充分考虑样式优先级对页面显示效果的影响，避免因优先级而出现显示错误的问题。

■ 4.7　CSS 的编码规范

　本节教学录像：3 分钟

CSS 的编码规范是指在书写 CSS 编码时所遵循的规范。虽然不同的书写方式对 CSS 的样式本身并没有什么影响，但是按照标准格式书写的代码更加便于阅读，有利于程序的维护和调试。本节将简要介绍 CSS 样式书写规范的相关知识。

4.7.1　书写规范

在网页设计过程中，标准的 CSS 书写规范主要包括如下两个方面。

（1）书写顺序

在使用 CSS 时，最好将 CSS 文件单独书写并保存为独立文件，而不是把其书写在 HTML 页面中。这样做便于 CSS 样式的统一管理，便于代码的维护。

在编码时，建议先书写类型选择符和重复使用的样式，然后再书写伪类代码，最后书写自定义选择符。这样做便于在程序维护时的样式查找，可提高工作效率。

（2）书写方式

在 CSS 中，虽然在不违反语法格式的前提下使用任何的书写方式都能正确执行，但是还是建议读者在书写每一个属性时，使用换行和缩进来书写。这样做使编写的程序一目了然，便于程序的后续维护。例如，下面的代码因为书写时使用了换行和缩进而显得一目了然。

```
<style type="text/css">
<!--
.STYLE1 {
    font-size: 18px;/* 使用换行和缩进 */
    color: #990033;
    font-family: Arial, Helvetica, sans-serif;
}
-->
</style>
<body>
<span class="STYLE1"> 变为红色
</SPAN></span>
</body>
```

注　意

在书写 CSS 代码时，应该注意如下 3 点。
- □　CSS 属性中的所有长度单位都要注明单位，0 除外。
- □　所有使用的十六进制颜色单位的颜色值前面要加上 "#" 字符。
- □　充分使用注释。使用注释后，不但使页面代码变的更加清晰易懂，而且有助于开发人员的维护和修改。

4.7.2 命名规范

命名规范是指 CSS 元素在命名时所要遵循的规范。在制作网页过程中，经常需要定义大量的选择符。如果没有很好的命名规范，会导致页面的混乱或名称的重复，造成不必要的麻烦。因此，CSS 在命名时应遵循一定的规范，使页面结构达到最优化。

CSS 中通常使用的命名方式是结构化命名方法。该方法是相对于传统的表现效果命名方式来说的。例如，当文字颜色为蓝色时，使用 blue 来命名；当某页面元素位于页面中间时，使用 center 来命名。这种传统的方式表面看来比较直观和方便，但是这种方法不能达到标准布局所要求的页面结构和效果相分离的要求。为了达到分离要求，结构化命名方式便结合了表现效果的命名方式，实现样式命名。

例如，下面的几个命名方式就是遵循了结构化命名方式。

❏　体育新闻：sports-news。
❏　后台样式：admin-css。
❏　左侧导航：left-daohang。

使用结构化命名方法后，不管页面内容放在什么位置，其命名都有同样的含义。同时，它可以方便页面中相同的结构，重复使用样式，节省其他样式的编写。表 4-3 中列出了常用页面元素的命名方法。

表 4-3　常用 CSS 命名方法

页面元素	名称	页面元素	名称
主导航	mainnav	子导航	subnav
页脚	foot	内容	content
头部	header	底部	footer
商标	label	标题	title
顶部导航	topnav	侧栏	sidebar
左侧栏	leftsidebar	右侧栏	rightsidebar
标志	logo	标语	banner
子菜单	submenu	注释	note
容器	container	搜索	search
登陆	login	管理	admin

因为具体页面的使用目的不同，所以并没有适合所有页面的国际命名规范。在开发过程中，只要遵循 Web 标准所规定的结构和表现相分离原则，做到命名合理即可。

▋ 4.8　CSS 调试

 本节教学录像：3 分钟

CSS 调试是指对编写后的 CSS 代码进行调整，确保达到自己满意的效果。在使用 CSS 时，经常出现显示效果和设计预想的不一样的情况，或者出现代码错误。造成上述结果的原因很多，可能是设计者一时大意而书写错误，或者是因为属性之间的冲突。当出现上述页面表现错误时，就需要进行 CSS 调试，找出错误的真正原因。本节将向读者介绍 CSS 的基本调试知识。

4.8.1　设计软件调试

使用 Dreamweaver 调试是最简单的软件调试方法。作为主流的网页制作工具，Dreamweaver 很好地实现了设计代码和预览界面的转换。设计者可以迅速的在 Dreamweaver 设计界面中进行代码调整，然后在浏览器中查看显示效果。通过上述方法可以很好地实现代码和效果的统一，从而快速地找到问题所在。

另外，浏览器之间的差异也会造成显示效果差异。这就需要进行多个浏览器的检测，以确定真正问题所在。

4.8.2　继承性和默认值带来的问题

在页面测试时，经常出现如下情况：页面中的某元素没有任何指定样式，而在显示效果中却体现了某中其他指定样式。

造成上述问题的原因可能是某元素继承了父元素的属性。例如，下面的代码会由于继承性问题产生异常显示效果。

```
<title> 这里是我的标题 </title>
<style type="text/css">
<!--
.STYLE1 {font-size: 18px}
-->
</style>
<body style="color:#990000">
<span class="STYLE1"> 看我的样子 </span>
</body>
```

执行后，我们会发现执行效果继承了 body 元素样式，如图 4-15 所示。

图 4-15　执行效果

在上述代码中，通过样式 STYLE1 设置文本大小为 18px、颜色为 #990000。在显示后的效果图中，文本文字的显示效果却是颜色为红色、字体大小为 18px。造成上述问题的原因是，在代码中设置了 body 元素的颜色属性为红色，body 元素将其样式继承给了子元素 span。

解决上述问题的方式是重新定义相关属性来覆盖继承样式和默认样式。需要注意的是，合理地设计出清晰嵌套结构的样式是解决上述问题的根本。

（1）背景颜色寻找错位

为准确定位到页面的出错区域，可以向某页面元素添加背景颜色，以判断我们正在修改的代码是影响了页面中的内容。另外，可以充分利用 CSS 的一些常用边框属性，例如，可用 style-width:1;border-color:red;border-style:solid 来定位出错区域。具体方法是给块加入一个外边框，一开始的边框比较大，然后逐渐缩小范围，就很容易定位到出错区域了。

（2）第三方软件调试

读者通常使用 DW、IE、FF 同时进行调试工作，虽然比较简单，但是这三者之间的频繁转化让人觉得麻烦。第三方软件调试是利用专用软件来调试页面程序的方法，现实中常用的调试工具是 CSSVista。

CSSVista 是一款 Windows（只能在 XP 上使用）平台的第三方且免费的 CSS 编辑工具，其主要功能就是将 FF、IE6 以及 CSS 编辑器集合到一个框架里面，可用所见即所得的对页面进行 CSS 调试。

CSSVista 需要运行在 Microsoft's .NET Framework 2.0 下，其下载地址是 http://sitevista.com/cssvista/download.asp 。

（3）W3C 校验

W3C 的官方站点可以测试个人设计的页面样式的标准化程度。读者可以登录到 http://jigsaw.w3.org/css-validator/validator.html，以对文件进行测试。测试界面和结果界面分别如图 4-16 和图 4-17 所示。

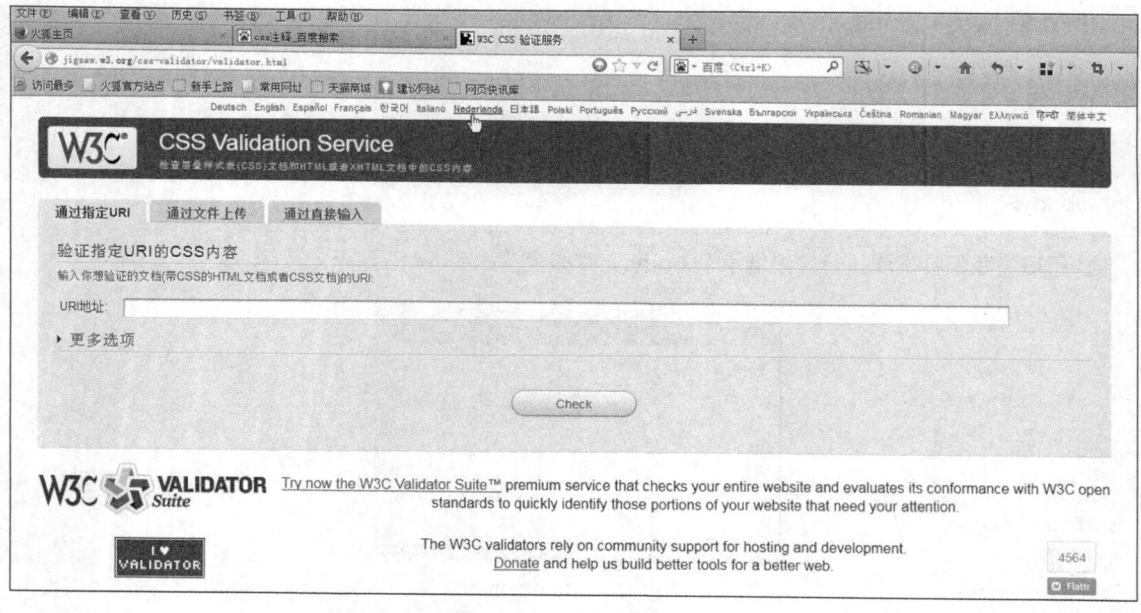

图 4-16 W3C 测试界面

在现实网页设计过程中，W3C 可以通过如下 3 种方式进行测试。

❑ 指定 URL 进行测试。

❑ 通过文件上传来测试。

❑ 表单直接输入测试。

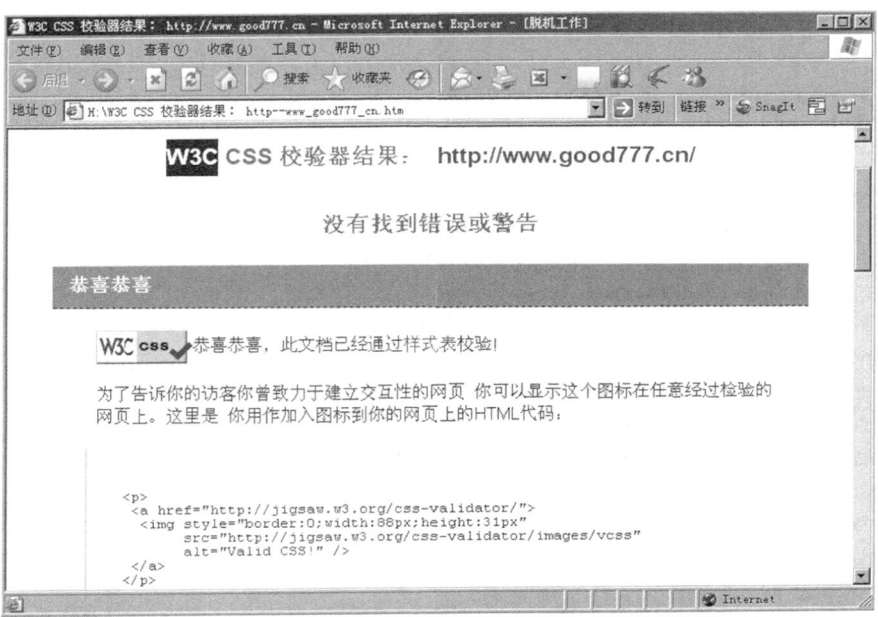

图 4-17　W3C 测试结果界面

4.9　综合应用——实现精致、符合标准的表单页面

 本节教学录像：2 分钟

　　本实例的功能是实现一个精致的、符合标准的表单效果：鼠标单击输入框后，立即会提示用户该输入框的填写要求，色彩搭配也极和谐。

【范例 4-7】实现精致、符合标准的表单页面（光盘 \ 配套源码 \4\4-1.html）。

　　实例文件"4-1.html"的具体实现代码如下。

```
<style>
@charset "utf-8";
html {background: #FFF;}
body,div,dl,dt,dd,ul,ol,li,h1,h2,h3,h4,h5,h6,pre,form,fieldset,input,p,blockquote,th,td,ins,hr{margin:
0px;padding: 0px;}
p{cursor: text;}
h1,h2,h3,h4,h5,h6{font-size:100%;}
ol,ul{list-style-type: none;}
address,caption,cite,code,dfn,em,th,var{font-style:normal;font-weight:normal;}
table{border-collapse:collapse;}
fieldset,img{border:0;}
```

```
img{display:block;}
caption,th{text-align:left;}
body{position: relative;font-size:65.5%;font-family: " 宋体 "}
a{text-decoration: none;}
/*demo 所用元素值 */
#need {margin: 20px auto 0;width: 610px;}
#need li {height: 26px;width: 600px;font: 12px/26px Arial, Helvetica, sans-serif;background:
#FFD;border-bottom: 1px dashed #E0E0E0;display: block;cursor: text;padding: 7px 0px 7px
10px!important;padding: 5px 0px 5px 10px;}
#need li:hover,#need li.hover {background: #FFE8E8;}
#need input {line-height: 14px;background: #FFF;height: 14px;width: 200px;border: 1px solid
#E0E0E0;vertical-align: middle;padding: 6px;}
#need label {padding-left: 30px;}
#need label.old_password {background-position: 0 -277px;}
#need label.new_password {background-position: 0 -1576px;}
#need label.rePassword {background-position: 0 -1638px;}
#need label.email {background-position: 0 -429px;}
#need dfn {display: none;}
#need li:hover dfn, #need li.hover dfn {display:inline;margin-left: 7px;color: #676767;}
</style>
<script type="text/javascript">
function suckerfish(type, tag, parentId) {
if (window.attachEvent) {
window.attachEvent("onload", function() {
var sfEls = (parentId==null)?document.getElementsByTagName(tag):document.
getElementById(parentId).getElementsByTagName(tag);
type(sfEls);
});
}
}
hover = function(sfEls) {
for (var i=0; i<sfEls.length; i++) {
sfEls[i].onmouseover=function() {
this.className+=" hover";
}
sfEls[i].onmouseout=function() {
this.className=this.className.replace(new RegExp(" hover\\b"), "");
}
}
}
suckerfish(hover, "li");
</script>
</head>
<body>
<ol id="need">
<li><label class="old_password"> 原始密码: </label> <input name='' type='password' id='' /></li>
```

```
<li><label class="new_password"> 新 的 密 码: </label> <input name='' type='password' id=''
/><dfn>（密码长度为 6 ~ 20 字节。不修改请留空）</dfn></li>
    <li><label class="rePassword"> 重复密码: </label> <input name='' type='password' id='' /></li>
    <li><label class="email"> 邮箱设置: </label> <input name='' type='text' id='' /><dfn>（我们不会给
您发送任何垃圾邮件。）</dfn></li>
    </ol>
    </body>
    </html>
```

【运行结果】

执行后的初始效果如图 4-18 所示。

图 4-18 执行效果

4.10 高手点拨

1. 简写字体声明的技巧

为节省开发时间，可以对 CSS 的声明进行简写。例如，下面的代码为简写前的代码。

```
font-size: 1em;
line-height: 1.5em;
font-weight: bold;
font-style: italic;
font-variant: small-caps;
font-family: verdana,serif;
```

上述代码简写后的代码如下。

```
font: 1em/1.5em bold italic small-caps verdana,serif
```

在使用简写方法时，至少要指定 font-size 和 font-family 属性。其他的属性（如 font-weight、font-style、font-varient）若未指定，则将自动使用其默认值。

2. 同时使用两个 class 的方法

通常只为某属性指定一个 class，但这并不等于你只能指定一个，实际上可以指定多个 class。例如，如下代码使用了多个 class，同时调用了 text 和 side 两个样式。

```
<p class="text side">...</p>
```

通过同时使用两个 class，此元素将同时遵循这两个 class 中制定的规则。如果两者中有任何规则重叠，那么后一个将获得实际的优先应用。

3. CSS 中边框（border）的默认值

在编写一条边框的规则时，通常需要指定其颜色、宽度以及样式。但是在 css 中的 border，其默认值通常是实际需要的效果，在设计时可以不指定。

4. 合理使用选择符分组

使用选择符分组能够统一定义几个选择符的属性，节约大量的代码。

5. 合理使用子选择符

使用子选择符后，可以节省开发代码的编写，减少自定义选择符的数量，使页面结构更加清晰合理。

6. 同一元素的多重定义

同一个元素中使用多个选择符，可以减少自定义选择符的数量。

▌ 4.11　实战练习

1. 使用单侧边界属性

同 padding 类似，单侧边界属性可对某元素的某侧的边界样式进行设置。请尝试为页面元素设置不同的单侧边界值。

2. 设置相邻边界属性

如果在页面中同时对多个元素使用边界属性，并且这些元素相邻，那么这些元素的边界部分会根据具体情况而有不同的执行效果。在 CSS 页面中，对水平和垂直方向上边界部分的处理方式不同。在 CSS 页面中，垂直方向上相邻边界元素的边界会发生重叠。请通过一个具体应用实例来演示相邻元素垂直边界的应用效果。

第 **5** 章

本章教学录像：37 分钟

jQuery Mobile 基础

jQuery Mobile 具有一些独一无二的重要特征。本章将讲解 jQuery Mobile 的基础语法知识和具体用法。

本章要点（已掌握的在方框中打钩）

☐ jQuery Mobile 简介

☐ jQuery Mobile 的特性

☐ 获取 jQuery Mobile

☐ 页面结构

☐ 导航链接处理

☐ 使用 Ajax 修饰导航

☐ 综合应用——开发一个移动版 Ajax 网页

5.1 jQuery Mobile 简介

 本节教学录像：6 分钟

jQuery Mobile 是 jQuery 在手机上和平板设备上的版本。本节将详细讲解 jQuery 的基本知识和特点。

5.1.1 jQuery 简介

jQuery 是一款优秀的 JavaScript 框架，是一个轻量级的 js 库，可兼容多个浏览器，其核心理念是 "write less，do more（写的更少，做的更多）"。jQuery 在 2006 年 1 月由美国人 John Resig 在纽约的 Barcamp 发布，吸引了来自世界各地的众多 JavaScript 高手加入，由 Dave Methvin 率领团队进行开发。如今，jQuery 已经成为最流行的 javascript 库，在世界前 10000 个访问最多的网站中，有超过 55% 在使用 jQuery。

 注 意 Barcamp 是一种国际研讨会网络，是开放、由参与者相互分享的工作坊式会议，议程内容由参加者提供，焦点通常放在发展初期的网际应用程序、相关开放源代码技术、社交协定思维以及开放资料格式等内容上。

在网页制作领域中，jQuery 的主要功能和优势如下。

- ❑ jQuery 不但兼容 CSS 3，而且还兼容各种浏览器（如 IE 6.0+、FF 1.5+、Safari 2.0+、Opera 9.0+），jQuery 2.0 及后续版本将不再支持 IE6 及其以上版本的浏览器。
- ❑ jQuery 使用户能够更加方便地处理 HTML documents、events、实现动画效果，并且方便地为网站提供 Ajax 交互。
- ❑ jQuery 为使用者提供了健全的文档说明，各种应用也讲解得十分详细。
- ❑ jQuery 为开发人员提供了许多成熟的插件，通过这些插件可以设计出动感的页面。
- ❑ jQuery 能够使用户的 HTML 页面保持代码和 html 内容分离，也就是说，不用再在 html 里面插入一堆 js 来调用命令了，只需定义 id 即可。

jQuery 是免费、开源的，使用 MIT 许可协议。jQuery 的语法设计可以使开发者更加便捷，例如操作文档对象、选择 DOM 元素、制作动画效果、事件处理、使用 Ajax 以及其他功能。除此以外，jQuery 提供的 API 可以让开发者编写插件，其模块化的使用方式使开发者可以很轻松地开发出功能强大的静态或动态网页。

具体来说，jQuery 的主要特性如下。

- ❑ 动态特效
- ❑ 支持 Ajax
- ❑ 通过插件来扩展
- ❑ 方便的工具，例如浏览器版本判断
- ❑ 渐进增强
- ❑ 链式调用
- ❑ 多浏览器支持

5.1.2 jQuery Mobile 的特点

随着智能手机系统的普及，现在主流移动平台上的浏览器功能已经赶上了桌面浏览器，因此 jQuery

团队引入了 jQuery Mobile（简称为 JQM）。JQM 的使命是向所有主流移动浏览器提供一种统一体验，使整个 Internet 上的内容更加丰富，而不管是使用的哪一种查看设备。

JQM 的目标是在一个统一的 UI 中交付超级 JavaScript 功能，以跨越最流行的智能手机和平板电脑设备进行工作。与 jQuery 一样，JQM 是一个在 Internet 上直接托管、免费可用的开源代码基础。事实证明，当 JQM 致力于统一和优化这个代码基时，jQuery 核心库受到了极大关注。这种关注充分说明移动浏览器技术在极短的时间内取得了很大发展。

与 jQuery 核心库一样，您的开发计算机上不需要安装任何东西，只需将各种 *.js 和 *.css 文件直接包含到您的 Web 页面中即可。这样，JQM 的功能就好像被放到了您的指尖，可供大家随时使用。

在网页制作领域中，jQuery Mobile 的基本特点如下。

（1）一般简单性

JQM 框架简单易用，主要使用标记实现页面开发，无需或仅需很少 JavaScript。

（2）持续增强和优雅降级

尽管 jQuery Mobile 利用最新的 HTML5、CSS3 和 JavaScript，但并非所有移动设备都提供这样的支持。jQuery Mobile 的哲学是同时支持高端和低端设备，比如，那些没有 JavaScript 支持的设备，尽量提供最好的体验，也是被 jQuery Mobile 支持的。

（3）Accessibility

jQuery Mobile 在设计时考虑了访问能力，其拥有 Accessible Rich Internet Applications（WAI-ARIA，无障碍网页应用技术）支持，以帮助使用辅助技术的残障人士访问 Web 页面。

（4）小规模

jQuery Mobile 框架占用空间比较小，比如 JavaScript 库 12KB、CSS 6KB，还包括一些图标。

（5）主题设置

在 JQM 框架中提供了一个主题系统，允许我们提供自己的应用程序样式。

5.1.3　对浏览器的支持

随着智能移动开发技术的发展，虽然在移动设备浏览器支持方面取得了长足的进步，但是并非所有移动设备都支持 HTML5、CSS3 和 JavaScript，而这个领域是 jQuery Mobile 的持续增强和优雅降级支持发挥作用的地方。jQuery Mobile 同时支持高端和低端设备，比如那些没有 JavaScript 支持的设备。

在移动开发领域中，持续增强（Progressive Enhancement）理念包含如下核心原则。

❑　所有浏览器都应该能够访问全部基础内容。

❑　所有浏览器都应该能够访问全部基础功能。

❑　增强的布局由外部链接的 CSS 提供。

❑　增强的行为由外部链接的 JavaScript 提供。

❑　终端用户浏览器偏好应受到尊重。

❑　所有基本内容应该（按照设计）在基础设备上进行渲染，而更高级的平台和浏览器将使用额外的、外部链接的 JavaScript 和 CSS 持续增强。

目前，jQuery Mobile 主要支持如下类别的移动平台。

❑　Apple iOS：包括 iPhone、iPod Touch、iPad 在内的所有版本移动平台。

❑　Android：所有 Android 设备的所有版本。

❑　Blackberry Torch：版本 6 为所支持的移动平台。

- ❏ Palm WebOS Pre、Pixi 的所有版本。
- ❏ Nokia N900 在进程中将获得支持。

5.1.4 对平台的支持

目前 jQuery Mobile 支持绝大多数的台式计算机、智能手机、平板和电子阅读器，此外，对有些不支持的智能手机与旧版本的浏览器，通过渐进增强的方法可以逐步实现支持。浏览支持系统有 3 个级别，具体说明如下。

- ❏ A 级：表示完全基于 AJAX 的动画页面转换增加的体验效果，代表最优。
- ❏ B 级：表示仅是除了没有 Ajax 的动画页面转换增加的体验效果，其他都可以很好地支持，代表良好。
- ❏ C 级：表示能够支持实现基本的功能，没有体验效果，代表较差。

在下面的内容中，详细列出了各个主流浏览器对 jQuery Mobile 的级别支持状况。

（1）A 级

- ❏ 苹果 iOS 3.2 ~ 7.0——最早的 iPad (4.3 / 5.0)、iPad 2 (4.3)，最早的 iPhone (3.1)、iPhone 3 (3.2)、iPhone 3GS (4.3) 和 iPhone 4 (4.3 / 5.0) 都可以支持
- ❏ 安卓 2.1 ~ 2.3——HTC (4.4)、最早的 Droid (4.4)、Nook Color (4.4)、HTC Aria (4.4)、谷歌 Nexus S (4.3)
- ❏ 安卓 Honeycomb——三星 Galaxy Tab 10.1 和摩托罗拉 XOO
- ❏ Windows Phone 7 ~ Windows Phone 8.0——HTC Surround (7.0)、HTC Trophy (7.5) 和 LG-E900 (7.5)
- ❏ 黑莓 6.0——Torch 9800 和 Style 9670
- ❏ 黑莓 7——BlackBerry Torch 9810
- ❏ 黑莓 Playbook——PlayBook 版本 1.0.1 / 1.0.5
- ❏ Palm WebOS (1.4 ~ 2.0)——Palm Pixi (1.4)、1.4 前版本 (1.4)、2.0 前版本（2.0）
- ❏ Palm WebOS 3.0——HP 触摸板
- ❏ Firebox Mobile (Beta)——安卓 4.2
- ❏ Opera Mobile 11.0——安卓 4.2
- ❏ Meego 1.2——Nokia 950 和 N9 机型
- ❏ Kindle 3 和 Fire——内置的每个 WebKit 浏览器
- ❏ Chrome (11 ~ 15) 桌面浏览器——基于 OS X 10.6.7 和 Windows 7、Windows 8 操作系统
- ❏ Firefox (4 ~ 8) 桌面浏览器——基于 OS X 10.6.7 和 Windows 7、Windows 8 操作系统
- ❏ Internet Explorer (7 ~ 11)——Windows XP、Vista 和 Windows 7、Windows 8（有轻微的 CSS 错误）
- ❏ Opera (10 ~ 11) 桌面浏览器——基于 OS X 10.6.7、Windows 7、Windows 8 操作系统

（2）B 级

- ❏ 黑莓 5.0——Storm 2 9550 和 Bold 9770
- ❏ Opera Mini (5.0 ~ 6.0)——基于 iOS 3.2/4.3 操作系统
- ❏ 诺基亚 Symbian^3——诺基亚 N8 (Symbian^3)、C7 (Symbian^3)、N97 (Symbian^1) 机型

（3）C 级

- ❏ 黑莓 4.x——Curve 8330

❑ Windows Mobile——HTC Leo (WlnMo 5.2)

所有版本较老的智能手机平台将都不支持。

■ 5.2 jQuery Mobile 的特性

 本节教学录像: 4 分钟

在本章前面的内容中, 已经讲解了 jQuery Mobile 的基本特点。其实, 在 jQuery Mobile 的众多特点中, 有非常重要的 4 个突出特性, 分别为跨平台的 UI (User Interface, 用户界面)、简化标记的驱动开发、渐进式增强、响应式设计。本节将简要讲解上述 4 个特性的基本知识。

5.2.1 跨所有移动平台的统一 UI

通过采用 HTML5 和 CSS3 标准, jQuery Mobile 提供了一个统一的用户界面 (User Interface, UI)。移动用户希望他们的用户体验能够在所有平台上保持一致。然而, 通过比较 iPhone 和 Android 上的本地 Twitter app 可发现用户体验并不统一。jQuery Mobile 应用程序解决了这种不一致性, 提供给用户一个与平台无关的用户体验, 而这正是用户熟悉和期待的。此外, 统一的用户界面还会提供一致的文档、屏幕截图和培训, 而不管终端用户使用的是什么平台。

jQuery Mobile 也有助于消除为特定设备自定义 UI 的需求。一个 jQuery Mobile 代码库可以在所有支持的平台上呈现出一致性, 而且无需进行自定义操作。与为每个 OS 提供一个本地代码库的组织结构相比, 这是一种费用非常低廉的解决方案。就支持和维护成本而言, 从长远来看, 支持一个单一的代码库也颇具成本效益。

5.2.2 简化的标记驱动的开发

jQuery Mobile 页面是使用 HTML5 标记设计 (styled) 的。除了在 HTML5 中新引入的自定义数据属性之外, 其他一切东西对 Web 设计人员和开发人员来讲都很熟悉。如果你已经很熟悉 HTML5, 则转移到 jQuery Mobile 也应算是一个相对无缝的转换。就 JavaScript 和 CSS 而言, jQuery Mobile 在默认情况下承担了所有负担, 但是在有些情况下, 仍然需要依赖 JavaScript 来创建更为动态的或增强的页面体验。除了设计页面时用到的标记具有简洁性之外, jQuery Mobile 还可以迅速地原型化用户界面。我们可以迅速创建功能页面、转换和插件 (widget) 的静态工作流, 从而通过最少的付出让用户看到活生生的原型。

5.2.3 渐进式增强

jQuery Mobile 可以为一个设备呈现出可能是最优雅的用户体验。jQuery Mobile 可以呈现出应用了完整 CSS3 样式的控件。尽管从视觉上来讲, C 级的体验并不是最吸引人的, 但是它可以演示平稳降级的有效性。随着用户升级到较新的设备, C 级浏览器市场最终会减小, 但是在 C 级浏览器退出市场之前, 当运行 jQuery Mobile app 时, 仍然可以得到实用的用户体验。

A 级浏览器支持媒体查询, 而且可以从 jQuery Mobile CSS3 样式 (styling) 中呈现出可能是最佳的体验。2C 级浏览器不支持媒体查询, 也无法从 jQuery Mobile 中接收样式增强。

本地应用程序并不能总是平稳地降级。在大多数情况下, 如果设备不支持本地 app 特性

（feature），甚至不能下载 app。例如，iOS5 中的一个新特性是 iCloud 存储，这个新特性使多个设备间的数据同步更为简化。出于兼容性考虑，如果创建了一个包含这个新特性的 iOS app，则需要将 app 的 "minimum allowed SDK"（允许的最低 SDK）设置为 5.0。当我们的 app 出现在 App Store 中时，只有运行 iOS 5.0 或者更高版本的用户才能看到。在这一方面，jQuery Mobile 应用程序更具灵活性。

5.2.4 响应式设计

jQuery Mobile UI 可以根据不同的显示尺寸来呈现。例如，同一个 UI 会恰如其分地显示在手机或更大的设备上，比如平板电脑、台式计算机或电视。

（1）一次构建，随处运行

有没有可能构建一个可用于所有消费者（手机、台式计算机和平板电脑）的应用程序呢？完全有可能。Web 提供了通用的分发方式。jQuery Mobile 提供了跨浏览器的支持。例如，在较小的设备上，我们可以使用带有简要内容的小图片，而在较大的设备上，我们则可以使用带有详细内容的较大图片。如今，具有移动呈现功能（mobile presence）的大多数系统通常都支持桌面式 Web 和移动站点。在任何时候，只要你必须支持一个应用程序的多个分发版本，就会造成浪费。系统根据自己的需要"支持"移动呈现，以避免浪费的速率，会促成"一次构建、随处运行"神话的实现。

在某些情况下，jQuery Mobile 可以为用户创建响应式设计。下面将讲解 jQueryMobile 的响应式设计如何良好地应用于竖屏（portrait）模式和横屏（landscape）模式中的表单字段。例如，在竖屏视图中，标签位于表单字段的上面，而当将设备横屏放置时，表单字段和标签并排显示。这种响应式设计可以基于设备可用的屏幕真实状态提供最合用的体验。jQuery Mobile 为用户提供了很多这样优秀的 UX（User eXperience，用户体验）操作方法，而且不需要用户付出半分力气。

（2）可主题化的设计

jQuery Mobile 提供另一个可主题化的设计，其可以允许设计人员快速地重新设计他们的 UI。在默认情况下，jQuery Mobile 提供了 5 个可主题化的设计，而且可以灵活地互换所有组件的主题，其中包括页面、标题、内容和页脚组件。创建自定义主题的最有用的工具是 ThemeRoller。

可以轻易地重新设计一个 UI。例如，设计人员可以迅速采用 jQuery Mobile 应用程序一个默认的主题，然后在几秒钟时间内就可以使用另外一个内置的主题来重新设计默认主题。在修改主题从列表中选择了另外一个主题。唯一需要添加的一个标记是 data-theme 属性，相关实例的代码如下。

```
<ul data-role="listview"data-inset="true" data-theme="a">
```

（3）可访问性

jQuery Mobile app 在默认情况下是可以让残疾人用户来访问的，移动 Web 上最常使用的辅助技术是屏幕阅读器。

▌ 5.3 获取 jQuery Mobile

 本节教学录像：2 分钟

要想正常运行一个 jQuery Mobile 移动应用页面，需要先获取与 jQuery Mobile 相关的插件文件。具体的获取方法有两种，分别是下载相关插件文件和使用 URL 方式加载相应文件。本节将详细讲解获取 jQuery Mobile 的方法。

5.3.1　下载插件

要想正确运行 jQuery Mobile 移动应用页面，需要至少包含如下所示的两个文件。

❑　jQuery.Mobile-1.4.0.min.js：jQuery Mobile 框架插件，截至本书的撰写时间，其最新版本为
　　1.4.5。

❑　jQuery.Mobile-1.4.0.min.css：与 jQuery Mobile 框架相配套的 CSS 样式文件，截至本书的撰
　　写时间，其最新版本为 1.4.5。

下载 jQuery.Mobile 插件的基本流程如下。

（1）登录 jQuery Mobile 官方网站（http://jquerymobile.com），如图 5-1 所示。

图 5-1　jQuery Mobile 的官方网站界面

（2）单击右侧导航条中的 "Custom download" 链接进入文件下载页面，如图 5-2 所示。

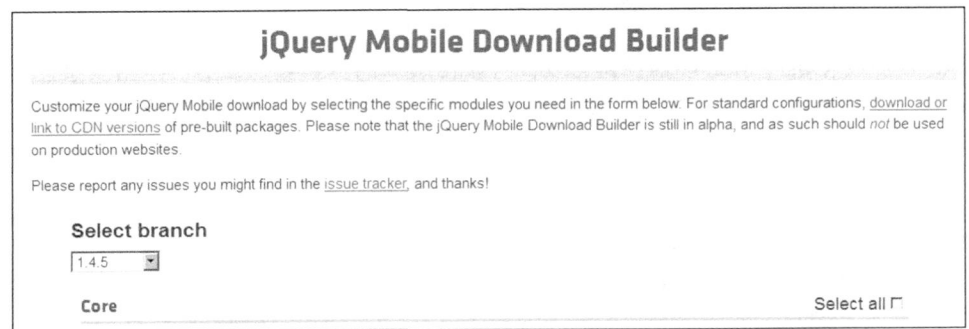

图 5-2　文件下载页面

　　（3）单击 "Select branch" 中的下拉按钮，在下拉列表中可以选择一个版本。这里选择 1.4.5。单
击下方的 "Zip File" 链接可以下载，如图 5-3 所示。

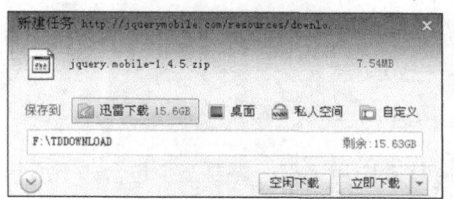

图 5-3　下载 1.4.5 版本

（4）下载后成功后会获得一个名为"jquery.mobile-1.4.5.zip"的压缩包，解压后会获得 CSS、JS 和图片格式的文件，如图 5-4 所示。

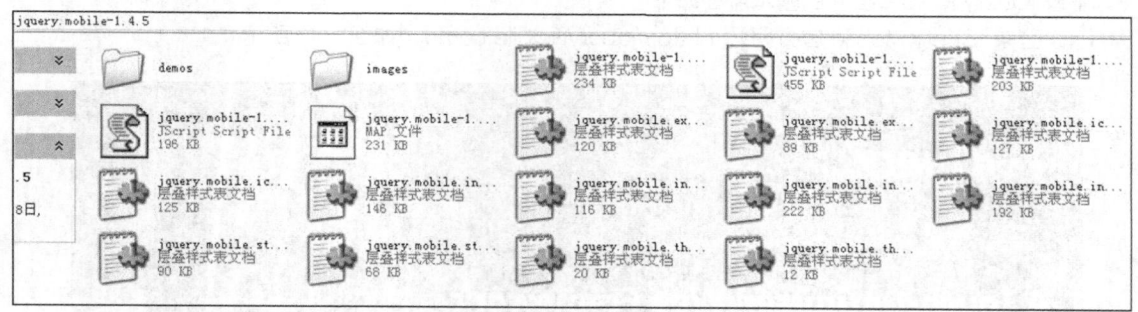

图 5-4　解压后的效果

5.3.2　使用 URL 方式加载插件文件

除了可以在官方下载页下载对应的 jQuery Mobile 文件外，还可以使用 URL 方式从 jQuery CDN 下载插件文件。CDN 的全称是 Content Delivery Network，中文名称为内容分发网络，用于快速下载跨 Internet 常用的文件。只要在页面的 <head> 元素中加入下列代码，便可以执行 jQuery Mobile 移动应用页面。

```
<link rel="stylesheet" href="http://code.jquery.com/mobile/1.4.0/jquery.mobile-1.4.0.min.css" />
<script src="http://code.jquery.com/mobile/1.4.0/jquery.mobile-1.4.0.min.js"></script>
```

通过 URL 加载 jQuery Mobile 插件的方式，可以使版本的更新更加及时，但由于是通过 jQuery CDN 服务器请求的方式进行加载，所示，在执行页面时必须时时保证网络的畅通，否则不能实现 jQuery Mobile 移动页面的效果。

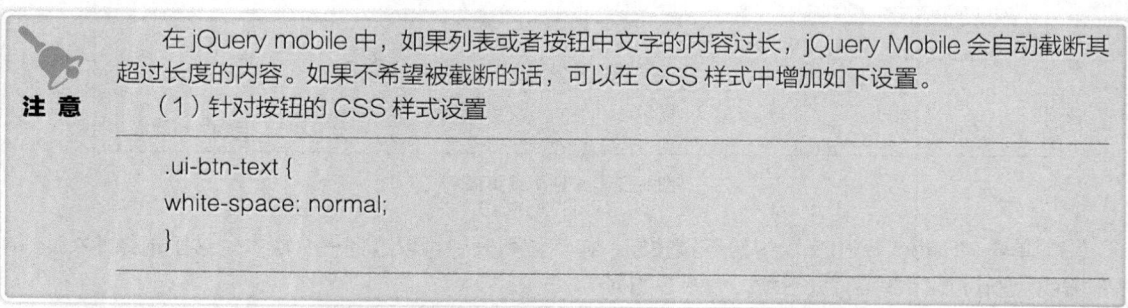

注　意

在 jQuery mobile 中，如果列表或者按钮中文字的内容过长，jQuery Mobile 会自动截断其超过长度的内容。如果不希望被截断的话，可以在 CSS 样式中增加如下设置。
（1）针对按钮的 CSS 样式设置

```
.ui-btn-text {
white-space: normal;
}
```

（2）针对列表的 CSS 样式设置

```
.ui-li-desc {
white-space: normal;
}
```

如果要恢复对文字的截断，则继续设置 CSS 为 white-space: nowrap。

■ 5.4　页面结构

 本节教学录像：9 分钟

在移动 Web 开发应用中，jQuery Mobile 的许多功能效果需要借助于 HTML5 的新增标记和属性来实现，所以使用 jQuery Mobile 的页面必须以 HTML5 的声明文档开始，需在 <head> 标记中分别依次导入 jQuery Mobile 的样式文件、jQuery 基础框架文件和 jQuery Mobile 插件文件。本节将详细讲解 jQuery Mobile 的基本页面结构的相关知识。

5.4.1　实战演练——使用基本框架

在 jQuery Mobile 中有一个基本的页面框架模型，通常被称为页面模板。在页面中，通过将标记的 data-role 属性设置为 "page"，可以形成一个容器或视图。在这个容器中，最直接的子节点就是 data-role 属性为 "header" "content" "footer" 等 3 个子容器，分别形成了 "标题" "内容" "页脚" 等 3 个组成部分，分别用于容纳不同的页面内容。

在接下来的内容中，将通过一个具体实例来说明使用基本框架的方法。

【范例 5-1】使用基本框架（光盘 \ 配套源码 \5\template.html）的方法。

实例文件 "template.html" 的具体实现代码如下。

```html
<!DOCTYPE html>
<html>
  <head>
  <meta charset="utf-8">
  <title>Page Template</title>
  <meta name="viewport" content="width=device-width, initial-scale=1">
  <link rel="stylesheet" href="http://code.jquery.com/mobile/1.0/jquery.mobile-1.0.min.css" />
  <script src="http://code.jquery.com/jquery-1.6.4.min.js"></script>
  <script src="http://code.jquery.com/mobile/1.0/jquery.mobile-1.0.min.js"></script>
</head>
<body>
<div data-role="page">
  <div data-role="header">
      <h1> 页头 </h1>
```

```
    </div>
    <div data-role="content">
        <p> 你好 jQuery Mobile!</p>
    </div>
    <div data-role="footer" data-position="fixed">
        <h4> 页尾 </h4>
    </div>
    </div>
    </body>
    </html>
```

【运行结果】

将上述 HTML 文件在台式计算机上运行后的效果如图 5-5 所示。

图 5-5　在台式机中的执行效果

如果在 Opera Mobile Emulator 中运行上述程序,则执行效果如图 5-6 所示。

【范例分析】

对于上述代码来说,无论使用的是什么浏览器,运行效果都好似相同的。这是因为上述模板符合 HTML5 语法标准,并且包含了 jQuery Mobile 的特定属性和 asset 文件。接下来,我们将对上述代码进行详细讲解。

(1)对 jQuery Mobile 来说,这是一个推荐的视图(viewport)配置。device-width 值表示让内容扩展到屏幕的整个宽度。initial-scale 设置了用来查看 Web 页面的初始缩放百分比或缩放因数,若值为 1,则显示一个未缩放的文档。作为一名 jQuery Mobile 开发人员,可以根据应用程序的需要自定义视图的设置。例如,如果你希望禁用缩放,则可以添加 user-scalable= no。然而,如果禁用了缩放,则会破坏应用程序的可访问性,因此要谨慎使用。

图 5-6　在 Android 模拟器中的运行效果

（2）jQuery Mobile 的 CSS 会为所有的 A 级和 B 级浏览器应用风格（stylistic）的优化。开发人员可以根据需要自定义或添加自己的 CSS。

（3）jQuery 库是 jQuery Mobile 的一个核心依赖，如果你的 app 需要更多动态行为，则强烈建议在你的移动页面中使用 jQuery 的核心 API。

（4）如果需要改写 jQuery Mobile 的默认配置，则可以应用你的自定义设置。

（5）jQuery Mobile JavaScript 库必须在 jQuery 和任何可能存在的自定义脚本之后声明。jQuery Mobile 库是增强整个移动体验的核心。

（6）data-role="page" 为一个 jQuery Mobile 页面定义了页面容器。只有在构建多页面设计时，才会用到该元素。

（7）data-role= "header" 是页眉（header）或标题栏。该属性是可选的。

（8）data-role="content" 是内容主体的包装容器（wrapping container）。该属性是可选的。

（9）data-role="footer" 包含页脚栏。该属性是可选的。

在 jQuery Mobile 开发应用过程中，优化移动体验增强标记的基本流程如下。

（1）jQuery Mobile 载入语义 HTML 标记。

（2）jQuery Mobile 会迭代由它们的 data-role 属性定义的每一个页面组件。由于 jQuery Mobile 迭代每一个页面组件，所以会为每一个应用优化过的移动 CSS 3 组件添加标记。jQuery Mobile 最终会将标记添加到页面中，从而让页面能够在所有平台上普遍呈现。

（3）在添加完页面的标记之后，jQuery Mobile 会显示优化过的页面。这时，要查看由移动浏览器呈现的添加源文件，例如下列所示的实现代码。

```
<!DOCTYPE html>
<html class="ui-mobile>
<head>
    <base href="http://www.server.com/app-name/path/">
    <meta charset="utf-8">
    <title>Page Header</title>
    <rneta content="width=device-width, initial-scale=i" name="viewport">
    <link rel="stylesheet" type="text/css" href="jquery.mobile-min.css" />
```

```
    <script type="text/javascript" src="jquery-min.js"></script>
    <script type="text/javascript" src="jquery.mobile-min.js"></script>
</head>
<body class="ui-mobile-viewport">
    <div class="ui-page ui-body-c ui-page-active" data-role="page"
        style="min-height: 320px;">
      <div class="ui-bar-a ui-header" data-role="header" role="banner">
        <hl class="ui-title" tabindex="o" role="heading" aria-level="l">
          页头 </hl></div>
      <div class="ui-content" data-role="content" role="main">
    <p> 你好 jQuery Mobile!</p>
    </div>
    <div class="ui_bar-a ui-footer ui-footer-fixed fade ui-fixed-inline"
    data-position="fixed" data-role="footer" role="contentinfo"
    style="top: 508px;">
    <h4 class="ui-title"tabindex="0"role="heading" aria-level="1">
    页尾 </h4>
    </div>
    </div>
    <div class="ui-loader ui-body-a ui-corner-all" style="top: 334.5px;">
    <span class="ui-icon ui-icon-loading spin"></span>
    <hi> 载入 </hi></div>
</body>
</html>
```

对上述代码的具体说明如下。

❑ base 标签 (tag) 的 @href 为一个页面中的所有链接指定了一个默认的地址或者默认的目标。例如，当载入特定页面的资源 (assets) 时（ 比如图片、CSS、js 等），iQueryMobile 会用到 @ href。

❑ body 标签包含了 header、content 和 footer 组件的增强样式。默认情况下，所有的组件都是使用默认的主题和特定的移动 CSS 增强来设计 (styled) 的。作为一个额外的好处，所有的组件现在都证明了可访问性，而这要归功于 WAI-ARIA 角色和级别。我们可以免费获得这些增强。

现在你应该感觉到，可以很容易地设计一个基本的 jQuery Mobile 页面了。我们前面已经介绍了核心的页面组件（ page、header、content、footer），并看到了一个增强的 jQuery Mobile 页面所产生的文档对象模型（ Document Object Model，DOM ）。接下来，我们开始讲解jQuery Mobile 的多页面模板。

5.4.2 实战演练——使用多页面模板

在一个供 jQuery Mobile 使用的 HTML 页面中，可以包含一个元素属性 data-role 值为"page"的容器，也允许包含多个以形成多容器页面结构。容器之间各自相互独立，拥有唯一的 Id 号属性。当页面加载时，以堆栈的方式同时加载。当访问容器时，以内部链接"#"加对应"Id"的方式进行设置。当单击该链接时，jQuery Mobile 将在页面文档寻找对应 Id 号的容器，以动画效果切换至该容器中，实现容器间内容的访问。

由此可见，jQuery Mobile 支持在一个 HTML 文档中嵌入多个页面的能力。该策略可以用来预先获取最前面的多个页面，当载入子页面时，其响应时间会缩短。读者在下面的例子中可以看到，多页面文档与我们前面看到的单页面文档相同，第二个页面附加在第一个页面后面的情况除外。

【范例 5-2】使用多页面模板的方法（光盘 \ 配套源码 \5\duo.html）。

实例文件"duo.html"的具体实现代码如下。

```html
<!DOCTYPE html>
<html>
  <head>
  <meta charset="utf-8">
  <title>Multi Page Example</title>
  <meta name="viewport" content="width=device-width, initial-scale=1">
  <link rel="stylesheet" href="http://code.jquery.com/mobile/1.0/jquery.mobile-1.0.min.css" />
  <script src="http://code.jquery.com/jquery-1.6.4.min.js"></script>
  <script type="text/javascript">/* 共享所有内部脚本和 Ajax 来加载页面 */</script>
  <script src="http://code.jquery.com/mobile/1.0/jquery.mobile-1.0.min.js"></script>
  </head>
<body>
<!-- First Page -->
<div data-role="page" id="home" data-title="Welcome">
  <div data-role="header">
      <h1>Multi-Page</h1>
  </div>
  <div data-role="content">
      <a href="#contact-info" data-role="button"> 联系我们 </a>
  </div>
  <script type="text/javascript">
      /* Page specific scripts here. */
  </script>
</div>
<!-- Second Page -->
<div data-role="page" id="contact-info" data-title="Contacts">
  <div data-role="header">
      <h1> 联系我们 </h1>
  </div>
  <div data-role="content">
     联系信息详情 ...
  </div>
</div>
</body>
</html>
```

【范例分析】

对上述实例代码的具体说明如下。

（1）多页面文档中的每一个页面必须包含一个唯一的 id，每个页面可以有一个 page 或 dialog 的 data-role。最初显示多页面时，只有第一个页面得到了增强并显示出来。例如，当请求 multi-page.h 的文档时，其 id 为 "home" 的页面将会显示出来，原因是它是多页面文档中的第一个页面。如果想要请求 id 为 "contact" 的页面，则可以通过在多页面文档名的后面添加 "#"，以内部页面的 id 名方式来显示，此时就是 "multi-page.html#contact"。当载入一个多页面文档时，只有初始页面会被增强并显示，后续页面只有当被请求并被缓存到 DOM 内时才会被增强。对于要求有快速响应时间的页面来说，该行为是很理想的。为了设置每一个内部页面的标题，可以添加 data-title 属性。

（2）当链接到一个内部页面时，必须通过页面的 id 来引用。例如，contact 页面的 href 链接必须被设置为 href="#contact"。

（3）如果想查看特定页面中的脚本，则它们必须被放置在页面容器内。该规则同样也适用于通过 Ajax 载入的页面。例如，在 "multi-page.html#contact" 的内部声明中的任何 JavaScript 都无法被 "multi-page.html#home" 来访问。在父文档的 head 标签内声明的所有的脚本，包括 iQuery、jQuery Mobile 和自己的自定义脚本，都可以被内部页面和通过 Ajax 载入的页面访问。

【运行结果】

上述代码的初始执行效果如图 5-7 所示。

单击 "联系我们" 按钮后会显示一个新界面，如图 5-8 所示。此新界面效果也是由上述代码实现的。

图 5-7　初始执行效果

图 5-8　显示一个新界面

5.4.3　实战演练——设置内部页面的标题

需要重点注意的是，内部页面的标题（title）可以按照如下优先顺序进行设置。

（1）如果 data-title 值存在，则它会被用作有内部页面的标题。例如，"multi-page.html#home" 页面的标题将被设置为 "Home"。

（2）如果不存在 data-title 值，则页眉（header）将会用作内部页面的标题。例如，如果 "multi-page.html#home" 页面的 data-title 属性不存在，则标题将被设置为页面 header 标记的值 "Welcome Home"。

（3）如果内部页面既不存在 data-title，也不存在页眉，则 head 标记中的 title 元素将会用作内部页面的标题。例如，如果 "multi-page.html#page" 页面不存在 data-title 属性，也不存在页眉，则该页面的标题将被设置为其父文档的 title 标记的值 "Multi Page Example"。

在接下来的内容中，将通过一个具体实例来讲解设置内部页面的页面标题的方法。

【范例 5-3】使用多页面模板，并设置页面标题（光盘 \ 配套源码 \5\nei.html）。

实例文件 "nei.html" 的具体实现代码如下。

```
<!DOCTYPE html>
  <head>
  <meta charset="utf-8">
  <title>Page Template</title>
  <meta name="viewport" content="width=device-width, initial-scale=1">
  <link rel="stylesheet" href="http://code.jquery.com/mobile/1.0/jquery.mobile-1.0.min.css" />
  <script src="http://code.jquery.com/jquery-1.6.4.min.js"></script>
  <script src="http://code.jquery.com/mobile/1.0/jquery.mobile-1.0.min.js"></script>
</head>
<body>
 <div data-role="page">
   <div data-role="header"><h1> 天气预报 </h1></div>
   <div data-role="content">
       <p><a href="#w1"> 今天 </a> | <a href="#"> 明天 </a></p>
   </div>
   <div data-role="footer"><h4> 这是页脚 </h4></div>
 </div>

 <div data-role="page" id="w1" data-add-back-btn="true">
   <div data-role="header"><h1> 今天天气 </h1></div>
   <div data-role="content">
       <p>4 ~ -7℃ <br /> 晴转多云 <br /> 微风 </p>
   </div>
   <div data-role="footer"><h4> 这是页脚 </h4></div>
 </div>
</body>
</html>
```

在上述实例代码中，当从第一个容器切换至第二个容器时，因为采用的是 "#" 加对应 Id 的内部链接方式，所以无论在一个页面中相同框架的 "page" 容器有多少，只要对应的 Id 号唯一的，就可以通过内部链接的方式进行容器间的切换。在切换时，jQuery Mobile 会在文档中寻找对应 Id 的容器，然后通过动画的效果切换到该页面中。当从第一个容器切换至第二个容器后，可以通过如下两种方法从第二个容器返回第一个容器。

（1）在第二个容器中增加一个 <a> 元素，通过内部链接 "#" 加对应 Id 的方式返回第一个容器。

（2）在第二个容器的最外层框架 <div> 元素中添加属性 "data-add-back-btn"。该属性表示是否在容器的左上角增加一个 "回退" 按钮，默认值为 "false"。如果设置为 "true"，则会出现一个 "back" 按钮，单击该按钮会回退上一级的页面显示。

【运行结果】

本实例执行后的效果如图 5-9 所示，而单击 "今天" 链接后的效果如图 5-10 所示。

【范例分析】

在本实例中，在一个页面中可以通过 "#" 加对应 Id 的内部链接方式实现多容器间的切换。如果不是在同一个页面中，则这个方法将失去作用。因为在切换过程中需要先找到页面，再去锁定对应 Id 容器的内容，而并非直接根据 Id 切换至容器中。

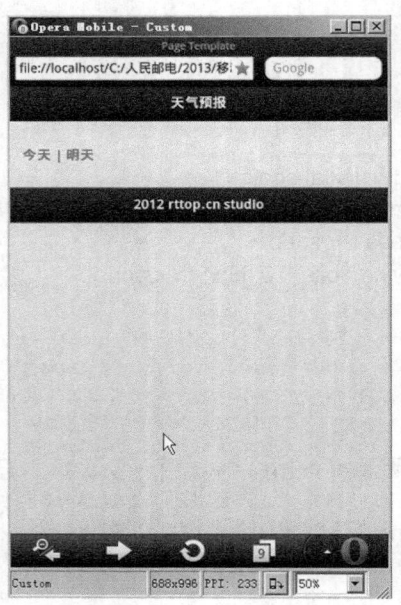
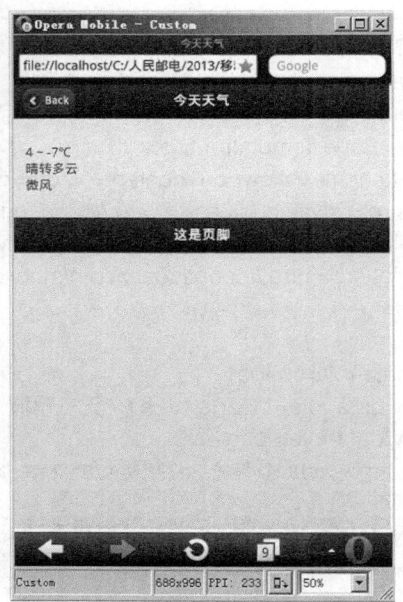

图 5-9　初始执行效果　　　　　　　图 5-10　单击"今天"链接后的效果

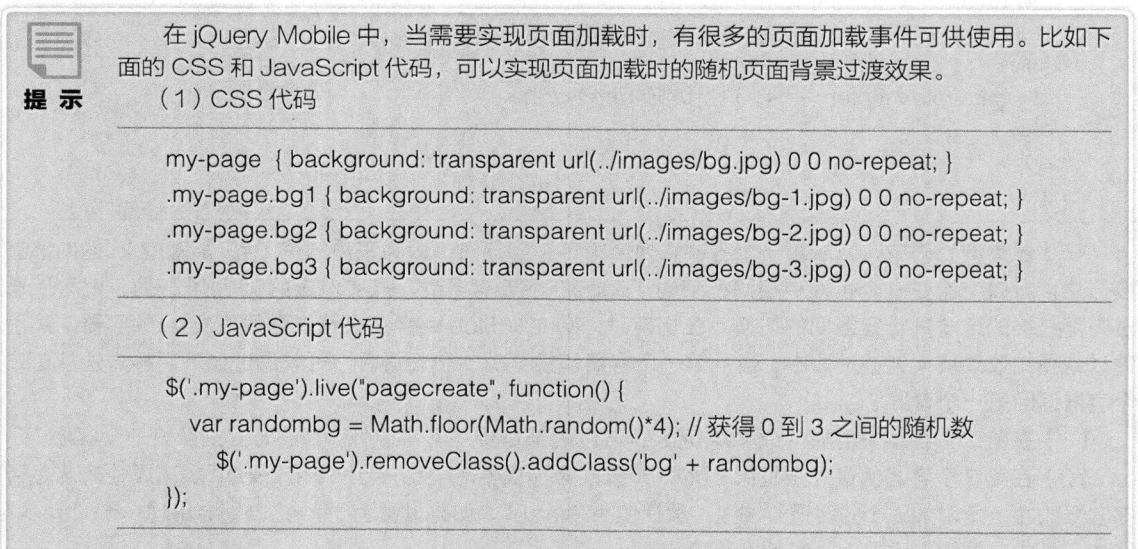

提示

在 jQuery Mobile 中，当需要实现页面加载时，有很多的页面加载事件可供使用。比如下面的 CSS 和 JavaScript 代码，可以实现页面加载时的随机页面背景过渡效果。

（1）CSS 代码

```
my-page  { background: transparent url(../images/bg.jpg) 0 0 no-repeat; }
.my-page.bg1 { background: transparent url(../images/bg-1.jpg) 0 0 no-repeat; }
.my-page.bg2 { background: transparent url(../images/bg-2.jpg) 0 0 no-repeat; }
.my-page.bg3 { background: transparent url(../images/bg-3.jpg) 0 0 no-repeat; }
```

（2）JavaScript 代码

```
$('.my-page').live("pagecreate", function() {
    var randombg = Math.floor(Math.random()*4); // 获得 0 到 3 之间的随机数
    $('.my-page').removeClass().addClass('bg' + randombg);
});
```

■ 5.5　导航链接处理

 本节教学录像：5 分钟

在移动设备界面中，除了上一节介绍的容器结构和页面模板之外，我们还可以设置导航中的链接。本节将详细讲解实现外部导航链接和后退链接的方法。

5.5.1　实战演练——设置外部页面链接

在 jQuery Mobile 开发应用过程中，虽然在页面中可以借助容器的框架来实现多种页面的显示效果，但是把全部代码写在一个页面中会延缓页面被加载的时间，造成代码冗余，并且不利于功能的分工与维护的安全性。因此，在 jQuery Mobile 中可以采用开发多个页面并通过外部链接的方式，实现页面相互切换的效果。

在 jQuery Mobile 应用中，如果单击一个指向外部页面的超级链接，例如 about.html，则 jQuery Mobile 会自动分析这个 URL 地址，并自动产生一个 Ajax 请求。在请求过程中，会弹出一个显示进度的提示框。如果请求成功，jQuery Mobile 将自动构建页面结构，并注入主页面的内容。与此同时，会初始化全部的 jQuery Mobile 组件，将新添加的页面内容显示在浏览器中。如果请求失败，jQuery Mobile 将弹出一个错误信息提示框。该提示框会在数秒后自动消失，页面也不会刷新。

如果不想使用 AJax 请求的方式打开一个外部页面，则需要在链接元素中将 rel 属性设置为"external"。此时，该页面将脱离整个 jQuery Mobile 的主页面环境，以独自打开的页面效果在浏览器中显示。

在接下来的内容中，将通过一个具体实例来讲解设置外部页面链接的方法。

【范例 5-4】用特定页面设置外部页面链接（光盘 \ 配套源码 \5\wai.html）。

实例文件"wai.html"的具体实现代码如下。

```
<body>
 <div data-role="page">
  <div data-role="header"><h1> 天气预报 </h1></div>
  <div data-role="content">
       <p><a href="#w1"> 今天 </a> | <a href="#"> 明天 </a></p>
  </div>
  <div data-role="footer"><h4> 页脚 </h4></div>
 </div>
  <div data-role="page" id="w1" data-add-back-btn="true">
   <div data-role="header"><h1> 今天天气 </h1></div>
   <div data-role="content">
       <p>4 ~ -7℃ <br /> 晴转多云 <br /> 微风 </p>
       <em style="float:right;padding-right:5px">
            <a href="about.html"> 巅峰卓越 </a> 提供
       </em>
   </div>
   <div data-role="footer"><h4> 页脚 </h4></div>
  </div>
 </body>
```

【范例分析】

在上述代码中，为 Id 为"w1"的第二个容器中添加了一个 <em> 元素，并在该元素中显示"巅峰

卓越"字样。单击"巅峰卓越"文本链接时，将以外部页面链接的方式加载一个名为"about.htm"的
HTML 页面。

【运行结果】

本实例执行后的效果如图 5-11 所示。单击"今天"链接后的效果如图 5-12 所示。

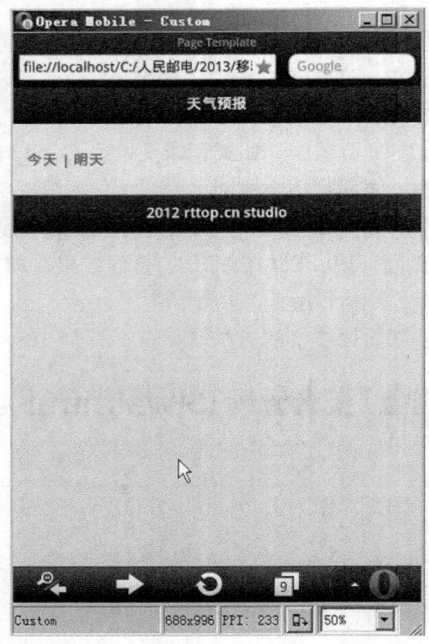

图 5-11　初始执行效果

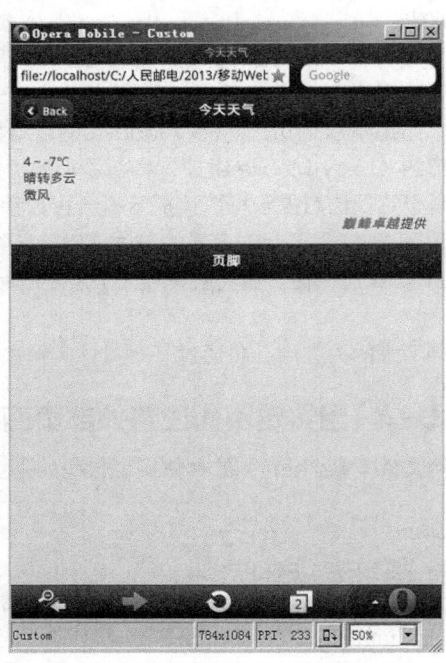

图 5-12　单击"今天"链接后的效果

单击"巅峰卓越"文本链接后的效果如图 5-13 所示。

如果使用 Ajax 请求的方式打开一个外部页面，那么注入主页面的内容也是以"page"作为目标，
而"page"以外的内容将不会被注入主页面中，并且还必须确保外部加载页面 URL 地址的唯一性。

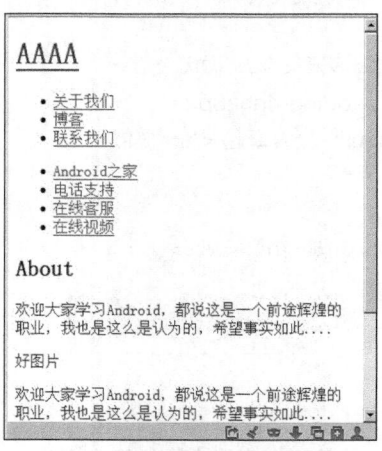

图 5-13　新链接页面效果

5.5.2 实战演练——设置页面后退链接

在 jQuery Mobile 开发应用过程中，如果将 "page" 容器的 data-add-back-btn 属性设置为 "true"，我们可以后退至上一页。也可以在 jQuery Mobile 页面中添加一个 <a> 元素，并将该元素的 data-rel 属性设置为 "back"，同样也可以实现后退至上一页的功能。因为一旦该链接元素的 data-rel 属性设置为 "back"，单击该链接将被视为后退行为，并且将忽视 href 属性的 URL 值，直接退回至浏览器历史的上一页面。

在接下来的内容中，将通过一个具体实例来讲解设置页面后退链接的方法。

【范例 5-5】实现页面后退链接（光盘 \ 配套源码 \5\hou.html）。

实例文件 "hou.html" 的具体实现流程如下。

（1）在新建的 HTML 页面中添加两个 "page" 容器，当单击第一个容器中的 "测试后退链接" 时会切换到第二个容器。

（2）当单击第二个容器中的 "返回首页" 链接时，将以回退的方式返回到第一个容器中。

实例文件 "hou.html" 的具体实现代码如下。

```
<body>
 <div data-role="page">
   <div data-role="header"><h1> 测试 </h1></div>
   <div data-role="content">
        <p><a href="#e"> 测试后退链接 </a></p>
   </div>
   <div data-role="footer"><h4> 页脚部分 </h4></div>
 </div>
 <div data-role="page" id="e">
   <div data-role="header"><h1> 测试 </h1></div>
   <div data-role="content">
      <p>
        <a href="http://www.toppr.net.cn" data-rel="back">
          返回首页
        </a>
      </p>
   </div>
   <div data-role="footer"><h4> 页脚部分 </h4></div>
 </div>
</body>
```

【范例分析】

在上述代码中，当用户在第二个 "page" 容器中单击 "返回首页" 时，可以后退到上一页。此功能的实现方法是在添加 <a> 元素时将 data- rel 属性设置为 "back"。这表明任何的单击操作都被视为回退动作，并且忽视元素 href 属性值设置的 URL 地址，只是直接回退到上一个历史记录页面。这种页面切换的效果可以用于关闭一个打开的对话框或页面。

【运行结果】

执行后的效果如图 5-14 所示。当单击第一个容器中的"测试后退链接"时会切换到第二个容器，如图 5-15 所示。当单击第二个容器中的"返回首页"链接时，将以回退的方式返回到第一个容器中。

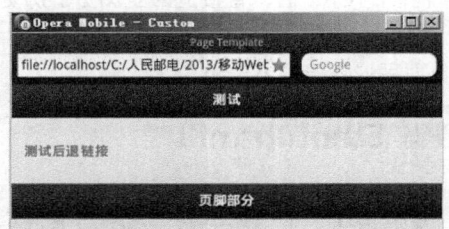

图 5-14　初始执行效果

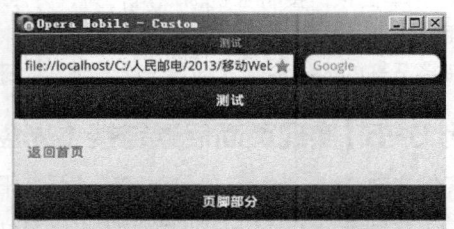

图 5-15　第二个容器界面

▌ 5.6　使用 Ajax 修饰导航

 本节教学录像：6 分钟

Ajax 是指异步 JavaScript 及 XML，是 Asynchronous JavaScript And XML 的缩写。Ajax 不是新的编程语言，而是一种用于创建更好更快以及交互性更强的 Web 应用程序的技术。通过 Ajax，我们的 JavaScript 可使用 JavaScript 的 XMLHttpRequest 对象来直接与服务器进行通信。通过这个对象，我们的 JavaScript 可在不重载页面的情况与 Web 服务器交换数据。Ajax 在浏览器与 Web 服务器之间使用异步数据传输（HTTP 请求），可使网页从服务器请求少量的信息，而不是整个页面。

当多页面文档在初始化时，内部页面已经添加到 DOM 中。这样一个内部页面转换到另外一个页面的速度才会相当快。在从一个页面导航到另外一个页面时，我们可以配置要应用的页面转换类型。默认情况下，框架会为所有的转换应用一个"滑动（slide）"效果。在本章后面，我们会讨论可以选择的转换和转换类型。相关代码如下。

```
<!-- 导航到内页 -->
    <div data-role="content">
    <a href="#contact" data-role="button">Contact Us</a>
    </div>
```

本节将详细讲解在 jQuery Mobile 页面中使用 Ajax 修饰导航的方法。

5.6.1　实战演练——使用 Ajax 驱动导航

当一个单页面转换到另外一个单页面时，导航模型是不同的。例如，我们可以从多页面中提取出"contact"页面，然后命名为"contact.html"文件。在的主页面（hijax.html）中，可以通过一个普通的 HTTP 链接引用来返回"contact"页面。在接下来的内容中，将通过一个具体实例来讲解在 jQuery Mobile 页面中使用 Ajax 驱动导航的方法。

【范例 5-6】在 jQuery Mobile 页面中使用 Ajax 驱动导航（光盘 \ 配套源码 \5\ajax.html 和 contact.html）。

实例文件"ajax.html"的具体实现代码如下。

```
<!DOCTYPE html>
<html>
  <head>
  <meta charset="utf-8">
  <title>Hijax Example</title>
  <meta name="viewport" content="width=device-width, initial-scale=1">
  <link rel="stylesheet" href="http://code.jquery.com/mobile/1.0/jquery.mobile-1.0.min.css" />
  <script src="http://code.jquery.com/jquery-1.6.4.min.js"></script>
  <script src="http://code.jquery.com/mobile/1.0/jquery.mobile-1.0.min.js"></script>
  </head>
  <body>
  <!-- First Page -->
  <div data-role="page">
    <div data-role="header">
        <h1>Ajax 页面 </h1>
    </div>
    <div data-role="content">
        <a href="contact.html" data-role="button"> 联系我们 </a>
    </div>
  </div>
  </body>
</html>
```

【运行结果】

上述代码的初始执行效果如图 5-16 所示。

图 5-16　执行效果

当单击上述代码中的"联系我们"按钮后会来到新页面"contact.html"。为该文件添加如下代码，以实现内容的展示。

```
<div data-role="page">
   <div data-role="header">
       <h1> 联系我们 </h1>
   </div>
   <div data-role="content">
       电话：010-111111111</div>
        <div data-role="content">
       邮箱：7291017304@qq.com</div>
        <div data-role="content"> 地址：中国山东 </div>
   </div>
</div>
```

当单击"联系我们"按钮后会显示一个 Ajax 特效，如图 5-17 所示，然后显示一个如图 5-18 所示的新页面。

【范例分析】

当单击上述实例中的"联系我们"按钮时，jQuery Mobile 将会按照如下步骤处理该请求。

（1）jQuery Mobile 会解析 href，然后通过一个 Ajax 请求（Hij ax）载入页面。如果成功载入页面，则该页面会添加到当前页面的 DOM 中。执行过程如图 5-19 所示。

图 5-17　Ajax 特效导航　　　　　　　　图 5-18　新界面效果

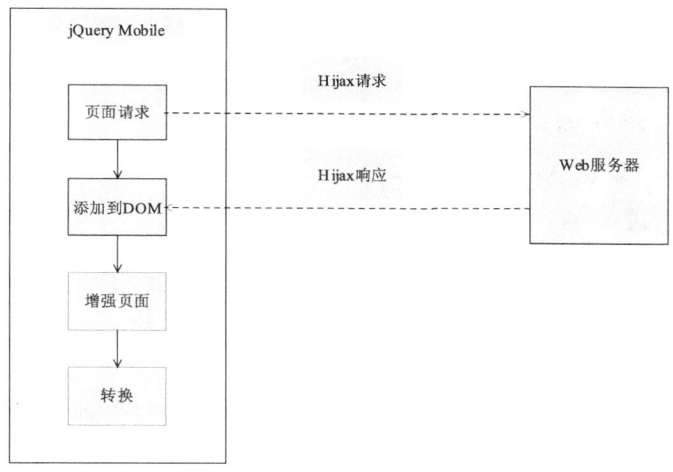

图 5-19　执行过程

当页面成功添加到 DOM 中后，jQuery Mobile 可以根据需要来增强该页面，更新基础 (base) 元素的 @href，并设置 data-url 属性（如果没有被显式设置的话）。

（2）框架随后使用默认"滑动"转换模式转换到一个新的页面。框架也可以实现无缝的 CSS 转换，因为"from"页面和"to"页面都存在于 DOM 中。在转换完成之后，当前可见的页面或活动页面将会被指定为"ui-page-active"CSS 类。

（3）产生的 URL 也可以作为书签。例如，如果想深链接（deep link）到 contact 页面，则可以通过下列完整的路径来访问。

http://<host:port>/2/contact.html

（4）如果页面载入失败，则会显示和弹出一条短的错误消息，该消息是对"Error Loading Page（页面载入错误）"消息的覆写（overlay）。

5.6.2　使用函数 changePage()

在 jQuery Mobile 开发应用过程中，函数 changePage() 的功能是处理一个页面转换到另一个页面时涉及的所有细节，可以使一个页面转换到除当前页面之外的任何页面。在 jQuery Mobile 页面中，可以用如下所示的转换类型。

- ❑ 滑动（slide）：在页面之间移动的最常见的转换。在一个页面流中，该转换给出了向前移动或向后移动的外观。这是所有链接之间的默认转换。
- ❑ 卷起（slideup）：用于打开对话框或显示额外信息的一个常见的转换。该转换给出的外观可以用来为当前活动的页面收集额外的输入信息。
- ❑ 向下滑动（slidedown）：该转换与卷起相对，但是可用于实现类似的效果。
- ❑ 弹出（pop）：用于打开对话框或显示额外信息的另一个转换。该转换给出的外观可以用来为当前活动的页面收集额外的输入信息。
- ❑ 淡入 / 淡出（fade）：用于入口页面或出口页面的一个常见的转换效果。
- ❑ 翻转（flip）：用于显示额外信息的一个常用转换。通常情况下，屏幕的背景会显示没有必要存在于主 UI 上的配置选项（信息图标）。

❑ 无（none）：不应用任何转换。

使用函数 changePage() 的语法格式如下。

$.mobile.changePage(toPage, [options])

在上述语法格式中，各个参数的具体说明如下。

（1）toPage(string 或 iQuery 集合)：将要转向的页面。

❑ toPage（string）：一个文件 URL（"contact.html"）或内部元素的 Id（"#contact"）。

❑ toPage(iQuery 集合)：包含一个页面元素的 iQuery 集合，而且该页面元素是该集各的第一个参数。

（2）options(object)：配置 changePage 请求的一组键 / 值对。所有的设置都是可选的，可设置的值如下。

❑ transition（string，default: $.mobile.defaultTransition）：为 changePage 应用的转换，默认的转换是"滑动"。

❑ reverse（boolean，default:false）：指示该转换是向前转换还是向后转换，默认的转换是向前。

❑ changeHash（boolean，default:ture）：当页面转换完成之后，更新页面 URL 的"#"。

❑ role(string, default:"page"）：在显示页面时使用的 data-role 值。如果页面是对话框，则使用"dialog"。

❑ pageContainer（iQuery 集合，default:$.mobile.pageContainer）：指定应该包含载入页面的元素。

❑ type（string, default:"get"）：在生成页面请求时，指定所使用的方法（get 或 post）。

❑ data（string 或 obj ect, default:undefined）：发送给一个 Ajax 页面请求的数据。

❑ reloadPage（boolean, default: false）：强制页面重新载入，即使它已经位于页面容器的 DOM 中。

❑ showLoadMsg（boolean, default: true）：在请求页面时，显示载入信息。

❑ fromHashChange(boolean, default: false）：指示 changePage 是否来自一个 hashchange 事件。

技 巧

在上述实例代码中，通过使用 min-max 宽度媒体特性，jQuery Mobile 能够应用响应式设计。例如，当浏览器支持的宽度大于 450 像素时，表单元素可以浮动在它们的标签旁边。CSS 支持文本输入的这种行为，相关代码如下。

```
label.ui-input-text{
display:block;
}
@media all and (min-width: 450px){
label.ui-input-text{display:inline-block;)
}
```

读者你可以找到一组数量有限的特定 Webkit 的媒体扩展。例如，如果要在具有高分辨率的 retina（视网膜）显示屏的新 iOS 设备上应用 CSS 增强，你可以使用 webkit-min-device-piexel-ratio 媒体特性，相关代码如下。

```
// WebKit 询问 iOS 高分辨率视网膜显示屏幕内容
and (-webkit-min-device-pixel-ratio: 2){
// 应用视网膜显示增强
}
```

另外，作为对 iOS 用户的一个额外奖励，jQuery Mobile 包含了一全套针对 retina 显示屏优化过的图标。这些图标能够自动应用到带有高分辨率显示屏的任何 iOS 设备上。

■ 5.7 综合应用——开发一个移动版 Ajax 网页

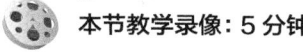 本节教学录像：5 分钟

在接下来的内容中，将通过一个具体实例来讲解开发 Ajax 网页的方法。

【范例 5-7】开发一个 Ajax 网页（光盘 \ 配套源码 \5\gaoji\ ）。

【范例分析】

在 jQuery Mobile 开发应用过程中，Ajax 导航是全局启用的。当用户很在意 DOM 的大小时，或者是需要支持的某个特定设备不支持 hash 历史更新时，可以禁用这个特性。在默认情况下，jQuery Mobile 可以为我们管理 DOM 的大小或缓存。它只将活动页面转换所涉及的"from"和"to"页面合并到 DOM 中。要禁用 Ajax 导航，需在绑定移动初始事件时，设置 $.moible.aj axEnabled="false"。

本实例的具体实现过程如下。

（1）编写一个简单的 HTML 文件，命名为"android.html"，具体实现代码如下。

```html
<html>
    <head>
        <title>Jonathan Stark</title>
        <meta name="viewport" content="user-scalable=no, width=device-width" />
        <link rel="stylesheet" href="android.css" type="text/css" media="screen" />
        <script type="text/javascript" src="jquery.js"></script>
        <script type="text/javascript" src="android.js"></script>
    </head>
    <body>
        <div id="header"><h1>AAA</h1></div>
        <div id="container"></div>
    </body>
</html>
```

（2）编写样式文件"android.css"，其主要实现代码如下。

```css
body {
    background-color: #ddd;
    color: #222;
    font-family: Helvetica;
    font-size: 14px;
    margin: 0;
    padding: 0;
}
#header {
    background-color: #ccc;
    background-image: -webkit-gradient(linear, left top, left bottom, from(#ccc), to(#999));
    border-color: #666;
```

```
        border-style: solid;
        border-width: 0 0 1px 0;
}
#header h1 {
        color: #222;
        font-size: 20px;
        font-weight: bold;
        margin: 0 auto;
        padding: 10px 0;
        text-align: center;
        text-shadow: 0px 1px 1px #fff;
        max-width: 160px;
        overflow: hidden;
        white-space: nowrap;
        text-overflow: ellipsis;
}
ul {
        list-style: none;
        margin: 10px;
        padding: 0;
}
ul li a {
        background-color: #FFF;
        border: 1px solid #999;
        color: #222;
        display: block;
        font-size: 17px;
        font-weight: bold;
        margin-bottom: -1px;
        padding: 12px 10px;
        text-decoration: none;
}
ul li:first-child a {
        -webkit-border-top-left-radius: 8px;
        -webkit-border-top-right-radius: 8px;
}
ul li:last-child a {
        -webkit-border-bottom-left-radius: 8px;
        -webkit-border-bottom-right-radius: 8px;
}
ul li a:active, ul li a:hover {
        background-color: blue;
        color: white;
```

```
}
#content {
    padding: 10px;
    text-shadow: 0px 1px 1px #fff;
}
#content a {
    color: blue;
}
```

上述样式文件在本章的前面内容中都进行了详细讲解，相信广大读者一读便懂。因此，在此不再做解释。

（3）继续编写如下 5 个 HTML 文件。

❏　about.html

❏　blog.html

❏　contact.html

❏　consulting-clinic.html

❏　index.html

它们的代码都是一样的，具体实现代码如下。

```html
<html>
    <head>
        <title>AAA</title>
        <meta name="viewport" content="user-scalable=no, width=device-width" />
        <link rel="stylesheet" type="text/css" href="android.css" media="only screen and (max-width:
480px)" />
            <link rel="stylesheet" type="text/css" href="desktop.css" media="screen and (min-width:
481px)" />
        <!--[if IE]>
            <link rel="stylesheet" type="text/css" href="explorer.css" media="all" />
        <![endif]-->
        <script type="text/javascript" src="jquery.js"></script>
        <script type="text/javascript" src="android.js"></script>
    <meta http-equiv="Content-Type" content="text/html; charset=gb2312">
    </head>
    <body>
        <div id="container">
     <div id="header">
            <h1><a href="./">AAAA</a></h1>
            <div id="utility">
                <ul>
                    <li><a href="about.html">AAA</a></li>
                    <li><a href="blog.html">BBB</a></li>
                    <li><a href="contact.html">CCC</a></li>
```

```
            </ul>
         </div>
         <div id="nav">
            <ul>
               <li><a href="bbb.html">DDD</a></li>
               <li><a href="ccc.html">EEE</a></li>
               <li><a href="ddd.html">FFF</a></li>
               <li><a href="http://www.aaa.com">GGG</a></li>
            </ul>
         </div>
      </div>
      <div id="content">
         <h2>About</h2>
         <p> 欢迎大家学习 Android。都说这是一个前途辉煌的职业，我也是这么是认为的。希望事实
如此…</p>
      </div>
      <div id="sidebar">
         <img alt=" 好图片 " src="aaa.png">
            <p> 欢迎大家学习 Android。都说这是一个前途辉煌的职业，我也是这么是认为的。希望事
实如此…</p>
      </div>
      <div id="footer">
         <ul>
            <li><a href="bbb.html">Services</a></li>
            <li><a href="ccc.html">About</a></li>
            <li><a href="ddd.html">Blog</a></li>
         </ul>
         <p class="subtle"> 巅峰卓越 </p>
      </div>
    </div>
  </body>
</html>
```

（4）编写 JavaScript 文件 "android.js"。在此文件中使用了 Ajax 技术，具体代码如下。

```
var hist = [];
var startUrl = 'index.html';
$(document).ready(function(){
    loadPage(startUrl);
});
function loadPage(url) {
    $('body').append('<div id="progress">wait for a moment...</div>');
    scrollTo(0,0);
    if (url == startUrl) {
```

```
            var element = ' #header ul';
        } else {
            var element = ' #content';
        }
        $('#container').load(url + element, function(){
            var title = $('h2').html() || ' 你好 !';
            $('h1').html(title);
            $('h2').remove();
            $('.leftButton').remove();
            hist.unshift({'url':url, 'title':title});
            if (hist.length > 1) {
                $('#header').append('<div class="leftButton">'+hist[1].title+'</div>');
                $('#header .leftButton').click(function(e){
                    $(e.target).addClass('clicked');
                    var thisPage = hist.shift();
                    var previousPage = hist.shift();
                    loadPage(previousPage.url);
                });
            }
            $('#container a').click(function(e){
                var url = e.target.href;
                if (url.match(/aaa.com/)) {
                    e.preventDefault();
                    loadPage(url);
                }
            });
            $('#progress').remove();
        });
    }
```

对于上述代码的具体说明如下。

❑ 第 3 行 - 第 5 行：使用了 jQuery 的（document）.ready 函数，其功能是使浏览器在加载页面
完成后运行 loadPage() 函数。

❑ 剩余的行数是函数 loadPage（url）部分。此函数的功能是载入地址为 URL 的网页，但是在载
入时使用了 Ajax 技术特效。具体说明如下所示。

● 第 7 行：为了使 Ajax 效果能够显示出来，在这个 loadPage() 函数启动时，需在 body 中增加
一个正在加载的 div，然后在 hijackLinks() 函数结束的时候删除。

● 第 9 行 - 第 13 行：如果没有在调用函数的时候指定 url（比如第一次在 (document).ready 函
数中调用），url 将会是 undefined。此时，第 10 行会被执行。这一行和下一行是 jQuery 的
load() 函数样例。load() 函数在给页面增加简单快速的 Ajax 实用性上非常出色。如果把第 10
行翻译出来，它的意思是"从 index.html 中找出 #header 中所有的 ul 元素，并把它们插入当
前页面的 #container 元素中，完成之后再调用 hij ackLinks() 函数"。当 url 参数有值的时候，
执行第 12 行。从效果上看，第 12 行的意思是"从传给 loadPage() 函数的 url 中得到 #content
元素，并把它们插入当前页面的 #container 元素，完成之后调用 hij ackLinks() 函数"。

（5）为了能使我们设计的页面体现出 Ajax 效果，我们还需继续设置样式文件"android.css"。

❑ 为了能够显示出"加载中"的样式，需要在样式文件"android.css"中添加如下修饰代码。

```
#progress {
    -webkit-border-radius: 10px;
    background-color: rgba(0,0,0,.7);
    color: white;
    font-size: 18px;
    font-weight: bold;
    height: 80px;
    left: 60px;
    line-height: 80px;
    margin: 0 auto;
    position: absolute;
    text-align: center;
    top: 120px;
    width: 200px;
}
```

❑ 用边框图片修饰返回按钮，并清除默认的点击后高亮显示的效果。在"android.css"中添加如下修饰代码。

```
#header div.leftButton {
    font-weight: bold;
    text-align: center;
    line-height: 28px;
    color: white;
    text-shadow: 0px -1px 1px rgba(0,0,0,0.6);
    position: absolute;
    top: 7px;
    left: 6px;
    max-width: 50px;
    white-space: nowrap;
    overflow: hidden;
    text-overflow: ellipsis;
    border-width: 0 8px 0 14px;
    -webkit-border-image: url(images/back_button.png) 0 8 0 14;
    -webkit-tap-highlight-color: rgba(0,0,0,0);
}
```

【运行结果】

此时在 Android 中执行我们的上述文件，执行后先加载页面，在加载时会显示"wait for a moment..."的提示，如图 5-20 所示。在滑动选择某个链接的时候，被选中的会有不同的颜色，如图 5-21 所示。

图 5-20　提示特效

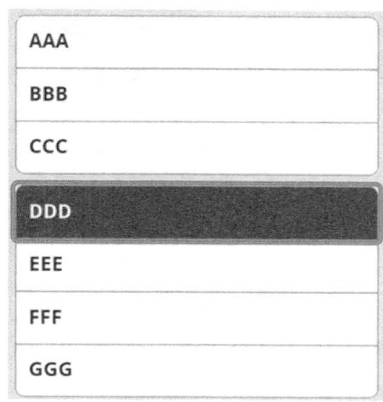

图 5-21　被选择的不同颜色

文件"android.html"的执行效果和其他文件相比稍有不同，如图 5-22 所示。这是在编码时的有意为之。

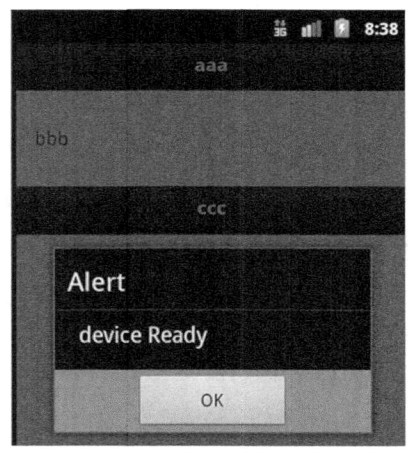

图 5-22　文件 android.html 的执行效果

█ 5.8　高手点拨

1. 快速检验移动站点是否与 508 兼容的方法

如果想知道你的移动站点是否是 508 兼容的，可以使用 WAVE6 来进行评估。如果读者有兴趣查看现有的 jQuery Mobile 应用程序，可以查看在线 jQuery Mobile Gallary（地址为 http://www.jqmgallery. com/ ）。它可以激发我们的想法和灵感。另外，除了使用 WAVE 来测试的移动 app 的可访问性之外，还可以通过使用真实的辅助技术来实际测试移动 Web 应用程序。

2．比较单页面文档和多页面文档

你需要确定页面访问的发展趋势，以方便从带宽和响应时间的角度来选择最合适的广式。多页面文档在最初载入时，会占用较多的带宽，但是只需要向服务器发送一个请求即可。因此，它们的子页面会以相当短的响应时间载入。单页面文档尽管占用的带宽较少，但因为每访问一个页面都需要向服务器发送一个请求，所以响应时间会比较长。

如果你通常会按顺序访问多个页面，则最为理想的方式是将它们放置在同一个文档内的最前面，以方便载入。这样尽管最初占用的带宽会略高，但是在访问下一个页面时，可以实现即时响应。如果用户同时访问两个页面（尽管概率很低，但毕竟存在），则可以将文件单独存放，从而在初次载入时能够消耗较少的带宽。现在有一些可用的工具，可以辅助收集页面访问趋势或者其他度量，从而帮助优化页面访问方式。例如，Google Analytics2 或 Omniture3 都是常见的用于分析移动 Web 应用程序的解决方案。

5.9　实战练习

1．自动隐藏或显示网页中的文字

请尝试在页面中使用 <nav> 元素设置两个相互排斥的单选按钮，一个用于显示 <article> 元素，另一个用于隐藏 <article> 元素。然后编写相应的 JavaScript 代码实现隐藏功能。

2．自动检测输入的拼音是否正确

请在页面中分别创建两个 <textarea> 输入框元素，第一个元素将 spellcheck 属性设置为"true"，表示需要语法检测；另外一个元素的 spellcheck 属性设置为"false"，表示不需要语法检测。这样，当分别在两个输入框中录入文字时，可以显示不同的检测效果。

第6章

本章教学录像：29 分钟

PhoneGap 事件详解

在 PhoneGap 开发应用中，事件是其他 PhoneGap API 的基础，在事件监听器中，包含了调用其他 API 的功能函数。本章将详细讲解 PhoneGap 所独有的事件列表，而不讨论传统网页元素所能触发的事件。

本章要点（已掌握的在方框中打钩）

☐ PhoneGap 的事件列表

☐ deviceready 事件详解

☐ pause 事件和 resume 事件

☐ online 事件和 offline 事件

☐ batterycritical、batterylow

和 batterystatus 事件

☐ backbutton 事件

☐ 使用 searchbutton 事件

☐ 使用其他事件

☐ 综合应用——监听各类 PhoneGap 事件

6.1 PhoneGap 的事件列表

 本节教学录像：3 分钟

到目前为止，在 PhoneGap 中包含的如下事件。

- ❑ deviceready
- ❑ backbutton
- ❑ pause
- ❑ resume
- ❑ searchbutton
- ❑ online
- ❑ offline
- ❑ menubutton
- ❑ batterycritical
- ❑ batterylow
- ❑ batterystatus
- ❑ startcallbutton
- ❑ endcallbutton
- ❑ volumedownbutton
- ❑ volumeupbutton

其中，deviceready 事件在 PhoneGap 应用完全加载完成时触发。触发该事件后，可以安全调用其他的原生 API。在 PhoneGap 应用中，可以通过 document.addEventListener() 方法来使用上述事件。例如，通过调用 document.addEventListener("deviceready",onDeviceReady, false) 方法来监听 deviceready 事件。该方法的第三个参数表示只在冒泡阶段捕获该事件。

【范例 6-1】演示 PhoneGap 中 deviceready 事件的用法（光盘\配套源码\6\6-1.html）。

本实例的实现文件是 "6-1.html"，其功能是演示了 PhoneGap 中 deviceready 事件的用法。文件 "6-1.html" 的具体实现代码如下。

```
<!DOCTYPE html>
<html>
<head>
  <meta charset="utf-8">
  <meta name="viewport" content="width=device-width, initial-scale=1">
  <title>index.html</title>
  <script type="text/javascript" charset="utf-8" src="cordova.js" ></script>
  <script type="text/javascript" charset="utf-8">
  document.addEventListener("deviceready", onDeviceReady, false);
  function onDeviceReady(){
      // 在此编写事件处理逻辑

  }
  </script>
```

```
</head>
<body>
<div data-role="page">
  <div data-role="header">
      <h1>Hello World !</h1>
  </div><!-- /header -->
  <div data-role="content">
      <p>I am here</p>
  </div><!-- /content -->
  <div data-role="footer">
      <h4>Footer</h1>
  </div><!-- /footer -->
</div><!-- /page -->
</body>
</html>
```

6.2 deviceready 事件详解

 本节教学录像：2 分钟

在 PhoneGap 应用中，deviceready 是一个需要监听的事件，由 document 对象触发，只有在设备的本地环境和页面完全加载之后才触发。本节将详细讲解使用 deviceready 事件的基本知识。

6.2.1 deviceready 事件基础

在触发 deviceready 事件后，应用程序可以安全地调用其他本地代码。deviceready 事件的函数原型如下。

```
document.addEventListener("deviceready", yourCallbackFunction, false);
```

在 PhoneGap 应用中，deviceready 是一个非常重要的事件，每个 PhoneGap 应用都应该使用这个函数。PhoneGap 包含两种代码基础，分别是 Native 和 JavaScript（这是两种语言）。当加载 Native 代码时，普通的图像也会加载然后显示，但是 JavaScript 只在 Dom 加载完成后才会加载。这说明 Dom 必须在调用 JavaScript 函数前被加载。

在 PhoneGap 应用中，deviceready 事件在完全加载 PhoneGap 应用后将进行回调。这样能安全地调用 PhoneGap 函数。当加载完文档 Dom 后，需要使用 document.addEventListener 添加一个事件监听函数。

在 PhoneGap 应用中，deviceready 事件可以支持如下类型的移动平台。

- ❏ Android
- ❏ BlackBerry WebWorks（OS 5.0 或更高版本）
- ❏ iOS

> **技 巧**　如果在 BlackBerry 系统中使用 deviceready 事件，则会发生异常情况，原因是 RIM 的 BrowserField（网页浏览器视图）不支持自定义事件，所以不会触发 deviceready 事件。此时的解决方法是，一直手动查询 PhoneGap.available 方法直到 PhoneGap 完全加载完毕为止，相关代码如下。

```
function onLoad() {
    // BlackBerry OS 4 浏览器不支持自定义事件
    // 因此通过手动方式等待，直到 PhoneGap 加载完毕
    var intervalID = window.setInterval(
        function() {
                if (PhoneGap.available) {
                window.clearInterval(intervalID);
                onDeviceReady();
            }
        },
        500
        );
}
function onDeviceReady() {
    // 现在可以安全地调用 PhoneGap API
}
```

6.2.2　实战演练——使用 deviceready 事件

在接下来的内容中，将通过一个具体实例演示在 jQuery 开发环境中注册 deviceready 事件的方法。

【范例 6-2】演示 jQuery 开发环境中注册该事件的方法（光盘\配套源码\6\6-2. html）。

文件 "6-2.html" 展示了 jQuery 开发环境中注册该事件的方法，具体代码如下。

```
<!DOCTYPE html>
<html>
<head>
  <meta charset="utf-8">
  <meta name="viewport" content="width=device-width, initial-scale=1">
  <title>index.html</title>
  <link rel="stylesheet" href="jquery.mobile-1.0.1.min.css" />
  <script type="text/javascript" charset="utf-8" src="jquery.js"></script>
  <script type="text/javascript" charset="utf-8" src="jquery.mobile-1.0.1.min.js"></script>
  <script type="text/javascript" charset="utf-8" src="cordova.js" ></script>
  <script type="text/javascript" charset="utf-8">
```

```
        document.addEventListener("deviceready", onDeviceReady, false);
    //$( function() {
    //document.addEventListener("deviceready", onDeviceReady, false);

    //});
    function onDeviceReady()
    {
        console.log("console device ready");
        alert("device Ready");
    }
    </script>
</head>
<body>
<div data-role="page">
  <div data-role="header">
        <h1>aaa</h1>
  </div><!-- /header -->
  <div data-role="content">
        <p>bbb</p>
  </div><!-- /content -->
  <div data-role="footer">
        <h4>ccc</h1>
  </div><!-- /footer -->
</div><!-- /page -->
</body>
</html>
```

【运行结果】

当 PhoneGap 环境就绪时，执行上述代码后会弹出信息框，如图 6-1 所示。

图 6-1　执行效果

6.3 pause 事件和 resume 事件

 本节教学录像：5 分钟

在 PhoneGap 应用中，pause 事件和 resume 事件分别实现暂停和重新播放功能。本节将详细讲解事件 pause 和事件 resume 的相关知识。

6.3.1 实战演练——使用 pause 事件

在 PhoneGap 应用中，事件 pause 的注册监听器的代码如下。

```
document.addEventListener("pause",onPause,false);
    function onPause(){
     // 处理 pause 逻辑
     }
```

当 PhoneGap 应用程序被放到后台时会触发 pause 事件。在 PhoneGap 中包含了两套代码库，分别为本地代码库和 JavaScript 代码库。

当本地代码将应用程序放到后台时会触发 pause 事件。在通常情况下，一旦接收到 PhoneGap 的 deviceready 事件就会马上使用 document.addEventListener 来附加一个事件监听器。

在目前 PhoneGap 应用中，pause 事件支持如下 3 个平台。

❑ Android
❑ BlackBerry WebWorks（OS 5.0 或更高版本）
❑ iOS

下面是一段简单使用 pause 事件的演示代码。

```
document.addEventListener("pause", onPause, false);
function onPause() {
    // 处理 pause 事件
}
```

在下面的实例文件 "6-3.html" 中，演示了在页面中使用 pause 事件的基本知识。

【范例 6-3】在页面中使用 pause 事件（光盘 \ 配套源码 \6\6-3.html）。

文件 "6-3.html" 的具体代码如下。

```
<!DOCTYPE html>
<html>
  <head>
    <meta charset="utf-8" />
    <meta name="format-detection" content="telephone=no" />
    <meta name="viewport" content="user-scalable=no, initial-scale=1, maximum-scale=1, minimum-scale=1, width=device-width, height=device-height, target-densitydpi=device-dpi" />
    <link rel="stylesheet" type="text/css" href="css/index.css" />
    <title>Hello World</title>
```

```
        </head>
        <body>
            <div class="app">
                <h1>Apache Cordova</h1>
                <div id="deviceready" class="blink">
                    <p class="event listening">Connecting to Device</p>
                    <p class="event received">Device is Ready</p>
                </div>
            </div>
            <script type="text/javascript" src="cordova.js"></script>
            <script type="text/javascript" src="js/index.js"></script>
            <script type="text/javascript">
                // 当 PhoneGap 加载完毕后调用 onDeviceReady 回调函数
// 此时，该文件已加载完毕但 cordova.js 还没有加载完毕
// PhoneGap 加载完毕并开始和本地设备进行通讯，就会触发 deviceready 事件
document.addEventListener("deviceready", onDeviceReady, false);

// PhoneGap 加载完毕，现在可以安全地调用 PhoneGap 方法
function onDeviceReady() {
    document.addEventListener("pause", onPause, false);
}

// 处理 pause 事件
function onPause() {
}
            </script>
        </body>
</html>
```

【运行结果】

本实例执行后的效果如图 6-2 所示。

图 6-2　执行效果

6.3.2　实战演练——使用 resume 事件

在 PhoneGap 应用中，事件 resume 的注册监听器的代码如下。

```
document. addEventListener("resume",onResume,false);
    function onResume() {
    // 处理 resume 逻辑
    }
```

当 PhoneGap 应用程序被恢复到前台运行时，resume 事件才会被触发。当本地代码将应用程序从后台提取到前台运行时，resume 事件被触发。在通常情况下，当接收到 PhoneGap 的 deviceready 事件时，document.addEventListener 会马上附加一个事件监听器。

在目前的 PhoneGap 应用中，resume 事件支持如下 3 个平台。

❑ Android
❑ BlackBerry WebWorks（OS 5.0 或更高版本）
❑ iOS

下面是一段使用 resume 事件的演示代码。

```
document.addEventListener("resume", onResume, false);

function onResume() {
    // 处理 resume 事件
}
```

在下面的实例文件"6-4.html"中，在 <script> 标签中添加了 pause 和 resume 的注册监听器。

【范例6-4】在<script>标签中添加pause和resume的注册监听器（光盘\配套源码\6\6-4.html）。

文件"6-4.html"的具体代码如下。

```
<!DOCTYPE html>
<html>
<head>
  <meta charset="utf-8">
  <meta name="viewport" content="width=device-width, initial-scale=1">
  <title>index.html</title>
  <link rel="stylesheet" href="jquery.mobile-1.0.1.min.css" />
  <script type="text/javascript" charset="utf-8" src="jquery.js"></script>
  <script type="text/javascript" charset="utf-8" src="jquery.mobile-1.0.1.min.js"></script>
  <script type="text/javascript" charset="utf-8" src="cordova.js" ></script>
  <script type="text/javascript" charset="utf-8">
var count=0;
$( function() {

    document.addEventListener("deviceready", onDeviceReady, false);
});
function onDeviceReady()
{
```

```
          console.log("here device ready");
          document.addEventListener("backbutton",onBackButton,false);
          document.addEventListener("pause", onPause,false);
            document. addEventListener("resume",onResume, false);
      }
    function onPause()
    {
       console .log("Application Paused");
       }
       function onResume()
    {
       console.log( "Application Resumed");
       }
    function onBackButton()
    {
        count++;
        console.log("Trigger back button event "+ count+ " times");

    }

    </script>
</head>
<body>
<!-- begin first page -->
<div id="page1" data-role="page" data-add-back-btn="true">
<header data-role="header"><h1>aaa</h1></header>
<div data-role="content" class="content">
<p> 第一页 </p>
<p><a href="#page2"> 跳转到第二页 </a></p>
</div>
<bbb data-role="bbb">
  <h1>aaa</h1></bbb>
</div>
<!-- end first page -->
<!-- Begin second page -->
<div id="page2" data-role="page" data-add-back-btn="true">
<header data-role="header" >
  <h1>bbb !</h1></header>
<div data-role="content" class="content">
<p> 第二页 </p>
<p><a href="#page3"> 跳转到第三页 </a></p>
</div>
<foote data-role="bbb"r><h1>bbb</h1></bbb>
</div>
<!-- end second page -->
<!-- begin third page -->
```

```
<div id="page3" data-role="page" data-add-back-btn="true">
<header data-role="header">
  <h1>ccc !</h1></header>
<div data-role="content" class="content">
<p> 第三页 </p>
<p><a href="#page1"> 返回第一页 </a></p>
</div>
<bbb data-role="bbb">
  <h1>ccc</h1></bbb>
</div>
<!-- end third page -->
</body>
</html>
```

6.4 online 事件和 offline 事件

 本节教学录像：4 分钟

在 PhoneGap 应用中，online 事件和 offline 事件一般用于需要同步数据的应用，比如，没有网络时存储数据到本地的 Web SQL 数据库，而当网络恢复时周期性地向服务器提交更新数据。

6.4.1 实战演练——使用 online 事件

当 PhoneGap 应用程序在线（连接到因特网）时，online 事件被触发。也就是说，当应用程序的网络连接改变为 online 时，online 事件被触发。在通常情况下，当接收到 PhoneGap 的 deviceready 事件时，document.addEventListener 将附加一个事件监听器。

在 PhoneGap 应用中，online 事件的注册监听器的代码如下。

```
document.addEventListener("online",isOnline,false);
function  isOnline() {
// 处理 online 事件
}
```

在目前的 PhoneGap 应用中，online 事件支持如下 3 个平台。

❑ Android
❑ BlackBerry WebWorks（OS 5.0 或更高版本）
❑ iOS

例如下面是一段典型使用 online 事件的演示代码。

```
// 当 PhoneGap 加载完毕后调用 onDeviceReady 回调函数。
// 此时，该文件已加载完毕但 cordova.js 还没有加载完毕。
// 当 PhoneGap 加载完毕并开始和本地设备进行通讯，
   // 就会触发 "deviceready" 事件。
document.addEventListener("deviceready", onDeviceReady, false);
```

```
// PhoneGap 加载完毕，现在可以安全地调用 PhoneGap 方法。
function onDeviceReady() {
    document.addEventListener("online", onOnline, false);
}

// 处理 online 事件
function onOnline() {
}
```

在接下来的内容中，将通过一个具体实例来讲解在 PhoneGap 页面中使用 online 事件的方法。

【范例 6-5】使用 online 事件（光盘 \ 配套源码 \6\6-5.html ）。

文件 "6-5.html" 的代码如下。

```
<!DOCTYPE html>
<html>
<head>
  <meta charset="utf-8">
  <meta name="viewport" content="width=device-width, initial-scale=1">
  <title>index.html</title>
  <link rel="stylesheet" href="jquery.mobile-1.0.1.min.css" />
  <script type="text/javascript" charset="utf-8" src="jquery.js"></script>
  <script type="text/javascript" charset="utf-8" src="jquery.mobile-1.0.1.min.js"></script>
  <script type="text/javascript" charset="utf-8" src="cordova.js" ></script>
    <script type="text/javascript" charset="utf-8">

    // 当 PhoneGap 加载完毕后调用 onDeviceReady 回调函数
    // 此时，该文件已加载完毕但 cordova.js 还没有加载完毕
    // PhoneGap 加载完毕并开始和本地设备进行通讯，就会触发 deviceready 事件
    document.addEventListener("deviceready", onDeviceReady, false);

    // PhoneGap 加载完毕，现在可以安全地调用 PhoneGap 方法
    function onDeviceReady() {
       document.addEventListener("online", onOnline, false);
    }

    // 处理 online 事件
    function onOnline() {
    }

</script>
</head>
<body>
</body>
</html>
```

在 iOS 系统中初次启动 online 事件时，第一个 online 事件（如果有的话）将需要至少 1 秒才被触发。

6.4.2 实战演练——使用 offline 事件

当 PhoneGap 应用程序离线（没有连接到因特网）时，offline 事件被触发。也就是说，当应用程序的网络连接改变为 offline 时，offline 事件被触发。在通常情况下，一旦接收到 PhoneGap 的 deviceready 事件，document.addEventListener 将马上附加一个事件监听器。

在 PhoneGap 应用中，offline 事件的注册监听器的代码如下。

```
document.addEventListener("offline",isOf fline,false);
function isOffline() {
// 处理 of fline 事件
}
```

在目前 PhoneGap 应用中，offline 事件支持如下 3 个平台。

- ❑ Android
- ❑ BlackBerry WebWorks（OS 5.0 或更高版本）
- ❑ iOS

下面是两段演示使用 offline 事件的演示代码。第一段代码如下。

```
document.addEventListener("offline", onOffline, false);

function onOffline() {
    // 处理 offline 事件
}
```

第二段代码如下。

```
// 当 PhoneGap 加载完毕后调用 onDeviceReady 回调函数，此时该文件已加载完毕
// 但是 cordova.js 还没有加载完毕
// 当 PhoneGap 加载完毕并开始和本地设备进行通讯时，就会触发 "deviceready" 事件
  document.addEventListener("deviceready", onDeviceReady, false);
  // PhoneGap 加载完毕，现在可以安全地调用 PhoneGap 方法
  function onDeviceReady() {
      document.addEventListener("offline", onOffline, false);
  }
  // 处理 offline 事件
  function onOffline() {
  }
```

在 iOS 系统中初次启动时，第一个 offline 事件（如果有的话）需要至少 1 秒才被触发。

在接下来的内容中，将通过一个具体实例来讲解在 PhoneGap 页面中使用 offline 事件的方法。

【范例 6-6】演示使用 offline 事件的方法（光盘 \ 配套源码 \6\6-6.html）。

文件 "6-6.html" 的代码如下。

```
<!DOCTYPE html>
<html>
<head>
    <meta charset="utf-8">
    <meta name="viewport" content="width=device-width, initial-scale=1">
    <title>index.html</title>
    <link rel="stylesheet" href="jquery.mobile-1.0.1.min.css" />
    <script type="text/javascript" charset="utf-8" src="jquery.js"></script>
    <script type="text/javascript" charset="utf-8" src="jquery.mobile-1.0.1.min.js"></script>
    <script type="text/javascript" charset="utf-8" src="cordova.js" ></script>
    <script type="text/javascript" charset="utf-8">

    // 当 PhoneGap 加载完毕后调用 onDeviceReady 回调函数
    // 此时，该文件已加载完毕但 cordova.js 还没有加载完毕
    // 当 PhoneGap 加载完毕并开始和本地设备进行通讯时，就会触发 deviceready 事件
    document.addEventListener("deviceready", onDeviceReady, false);

    // PhoneGap 加载完毕，现在可以安全地调用 PhoneGap 方法
    function onDeviceReady() {
        document.addEventListener("offline", onOffline, false);
    }

    // 处理 offline 事件
    function onOffline() {
    }
</script>
</head>
<body>
</body>
</html>
```

6.5 batterycritical、batterylow 和 batterystatus 事件

 本节教学录像：6 分钟

在 PhoneGap 中提供了 3 个标准的事件来检测电池状态，分别是 batterycritical、batterylow 和 batterystatus。本节将详细讲解 batterycritical、batterylow 和 batterystatus 事件的相关知识。

6.5.1 使用 batterycritical 事件

在 PhoneGap 页面中，batterycritical 事件在电量达到临界值时触发，而 PhoneGap 中的临界值为 20%。具体代码原型如下。

```
window.addEventListener("batterycritical", yourCallbackFunction, false);
```

在触发 batterycritical 事件时会传递一个 info 对象给事件监听器。该对象有如下两个属性。

❑ level：表示 PhoneGap 从设备获得的电量信息。

❑ isPlugged：表示设备是否处于充电状态。

在通常情况下，一旦接收到 PhoneGap 的 deviceready 事件，document.addEventListener 就会马上附加一个事件监听器。在目前 PhoneGap 应用中，batterycritical 事件支持如下 3 个平台。

❑ Android

❑ BlackBerry WebWorks（OS 5.0 或更高版本）

❑ iOS

下面的两段代码简单演示了使用 batterycritical 事件的方法。

```javascript
window.addEventListener("batterycritical", onBatteryCritical, false);
function onBatteryCritical(info) {
    // 处理电池电量不足的事件。
    alert("Battery Level Critical " + info.level + "%\nRecharge Soon!");
}
```

除上述代码段外，如下代码也使用了 batterycritical 事件。

```javascript
<script type="text/javascript" charset="utf-8">
    // 当 PhoneGap 加载完毕后调用 onDeviceReady 回调函数
    // 此时，该文件已加载完毕但 cordova.js 还没有加载完毕
    // 当 PhoneGap 加载完毕并开始和本地设备进行通讯时，deviceready 事件会被触发
    function onLoad() {
        document.addEventListener("deviceready", onDeviceReady, false);
    }

    // PhoneGap 已经加载完毕，现在可以安全的调用 PhoneGap 的方法
    function onDeviceReady() {
        window.addEventListener("batterycritical", onBatteryCritical, false);
    }

    // 处理电池电量低的事件
    function onBatteryCritical(info) {
        alert("Battery Level Critical " + info.level + "%\nRecharge Soon!");
    }
</script>
```

6.5.2 使用 batterylow 事件

在 PhoneGap 应用中，batterylow 事件在电量为 5% 时触发，其原型如下。

```
window.addEventListener("batterylow", yourCallbackFunction, false);
```

在触发 batterylow 事件时会传递一个 info 对象给事件监听器。该对象有如下两个属性。
- ❑ level：表示 PhoneGap 从设备获得的电量信息。
- ❑ isPlugged：表示设备是否处于充电状态。

在通常情况下，一旦接收到 PhoneGap 的 deviceready 事件，document.addEventListener 就会附加一个事件监听器。在目前 PhoneGap 应用中，batterylow 事件支持如下 3 个平台。
- ❑ Android
- ❑ BlackBerry WebWorks（OS 5.0 或更高版本）
- ❑ iOS

下面的两段代码简单演示了使用 batterylow 事件的方法。

```
window.addEventListener("batterylow", onBatteryLow, false);
function onBatteryLow(info) {
    // 处理电池电量低的事件
    alert("Battery Level Low " + info.level + "%");
}
```

除了上述代码段外，如下代码也使用了 batterylow 事件。

```
<script type="text/javascript" charset="utf-8">

    // 当 PhoneGap 加载完毕后调用 onDeviceReady 回调函数
    // 此时，该文件已加载完毕但 cordova.js 还没有加载完毕
    // 当 PhoneGap 加载完毕并开始和本地设备进行通讯时，deviceready 事件会被触发
    function onLoad() {
        document.addEventListener("deviceready", onDeviceReady, false);
    }
    // PhoneGap 已经加载完毕，现在可以安全的调用 PhoneGap 的方法
    function onDeviceReady() {
        window.addEventListener("batterylow", onBatteryLow, false);
    }

    // 处理电池电量低的事件
    function onBatteryLow(info) {
        alert("Battery Level Low " + info.level + "%");
    }

</script>
```

6.5.3　实战演练——使用 batterystatus 事件

在 PhoneGap 应用中，每当电量改变 1% 时，batterystatus 事件就会被触发。用这一事件可以周期性地监测电池的状态，其原型如下。

```
window.addEventListener("batterystatus", yourCallbackFunction, false);
```

在触发 batterystatus 事件时，会传递一个 info 对象给事件监听器。该对象有如下两个属性。

❑ level：表示 PhoneGap 从设备获得的电量信息。

❑ isPlugged：表示设备是否处于充电状态。

在 PhoneGap 页面中，事件 batterystatus 能够监控电池的状态。在通常情况下，一旦接收到 PhoneGap 的 deviceready 事件时，document.addEventListener 就会附加一个事件监听器。在目前 PhoneGap 应用中，batterystatus 事件支持如下 3 个平台。

❑ Android

❑ BlackBerry WebWorks（OS 5.0 或更高版本）

❑ iOS

下面是两段简单使用 batterystatus 事件的演示代码，其中第一段演示代码如下所示。

```
window.addEventListener("batterystatus", onBatteryStatus, false);
function onBatteryStatus(info) {
    // 处理电池状态发生改变的事件
    console.log("Level: " + info.level + " isPlugged: " + info.isPlugged);
}
```

第二段代码如下所示。

```
<script type="text/javascript" charset="utf-8">
    // 当 PhoneGap 加载完毕后调用 onDeviceReady 回调函数
    // 此时，该文件已加载完毕但 cordova.js 还没有加载完毕
    // 当 PhoneGap 加载完毕并开始和本地设备进行通讯时，deviceready 事件会被触发
    function onLoad() {
        document.addEventListener("deviceready", onDeviceReady, false);
    }
    // PhoneGap 已经加载完毕，现在可以安全的调用 PhoneGap 的方法
    function onDeviceReady() {
        window.addEventListener("batterystatus", onBatteryStatus, false);
    }
    // 处理电池状态发生改变的事件
    function onBatteryStatus(info) {
        console.log("Level: " + info.level + " isPlugged: " + info.isPlugged);
    }
</script>
```

技巧　　如果移动平台不支持 batterystatus 事件，可以通过添加新的插件来实现这一功能。在 GitHub 上提供了这一插件。它可以通过一张电池图片来动态显示当前的电量百分比，其源代码可以从 https://github.com/alunny/phonegap_battery-status 下载。

在接下来的内容中，将通过一个具体实例来讲解在 PhoneGap 页面中获取电池电量的方法。

【范例 6-7】在 PhoneGap 中获取电池电量（光盘 \ 配套源码 \6\6-7.html）。

【范例分析】

在 iOS 平台中使用获取电池电量的插件的具体流程如下。

（1）解压从 https://github.com/alunny/phonegap_battery-status 下载的文件包。打开目录后可以看到，该插件目前支持 3 个平台，分别为 Android、iOS 和 BlackBerry，各自对应的 3 个文件夹下分别存放着相应平台上的本地代码。

（2）将 iOS 下的文件夹复制到 "HelloWorld" 项目的 "src" 根目录下。该文件夹存放两个主要类的源文件，分别为 BatteryReceiver 类和 Battery 类，前者继承于 BroadcastReceiver 类，主要从系统的广播消息中获得 batteylevel 信息，后者继承于 com.phonegap.plugins.Plugin，实现了两个接口，即 setContext() 和 execute() 方法。

（3）将 "javascript" "resources" 和 "style" 文件夹复制到 "www" 目录下，其中，"resouces" 和 "style" 文件夹中存放了页面显示所需要的图片和样式，在 "javascript" 文件夹下包含 3 个文件，分别为 "battery.js" "app.js" 和 "color.js"。这 3 个文件的具体说明如下。

❑ "battery.js"：定义了 battery 函数，是 JavaScript 与本地代码 Battery.java 之间的桥梁。通过它，程序可以调用 PhonegGap.exec() 方法。PhoneGap.addConstructor() 方法则初始化了 battery 插件。

❑ "app.js"：：主要作用是根据电池的电量来改变页面的显示样式，达到动态监控的效果。

❑ "color.js"：是一个辅助功能包，主要用于将颜色转化为十六进制数值。

在文件 "battery.js" 的源程序中有一些 bug，经过改正后的具体代码如下。

```
(function() {
    var Battery = function() {
        return {
            get: function(property, successCallback, errorCallback) {
                PhoneGap.exec(successCallback, errorCallback, 'Battery', 'get', [ property ]);
            }
        }
    };
    PhoneGap.addConstructor(function() {
        if (!window.plugins) window.plugins = {};
            window.plugins.battery = new Battery();
        if (navigator.app && navigator.app.addService)
        navigator.app.addService('Battery', 'com.phonegap.plugins.Battery');
    });
})();
```

在文件 "app.js" 源程序中也有一些 bug，经过改正后的具体代码如下。

```
function BatteryStatus () {
    // 设置电池充满电时的最长宽度是 270 像素
    var max = '270';
    // 根据充电量的百分比定义显示的颜色值
```

```
        var chargeColor = function(percent) {
            // 完全充满电的电池，用绿色表示
            var hsv = { h: 121, s: 76, v: 69 };

            // 基于 HSV 转换色调
            var h = hsv.h * (percent / 100);
            rgb   = hsvToRgb(h, hsv.s, hsv.v);
            hex   = colorToHex(rgb[0], rgb[1], rgb[2]);

            return hex;
        };
        // 设置电池的充电量
        this.setCharge = function (value) {
            var el = document.getElementById('capacity');
            el.style.width = (max * (value / 100)) + 'px';
            el.style.backgroundColor = chargeColor(value);
        }
        // 监控电池的电量
        this.watchCharge = function() {
                var self = this;

                window.plugins.battery.get(
                    'Power',
                     function(data) {
                     if (!data.level)
                        data = JSON.parse(data);
                        self.setCharge(data.level);

                        setTimeout(function() { self.watchCharge(); }, 100);

                    },
                    function(e) {
                        alert('battery watch error: ' + e);
                    }
                );
            }

    };
    document.addEventListener('deviceready', function() {
        var batteryApp = new BatteryStatus();
        batteryApp.watchCharge();
    }, false);
```

（4）在文件"plugins.xml"中注册插件，具体代码如下。

```
<plugin name="BatteryH value="corrt.phonegap.plugins.Battery"/>
```

（5）在文件"6-6.html"中调用函数 watchCharge()，以显示电池电量图片。文件"6-6.html"的具体实现代码如下。

```
<!DOCTYPE html>
<html>
    <head>
            <meta http-equiv="content-type" content="text/html; charset=UTF-8" />
            <meta name="viewport" content="width=device-width, initial-scale=1.0, maximum-scale=1.0,
user-scalable=no;" />
            <title>Battery Plugin Example</title>

            <link rel="stylesheet" href="style/app.css" />
            <script src="cordova.js"></script>
            <script src="javascript/plugin/battery.js"></script>
            <script src="javascript/color.js"></script>
            <script src="javascript/app.js"></script>
            <script>
            document.addEventListener('deviceready', function() {
                    var batteryApp = new BatteryStatus();
             batteryApp.watchCharge();}, false);
            </script>
    </head>
    <body>
        <div id="battery">
          <img src="style/battery.png" />
          <div id="capacity" class="full"></div>
        </div>
      </body>
</html>
```

6.6 backbutton 事件

 本节教学录像：1 分钟

在 PhoneGap 应用中，当在 Android 系统上单击"后退"按钮时，backbutton 事件将会被触发，其使用原型如下。

```
document.addEventListener("backbutton", yourCallbackFunction, false);
```

如果需要在 Android 系统上重载"后退"按钮的默认行为，可以通过注册一个事件监听器的方式来监听 backbutton 事件。

在通常情况下，当接收到 PhoneGap 的 deviceready 事件后，需要使用 document.addEventListener 来附加该事件监听器。

在目前 PhoneGap 应用中，backbutton 事件支持如下两个平台。

❑ Android

❑　BlackBerry WebWorks（OS 5.0 或更高版本）

下面是两段简单使用 backbutton 事件的演示代码，其中第一段演示代码如下。

```
document.addEventListener("backbutton", onBackKeyDown, false);
function onBackKeyDown() {
    // 处理后退按钮操作
}
```

第二段演示代码如下所示。

```
<script type="text/javascript" charset="utf-8">
    // 当 PhoneGap 加载完毕后调用 onDeviceReady 回调函数
    // 此时，该文件已加载完毕但 cordova.js 还没有加载完毕
    // 当 PhoneGap 加载完毕并开始和本地设备进行通讯时，deviceready 事件会被触发
    document.addEventListener("deviceready", onDeviceReady, false);
    // PhoneGap is loaded and it is now safe to make calls PhoneGap methods
    function onDeviceReady() {
        // 注册回退按钮事件监听器
        document.addEventListener("backbutton", onBackKeyDown, false);
    }
    // 处理后退按钮操作
    function onBackKeyDown() {
    }
</script>
```

■ 6.7　使用 searchbutton 事件

 本节教学录像：1 分钟

在 PhoneGap 应用中，当用户在 Android 系统上单击"搜索"按钮时，searchbutton 事件将会被触发，其使用原型如下。

```
document.addEventListener("searchbutton", yourCallbackFunction, false);
```

在 PhoneGap 应用中，如果需要在 Android 系统上重载"搜索"按钮的默认行为，需通过注册一个事件监听器的方式来监听 searchbutton 事件。在通常情况下，当接受到 PhoneGap 的 deviceready 事件后，需要使用 document.addEventListener 来附加该事件监听器。

在目前 PhoneGap 应用中，searchbutton 事件只支持 Android 平台。例如下面是两段简单使用 batterystatus 事件的演示代码，其中第一段演示代码如下。

```
document.addEventListener("searchbutton", onSearchKeyDown, false);
function onSearchKeyDown() {
    // 处理搜索按钮操作
}
```

第二段演示代码如下。

```html
<html>
<head>
<title>PhoneGap Device Ready Example</title>
<script type="text/javascript" charset="utf-8" src="cordova.js"></script>
<script type="text/javascript" charset="utf-8">
    // 当 PhoneGap 加载完毕后调用 onDeviceReady 回调函数
    // 此时，该文件已加载完毕但 cordova.js 还没有加载完毕
    // 当 PhoneGap 加载完毕并开始和本地设备进行通讯时，deviceready 事件会被触发
    document.addEventListener("deviceready", onDeviceReady, false);
    // PhoneGap 加载完毕，现在可以安全地调用 PhoneGap 方法
    function onDeviceReady() {
        // 注册搜索按钮事件监听器
        document.addEventListener("searchbutton", onSearchKeyDown, false);
    }
    // 处理搜索按钮操作
    function onSearchKeyDown() {
    }
</script>
</head>
<body onload="onLoad()">
</body>
</html>
```

■ 6.8　使用其他事件

 本节教学录像：3 分钟

在 PhoneGap 应用中，除了本章前面介绍的事件之外，还有其他可用的事件。本节将详细讲解其他 PhoneGap 事件的相关知识。

6.8.1　使用 menubutton 事件

在 PhoneGap 应用中，当用户在 Android 系统上单击"菜单"按钮时，menubutton 事件将会被触发，其使用原型如下。

```
document.addEventListener("menubutton", yourCallbackFunction, false);
```

在 PhoneGap 应用中，如果需要在 Android 系统上重载"菜单"按钮的默认行为，需通过注册一个事件监听器的方式来监听 menubutton 事件。在通常情况下，需要在接受到 PhoneGap 的 deviceready 事件后，使用 document.addEventListener 来附加该事件监听器。

在目前 PhoneGap 应用中，menubutton 事件支持如下两个平台。

- ❑ Android
- ❑ BlackBerry WebWorks（OS 5.0 或更高版本）

下面是两段简单使用 batterystatus 事件的演示代码，其中第一段演示代码如下。

```
document.addEventListener("menubutton", onMenuKeyDown, false);
function onMenuKeyDown() {
    // 处理菜单按钮操作
}
```

第二段演示代码如下。

```
<html>
<head>
<title>PhoneGap Device Ready Example</title>

<script type="text/javascript" charset="utf-8" src="cordova.js"></script>
<script type="text/javascript" charset="utf-8">

    // 当 PhoneGap 加载完毕后调用 onDeviceReady 回调函数
    // 在这个时候，该文件已加载完毕但 cordova.js 还没有加载完毕
    // 当 PhoneGap 加载完毕并开始和本地设备进行通讯时，deviceready 事件会被触发
    document.addEventListener("deviceready", onDeviceReady, false);

    // PhoneGap 加载完毕，现在可以安全地调用 PhoneGap 方法
    function onDeviceReady() {
        // 注册菜单按钮事件监听器
        document.addEventListener("menubutton", onMenuKeyDown, false);
    }

    // 处理菜单按钮操作
    function onMenuKeyDown() {
    }
</script>
</head>
<body onload="onLoad()">
</body>
</html>
```

6.8.2　使用 startcallbutton 事件

在 PhoneGap 应用中，当用户按下"通话"按钮时，startcallbutton 事件会被触发，其使用原型如下。

```
document.addEventListener("startcallbutton", yourCallbackFunction, false);
```

在 PhoneGap 应用中，若需要重写"通话"的默认行为，可以通过注册一个监听器的方式来

监听 startcallbutton 事件。在通常情况下，当接受到 PhoneGap 的 deviceready 事件后，需要使用 document.addEventListener 来附加该事件监听器。

在目前 PhoneGap 应用中，startcallbutton 事件只支持 BlackBerry WebWorks (OS 5.0 或更高）平台。下面是两段简单使用 startcallbutton 事件的演示代码，其中第一段演示代码如下所示。

```
document.addEventListener("startcallbutton", onStartCallKeyDown, false);
function onStartCallKeyDown() {
    // 处理通话按钮操作
}
```

第二段演示代码如下所示。

```
<script type="text/javascript" charset="utf-8">
  // 当 PhoneGap 加载完毕后调用 onDeviceReady 回调函数
  // 此时，该文件已加载完毕但 cordova.js 还没有加载完毕
  // 当 PhoneGap 加载完毕并开始和本地设备进行通讯时，deviceready 事件会被触发
  function onLoad() {
      document.addEventListener("deviceready", onDeviceReady, false);
  }

  // PhoneGap 加载完毕，现在可以安全地调用 PhoneGap 方法
  function onDeviceReady() {
      // 注册事件监听器
      document.addEventListener("startcallbutton", onStartCallKeyDown, false);
  }
  // 处理通话按钮按下的操作
  function onStartCallKeyDown() {
  }
</script>
```

6.8.3　使用 endcallbutton 事件

在 PhoneGap 应用中，当用户按下"挂机"按钮时，endcallbutton 事件会被触发，其使用原型如下。

```
document.addEventListener("endcallbutton", yourCallbackFunction, false);
```

在 PhoneGap 应用中，如果需要重写"挂机"按钮的默认行为，可以通过注册一个监听器的方式来监听 endcallbutton 事件。在通常情况下，当接受到 PhoneGap 的 deviceready 事件后，需要使用 document.addEventListener 来附加该事件监听器。

在目前 PhoneGap 应用中，endcallbutton 事件只支持 BlackBerry WebWorks（OS 5.0 或更高）平台。下面是两段简单使用 endcallbutton 事件的演示代码，其中第一段演示代码如下。

```
document.addEventListener("endcallbutton", onEndCallKeyDown, false);
function onEndCallKeyDown() {
// 处理挂机事件
}
```

第二段演示代码如下。

```
<script type="text/javascript" charset="utf-8">
    // 当 PhoneGap 加载完毕后调用 onDeviceReady 回调函数
    // 此时，该文件已加载完毕但 cordova.js 还没有加载完毕
    // 当 PhoneGap 加载完毕并开始和本地设备进行通讯时，deviceready 事件会被触发
    function onLoad() {
        document.addEventListener("deviceready", onDeviceReady, false);
    }
    // PhoneGap 加载完毕，现在可以安全地调用 PhoneGap 方法
    function onDeviceReady() {
        // 注册事件监听器
        document.addEventListener("endcallbutton", onEndCallKeyDown, false);
    }
    // 处理挂机按钮按下的操作
    function onEndCallKeyDown() {
    }
</script>
```

6.8.4 使用 volumedownbutton 事件

在 PhoneGap 应用中，当用户按下"减小音量"按钮时，volumedownbutton 事件会被触发，其使用原型如下。

```
document.addEventListener("volumedownbutton", yourCallbackFunction, false);
```

在 PhoneGap 应用中，如果需要重写"减小音量"按钮的默认行为，可以通过注册一个监听器的方式来监听 volumedownbutton 事件。在通常情况下，当接受到 PhoneGap 的 deviceready 事件后，需要使用 document.addEventListener 来附加该事件监听器。

在目前 PhoneGap 应用中，volumedownbutton 事件只支持 BlackBerry WebWorks（OS 5.0 或更高）平台。下面是两段简单使用 volumedownbutton 事件的演示代码，其中第一段演示代码如下。

```
document.addEventListener("volumedownbutton", onVolumeDownKeyDown, false);
function onVolumeDownKeyDown() {
    // 处理声音减小按钮的事件
}
```

第二段演示代码如下。

```
<script type="text/javascript" charset="utf-8">
    // 当 PhoneGap 加载完毕后调用 onDeviceReady 回调函数
    // 此时，该文件已加载完毕但 cordova.js 还没有加载完毕
    // PhoneGap 加载完毕并开始和本地设备进行通讯，就会触发 deviceready 事件
    function onLoad() {
        document.addEventListener("deviceready", onDeviceReady, false);
```

```
    }
    // 当 PhoneGap 加载完毕时，可以安全地调用 PhoneGap 方法
    function onDeviceReady() {
        // 注册事件监听器
        document.addEventListener("volumedownbutton", onVolumeDownKeyDown, false);
    }
    // 处理声音减小按钮按下的操作
    function onVolumeDownKeyDown() {
    }
</script>
```

6.8.5　使用 volumeupbutton 事件

在 PhoneGap 应用中，当用户按下"增大音量"按钮时，volumeupbutton 事件会被触发，其使用原型如下。

```
document.addEventListener("volumeupbutton", yourCallbackFunction, false);
```

在 PhoneGap 应用中，如果需要重写"加大音量"按钮的默认行为，可以通过注册一个监听器的方式来监听 volumeupbutton 事件。在通常情况下，当接受到 PhoneGap 的 deviceready 事件后，需要使用 document.addEventListener 来附加该事件监听器。

在目前 PhoneGap 应用中，volumeupbutton 事件只支持 BlackBerry WebWorks（OS 5.0 或更高）平台。下面是两段简单使用 volumeupbutton 事件的演示代码，其中第一段演示代码如下。

```
document.addEventListener("volumeupbutton", onVolumeUpKeyDown, false);
function onVolumeUpKeyDown() {
// 处理声音增大按钮事件
}
```

第二段演示代码如下。

```
<script type="text/javascript" charset="utf-8">
    // 当 PhoneGap 加载完毕后调用 onDeviceReady 回调函数
    // 此时，该文件已加载完毕但 cordova.js 还没有加载完毕
    // PhoneGap 加载完毕并开始和本地设备进行通讯，就会触发 deviceready 事件
    function onLoad() {
        document.addEventListener("deviceready", onDeviceReady, false);
    }

    // PhoneGap 加载完毕，现在可以安全地调用 PhoneGap 方法
    function onDeviceReady() {
        // 注册事件监听器
        document.addEventListener("volumeupbutton", onVolumeUpKeyDown, false);
    }
```

```
// 处理声音增大按钮按下的操作
function onVolumeUpKeyDown() {
}
</script>
```

6.9 综合应用——监听各类 PhoneGap 事件

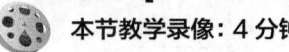 **本节教学录像：4 分钟**

本节将通过一个具体实例来讲解在 PhoneGap 页面中监听各类 PhoneGap 事件的方法。

【范例 6-8】在 PhoneGap 页面中监听各类 PhoneGap 事件（光盘 \ 配套源码 \6\event）。

本实例的功能是监听各种 PhoneGap 事件，相关实例文件 "index.html" 的具体实现代码如下。

```
<!DOCTYPE html>
<html>
    <head>
     <title>Event Example</title>

     <script type="text/javascript" charset="utf-8" src="jquery-1.8.1.min.js"></script>
     <script type="text/javascript" charset="utf-8" src="cordova-2.0.0.js"></script>
     <script type="text/javascript" charset="utf-8">

     document.addEventListener("deviceready", onDeviceReadyEvent, false);
     document.addEventListener("pasue", onPasueEvent, false);
     document.addEventListener("resume", onResumeEvent, false);
     document.addEventListener("online", onlineEvent, false);
     document.addEventListener("offline", offlineEvent, false);
     document.addEventListener("backbutton", onBackbuttonEvent, false);
     document.addEventListener("batterycritical", onBatterycriticalEvent, false);
     document.addEventListener("batterylow", onBatterylowEvent, false);
     document.addEventListener("batterystatus", onBatterystatusEvent, false);
     document.addEventListener("menubutton", onMenubuttonEvent, false);
     document.addEventListener("startcallbutton", onStartcallbuttonEvent, false);
     document.addEventListener("volumedownbutton", onVolumedownbuttonEvent, false);
     document.addEventListener("volumeupbutton", onVolumeupbuttonEvent, false);

     function onDeviceReadyEvent() {
        $("#msg").append("==>onDeviceReadyEvent<p/>");
     }
     function onPasueEvent() {
        $("#msg").append("==>onPasueEvent<p/>");
     }
```

```
      function onResumeEvent() {
        $("#msg").append("==>onResumeEvent<p/>");
      }
      function onlineEvent() {
        $("#msg").append("==>onlineEvent<p/>");
      }
      function offlineEvent() {
        $("#msg").append("==>offlineEvent<p/>");
      }
      function onBackbuttonEvent() {
        $("#msg").append("==>onBackbuttonEvent<p/>");
      }
      function onBatterycriticalEvent() {
        $("#msg").append("==>onBatterycriticalEvent<p/>");
      }
      function onBatterylowEvent() {
        $("#msg").append("==>onBatterylowEvent<p/>");
      }
      function onBatterystatusEvent() {
        $("#msg").append("==>onBatterystatusEvent<p/>");
      }
      function onMenubuttonEvent() {
        $("#msg").append("==>onMenubuttonEvent<p/>");
      }
      function onStartcallbuttonEvent() {
        $("#msg").append("==>onStartcallbuttonEvent<p/>");
      }

      function onVolumedownbuttonEvent() {
        $("#msg").append("==>onVolumedownbuttonEvent<p/>");
      }
      function onVolumeupbuttonEvent() {
        $("#msg").append("==>onVolumeupbuttonEvent<p/>");
      }

    </script>
  </head>
  <body>
   <h1>Event Example</h1>
   <div id="msg"></div>
  </body>
</html>
```

【运行结果】

在模拟器中的执行效果如图 6-3 所示。

图 6-3　执行效果

6.10　高手点拨

1.　在 iOS 系统中使用 pause 事件的问题

如果在 iOS 系统中使用 pause 事件，不但任何通过 Objective-C 的调用不会工作，而且任何交互性的调用也不会工作，例如"警告"功能。这说明不能调用 console.log（及其变种），并且任何来自插件或 PhoneGap 的 API 的调用都不会有所反应。这些调用只有在应用程序恢复后才会被处理，也就是在下一轮运行循环中进行处理。

2.　PhoneGap 的事件分类的来源

在 PhoneGap 中包含了如下两个代码库。

（1）JavaScript 代码库：被标准的浏览器支持。

（2）本地代码库：这是 PhoneGap 所独有的。

因此可见，PhoneGap 的事件也包含两个部分，具体如下。

（1）传统网页元素 41 所能触发的事件。例如，DOM 加载事件、超链接的点击事件、form 表单的提交事件。

（2）PhoneGap 独有的事件列表。

6.11　实战练习

1.　自动弹出日期和时间输入框

尝试创建一个页面表单，分 3 组创建 6 个不同展示形式的日期类型输入框。

❑　第一组：显示"日期"与"时间"类型，展示类型为 date 与 time 值的日期输入框。

❑　第二组：显示"星期"类型，展示类型为 month 与 week 值的日期输入框。

❑　第三组：显示"日期时间"型，分别展示类型为 datetime 与 datetime-local 值的日期输入框。当提交所有这些输入框中的数据时，都将对输入的日期或时间进行有效性检测，如果不符，则将弹出提示信息。

2.　显示文本框中的搜索关键字

请在页面中创建一个表单，增加一个 search 类型的 <input> 元素，用于输入查询关键字；然后为此表单增加一个"提交"按钮，当单击该按钮时显示输入的关键字内容。

第 3 篇
核心内容

第7章

应用和通知 API 详解

在 PhoneGap 开发应用中，API 是整个框架的核心内容，有助于实现常见的移动 Web 应用。本章将讲解 PhoneGap 中的应用 API 和通知 API 的基础知识。

本章要点（已掌握的在方框中打钩）

☐ 应用 API

☐ Notification 通知

☐ 综合应用——演示各种 API 的基本用法

7.1 应用 API

 本节教学录像：6 分钟

在 PhoneGap 框架中，为 Android 和 iOS 等移动平台提供了内置的 App 插件来操作应用程序本身，利用这些插件可以实现如下功能。

❑ 加载外部的 Web 页面到本程序中。

❑ 在加载页面完成之前取消页面的加载。

❑ 清空应用程序的本地缓存。

❑ 清空应用程序的页面浏览历史。

❑ 返回上次打开的页面。

❑ 覆盖回退按钮。

❑ 退出应用程序。

出于安全的考虑，PhoneGap 提供了一个白名单机制来审核加载的内容来源，因此，调用应用 API 时，首先需要考虑要加载的 URI 是否通过了白名单审核。

7.1.1 白名单安全机制

在 PhoneGap 框架中，大多数应用页面存在于本地，但有时需要加载外部的 Web 页面到应用内置的浏览器视图中以完成特定的应用功能。出于安全性考虑，PhoneGap 设立了白名单安全机制，以控制能够加载到内置浏览器视图的内容来源。目前，该特性仅支持 Android、iOS 和 BlackBerry 平台。

（1）页面加载的审核过程

页面加载的审核过程在不同平台上有些差异，主要的差别是对于未通过白名单安全机制审核的页面的处理。

（2）白名单的设置

在 iOS 平台中，用 Xcode 打开 "Cordova.plist"，为 ExternalHosts 键添加 String 类型的值来进行配置。

7.1.2 访问对象的方法

在 PhoneGap 应用中，App 插件通过 navigator.app 对象来访问。该对象提供了如下方法。

❑ navigator.app.loadUrl()：加载 Web 页面到应用程序中或者系统默认的浏览器中。

❑ navigator.app.cancelLoadUrl()：在 Web 页面成功加载之前取消加载。

❑ navigator.app.backHistory()：返回上一次浏览的页面。

❑ navigator.app.clearHistory()：清除浏览历史。

❑ navigator.app.overrideBackbut ton()：覆盖默认的回退功能键。

❑ navigator.app.clearCache()：清空程序的资源文件缓存。

❑ navlgator.app.exitApp()：退出应用程序。

在接下来的内容中，将详细讲解 navigator.app 对象提供的方法。

（1）加载 URL

在 PhoneGap 应用中，navigator.app 提供了 loadUrl() 方法。此方法能够在应用程序或者新的浏览

器中打开一个 URL 链接地址，同时可以设置加载时的配置参数，例如等待加载的时间。加载过程中是
否显示一个提示窗口、加载超时的时间设置等。该方法的原型如下。

navigator.app.loadUrl (url,properties)

其中，url 表示链接字符串，properties 是 JSON 对象，用于设定加载时的各种参数。相关的配置参
数的具体说明如下。

- ❏ wait：int 类型，表示加载 URL 之前的等待时间。
- ❏ loadingDialog:"Title,Message"：表示是否显示本地的加载提示框，其中，提示框的标题为
  Title，提示框的内容为 Message。
- ❏ loadUrlTimeoutValue：int 类型，表示加载 URL 的超时设置。
- ❏ clearHistory：boolean 类型，表示是否清除 Web 视图的页面跳转历史。
- ❏ openExternal：boolean 类型，表示是否在一个新的浏览器中打开该 URL。如果该 URL 不在白
  名单中，即使设置该值为 false，应用还是在系统默认的浏览器中打开该 URL。

（2）取消加载 URL

在 PhoneGap 应用中，navigator.app 对象提供的 cancelLoadUrl() 方法用于取消正在加载的 URL。
该方法没有任何参数。

（3）应用回退

在不支持"Back"按钮的系统中，可以调用 backHistory() 方法实现应用程序的回退。该方法没有
任何参数输入。

（4）清除浏览历史

在 PhoneGap 应用中，navigator.app 对象提供 clearHistory() 方法，用于清除浏览历史。

（5）覆盖回退设置

在 PhoneGap 应用中，navigator.app 对象提供了 overrideBackbutton() 方法。该方法的功能是设定是否
覆盖当前系统默认的回退功能。在实际使用中，通常通过监听 backbutton 事件来改变系统的默认回退功能。
监听该事件后，navigator.app 对象可以提供 isBackButtonOverriden() 方法检测后退按扭功能是否已经发生了
改变。

（6）清空缓存

在 PhoneGap 应用中，通过 clearCache() 方法可以清空缓存的资源文件，也可以通过 clearHistory()
方法清空浏览历史。这两个方法均没有参数。

（7）退出程序

在 PhoneGap 应用中，通过调用 navigator.app.exitApp() 方法可以设置何时退出应用程序。

7.2　Notification 通知

 本节教学录像：9 分钟

良好性能的 PhoneGap 应用程序，应该具有良好的交互性，能够在恰当的时刻给予用户必要的通
知或反馈。不论这样的信息是关于操作出错，还是寻求确认，或者是提示操作正在进行。在 PhoneGap
应用中，通过使用通知 API——notification 来解决这类问题。本节将详细讲解通知 API——notification
的相关知识。

7.2.1 主要对象

在 PhoneGap 应用中，通知 API 通过 navigator.notification 对象来访问。该对象主要包含以下几种方法。

- ❏ notification.alert ：显示自定义的本地提示对话框。
- ❏ notification.confirm ：显示自定义的本地确认对话框。
- ❏ notification.beep ：发出嘟嘟声。
- ❏ notification.vibrate ：振动。
- ❏ notification.activityStart/activityStop ：控制状态栏中的活动指示器。
- ❏ notification.progressStart/progressValue/progressStop ：控制进度对话框。

7.2.2 实战演练——使用 notification.alert() 方法

在 PhoneGap 应用中，notification.alert() 方法可实现一个提示对话框通知功能。在大多数 PhoneGap 应用中，可以使用本地对话框实现上述功能。然而，一些平台只是简单地使用浏览器的 alert 函数，而这种方法通常是不能定制的。使用 notification.alert() 的语法格式如下。

```
navigator.notification.alert(message, alertCallback, [title], [buttonName]);
```

各个参数的具体说明如下。
- ❏ message ：字符串类型，对话框信息。
- ❏ alertCallback ：函数类型，当警告对话框被忽略时调用的回调函数。
- ❏ title ：代表对话框的标题，为字符串类型，属于可选项，默认值为 "Alert"。
- ❏ buttonName ：代表按钮名称，为字符串类型，属于可选项，默认值为 "OK"。
在目前 PhoneGap 应用中，notification.alert() 方法支持如下 5 种平台。
- ❏ Android
- ❏ BlackBerry（OS 4.6）
- ❏ BlackBerry WebWorks（OS 5.0 或更高版本）
- ❏ iOS
- ❏ Windows Phone 7（Mango）
下面是一段使用 notification.alert() 方法的演示代码。

```
functionalertDismissed() {
    // 进行处理
}

navigator.notification.alert(
    'You are the winner!',        // 显示信息
    alertDismissed,               // 警告被忽视的回调函数
    'Game Over',                  // 标题
    'Done'                        // 按钮名称
);
```

```
// BlackBerry (OS 4.6)
// webOS
navigator.notification.alert('You are the winner!');
```

在接下来的内容中，将通过一个具体实例来讲解在 PhoneGap 页面中使用 notification.alert() 方法的具体过程。

【范例 7-1】演示 notification.alert() 的基本用法（光盘 \ 配套源码 \7\7-1.html）。

实例文件 "7-1.html" 的具体实现代码如下。

```html
<!DOCTYPE html>
<html>
<head>
  <meta charset="utf-8">
  <meta name="viewport" content="width=device-width, initial-scale=1">
  <title>index.html</title>
  <script type="text/javascript" charset="utf-8" src="cordova.js" ></script>
<script type="text/javascript" charset="utf-8">

// 等待加载 PhoneGap
document.addEventListener("deviceready", onDeviceReady, false);

// PhoneGap 加载完毕
functiononDeviceReady() {
        //空
}

// 显示定制警告框
functionshowAlert() {
navigator.notification.alert(
        'You are the winner!',   // 显示信息
        'Game Over',             // 标题
        'Done'                   // 按钮名称
    );
}
</script>
</head>
<body>
<p><a href="#" onclick="showAlert(); return false;">Show Alert</a></p>
</body>
</html>
```

【运行结果】

执行后，页面中将显示一个 "Show Alert" 链接，单击该链接后，将弹出一个警告框。执行效果如图 7-1 所示。

注意　　在 Windows Phone 7 系统中，使用 notification.alert() 方法时会忽略所有的 button 名称，一直显示 "OK" 这属于异常现象。

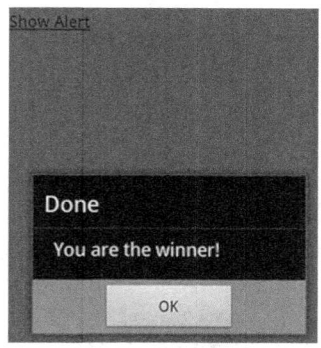

图 7-1　执行效果

7.2.3　实战演练——使用 notification.confirm() 方法

在 PhoneGap 应用中，notification.confirm() 方法的功能是显示一个可定制的确认对话框。对于那些可能出现用户误操作或者涉及严重影响的用户交互场景，需要使用 notification.confirm() 来得到用户的确认，然后再进行之后的处理。使用 notification.confirm() 的语法格式如下。

navigator.notification.confirm(message, confirmCallback, [title], [buttonLabels]);

各个参数的具体说明如下。
- ❑ message：代表对话框信息，是字符串类型。
- ❑ confirmCallback：按下按钮后触发的回调函数，返回按下按钮的索引（1、2 或 3），是函数类型。
- ❑ title：代表对话框标题，是字符串类型。这是一个可选项，默认值为 "Confirm"。
- ❑ buttonLabels：逗号分隔的按钮标签字符串，是字符串类型。这是一个可选项，默认值为 "OK" "Cancel"。

在 PhoneGap 应用中，notification.confirm() 函数会显示一个定制性比浏览器的 confirm() 函数更好的本地对话框。在目前 PhoneGap 应用中，notification.confirm () 方法支持如下 3 种平台。
- ❑ Android
- ❑ BlackBerry WebWorks（OS 5.0 或更高版本）
- ❑ iOS

下面是一段演示使用 notification.confirm() 方法的代码。

```
// 处理确认对话框返回的结果
functiononConfirm(button) {
alert('You selected button ' + button);
}
```

```
                                    // 显示一个定制的确认对话框
functionshowConfirm() {
navigator.notification.confirm(
          'You are the winner!',    // 显示信息
onConfirm,                          // 按下按钮后触发的回调函数，返回按下按钮的索引
          'Game Over',              // 标题
          'Restart,Exit'            // 按钮标签
     );
     }
```

在接下来的内容中，我们将通过一个具体实例来讲解在 PhoneGap 页面中演示使用 notification.confirm() 的基本过程。

【范例 7-2】演示 notification.confirm() 的基本用法（光盘 \ 配套源码 \7\7-2. html）。

实例文件 "7-2.html" 的具体实现代码如下。

```html
<!DOCTYPE html>
<html>
<head>
  <meta charset="utf-8">
  <meta name="viewport" content="width=device-width, initial-scale=1">
  <title>index.html</title>
  <script type="text/javascript" charset="utf-8" src="cordova.js" ></script>
<script type="text/javascript" charset="utf-8">

    // 等待加载 PhoneGap
document.addEventListener("deviceready", onDeviceReady, false);

    // PhoneGap 加载完毕
functiononDeviceReady() {
    // 空
    }

    // 处理确认对话框返回的结果
functiononConfirm(button) {
alert('You selected button ' + button);
    }

    // 显示一个定制的确认对话框
functionshowConfirm() {
navigator.notification.confirm(
```

```
            'You are the winner!',  // 显示信息
onConfirm,             // 按下按钮后触发的回调函数，返回按下按钮的索引
            'Game Over',       // 标题
            'Restart,Exit'      // 按钮标签
        );
    }
</script>
</head>
<body>
<p><a href="#" onclick="showConfirm(); return false;">Show Confirm</a></p>
</body>
</html>
```

【 运行结果 】

执行后，页面中将显示一个 "Show Confirm" 链接，单击后将弹出一个警告框。执行效果如图 7-2 所示。

图 7-2　执行效果

7.2.4　实战演练——使用 notification.beep() 方法

在 PhoneGap 应用中，notification.beep() 方法的功能是使设备发出蜂鸣声，其函数原型如下。

navigator.notification.beep(times);

其中，参数 times 表示蜂鸣声的重复次数，是一个数字类型。例如，下面的代码发出了两次蜂鸣。

navigator.notification.beep(2);

在目前 PhoneGap 应用中，notification.beep() 方法支持如下 5 种平台。
❏　Android
❏　BlackBerry（OS 4.6）

❑ BlackBerry WebWorks（OS 5.0 或更高版本）

❑ iOS

❑ Windows Phone 7（Mango）

在接下来的内容中，我们将通过一个具体实例来讲解在 PhoneGap 页面中使用 notification.beep()
方法的具体过程。

【范例 7-3】演示 notification.beep () 的基本用法（光盘 \ 配套源码 \7\7-3.html）。

实例文件 "7-3.html" 的具体实现代码如下。

```
<!DOCTYPE html>
<html>
<head>
  <meta charset="utf-8">
  <meta name="viewport" content="width=device-width, initial-scale=1">
  <title>index.html</title>
  <script type="text/javascript" charset="utf-8" src="cordova.js" ></script>
<script type="text/javascript" charset="utf-8">

// 等待加载 PhoneGap
document.addEventListener("deviceready", onDeviceReady, false);

// PhoneGap 加载完毕
functiononDeviceReady() {
        // 空
}

// 显示一个定制的警告框
functionshowAlert() {
navigator.notification.alert(
        'You are the winner!',    // 显示信息
        'Game Over',              // 标题
        'Done'                    // 按钮名称
      );
}

// 蜂鸣三次
functionplayBeep() {
navigator.notification.beep(3);
}

// 震动两秒
function vibrate() {
navigator.notification.vibrate(2000);
```

```
    }

</script>
</head>
<body>
<p><a href="#" onclick="showAlert(); return false;">Show Alert</a></p>
<p><a href="#" onclick="playBeep(); return false;">Play Beep</a></p>
<p><a href="#" onclick="vibrate(); return false;">Vibrate</a></p>
</body>
</html>
```

提 示

在使用 notification.beep() 方法时会发生异常，并且不同平台的异常表现不尽相同，具体说明如下所示。

❑ Android 的特异情况：会播放在"设置/音效及显示"面板中指定的默认"通知铃声"。

❑ iOS 的特异情况：会忽略蜂鸣次数参数，iPhone 没有本地的蜂鸣 API。PhoneGap 通过多媒体 API 播放音频文件来实现蜂鸣，用户必须提供一个包含所需的蜂鸣声的文件。此文件播放时长必须短于 30 秒，位于"www/root"中，并且必须命名为"beep.wav"。

❑ Windows Phone 7 的特异情况：Windows Phone 7 版本的 PhoneGap lib 包含一个通用的蜂鸣文件。

7.2.5 实战演练——使用 notification.vibrate() 方法

在 PhoneGap 应用中，notification.vibrate() 方法的功能是指定设备震动的时长，其函数原型如下。

```
navigator.notification.vibrate(milliseconds);
```

其中，参数 time 表示以毫秒为单位的设备震动时长，1000 毫秒为 1 秒，是一个数字类型。例如下面的代码指定设备震动时长为 2.5 秒。

```
navigator.notification.vibrate(2500);
```

在目前 PhoneGap 应用中，notification.vibrate() 方法支持如下 5 种平台。

❑ Android

❑ BlackBerry（OS 4.6）

❑ BlackBerry WebWorks（OS 5.0 或更高版本）

❑ iOS

❑ Windows Phone 7（Mango）

在 iOS 系统中使用 notification.vibrate() 方法时会发生特异情况：time 会忽略时长参数，震动时长为预先设定值。例如，下面的演示代码是会发生特异情况的。

```
navigator.notification.vibrate();
navigator.notification.vibrate(2500);   // 2500 被忽略掉
```

在接下来的内容中，我们将通过一个具体实例来讲解在 PhoneGap 页面中使用 notification.vibrate()
方法的具体过程。

【范例 7-4】演示 notification.beep () 的基本用法（光盘 \ 配套源码 \7\7-4.html ）。

实例文件 "7-4.html" 的具体实现代码如下所示。

```html
<!DOCTYPE html>
<html>
<head>
  <meta charset="utf-8">
  <meta name="viewport" content="width=device-width, initial-scale=1">
  <title>index.html</title>
  <script type="text/javascript" charset="utf-8" src="cordova.js" ></script>
<script type="text/javascript" charset="utf-8">

// 等待加载 PhoneGap
document.addEventListener("deviceready", onDeviceReady, false);

// PhoneGap 加载完毕
functiononDeviceReady() {
      // 空
}

// 显示定制警告框
functionshowAlert() {
navigator.notification.alert(
        'You are the winner!',  // 显示信息
        'Game Over',            // 标题
        'Done'                  // 按钮名称
      );
}

// 响三次
functionplayBeep() {
navigator.notification.beep(3);
}

// 震动两秒
function vibrate() {
navigator.notification.vibrate(2000);
}

</script>
```

```
</head>
<body>
<p><a href="#" onclick="showAlert(); return false;">Show Alert</a></p>
<p><a href="#" onclick="playBeep(); return false;">Play Beep</a></p>
<p><a href="#" onclick="vibrate(); return false;">Vibrate</a></p>
</body>
</html>
```

7.2.6　实战演练——使用活动指示器和进度对话框通知

在 PhoneGap 应用中，对于那些依赖远程服务或者需要长时间后台业务处理的场景，为了避免用户以为应用程序僵死在那里，需要给出必要的进度提示。PhoneGap 提供了如下几种函数来提示用户。

- ❑ notification.activityStart()
- ❑ notification.activityStop()
- ❑ notificatprogressStart()
- ❑ notification.progressValue()
- ❑ notification.progressStop()

在接下来的内容中，将简要介绍上述函数的基本知识。

- ❑ notification.activityStart() 和 notification.activityStop()：用于控制状态栏上的活动指示器。在某个长时操作开始时调用 notification.activityStart() 开启活动指示器，待其完成后调用 notification.activityStop() 关闭活动指示器。相关代码如下。

```
functionshowActivity() {
navigator.notification.activityStart();
setTimeout(activityCompleted,3000);// 模拟长时操作
}
function  activityCompleted() {
navigator.notification.activityStop();
}
```

- ❑ notification.progressStart()、notification.progressValue() 和 notification.progressStop()：分别用于控制进度对话框的显示、进度和关闭。notification.progressStart() 接受两个参数 title 和 message，分别用于指定进度对话框的标题和显示的内容。notification.progressValue() 接受一个 [0,100] 区间内的数，用于计算具体的进度。相关代码如下。

```
varcurrentProgressValue=0;
varintervalId=-1;
functionshowProgress() {
navigator.notification.progressStart(" 提示 ", " 数据处理中…");
    .intervalId=setInterval (progressjob,50);
}
functionprogressjob() {
```

```
        // 处理数据
currentProgressValue++;
navigator.notification.progressValue(currentProgressValue);
if (currentProgressValue==100) {
        // 关闭进度条
navigator.notification.progressStop();
clearInterval(intervalId)j
currentProgressValue=0;
intervalId=-1;
}
}
```

在接下来的内容中，我们将通过一个简单例子来展示活动指示器和进度对话框通知的用法。

【范例 7-5】展示活动指示器和进度对话框通知的用法（光盘 \ 配套源码 \7\7-5. html）。

本实例的实现文件是 "7-5.html"，其具体实现代码如下。

```
<!DOCTYPE html>
<html>
<head>
<meta http-equiv="Content-Type" content="text/html; charset=utf-8">
<title> 通知实例 </title>

<script type="text/javascript" charset="utf-8" src="cordova.js"></script>
<script type="text/javascript" charset="utf-8">

document.addEventListener("deviceready", onDeviceReady, false);

    // PhoneGap 就绪
functiononDeviceReady() {
Notification.prototype.activityStart = function(title, message) {
var _title = title || "Busy";
var _message = message || "Please wait...";
PhoneGap.exec(null, null, "Notification", "activityStart", [_title, _message]);
    };
    }

functionalertDismissed() {
        // 必要的处理
    }

functionshowAlert() {
```

```
//navigator.notification.alert(" 游戏结束 ");
navigator.notification.alert(" 游戏结束 ", alertDismissed, " 提示 ", " 好的 ");
    }
functionalertDismissed() {
    // 必要的处理
    }


functionshowConfirm() {
navigator.notification.confirm(" 确认提交吗？　", confirmDismissed, " 提示 ", " 确认 , 取消 ");
    }


functionconfirmDismissed(buttonIndex) {
        if (buttonIndex == 1) { // 确认
            // 必要的处理
navigator.notification.beep(3);
navigator.notification.vibrate(3000);
        } else { // 取消
            // 必要的处理
navigator.notification.alert(" 操作已取消 ");
        }
    }


functionshowActivity() {
        // navigator.notification.activityStart();
navigator.notification.activityStart(" 繁忙 ", " 请稍等 ...");
setTimeout(activityCompleted, 3000); // 模拟长时操作
    }


functionactivityCompleted() {
navigator.notification.activityStop();
    }


varcurrentProgressValue = 0;
varintervalId = -1;


functionshowProgress() {
navigator.notification.progressStart(" 提示 ", " 数据处理中 ...");
intervalId = setInterval(progressJob, 50);
    }


functionprogressJob() {
        // 处理数据
currentProgressValue++;
navigator.notification.progressValue(currentProgressValue);
```

```
if (currentProgressValue == 100) {
navigator.notification.progressStop();
clearInterval(intervalId);
currentProgressValue = 0;
intervalId = -1;
        }
    }
</script>
</head>
<body>
<p><a href="#" onclick="showAlert(); return false;"> 显示提示对话框 </a></p>
<p><a href="#" onclick="showConfirm(); return false;"> 显示确认对话框 </a></p>
<p><a href="#" onclick="showActivity(); return false;"> 显示活动指示器 </a></p>
<p><a href="#" onclick="showProgress(); return false;"> 显示进度对话框 </a></p>
</body>
</html>
```

【运行结果】

执行后，页面中将显示 4 个链接，触摸一个连接后会弹出一个提示框。例如，触摸"显示进度对话框"链接后的效果如图 7-3 所示。

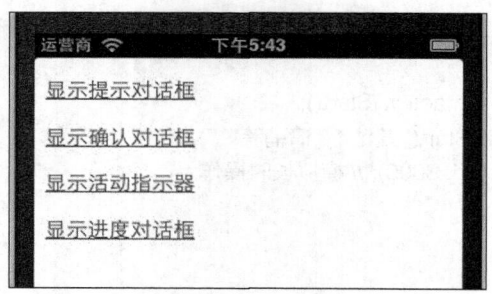

图 7-3　执行效果

7.3　综合应用——演示各种 API 的基本用法

 本节教学录像：2 分钟

本节将通过一个具体实例的实现过程，讲解使用 PhoneGap 中各种 API 的基本知识。本实例不但用到了本章讲解的两种 API，而且用到了将在本章后面讲解的各种 API。通过本实例的学习，读者能够更深入地了解 PhoneGap API 的相关知识。

【范例7-6】演示各种PhoneGap API的基本功能（光盘\配套源码\7\Sample）。

本实例的功能是在屏幕上方显示设备信息，在屏幕下方展示了各种按钮，并能通过单击按钮调用对应的 API 来实现对应的功能，具体实现流程如下。

（1）编写主程序文件"index.html"，实现在屏幕上方显示设备信息、在屏幕下方罗列显示多个按钮的功能。具体实现代码如下。

```
<!DOCTYPE HTML>
<html>
<head>
<meta name="viewport" content="width=320; user-scalable=no" />
<meta http-equiv="Content-type" content="text/html; charset=utf-8">
<title>PhoneGap</title>
    <link rel="stylesheet" href="master.css" type="text/css" media="screen" title="no title"
charset="utf-8">
    <script type="text/javascript" charset="utf-8" src="phonegap.0.9.4.js"></script>
    <script type="text/javascript" charset="utf-8" src="main.js"></script>


</head>
<body onload="init();" id="stage" class="theme">
<h1> 欢迎学习 PhoneGap ！ </h1>
<h2> 本文件的保存路径：assets/index.html</h2>
<div id="info">
<h4> 设备：<span id="platform"> </span>，版本：<span id="version"> </span></h4>
<h4>UUID ：<span id="uuid"> </span>，名字：<span id="name"> </span></h4>
<h4>Width ：<span id="width"> </span>，Height ：<span id="height"> 
</span>, Color Depth: <span id="colorDepth"></span></h4>
</div>
<dl id="accel-data">
<dt>X:</dt><dd id="x"> </dd>
<dt>Y:</dt><dd id="y"> </dd>
<dt>Z:</dt><dd id="z"> </dd>
</dl>
<a href="#" class="btn large" onclick="toggleAccel();">Toggle Accelerometer</a>
<a href="#" class="btn large" onclick="getLocation();">Get Location</a>
   <a href="tel://411" class="btn large">Call 411</a>
<a href="#" class="btn large" onclick="beep();">Beep</a>
<a href="#" class="btn large" onclick="vibrate();">Vibrate</a>
<a href="#" class="btn large" onclick="show_pic();">Get a Picture</a>
<a href="#" class="btn large" onclick="get_contacts();">Get phone's contacts</a>
<div id="viewport" class="viewport" style="display: none;">
<img style="width:60px;height:60px" id="test_img" src="" />
</div>
</body>
</html>
```

（2）编写样式文件"master.css"，以实现修饰屏幕中的各个页面元素的功能，具体实现代码如下。

```
body {
background:#222 none repeat scroll 0 0;
```

```
color:#666;
font-family:Helvetica;
font-size:72%;
line-height:1.5em;
margin:0;
border-top:1px solid #393939;
    }

  #info{
background:#ffa;
border: 1px solid #ffd324;
    -webkit-border-radius: 5px;
border-radius: 5px;
clear:both;
margin:15px 6px 0;
width:295px;
padding:4px 0px 2px 10px;
    }

  #info >h4{
font-size:.95em;
margin:5px 0;
    }

  #stage.theme{
padding-top:3px;
    }

  #stage.theme>dl{
    padding-top:10px;
    clear:both;
    margin:0;
    list-style-type:none;
    padding-left:10px;
    overflow:auto;
    }

  #stage.theme> dl >dt{
font-weight:bold;
float:left;
margin-left:5px;
    }
```

```
#stage.theme> dl >dd{
width:45px;
float:left;
color:#a87;
font-weight:bold;
  }


#stage.theme> h1, #stage.theme> h2, #stage.theme>p{
margin:1em 0 .5em 13px;
  }


 #stage.theme>h1{
color:#eee;
font-size:1.6em;
text-align:center;
margin:0;
margin-top:15px;
padding:0;
 }


 #stage.theme>h2{
  clear:both;
margin:0;
padding:3px;
font-size:1em;
text-align:center;
 }


 #stage.themea.btn{
 border: 1px solid #555;
 -webkit-border-radius: 5px;
 border-radius: 5px;
 text-align:center;
 display:block;
 float:left;
 background:#444;
 width:150px;
 color:#9ab;
 font-size:1.1em;
 text-decoration:none;
 padding:1.2em 0;
 margin:3px 0px 3px 5px;
 }
```

```
#stage.themea.btn.large{
  width:308px;
  padding:1.2em 0;
}
```

（3）编写 JS 脚本文件"main.js"，包含单击按钮后的处理方法，具体实现代码如下。

```
vardeviceInfo = function(){
document.getElementById("platform").innerHTML = device.platform;
document.getElementById("version").innerHTML = device.version;
document.getElementById("uuid").innerHTML = device.uuid;
document.getElementById("name").innerHTML = device.name;
document.getElementById("width").innerHTML = screen.width;
document.getElementById("height").innerHTML = screen.height;
document.getElementById("colorDepth").innerHTML = screen.colorDepth;
  };


vargetLocation = function() {
varsuc = function(p){
    alert(p.coords.latitude + "·" + p.coords.longitude);
  };
var fail = function(){};
navigator.geolocation.getCurrentPosition(suc,fail);
  };


var beep = function(){
  navigator.notification.beep(2);
  };


  var vibrate = function(){
  navigator.notification.vibrate(0);
  };

functionroundNumber(num) {
vardec = 3;
var result = Math.round(num*Math.pow(10,dec))/Math.pow(10,dec);
return result;
  }


varaccelerationWatch = false;


vartoggleAccel = function() {
```

```
if (accelerationWatch) {
  navigator.accelerometer.clearWatch(accelerationWatch);
  updateAcceleration( {
    x : "",
    y : "",
    z : ""
  });
  accelerationWatch = false;
} else {
  accelerationWatch = true;
  var options = new Object();
  options.frequency = 1000;
  accelerationWatch = navigator.accelerometer.watchAcceleration(
      updateAcceleration, function(ex) {
          navigator.accelerometer.clearWatch(accel_watch_id);
          alert("accel fail (" + ex.name + ": " + ex.message + ")");
      }, options);
}
};


functionupdateAcceleration(a) {
    document.getElementById('x').innerHTML = roundNumber(a.x);
    document.getElementById('y').innerHTML = roundNumber(a.y);
    document.getElementById('z').innerHTML = roundNumber(a.z);
}


varpreventBehavior = function(e) {
e.preventDefault();
};


functionshow_pic()
{
var viewport = document.getElementById('viewport');
viewport.style.display = "";
navigator.camera.getPicture(dump_pic, fail, { quality: 50 });
}


functiondump_pic(data)
{
var viewport = document.getElementById('viewport');
console.log(data);
viewport.style.display = "";
```

```
        viewport.style.position = "absolute";
        viewport.style.top = "10px";
        viewport.style.left = "10px";
        document.getElementById("test_img").src = "data:image/jpeg;base64," + data;
            }

        function close()
            {
        var viewport = document.getElementById('viewport');
        viewport.style.position = "relative";
        viewport.style.display = "none";
            }

        function fail(fail)
            {
        alert(fail);
                }

            functionreadFile()
            {
                navigator.file.read('/sdcard/phonegap.txt', fail , fail);
            }

            functionwriteFile()
            {
                navigator.file.write('foo.txt', "This is a test of writing to a file", fail, fail);
            }

            functionget_contacts()
            {
                varobj = new ContactFindOptions();
                obj.filter="";
                obj.multiple=true;
                obj.limit=5;
                navigator.service.contacts.find(["displayName", "phoneNumbers", "emails"], contacts_success,
fail, obj);
            }

            functioncontacts_success(contacts)
            {
                alert(contacts.length + ' contacts returned.' +
```

```
                    (contacts[2] ? (' Third contact is ' + contacts[2].displayName) : ''));
    }



    functioninit(){
//      document.addEventListener("touchmove", preventBehavior, false);
        document.addEventListener("deviceready", deviceInfo, true);
    }
```

【运行结果】

到此为止，整个实例介绍完毕。执行后的效果如图 7-4 所示。单击某个按钮后会显示这个 API 的功能，例如，单击 "Call 411" 按钮后的效果如图 7-5 所示。

图 7-4　执行效果

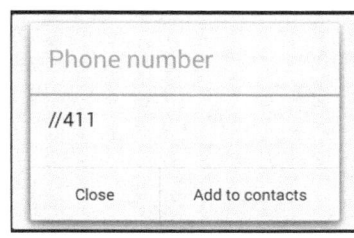

图 7-5　单击按钮后的效果

▍ 7.4　高手点拨

在现实应用中，很多移动设备具有 LED 状态灯功能，比如可以通过闪烁不同颜色的灯来给予用户不同的提示。对于状态灯的控制，虽然早期的 PhoneGap 版本（比如 PhoneGap 1.4）有 navigator.notification.blink() 函数对应，但该函数只是一个空实现。目前，该函数已经从最新版的 PhoneGap 中移除，因此，相关设备无法使用状态灯。

▍7.5 实战练习

1. 记住表单中的数据

在页面表单中创建了两个文本输入框，一个用于输入姓名，另一个用于输入密码。为输入姓名的文本框设置 autofocus 属性，当成功加载页面或单击表单"提交"按钮后，拥有 autofocus 属性的"姓名"文本框会自动获取焦点。

2. 验证表单中输入的数据是否合法

请表单中创建一个 text 类型的 <input> 元素，用于输入用户名，并设置元素的 pattern 属性，其值为一个正则表达式，用来验证用户名是否符合"以字母开头，包含字符或数字和下划线，长度在 6 ~ 8 之间"规则。单击表单"提交"按钮时，输入框中的内容与表达式进行匹配，如果不符，则提示错误信息。

第8章

本章教学录像：16 分钟

设备、网络连接和加速计 API 详解

本章将详细讲解 PhoneGap 中的设备、网络连接和加速计 API 的相关知识。

本章要点（已掌握的在方框中打钩）

☐ 设备 API

☐ 网络连接 API

☐ 加速计 API

☐ 综合应用——实现一个蓝牙控制器

▌8.1 设备 API

 本节教学录像：4 分钟

很多开发平台都提供运行环境软硬件属性的 API，PhoneGap 也不例外。本节将从主要对象和相关业务操作这两个方面来介绍设备 API 的相关知识。

8.1.1 主要对象

在 PhoneGap 应用中，设备 API 通过 device 对象来暴露运行环境的软硬件属性。该对象的各个属性的具体说明如下。

- ❏ device.name：返回的是设备的名字。
- ❏ device.cordova：返回的是运行在该设备上的 PhoneGap 的版本，比如 2.8.0。
- ❏ device.platform：返回的是设备的操作系统名字。
- ❏ device.uuid：返回的是设备的通用唯一识别码（Universally Unique Identifier，UUI）。它由设备制造商设定。
- ❏ device.version：返回的是设备的操作系统的版本。

因为 device 会被分配到 Window 对象中，所以其作用域为全局范围。例如下面两行代码引用了相同的 device 对象。

```
var phoneName = window.device.name;
var phoneName = device.name;
```

8.1.2 使用 device.name() 方法

在 PhoneGap 应用中，方法 device.name 的功能是获得设备的型号名称，其使用原型如下。

```
var string = device.name;
```

device.name() 方法能够返回设备的型号或产品名称。返回值是由设备制造商设定。不同产品及同一产品的不同版本使用该方法的返回值不尽相同。

在目前 PhoneGap 应用中，device.name() 方法支持如下 5 种平台。

- ❏ Android
- ❏ BlackBerry
- ❏ BlackBerry WebWorks（OS 5.0 或更高版本）
- ❏ iOS
- ❏ Windows Phone 7（Mango）

下面是一段简单使用 device.name() 方法的演示代码。

```
// Android:   Nexus One      返回 "Passion" (Nexus One 的代码名 )
//            Motorola Droid  返回 "voles"
```

// BlackBerry: Bold 8900　　返回 "8900"
// iPhone:　　所有设备都返回由 iTunes 设置的名称，如 "Joe's iPhone"
var name = device.name;

提 示　　在使用 device.name() 方法时会发生异常情况，并且在不同平台的表现不同，具体说明如下所示。

　　❑　Android 的特异情况：获得产品名称而非型号名称。产品名称一般是在生产过程中设定的代码名称，例如，Nexus One 返回 "Passion"，Motorola Droid 返回 "voles"。

　　❑　iOS 的特异情况：获得设备的定制名字而非设备型号名称。定制名称是由所有者在 iTunes 中定制的，例如 "Joe's iPhone"。

8.1.3　使用 device.phonegap() 方法

在 PhoneGap 应用中，device.phonegap 方法的功能是获取设备上正在运行的 PhoneGap 版本信息，其使用原型如下。

var string = device.phonegap;

在现实应用中，device.phonegap 能够返回设备上正在运行的 PhoneGap 的版本号。在目前 PhoneGap 应用中，device.phonegap 方法支持如下 5 种平台。

- ❑ Android
- ❑ BlackBerry
- ❑ BlackBerry WebWorks（OS 5.0 或更高版本）
- ❑ iOS
- ❑ Windows Phone 7（Mango）

下面是一段简单使用 device.phonegap 方法的演示代码。

var name = device.phonegap;

8.1.4　使用 device.platform() 方法

在 PhoneGap 应用中，device.platform 方法的功能是获得设备使用的操作系统名称，其使用原型如下。

var string = device.platform;

在目前 PhoneGap 应用中，device.platform 方法支持如下 5 种平台。

- ❑ Android
- ❑ BlackBerry
- ❑ BlackBerry WebWorks（OS 5.0 或更高版本）
- ❑ iOS
- ❑ Windows Phone 7（Mango）

下面是一段简单使用 device.platform 方法的演示代码。

```
// 根据不同的设备，下面是演示代码
//  - "Android"
//  - "BlackBerry"
//  - "iPhone"
//  - "webOS"
var devicePlatform = device.platform;
```

提 示

在使用 device.platform 方法时会发生异常情况，并且不同平台的表现不同，具体说明如下。

❑ iOS 的特异情况：所有设备均返回 iPhone，但这是不准确的，因为 Apple 已经将 iPhone 的操作系统更名为 iOS。

❑ BlackBerry 的特异情况：设备会返回设备的平台版本号而非平台名。例如 Storm2 9550 会返回"2.13.0.95"之类的信息。

8.1.5 使用 device.uuid() 方法

在 PhoneGap 应用中，device.uuid 方法的功能是获得设备的全球唯一标识符（UUID），其使用原型如下。

```
var string = device.uuid;
```

其中，uuid 是由设备生产商及特定设备平台或型号所决定的。

在目前 PhoneGap 应用中，device.uuid 方法支持如下 5 种平台。

❑ Android

❑ BlackBerry

❑ BlackBerry WebWorks（OS 5.0 或更高版本）

❑ iOS

❑ Windows Phone 7（Mango）

下面是一段简单使用 device.uuid() 方法的演示代码。

```
// Android：返回随机的 64 位整数（作为字符串）
//     这个整数在设备第一次启动时生成
// BlackBerry：返回设备的 PIN 码
//     这是一个九位数的唯一证书（作为字符串）
// iPhone：（从 UIDevice 类文档中转述）
//     返回由多个硬件设备标示所生成的哈希值
// 这是为了保证每一台设备是唯一的，因此不能和用户账号相关联
// Windows Phone 7：返回由 device 和当前用户信息所生成的哈希值
// 如果用户信息是 undefined, 会自动生成一个 guid。在该应用被卸载之前，这个 guid 一直有效
var deviceID = device.uuid;
```

8.1.6 使用 device.version() 方法

在 PhoneGap 应用中，device.version 方法的功能是获得操作系统的版本号，其使用原型如下。

```
var string = device.version;
```

在目前 PhoneGap 应用中，device.version 方法支持如下 5 种平台。

❑ Android
❑ BlackBerry
❑ BlackBerry WebWorks（OS 5.0 或更高版本）
❑ iOS
❑ Windows Phone 7（Mango）

下面是一段简单使用 device.version 方法的演示代码。

```
// Android:   Froyo 返回 2.2
//            Eclair 返回 2.1、2.01 或 2.0
//            版本也有可能返回更新级别 2.1-update1
// BlackBerry： 使用 OS 4.6 的 Bold 9000 返回 4.6.0.282
// iPhone：iOS 3.2 返回 3.2
// Windows Phone 7：返回当前的操作系统版本号，比如 Mango 返回 7.10.7720
var deviceVersion = device.version;
```

8.1.7 实战演练——使用设备 API

在接下来的内容中，将通过一个检测设备属性的简单例子来展示使用 device 对象的基本过程。

【范例 8-1】检测设备属性（光盘 \ 配套源码 \8\8-1.html）。

实例文件"8-1.html"的具体实现代码如下。

```
<!DOCTYPE html>
<html>
<head>
<meta http-equiv="Content-Type" content="text/html; charset=utf-8">
<title> 通知实例 </title>

<script type="text/javascript" charset="utf-8" src="cordova.js"></script>
<script type="text/javascript" charset="utf-8">
document.addEventListener("deviceready",onDeviceReady, false);
function onDeviceReady() {
var element=document.getElementById('deviceProperties');
    element.innerHTML=' 设备名字： '+device.name+'<br/>'+
    'PhoneGap 版本： '-+device.cordova+'<br/>'+
    ' 设备平台： '+ device.platform+'<br/>'+
```

```
        ' 设备的 UUID : '+device.uuid+'<br/>'+
        ' 设备的版本: '+ device.version +'<br />';
      }
</script>
</head>
<body>
<p id="deviceProperties"></p>
</bodY>
</html>
```

【运行结果】

执行后，屏幕中将显示当前设备的信息，执行效果如图 8-1 所示。

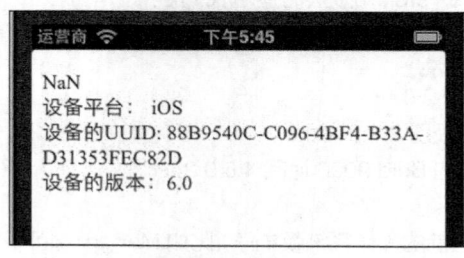

图 8-1 执行效果

【范例分析】

在 PhoneGap 应用中，基于上述属性信息，应用程序可以做一些定制化的操作以适应不同设备的需求，也可以用于收集用户设备分布之类的统计信息。

8.2 网络连接 API

 本节教学录像：3 分钟

在 PhoneGap 应用中，网络连接 API 通过 navigator.network.connection 对象来访问。该对象的 type 属性代表了网络连接的类型，通过 PhoneGap 中的 Connection 来获取其所有可能的取值，分别是 UNKNOWN、ETHERNET、WIFI、CELL_2G、CELL_3G、CELL_4G 和 NONE。本节将详细讲解在 PhoneGap 中使用网络连接 API 的基本知识。

8.2.1 属性和常量

在 PhoneGap 应用中，Connection 对象提供了设备的蜂窝及 WiFi 连接信息的访问功能，通过 navigator.network 接口可以访问该对象。

（1）属性 connection.type

属性 connection.type 的功能是检查正在使用的活动网络连接。该属性是确定设备网络连接状态和连接类型的快速方法。

在目前 PhoneGap 应用中，connection.type 支持如下 4 种平台。

❑ iOS
❑ Android
❑ BlackBerry WebWorks（OS 5.0 或更高版本）
❑ Windows Phone 7（Mango）

（2）常量

在 PhoneGap 应用中，Connection 对象提供了如下几种常量。

❑ connection.UNKNOWN：未知连接。
❑ connection.ETHERNET：以太网络。
❑ connection.WIFI：Wi-Fi 网络。
❑ connection.CELL_2G：2G 网络。
❑ connection.CELL_3G：3G 网络。
❑ connection.CELL_4G：4G 网络。
❑ connection.NONE：无网络连接。

8.2.2 实战演练——检测当前网络状况

在接下来的内容中，我们将通过一个检测当前网络状况的简单例子来阐述网络连接 API 的用法。

【范例 8-2】检测当前网络状况（光盘 \ 配套源码 \8\8-2.html）。

本实例的实现文件是"8-2.html"，其具体实现代码如下。

```
<!DOCTYPE html>
<html>
<head>
<meta http-equiv="Content-Type" content="text/html; charset=utf-8">
<title> 通知实例 </title>

<script type="text/javascript" charset="utf-8" src="cordova.js"></script>
<script type="text/javascript" charset="utf-8">

document.addEventListener("deviceready", onDeviceReady, false);

function onDeviceReady() {
    // 监听网络的变化
document.addEventListener("online", onOnline, false);
document.addEventListener("offline", onOffline, false);
    // 检查网络连接
checkNetworkConnection();
  }

function checkNetworkConnection() {
var states = {};
```

```
        states[Connection.UNKNOWN]  = ' 未知连接 ';
        states[Connection.ETHERNET] = ' 以太网 ';
states[Connection.WIFI]     = 'WiFi';
        states[Connection.CELL_2G] = '2G 网络 ';
        states[Connection.CELL_3G] = '3G 网络 ';
        states[Connection.CELL_4G] = '4G 网络 ';
        states[Connection.NONE]     = ' 无网络连接 ';
        alert(' 网络连接类型 : ' + states[navigator.network.connection.type]);
    }

function onOnline() {
        alert(' 您现在在线 ');
    }

function onOffline() {
        alert(' 您现在离线 ');
    }
</script>
</head>
<body>
<p> 检查网络类型的例子 </p>
<input type="button" value=" 检查网络 " onClick="checkNetworkConnection()" />
</body>
</html>
```

【范例分析】

上述代码中，在 deviceready 的事件回调函数中安全地添加了对 online 和 offline 事件的回调函数。当网络环境发生变化时，相应的事件回调函数便会被正确地调用。还有一点值得注意的是，在 PhoneGap l.5 版本中，online 和 offline 事件需要注册在 Window 对象上，而不是 document 对象上。而在 PhoneGap 的其他版本中，online 和 offline 事件都是注册在 document 对象上的。

【运行结果】

执行文件 "8-2.html" 后，屏幕中会显示当前设备的网络类型，执行效果如图 8-2 所示。

图 8-2　执行效果

8.3　加速计 API

 本节教学录像：6 分钟

方向感应器的实现靠的是移动设备内置的加速计。在移动设备中，所采用的加速计（accelerometer）是三轴加速计，分为 x 轴、y 轴和 z 轴。这 3 个轴所构成的立体空间足以侦测到移动设备中的各种动作。在实际应用时，通常是以这 3 个轴（或任意两个轴）所构成的角度来计算设备倾斜的角度，从而计算出重力加速度的值。本节将详细讲解在 PhoneGap 应用中使用加速计 API 的基本知识。

8.3.1　使用 acceleration 对象

在 PhoneGap 应用中，在加速计 accelerometer 中，acceleration 是一个加速度对象，包括了在特定时间点的加速度数据，具有如下几种属性。

- ❑　x：表示 x 轴上的动量，number 类型，其范围为 0 ～ 1。
- ❑　y：表示 y 轴上的动量，number 类型，其范围为 0 ～ 1。
- ❑　z：表示 z 轴上的动量，number 类型，其范围为 0 ～ l。
- ❑　timestamp：创建时的时间戳，DOMTimeStamp 类型，以毫秒数表示。

在现实应用中，acceleration 对象由 PhoneGap 创建并计算，一般由调用的加速计方法的回调函数来返回。在 PhoneGap 应用中，加速计 API 主要包含如下几种选项参数。

- ❑　accelerometerSuccess：成功获取加速度信息后的回调函数，返回的属性值包含各维度加速度信息的 acceleration 对象。
- ❑　accelerometerError：获取加速度信息失败后的回调函数。
- ❑　accelerometerOptions：获取加速度信息时的选项，例如获取频率。

在 PhoneGap 应用中，accelerometerOptions 一般是一个 JSON 对象，frequency 是它目前唯一的属性参数，以毫秒数为表示单位，用来指定定期获取加速度信息的频率。如果不指定 frequency，则默认值为 10 秒，即 10000 毫秒。

在 PhoneGap 应用中，accelerometerOptions 的常见用法如下。

```
// 下面的代码设置每隔 3 秒更新一次
var options=(frequency:3000);
watchID=navigator.accelerometer.watchAcceleration(onSuccess,onError,options);
```

在 PhoneGap 应用中，加速计 API 包含如下几种方法，通过 navigator 对象进行访问。

- ❑　accelerometer.getCurrentAcceleration()：获取当前设备分别在 x、y 和 z 由上的加速度。
- ❑　accelerometer.watchAcceleration()：定期获取设备的加速度信息。
- ❑　accelerometer.clearWatch()：停止定期获取设备的加速度信息。

在目前 PhoneGap 应用中，acceleration 对象支持如下 4 种平台。

- ❑　Android
- ❑　BlackBerry WebWorks（OS 5.0 或更高版本）
- ❑　iOS
- ❑　Windows Phone 7（Mango）

8.3.2 实战演练——使用 getCurrentAcceleration 获取加速度

在 PhoneGap 应用中，加速计 API 中的 getCurrentAcceleration() 方法的功能是返回当前沿 x、y 和 z 方向的加速度，其使用原型如下。

```
navigator.accelerometer.getCurrentAcceleration(accelerometerSuccess, accelerometerError);
```

其中，参数 accelerometerSuccess 表示成功获取加速度信息后的回调函数，参数 accelerometerError 表示获取加速度信息失败后的回调函数。

加速计是检测设备在当前方向上所做相对运动变化（增、减量）的运动传感器，可以检测沿 X、Y 和 Z 轴的三维运动，相关加速度数据通过 accelerometerSuccess 回调函数返回的。

下面是一段应用 getCurrentAcceleration() 方法的演示代码。

```
function onSuccess(acceleration) {
alert('Acceleration X: ' + acceleration.x + '\n' +
    'Acceleration Y: ' + acceleration.y + '\n' +
    'Acceleration Z: ' + acceleration.z + '\n' +
    'Timestamp: ' + acceleration.timestamp + '\n');
  }

function onError() {
alert('onError!');
  }

navigator.accelerometer.getCurrentAcceleration(onSuccess, onError);
```

在目前 PhoneGap 应用中，getCurrentAcceleration() 方法支持如下 3 种平台。

❏ Android

❏ BlackBerry WebWorks（OS 5.0 或更高版本）

❏ iOS

在接下来的内容中，我们将通过一个简单例子来阐述使用 getCurrentAcceleration() 获取加速度的方法。

【范例 8-3】使用 getCurrentAcceleration() 获取加速度（光盘 \ 配套源码 \8\8-3.html）。

本实例的实现文件是 "8-3.html"，其具体实现代码如下。

```
<!DOCTYPE html>
<html>
<head>
<meta http-equiv="Content-Type" content="text/html; charset=utf-8">
<title>Acceleration 例子 </title>

<script type="text/javascript" charset="utf-8" src="cordova.js"></script>
```

```
<script type="text/javascript" charset="utf-8">

    // 等待 PhoneGap 加载
document.addEventListener("deviceready", onDeviceReady, false);

    // 加载完成
function onDeviceReady() {
navigator.accelerometer.getCurrentAcceleration(onSuccess, onError);
    }

    // 获取加速度信息成功后的回调函数
    // 接收包含当前加速度信息的 Acceleration 对象
function onSuccess(acceleration) {
alert('X: ' + acceleration.x + '\n' +
        'Y: ' + acceleration.y + '\n' +
        'Z: ' + acceleration.z + '\n' +
        'time: ' + acceleration.timestamp + '\n');
    }

    // 获取加速度信息失败后的回调函数
function onError() {
    alert(' 出错了 !');
    }

</script>
</head>
<body>
<p>getCurrentAcceleration()</p>
</body>
</html>
```

【运行结果】

执行后的效果如图 8-3 所示，这是因为在模拟器中运行的原因，如果在真机中运行会获取 x、y、z 轴的加速度。

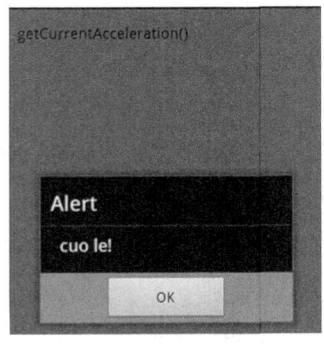

图 8-3　执行效果

8.3.3 实战演练——使用 watchAcceleration 获取加速度

在 PhoneGap 应用中，加速计 API 中的 accelerometer.watchAcceleration() 方法的功能是定期获取设备的加速度信息。accelerometer.watchAcceleration() 方法的原型如下。

```
var watchID = navigator.accelerometer.watchAcceleration(accelerometerSuccess,
accelerometerError, [accelerometerOptions]);
```

其中，accelerometerSuccess 是成功获取加速度信息后的回调函数；accelerometerError 是获取加速度信息失败后的回调函数；accelerometerOptions 为可选项，一般用来指定定期获取加速度信息的频率。

在 PhoneGap 应用中，accelerometer.watchAcceleration() 方法每隔固定时间就获取一次设备的当前加速度。每次取得加速度后，accelerometerSuccess() 回调函数会被执行。通过 acceleratorOptions 对象的 frequency 参数可以设定以毫秒为单位的时间间隔。返回的 watch id 是加速度计监视周期的引用，可以通过 accelerometer.clearWatch 调用该 watch ID 以停止对加速度计的监视。

下面是一段使用 watchAcceleration() 的演示代码。

```
function onSuccess(acceleration) {
alert('Acceleration X: ' + acceleration.x + '\n' +
    'Acceleration Y: ' + acceleration.y + '\n' +
    'Acceleration Z: ' + acceleration.z + '\n' +
    'Timestamp: ' + acceleration.timestamp + '\n');
  }

function onError() {
alert('onError!');
  }

    var options = { frequency: 3000 };  // 每隔 3 秒更新一次

var watchID = navigator.accelerometer.watchAcceleration(onSuccess, onError, options);
```

在目前 PhoneGap 应用中，watchAcceleration() 方法支持如下 3 种平台。

- ❑ Android
- ❑ BlackBerry WebWorks（OS 5.0 或更高版本）
- ❑ iOS

提 示　当在 iOS 系统中使用 watchAcceleration() 方法时会发生异常。在请求的时间间隔中，PhoneGap 将调用 success 回调指向的函数，并传递加速度计数据，但是 PhoneGap 将对设备的请求间隔时间限制为最小 40ms、最大 1000ms。例如，如果你设定每隔 3 秒（3000 毫秒）请求一次，PhoneGap 仍然每隔 1 秒请求一次设备，但是每隔 3 秒才调用一次 success 回调函数。

在接下来的内容中，我们将通过一个简单例子来阐述使用 watchAcceleration() 定期获取设备的加速度信息的方法。

【范例 8-4】使用 watchAcceleration() 定期获取设备的加速度信息（光盘 \ 配套源码 \8\8-4.html ）。

本实例的实现文件是"8-4.html"，其具体实现代码如下。

```
<!DOCTYPE html>
<html>
<head>
<meta http-equiv="Content-Type" content="text/html; charset=utf-8">
<title>Acceleration 例子 </title>
<script type="text/javascript" charset="utf-8" src="cordova.js"></script>
<script type="text/javascript" charset="utf-8">
    // 当前 watchAcceleration 的引用 ID
var watchID = null;
    // 等待 PhoneGap 加载
document.addEventListener("deviceready", onDeviceReady, false);
// 加载完成
function onDeviceReady() {
startWatch();
    }
    // 开始监测
function startWatch() {
        // 每隔三秒更新一次信息
var options = { frequency: 3000 };
watchID = navigator.accelerometer.watchAcceleration(onSuccess, onError, options);
    }
    // 停止监测
function stopWatch() {
if (watchID) {
navigator.accelerometer.clearWatch(watchID);
watchID = null;
    }
    }
    // 获取加速度信息成功后的回调函数
    // 接收包含当前加速度信息的 Acceleration 对象
function onSuccess(acceleration) {
var element = document.getElementById('accelerometer');
        element.innerHTML = 'X 轴方向的加速度：' + acceleration.x + '<br />' +
                            'Y 轴方向的加速度：' + acceleration.y + '<br />' +
                            'Z 轴方向的加速度：' + acceleration.z + '<br />' +
                            ' 时间戳：' + acceleration.timestamp + '<br />';
    }
    // 获取加速度信息失败后的回调函数
function onError() {
```

```
    alert('onError!');
    }
</script>
</head>
<body>
<div id="accelerometer"> 监测加速度信息中 ...</div>
<button onclick="stopWatch();"> 停止监测加速度信息 </button>
</body>
</html>
```

【运行结果】

执行后的效果如图 8-4 所示，可以看出，效果与预期不同，这是因为在模拟器中运行的原因。如果在真机中运行，每隔 3 秒，手机会获取新的加速度值并将其显示在手机上。

图 8-4　执行效果

8.3.4　实战演练——使用 clearWatch 清除加速度

在 PhoneGap 应用中，加速计 API 中的 accelerometer.clearWatch() 方法的功能是取消定期获取设备的加速度信息，其使用原型如下。

```
navigator. accelerometer.clearWatch (watchID);
```

上述代码中，watchID 是刚刚调用 accelerometer .watchAcceleration() 所返回的 ID 值，即由 accelerometer. watchAcceleration 返回的引用标识 ID。

下面是应用 clearWatch() 的演示代码。

```
var watchID = navigator.accelerometer.watchAcceleration(onSuccess, onError, options);
navigator.accelerometer.clearWatch(watchID);
```

在目前 PhoneGap 应用中，accelerometer.clearWatch() 方法支持如下 3 种平台。

❑ Android
❑ BlackBerry WebWorks（OS 5.0 或更高版本）
❑ iOS

在接下来的内容中，我们将通过一个简单例子来阐述使用 clearWatch() 清除加速度的方法。

【范例 8-5】使用 clearWatch() 清除加速度（光盘 \ 配套源码 \8\8-5.html）。

本实例的实现文件是 "8-5.html"，具体实现代码如下。

```
<!DOCTYPE html>
<html>
<head>
<meta http-equiv="Content-Type" content="text/html; charset=utf-8">
<title>Acceleration 例子 </title>

<script type="text/javascript" charset="utf-8" src="cordova.js"></script>
<script type="text/javascript" charset="utf-8">

// 当前 watchAcceleration 的引用 ID
varwatchID:null;
    // 等待 PhoneGap 加载
document.addEventListener( "deviceready", onDeviceReady, false);
    // 加载完成
function onDeviceReady() {
startWatch();
    }
    // 开始监测
function  startWatch() {
    // 每隔 3 秒更新一次信息
var options={frequency:3000 };
watchID=navigator.accelerometer.watchAcceleration(onSuccess,
onError,options);
    }
    // 停止检测
function stopWatch() {
if (watchID) {
navigator. accelerometer. clearWatch( watchID);
watchID=null;
    }
    }
    // 成功获取加速度信息后的回调函数
    // 接收包含当前加速度信息的 acceleration 对象
function onSuccess (acceleration) {
var element=document.getElementById('accelerometer');
    element.innerHTML='x 轴方向的加速度: '+acceleration.x+'<br/>'+
    'Y 轴方向的加速度: '+ acceleration.y+'<br/>'+
    'z 轴方向的加速度: '+ acceleration.z+'<br/>'+
    ' 时间戳: '+ acceleration.timestamp+'<br/>';
    }
    // 获取加速度信息失败后的回调函数
```

```
function onError() {
alert('onError!');
    }
</script>
</head>
<body>
<div id=n accelerometer"> 监测加速度信息中…</div>
<button onclick="stopWatch();"> 停止监测加速度信息 </button>
</body>
</html>
```

【运行结果】

执行后的效果如图 8-5 所示，可以看出，效果与预期不同，这是因为在模拟器中运行的原因。如果在真机中运行，就会显示我们预期的效果。

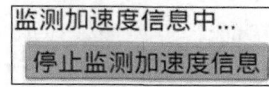

图 8-5　执行效果

■ 8.4　综合应用——实现一个蓝牙控制器

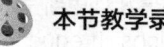本节教学录像：3 分钟

本节将通过一个具体实例的实现过程，讲解使用 PhoneGap 在 Android 系统中实现一个蓝牙控制器的基本知识。本实例不但用到了 PhoneGap 开发的基本知识，还用到了 Android 应用开发的各种知识和技巧。通过本实例的学习，读者能够更深入地了解 PhoneGap API 的知识。

【范例 8-6】实现一个蓝牙控制器（光盘 \ 配套源码 \8\lanya）。

本实例的功能是在屏幕中显示各种按钮，通过单击按钮可以调用对应的方法来控制当前机器中的蓝牙设备，例如启用、关闭等。本实例具体实现流程如下。

（1）编写应用程序偏好设置文件 "AppPreferences.java"，具体实现代码如下。

```
public class AppPreferences extends Plugin {
private static final String LOG_TAG = "AppPrefs";
private static final int NO_PROPERTY = 0;
private static final int NO_PREFERENCE_ACTIVITY = 1;
   @Override
public PluginResult execute(String action, JSONArray args, String callbackId) {
       PluginResult.Status status = PluginResult.Status.OK;
       String result = "";
       SharedPreferences sharedPrefs = PreferenceManager.getDefaultSharedPreferences(this.ctx.
getContext());
```

```
try {
if (action.equals("get")) {
            String key = args.getString(0);
if (sharedPrefs.contains(key)) {
                    Object obj = sharedPrefs.getAll().get(key);
return new PluginResult(status, obj.toString());
            } else {
return createErrorObj(NO_PROPERTY, "No such property called " + key);
            }
        } else if (action.equals("set")) {
            String key = args.getString(0);
            String value = args.getString(1);
if (sharedPrefs.contains(key)) {
                    Editor editor = sharedPrefs.edit();
if ("true".equals(value.toLowerCase()) || "false".equals(value.toLowerCase())) {
editor.putBoolean(key, Boolean.parseBoolean(value));
                } else {
editor.putString(key, value);
                }
return new PluginResult(status, editor.commit());
            } else {
return createErrorObj(NO_PROPERTY, "No such property called " + key);
            }
        } else if (action.equals("load")) {
            JSONObject obj = new JSONObject();
            Map prefs = sharedPrefs.getAll();
            Iterator it = prefs.entrySet().iterator();
while (it.hasNext()) {
                Map.Entry pairs = (Map.Entry)it.next();
obj.put(pairs.getKey().toString(), pairs.getValue().toString());
            }
return new PluginResult(status, obj);
        } else if (action.equals("show")) {
            String activityName = args.getString(0);
            Intent intent = new Intent(Intent.ACTION_VIEW);
intent.setClassName(this.ctx.getContext(), activityName);
try {
this.ctx.startActivity(intent);
            } catch (ActivityNotFoundException e) {
return createErrorObj(NO_PREFERENCE_ACTIVITY, "No preferences activity called " + activityName);
            }
        }
    } catch (JSONException e) {
status = PluginResult.Status.JSON_EXCEPTION;
    }
return new PluginResult(status, result);
```

```
    }
private PluginResult createErrorObj(int code, String message) throws JSONException {
    JSONObject errorObj = new JSONObject();
errorObj.put("code", code);
errorObj.put("message", message);
return new PluginResult(PluginResult.Status.ERROR, errorObj);
    }
}
```

（2）编写文件"AppPreferences.java"对应的 JS 文件"applicationPreferences.js"，具体实现代码如下。

```
var AppPreferences = {
    get:function(key,success,fail) {
    alert("enter");
        cordova.exec(success,fail,"applicationPreferences","get",[key]);
    },
    set:function(key,value,success,fail) {
    cordova.exec(success,fail,"applicationPreferences","set",[key, value]);
    },
    load:function(success,fail) {
    cordova.exec(success,fail,"applicationPreferences","load",[]);
    },
    show:function(activity,success,fail) {
    cordova.exec(success,fail,"applicationPreferences","show",[activity]);
    }

};

var AppPreferencesError = function(code, message) {
    this.code = code || null;
    this.message = message || '';
};

AppPreferencesError.NO_PROPERTY = 0;
AppPreferencesError.NO_PREFERENCE_ACTIVITY = 1;

cordova.addConstructor(function() {
cordova.addPlugin("applicationPreferences", new AppPreferences());
});
```

（3）编写文件"BarcodeScanner.java"，以实现条码阅读器功能，并返回阅读结果。文件"BarcodeScanner.java"的具体实现代码如下。

```
public class BarcodeScanner extends Plugin {
private static final String TEXT_TYPE = "TEXT_TYPE";
private static final String EMAIL_TYPE = "EMAIL_TYPE";
```

```java
private static final String PHONE_TYPE = "PHONE_TYPE";
private static final String SMS_TYPE = "SMS_TYPE";

public static final int REQUEST_CODE = 0x0ba7c0de;

public String callback;

    // 构造函数
public BarcodeScanner() {
    }

    // 执行请求并返回 pluginresult
public PluginResult execute(String action, JSONArray args, String callbackId) {
        this.callback = callbackId;

if (action.equals("encode")) {
            JSONObject obj = args.optJSONObject(0);
if (obj != null) {
                String type = obj.optString("type");
                String data = obj.optString("data");

                // 如果该类型为空，则强制设置为文本类型
if (type == null) {
type = TEXT_TYPE;
                }

if (data == null) {
return new PluginResult(PluginResult.Status.ERROR, "User did not specify data to encode");
                }

encode(type, data);
            } else {
return new PluginResult(PluginResult.Status.ERROR, "User did not specify data to encode");
            }
        }
else if (action.equals("scan")) {
scan();
        } else {
return new PluginResult(PluginResult.Status.INVALID_ACTION);
    }
        PluginResult r = new PluginResult(PluginResult.Status.NO_RESULT);
r.setKeepCallback(true);
return r;
    }
    // 开始扫描和解码的条码
public void scan() {
```

```
      Intent intentScan = new Intent("com.phonegap.plugins.barcodescanner.SCAN");
intentScan.addCategory(Intent.CATEGORY_DEFAULT);
this.ctx.startActivityForResult((Plugin) this, intentScan, REQUEST_CODE);
   }
   // 扫描工作完成时返回结果
public void onActivityResult(int requestCode, int resultCode, Intent intent) {
if (requestCode == REQUEST_CODE) {
if (resultCode == Activity.RESULT_OK) {
        JSONObject obj = new JSONObject();
try {
obj.put("text", intent.getStringExtra("SCAN_RESULT"));
obj.put("format", intent.getStringExtra("SCAN_RESULT_FORMAT"));
obj.put("cancelled", false);
        } catch(JSONException e) {
        }
this.success(new PluginResult(PluginResult.Status.OK, obj), this.callback);
      } if (resultCode == Activity.RESULT_CANCELED) {
        JSONObject obj = new JSONObject();
try {
obj.put("text", "");
obj.put("format", "");
obj.put("cancelled", true);
        } catch(JSONException e) {
        }
this.success(new PluginResult(PluginResult.Status.OK, obj), this.callback);
      } else {
this.error(new PluginResult(PluginResult.Status.ERROR), this.callback);
      }
    }
  }
   // 启动一个条码编码 .
public void encode(String type, String data) {
      Intent intentEncode = new Intent("com.phonegap.plugins.barcodescanner.ENCODE");
intentEncode.putExtra("ENCODE_TYPE", type);
intentEncode.putExtra("ENCODE_DATA", data);

this.ctx.startActivity(intentEncode);
   }
}
```

（4）编写文件 "BarcodeScanner.java" 对应的 JS 文件 "barcodescanner.js"，具体实现代码如下。

```
var BarcodeScanner = function() {
};

//------------------------------------------------------------------
```

```
BarcodeScanner.Encode = {
        TEXT_TYPE: "TEXT_TYPE",
        EMAIL_TYPE: "EMAIL_TYPE",
        PHONE_TYPE: "PHONE_TYPE",
        SMS_TYPE: "SMS_TYPE",
};


//--------------------------------------------------------------------
BarcodeScanner.prototype.scan = function(successCallback, errorCallback) {
alert("enter");
    if (errorCallback == null) { errorCallback = function() {}}

if (typeof errorCallback != "function") {
console.log("BarcodeScanner.scan failure: failure parameter not a function");
return
    }

if (typeof successCallback != "function") {
console.log("BarcodeScanner.scan failure: success callback parameter must be a function");
return
    }

cordova.exec(successCallback, errorCallback, 'BarcodeScanner', 'scan', []);
};


//--------------------------------------------------------------------
BarcodeScanner.prototype.encode = function(type, data, successCallback, errorCallback, options) {
alert("enter");
    if (errorCallback == null) { errorCallback = function() {}}

if (typeof errorCallback != "function") {
console.log("BarcodeScanner.scan failure: failure parameter not a function");
return
    }

if (typeof successCallback != "function") {
console.log("BarcodeScanner.scan failure: success callback parameter must be a function");
return
    }

cordova.exec(successCallback, errorCallback, 'BarcodeScanner', 'encode', [{"type": type, "data":
data, "options": options}]);
    };


//--------------------------------------------------------------------
cordova.addConstructor(function() {
```

```
cordova.addPlugin('barcodeScanner', new BarcodeScanner());
});
```

（5）编写文件"BluetoothPlugin.java"，以实现蓝牙插件功能，能够根据用户单击屏幕中的按钮来实现具体的蓝牙控制功能。文件"BluetoothPlugin.java"的具体实现代码如下。

```
public class BluetoothPlugin extends Plugin {

    public static final String ACTION_DISCOVER_DEVICES="listDevices";
    public static final String ACTION_LIST_BOUND_DEVICES="listBoundDevices";
    public static final String ACTION_IS_BT_ENABLED="isBTEnabled";
    public static final String ACTION_ENABLE_BT="enableBT";
    public static final String ACTION_DISABLE_BT="disableBT";
    public static final String ACTION_PAIR_BT="pairBT";
    public static final String ACTION_UNPAIR_BT="unPairBT";
    public static final String ACTION_STOP_DISCOVERING_BT="stopDiscovering";
    public static final String ACTION_IS_BOUND_BT="isBound";
    private static BluetoothAdapter btadapter;
    private ArrayList<BluetoothDevice> found_devices;
    private boolean discovering=false;
    private Context context;

    @Override
    public PluginResult execute(String action, JSONArray arg1, String callbackId) {
        Log.d("BluetoothPlugin", "Plugin Called");
        PluginResult result = null;
        context = (Context) this.ctx;

        // 当发现设备时注册广播
        IntentFilter filter = new IntentFilter(BluetoothDevice.ACTION_FOUND);
context.registerReceiver(mReceiver, filter);

        // 当启动设备时注册广播
filter = new IntentFilter(BluetoothAdapter.ACTION_DISCOVERY_STARTED);
context.registerReceiver(mReceiver, filter);

        // 当发现设备完成时注册广播
filter = new IntentFilter(BluetoothAdapter.ACTION_DISCOVERY_FINISHED);
context.registerReceiver(mReceiver, filter);

        // 当发现连接状态改变时注册广播
filter = new IntentFilter(ConnectivityManager.CONNECTIVITY_ACTION);
context.registerReceiver(mReceiver, filter);

        Looper.prepare();
```

```
btadapter= BluetoothAdapter.getDefaultAdapter();
found_devices=new ArrayList<BluetoothDevice>();

if (ACTION_DISCOVER_DEVICES.equals(action)) {
    try {

        Log.d("BluetoothPlugin", "We're in "+ACTION_DISCOVER_DEVICES);

        found_devices.clear();
        discovering=true;

    if (btadapter.isDiscovering()) {
        btadapter.cancelDiscovery();
        }

    Log.i("BluetoothPlugin","Discovering devices...");
        btadapter.startDiscovery();

        while (discovering){}

        String devicesFound=null;
        int count=0;
        devicesFound="[";
        for (BluetoothDevice device : found_devices) {
            Log.i("BluetoothPlugin",device.getName() + " "+device.getAddress()+" "+device.
getBondState());
            if ((device.getName()!=null) && (device.getBluetoothClass()!=null)){
                devicesFound = devicesFound + " { \"name\" : \"" + device.getName() + "\" ," +
                    "\"address\" : \"" + device.getAddress() + "\" ," +
                    "\"class\" : \"" + device.getBluetoothClass().getDeviceClass() + "\" }";
                if (count<found_devices.size()-1) devicesFound = devicesFound + ",";
            }else Log.i("BluetoothPlugin",device.getName() + " Problems retrieving attributes. Device not
added ");
            count++;
            }

        devicesFound= devicesFound + "] ";

        Log.d("BluetoothPlugin - "+ACTION_DISCOVER_DEVICES, "Returning: "+ devicesFound);
        result = new PluginResult(Status.OK, devicesFound);
    } catch (Exception Ex) {
        Log.d("BluetoothPlugin - "+ACTION_DISCOVER_DEVICES, "Got Exception "+
Ex.getMessage());
        result = new PluginResult(Status.ERROR);
```

```
            }

        } else    if (ACTION_IS_BT_ENABLED.equals(action)) {
          try {
            Log.d("BluetoothPlugin", "We're in "+ACTION_IS_BT_ENABLED);

            boolean isEnabled = btadapter.isEnabled();

            Log.d("BluetoothPlugin - "+ACTION_IS_BT_ENABLED, "Returning "+ "is Bluetooth Enabled?
"+isEnabled);
            result = new PluginResult(Status.OK, isEnabled);
          } catch (Exception Ex) {
            Log.d("BluetoothPlugin - "+ACTION_IS_BT_ENABLED, "Got Exception "+ Ex.getMessage());
            result = new PluginResult(Status.ERROR);
          }

        } else    if (ACTION_ENABLE_BT.equals(action)) {
          try {
            Log.d("BluetoothPlugin", "We're in "+ACTION_ENABLE_BT);

            boolean enabled = false;

            Log.d("BluetoothPlugin", "Enabling Bluetooth...");

            if (btadapter.isEnabled())
            {
            enabled = true;
            } else {
            enabled = btadapter.enable();
            }

            Log.d("BluetoothPlugin - "+ACTION_ENABLE_BT, "Returning "+ "Result: "+enabled);
            result = new PluginResult(Status.OK, enabled);
          } catch (Exception Ex) {
            Log.d("BluetoothPlugin - "+ACTION_ENABLE_BT, "Got Exception "+ Ex.getMessage());
            result = new PluginResult(Status.ERROR);
          }
        } else    if (ACTION_DISABLE_BT.equals(action)) {
          try {
            Log.d("BluetoothPlugin", "We're in "+ACTION_DISABLE_BT);

            boolean disabled = false;

            Log.d("BluetoothPlugin", "Disabling Bluetooth...");

            if (btadapter.isEnabled())
```

```
      {
        disabled = btadapter.disable();
      } else {
        disabled = true;
      }

      Log.d("BluetoothPlugin - "+ACTION_DISABLE_BT, "Returning "+ "Result: "+disabled);
      result = new PluginResult(Status.OK, disabled);
    } catch (Exception Ex) {
      Log.d("BluetoothPlugin - "+ACTION_DISABLE_BT, "Got Exception "+ Ex.getMessage());
      result = new PluginResult(Status.ERROR);
    }

  } else   if (ACTION_PAIR_BT.equals(action)) {
    try {
      Log.d("BluetoothPlugin", "We're in "+ACTION_PAIR_BT);

      String addressDevice = arg1.getString(0);

      if (btadapter.isDiscovering()) {
    btadapter.cancelDiscovery();
      }

      BluetoothDevice device = btadapter.getRemoteDevice(addressDevice);
      boolean paired = false;

      Log.d("BluetoothPlugin","Pairing with Bluetooth device with name " + device.getName()+"
and address "+device.getAddress());

      try {
        Method m = device.getClass().getMethod("createBond");
        paired = (Boolean) m.invoke(device);
      } catch (Exception e)
      {
        e.printStackTrace();
      }
      Log.d("BluetoothPlugin - "+ACTION_PAIR_BT, "Returning "+ "Result: "+paired);
      result = new PluginResult(Status.OK, paired);
    } catch (Exception Ex) {
      Log.d("BluetoothPlugin - "+ACTION_PAIR_BT, "Got Exception "+ Ex.getMessage());
      result = new PluginResult(Status.ERROR);
    }
  } else   if (ACTION_UNPAIR_BT.equals(action)) {
    try {
      Log.d("BluetoothPlugin", "We're in "+ACTION_UNPAIR_BT);
```

```
                String addressDevice = arg1.getString(0);

                if (btadapter.isDiscovering()) {
            btadapter.cancelDiscovery();
                }

                BluetoothDevice device = btadapter.getRemoteDevice(addressDevice);
                boolean unpaired = false;

                Log.d("BluetoothPlugin","Unpairing Bluetooth device with " + device.getName()+" and
address "+device.getAddress());

                try {
                    Method m = device.getClass().getMethod("removeBond");
                    unpaired = (Boolean) m.invoke(device);
                } catch (Exception e)
                {
                    e.printStackTrace();
                }
            Log.d("BluetoothPlugin - "+ACTION_UNPAIR_BT, "Returning "+ "Result: "+unpaired);
                result = new PluginResult(Status.OK, unpaired);
            } catch (Exception Ex) {
                Log.d("BluetoothPlugin - "+ACTION_UNPAIR_BT, "Got Exception "+ Ex.getMessage());
                result = new PluginResult(Status.ERROR);
            }

        } else    if (ACTION_LIST_BOUND_DEVICES.equals(action)) {
            try {
                Log.d("BluetoothPlugin", "We're in "+ACTION_LIST_BOUND_DEVICES);

                Log.d("BluetoothPlugin","Getting paired devices...");
                Set<BluetoothDevice> pairedDevices = btadapter.getBondedDevices();
                int count =0;
                String resultBoundDevices="[ ";
                if (pairedDevices.size() > 0) {
                    for (BluetoothDevice device : pairedDevices)
                    {
                        Log.i("BluetoothPlugin",device.getName() + " "+device.getAddress()+" "+device.
getBondState());

                        if ((device.getName()!=null) && (device.getBluetoothClass()!=null)){
                            resultBoundDevices = resultBoundDevices + " { \"name\" : \"" + device.getName()
+ "\" ," +"\"address\" : \"" + device.getAddress() + "\" ," + "\"class\" : \"" + device.getBluetoothClass().
getDeviceClass() + "\" }";
                            if (count<pairedDevices.size()-1) resultBoundDevices = resultBoundDevices + ",";
```

```
                } else Log.i("BluetoothPlugin",device.getName() + " Problems retrieving attributes.
Device not added ");
                    count++;
                }


            }


            resultBoundDevices= resultBoundDevices + "] ";

            Log.d("BluetoothPlugin - "+ACTION_LIST_BOUND_DEVICES, "Returning "+
resultBoundDevices);
            result = new PluginResult(Status.OK, resultBoundDevices);

        } catch (Exception Ex) {
            Log.d("BluetoothPlugin - "+ACTION_LIST_BOUND_DEVICES, "Got Exception "+
Ex.getMessage());
            result = new PluginResult(Status.ERROR);
        }

    } else    if (ACTION_STOP_DISCOVERING_BT.equals(action)) {
        try {
        Log.d("BluetoothPlugin", "We're in "+ACTION_STOP_DISCOVERING_BT);

        boolean stopped = true;

        Log.d("BluetoothPlugin", "Stop Discovering Bluetooth Devices...");

        if (btadapter.isDiscovering())
        {
            Log.i("BluetoothPlugin","Stop discovery...");
            stopped = btadapter.cancelDiscovery();
        discovering=false;
        }


            Log.d("BluetoothPlugin - "+ACTION_STOP_DISCOVERING_BT, "Returning "+ "Result:
"+stopped);
            result = new PluginResult(Status.OK, stopped);
        } catch (Exception Ex) {
            Log.d("BluetoothPlugin - "+ACTION_STOP_DISCOVERING_BT, "Got Exception "+
Ex.getMessage());
            result = new PluginResult(Status.ERROR);
        }

    } else    if (ACTION_IS_BOUND_BT.equals(action)) {
        try {
```

```
                 Log.d("BluetoothPlugin", "We're in "+ACTION_IS_BOUND_BT);
                 String addressDevice = arg1.getString(0);
                 BluetoothDevice device = btadapter.getRemoteDevice(addressDevice);
                 Log.i("BluetoothPlugin","BT Device in state "+device.getBondState());

                 boolean state = false;

                 if (device!=null && device.getBondState()==12)
                    state =  true;
                 else
                    state = false;

              Log.d("BluetoothPlugin","Is Bound with " + device.getName()+" - address "+device.
getAddress());


                 Log.d("BluetoothPlugin - "+ACTION_IS_BOUND_BT, "Returning "+ "Result: "+state);
                 result = new PluginResult(Status.OK, state);


              } catch (Exception Ex) {
                 Log.d("BluetoothPlugin - "+ACTION_IS_BOUND_BT, "Got Exception "+ Ex.getMessage());
                 result = new PluginResult(Status.ERROR);
              }


          } else {
              result = new PluginResult(Status.INVALID_ACTION);
              Log.d("BluetoothPlugin", "Invalid action : "+action+" passed");
          }
          return result;
      }

   public void setDiscovering(boolean state){
      discovering=state;
   }



   public void addDevice(BluetoothDevice device){
      if (!found_devices.contains(device))
      {
         Log.i("BluetoothPlugin","Device stored ");
         found_devices.add(device);
      }
   }
```

```java
@Override
public void onDestroy() {
Log.i("BluetoothPlugin","onDestroy "+this.getClass());
context.unregisterReceiver(mReceiver);
super.onDestroy();
}

// 接收蓝牙事件
private final BroadcastReceiver mReceiver = new BroadcastReceiver() {
public void onReceive(Context context, Intent intent)
  {

      String action = intent.getAction();
Log.i("BluetoothPlugin","Action: "+action);

      // 如果发现一个蓝牙设备
if (BluetoothDevice.ACTION_FOUND.equals(action))
      {
          // 从 Intent 中获取蓝牙设备对象
          BluetoothDevice device = intent.getParcelableExtra(BluetoothDevice.EXTRA_DEVICE);
Log.i("BluetoothPlugin","Device found "+device.getName()+ " "+device.getBondState()+" " + device.
getAddress());

    if (device.getBondState() != BluetoothDevice.BOND_BONDED) {
      Log.i("BluetoothPlugin","Device not paired");
      addDevice(device);
    }else Log.i("BluetoothPlugin","Device already paired");

      // 发现开始
    }else if (BluetoothAdapter.ACTION_DISCOVERY_STARTED.equals(action)) {

      Log.i("BluetoothPlugin","Discovery started");
      setDiscovering(true);

      // 发现结束
  }else if (BluetoothAdapter.ACTION_DISCOVERY_FINISHED.equals(action)) {

    Log.i("BluetoothPlugin","Discovery finilized");
    setDiscovering(false);
        }
      }
    };
  }
```

（6）编写文件"HelloPlugin.java"，以实现执行蓝牙插件的功能，具体实现代码如下。

```
public class HelloPlugin extends Plugin {

    public static final String NATIVE_ACTION_STRING="nativeAction";
    public static final String SUCCESS_PARAMETER="success";

    @Override
    public PluginResult execute(String action, JSONArray data, String callbackId) {

        Log.d("HelloPlugin", "Hello, this is a native function called from PhoneGap/Cordova!");

        // 只有当这个方法是应该调用的一个动作时才被执行
        if (NATIVE_ACTION_STRING.equals(action)) {

            String resultType = null;
            try {
                resultType = data.getString(0);
            }
            catch (Exception ex) {
                Log.d("HelloPlugin", ex.toString());
            }

            if (resultType.equals(SUCCESS_PARAMETER)) {
                return new PluginResult(PluginResult.Status.OK, "Yay, Success!!!");
            }
            else {
                return new PluginResult(PluginResult.Status.ERROR, "Oops, Error :(");
            }
        }

        return null;
    }
}
```

（7）编写文件"HelloPlugin.java"对应的 JS 文件"HelloPlugin.js"，具体实现代码如下。

```
var HelloPlugin = {

callNativeFunction: function (success, fail, resultType) {
    return cordova.exec(success, fail, "com.tricedesigns.HelloPlugin", "nativeAction", [resultType]);
    }
};
```

（8）编写文件"MyFirstPhoneGapPluginActivity.java"，以实现调用网页文件"index.html"的功能，具体实现代码如下。

```
public class MyFirstPhoneGapPluginActivity extends DroidGap {
    // 第一次创建活动时调用
```

```
    @Override
public void onCreate(Bundle savedInstanceState) {
super.onCreate(savedInstanceState);
super.loadUrl("file:///android_asset/www/index.html");
    }
}
```

（9）编写网页文件"index.html"，以调用蓝牙插件和 JS 文件，并打开一个蓝牙控制器界面，具体
实现代码如下。

```
<!DOCTYPE HTML>
<html>
<head>
<title>PhoneGap</title>
<script type="text/javascript" charset="utf-8" src="cordova-1.6.1.js"></script>
<script type="text/javascript" charset="utf-8" src="bluetooth.js"></script>
<script type="text/javascript" charset="utf-8">
function onBodyLoad()
{
document.addEventListener("deviceready",onDeviceReady,false);
}
function onDeviceReady()
{
//-------------------------------------------------- listDevices 例程 --------------------------------------------------
var btnListDevices = document.getElementById("list-devices");
    btnListDevices.onclick = function() {
window.plugins.bluetooth.listDevices(null,
function(r){printResult(r)},
function(e){log(e)}
);
}
 //-------------------------------------------------- isBTEnabled 例程 --------------------------------------------------
var btnIsBTEnabled = document.getElementById("isBTEnabled");
    btnIsBTEnabled.onclick = function() {

window.plugins.bluetooth.isBTEnabled(null,
function(r){printResult2(r)},
function(e){log(e)}
);
}

//-------------------------------------------------- enableBT 例程 --------------------------------------------------

var btnEnableBT = document.getElementById("enableBT");
btnEnableBT.onclick = function() {
```

```
window.plugins.bluetooth.enableBT(null,
function(r){printResult3(r)},
function(e){log(e)}
);
}
//------------------------------------------------ disableBT 例程 ------------------------------------------------
var btnDisableBT = document.getElementById("disableBT");
btnDisableBT.onclick = function() {

window.plugins.bluetooth.disableBT(null,
function(r){printResult4(r)},
function(e){log(e)}
);
}
//------------------------------------------------ pairBT 例程 ------------------------------------------------

var btnPairBT = document.getElementById("pairBT");
btnPairBT.onclick = function() {

window.plugins.bluetooth.pairBT("6C:9B:02:44:FA:BF",
function(r){printResult5(r)},
function(e){log(e)}
);
}
//------------------------------------------------ unPairBT 例程 ------------------------------------------------
var btnUnPairBT = document.getElementById("unPairBT");
btnUnPairBT.onclick = function() {

window.plugins.bluetooth.unPairBT("6C:9B:02:44:FA:BF",
function(r){printResult6(r)},
function(e){log(e)}
);
}
//------------------------------------------------ listBoundDevices 例程 ------------------------------------------------
var btnListBoundDevices = document.getElementById("list-bound-devices");
    btnListBoundDevices.onclick = function() {
window.plugins.bluetooth.listBoundDevices(null,
function(r){printResult7(r)},
function(e){log(e)}
);
}
//------------------------------------------------ stopDiscovering 例程 ------------------------------------------------
var btnStopDiscovering = document.getElementById("stopDiscovering");
btnStopDiscovering.onclick = function() {
```

```
window.plugins.bluetooth.stopDiscovering(null,
function(r){printResult8(r)},
function(e){log(e)}
);
}
//--------------------------------------------------- isBound 例程 ---------------------------------------------------
var btnIsBound = document.getElementById("isBound");
btnIsBound.onclick = function() {

window.plugins.bluetooth.isBound("6C:9B:02:44:FA:BF",
function(r){printResult9(r)},
function(e){log(e)}
);
}
}
function printResult(resultadoString){
var htmlText ="";
var i=0;
var resultado = eval(resultadoString);

for(i=0;i<resultado.length;i++)
{
htmlText=htmlText+"<ul><li>Name Device: "+resultado[i].name+"</li></ul>";
htmlText=htmlText+"<ul><li>Address Device: "+resultado[i].address+"</li></ul>";
}
document.getElementById("result").innerHTML=htmlText;
}
function printResult2(resultado){

var htmlText="<ul><li>is Bluetooth Enabled?: "+resultado+"</li></ul>";
document.getElementById("result").innerHTML=htmlText;
}
function printResult3(resultado){
var htmlText="<ul><li>Bluetooth Enabled?: "+resultado+"</li></ul>";
document.getElementById("result").innerHTML=htmlText;
}
function printResult4(resultado){
var htmlText="<ul><li>Bluetooth Disabled?: "+resultado+"</li></ul>";
document.getElementById("result").innerHTML=htmlText;
}
function printResult5(resultado){
var htmlText="<ul><li>Pairing with Bluetooth Device: "+resultado+"</li></ul>";
document.getElementById("result").innerHTML=htmlText;
```

```
        }
        function printResult6(resultado){
        var htmlText="<ul><li>unPairing Bluetooth Device: "+resultado+"</li></ul>";
        document.getElementById("result").innerHTML=htmlText;
        }
        function printResult7(resultadoString){
        var htmlText ="";
        var i=0;
        var resultado = eval(resultadoString);
        for(i=0;i<resultado.length;i++)
        {
        htmlText=htmlText+"<ul><li>Name Device: "+resultado[i].name+"</li></ul>";
        htmlText=htmlText+"<ul><li>Address Device: "+resultado[i].address+"</li></ul>";
        }
        document.getElementById("result").innerHTML=htmlText;
        }
        function printResult8(resultado){
        var htmlText="<ul><li>Stopping Discovering Bluetooth Devices: "+resultado+"</li></ul>";
        document.getElementById("result").innerHTML=htmlText;
        }
        function printResult9(resultado){
        var htmlText="<ul><li>is Device bound with mobile address 6C:9B:02:44:FA:BF?: "+resultado+"</
li></ul>";
        document.getElementById("result").innerHTML=htmlText;
        }
        </script>
        </head>
        <body onload="onBodyLoad()">
        <input id="isBTEnabled" type="button" value="Is Bluetooth Enabled?" />
        <input id="enableBT" type="button" value="Enable Bluetooth" />
        <input id="disableBT" type="button" value="Disable Bluetooth" />
        <input id="list-devices" type="button" value="List Bluetooth Devices" />
        <input id="list-bound-devices" type="button" value="List Bluetooth Bound Devices" />
        <input id="pairBT" type="button" value="Pair Device" />
        <input id="unPairBT" type="button" value="Unpair Device" />
        <input id="stopDiscovering" type="button" value="Stop Discovering" />
        <input id="isBound" type="button" value="Is Device bound with mobile" />
        <hr>
        <div id="result"></div>
        <hr>
        </body>
        </html>
```

【运行结果】

到此为止，整个实例介绍完毕，执行后的效果如图 8-6 所示，单击屏幕中的按钮可以实现蓝牙控制器功能。

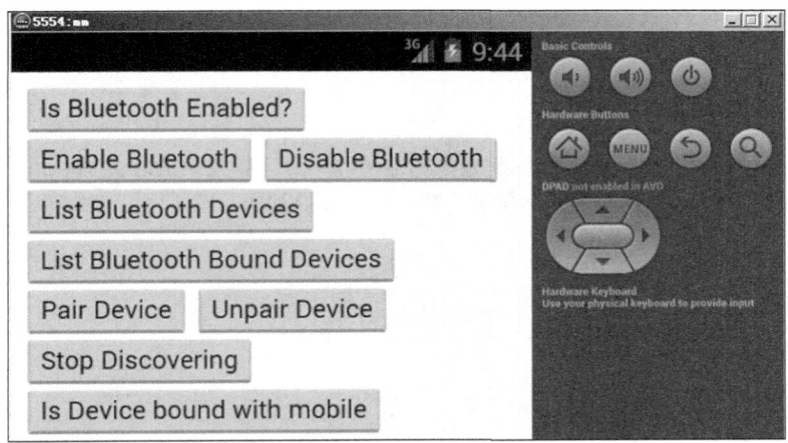

图 8-6　执行效果

▌ 8.5　高手点拨

1. 在 iOS 系统中使用 getCurrentAcceleration() 方法时的异常问题

在 iOS 系统中使用 getCurrentAcceleration() 方法会发生异常情况，因为 iOS 没有获取给定点当前加速度数据的概念，所以必须通过给定时间间隔查看加速度并获得数据。因此，函数 getCurrentAcceleration() 会返回从 PhoneGap watchAccelerometer 调用开始后的最近一个返回值。

2. 总结加速计 API 的 3 个参数

在目前 PhoneGap 应用中，加速计 API 具有如下 3 个参数。

（1）accelerometerSuccess：是提供加速度信息的 onSuccess 回调函数，在如下格式中会用到。

```
function(acceleration) {
    // 进一步处理
}
```

上述代码中，acceleration 表示在某一时刻的加速度，其使用方法可参考下列演示代码。

```
function onSuccess(acceleration) {
    alert('Acceleration X: ' + acceleration.x + '\n' +
    'Acceleration Y: ' + acceleration.y + '\n' +
    'Acceleration Z: ' + acceleration.z + '\n' +
```

```
  'Timestamp: ' + acceleration.timestamp + '\n');
}
```

（2）accelerometerError：是加速度方法的 onError 回调函数，在如下格式中会用到。

```
function() {
  // 错误处理
}
```

（3）accelerometerOptions：表示定制检索加速度计的可选参数，其选项 frequency 表示多少毫秒获取一次 Acceleration，返回结果是数字类型，默认值是 10000。

█ 8.6 实战练习

1．在文本框中显示提示信息

请创建一个类型为 email 的 <input> 元素，设置该元素的 placeholder 属性值为"亲，要输入正确的邮件地址吆！"。当页面初次加载时，该元素的占位文本显示在输入框中，单击输入框时占位文本将自动消失。

2．验证文本框中的内容是否为空

请在表单页面中创建一个用于输入姓名的 text 类型的 <input> 元素，并在该元素中添加了一个 required 属性，将属性值设置为"true"。当用户单击表单的"提交"按钮时，将自动验证输入文本框中内容是否为空，如果为空，则会显示错误信息。

第**9**章

本章教学录像：26 分钟

地理位置 API 详解

在现实应用中，很多智能手机都拥有 GPS 功能。PhoneGap 应用专门提供了地理位置 API 来实现 GPS 位置定位功能。本章将详细讲解地理位置 API 的相关知识。

本章要点（已掌握的在方框中打钩）

☐ 地理位置基础

☐ Geolocation 对象详解

☐ 地理位置 API 的参数

☐ 操作方法

☐ 综合应用——联合使用 Geolocation 和百度地图实现定位功能

▌9.1 地理位置基础

 本节教学录像：5 分钟

在 PhoneGap 框架中，我们可以使用 Geolocation 接口，通过网页获取地理位置信息。一般来说，地理位置信息来源于 GPS 传感器。对于没有 GPS 功能的手机来说，也可以通过一些网络设备信号大致推断自己所处的地理位置，例如 IP 地址、RFID、无线网络、蓝牙的 MAC 地址、GSM/CDMA 蜂窝基站信息。

9.1.1 应用背景

记录地理位置也是现代智能手机非常吸引人的特性之一，借由本特性产生了很多极具创意的游戏和应用。例如，在国内，大众点评网和街旁网的手机客户端、各大微博平台和社交网络也都加入了地理位置记录功能。图 9-1 是大众点评网的 Android 客户端的效果，其中便有根据手机的地理位置信息而设计的位置签到和搜索附近商户信息的功能。

图 9-1　大众点评网的 Android 客户端

9.1.2 Geolocation 接口介绍

在 PhoneGap 应用中，Geolocation 使得应用程序可以访问地理位置信息。Geolocation 对象提供了对设备 GPS 传感器的访问，可提供设备的位置信息，例如经度和纬度。位置信息的常见来源包括全球定位系统（GPS），以及通过诸如 IP 地址、RFID、WiFi、蓝牙的 MAC 地址、GSM/CDMA 手机 ID 的网络信号所做的推断。不能保证该 API 返回的是设备的真实位置信息。这个 API 是基于 W3C Geolocation API Specification（ W3C 地理定位 API 规范 ）实现的。有些设备已经提供了对该规范的实现，对于这些设备采用内置实现而非使用 PhoneGap 的实现。

　　Geolocation 接口基于 W3C 的地理位置规范，地址为 http://dev.w3.org/geo/api/spec-source.html。对于已经实现了该规范的移动设备，PhoneGap 直接调用系统的内置数据。对于还没有实现该规范的移动设备，PhoneGap 则拥有自己的相应实现。这样，无论什么类型的手机，开发者都能使用相同的 PhoneGap 接口来获取地理位置信息，而不需要开发者自己针对不同的手机做不同的实现。

　　目前，PhoneGap 的 Geolocation 接口对 Android、iOS、Windows Phone 7 和 BlackBerry 都有着良好的支持。当然，没有哪个设备能直接返回所处的位置的实际地名，常见的返回信息为设备所在的经度和纬度。一般来说，我们需要结合地理位置信息中的经度、纬度和卫星地图来获取我们所处的地址信息，例如哪座城市的哪一条街道，甚至哪一栋建筑。

　　在最新的 HTML5 规范里面，也有获取地理位置的相应方法。

> 　　PhoneGap 中的地理定位 API 实际上使用的是 HTML5 的方法，而在开发过程中会发现不少手机并不能使用 HTML5 的定位方法。此处介绍插件使用百度定位 API 的 SDK 开发，只需简单地使用 NATIVE 调用百度 API 并获取的经纬坐标返回给前端 JS。

9.2　Geolocation 对象详解

 本节教学录像：7 分钟

　　在 PhoneGap 应用中，Geolocation 地理位置 API 主要包括了 3 个对象，分别为 Position 对象、PositionError 对象和 Coordinates 对象。本节将详细讲解这 3 个对象的羁绊知识。

9.2.1　实战演练——使用 Position 对象

　　在 PhoneGap 应用中，Position 对象包含了由 geolocation API 创建的 Position 坐标信息。调用 PhoneGap 的地理位置接口成功后，回调函数用到了 Position 对象。该对象包含了地理位置坐标的集合，具有如下两个属性。

　　❑　coords：地理位置坐标集合，为 Coordinates 类型。

　　❑　timestamp：地理位置坐标获取时的时间戳，为 DOMTimeStamp 类型，以毫秒数表示。

　　Position 对象是由 PhoneGap 创建和填充的，并通过一个回调函数返回用户。下面是使用 Position 对象的演示代码。

```
// 获取位置信息成功后调用的回调函数
var onSuccess = function(position) {
    alert('Latitude: ' + position.coords.latitude        + '\n' +
        'Longitude: '+ position.coords.longitude          + '\n' +
        'Altitude: ' + position.coords.altitude           + '\n' +
        'Accuracy: ' + position.coords.accuracy           + '\n' +
        'Altitude Accuracy: ' + position.coords.altitudeAccuracy  + '\n' +
        'Heading: '+ position.coords.heading              + '\n' +
        'Speed: ' + position.coords.speed                 + '\n' +
```

```
                                    'Timestamp: ' + new Date(position.timestamp)        + '\n');
};

// onError 回调函数接收一个 PositionError 对象
function onError(error) {
  alert('code: ' + error.code        + '\n' +
        'message: ' + error.message + '\n');
}


navigator.geolocation.getCurrentPosition(onSuccess, onError);
```

在目前 PhoneGap 应用中，Position 对象支持如下 5 种平台。

❑ Android
❑ BlackBerry
❑ BlackBerry WebWorks（OS 5.0 或更高版本）
❑ iOS
❑ Windows Phone 7（Mango）

在接下来的内容中，我们将通过一个简单例子来阐述使用 Position 对象的方法。

【范例 9-1】使用 Position 对象实现简单功能（光盘 \ 配套源码 \9\9-1.html）。

实例文件"9-1.html"的具体实现代码如下。

```
<!DOCTYPE html>
<html>
<head>
  <meta charset="utf-8">
  <meta name="viewport" content="width=device-width, initial-scale=1">
  <title>index.html</title>
  <script type="text/javascript" charset="utf-8" src="cordova.js" ></script>
  <script type="text/javascript" charset="utf-8">
  // 等待加载 PHoneGap
  document.addEventListener("deviceready", onDeviceReady, false);
  // PhoneGap 加载完毕
  function onDeviceReady() {
      navigator.geolocation.getCurrentPosition(onSuccess, onError);
  }


  // 获取位置信息成功后调用的回调函数
  function onSuccess(position) {
      var element = document.getElementById('geolocation');
      element.innerHTML = 'Latitude: ' + position.coords.latitude              + '<br />' +
                          'Longitude: ' + position.coords.longitude             + '<br />' +
                          'Altitude: ' + position.coords.altitude              + '<br />' +
                          'Accuracy: ' + position.coords.accuracy              + '<br />' +
                          'Altitude Accuracy: ' + position.coords.altitudeAccuracy      + '<br />' +
```

```
                        'Heading: ' + position.coords.heading        + '<br />' +
                        'Speed: ' + position.coords.speed             + '<br />' +
                        'Timestamp: ' + new Date(position.timestamp)  + '<br />';
    }

    // onError 回调函数接收一个 PositionError 对象
    function onError(error) {
        alert('code: ' + error.code     + '\n' +
            'message: ' + error.message + '\n');
    }

</script>
</head>
<body>
    <p id="geolocation">Finding geolocation...</p>
</body>
</html>
```

【运行结果】

执行后的效果如图 9-2 所示，可以看出，该效果与预想的不同，这是因为在模拟器中运行的原因。如果在真机中运行会显示我们预期的效果。

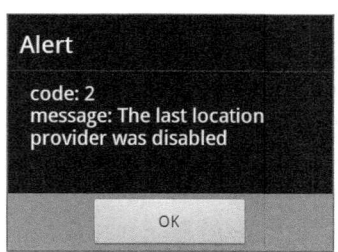

图 9-2　执行效果

9.2.2　PositionError 对象

在 PhoneGap 应用中，发生错误时，一个 PositionError 对象会作为 geolocationError 回调函数的参数传递给用户。PhoneGap 的地理位置接口调用失败后的回调函数用到 PositionError 对象。该对象包含了详细的错误信息，具有如下属性。

❑ code：预定义的错误代码，目前有 PositionError.PERMISSION_DENIED、PositionError.POSITION_UNAVAILABLE 和 PositionError.TIMEOUT 等 3 种常量，相关说明如下。

● PositionError.PERMISSIONPositionError.PERMISSION_DENIED：表示权限被拒绝。

● PositionError.POSITION_UNAVAILABLE：表示位置不可用。

● PositionError.TIMEOUT：表示超时。

❑ message：详细的错误信息。

9.2.3　实战演练——使用 Coordinates 对象

在 PhoneGap 应用中，Coordinates 对象是描述设备地理位置坐标信息的属性集合，是一系列用来描述位置的地理坐标信息的属性。Coordinates 对象一般是一个 JSON 对象，具有如下属性。

- ❑ latitude：设备所处的纬度值，Number 类型，以浮点数表示。
- ❑ longitude：设备所处的经度值，Number 类型，以浮点数表示。
- ❑ altitude：设备所处的海拔高度，Number 类型，以浮点数表示。
- ❑ accuracy：经纬度的精确度级别，Number 类型，以浮点数表示。
- ❑ altitudeAccuracy：海拔高度的精确度级别，Number 类型，以浮点数表示。
- ❑ heading：设备当前的运动方向，方向用相对于正北方顺时针方向的角度表示，Number 类型，以浮点数表示。
- ❑ speed：设备当前的速度值，Number 类型，以浮点数表示。

作为 Position 对象的一部分，Coordinates 对象是由 PhoneGap 创建和填充的。该对象会作为一个回调函数的参数返回用户。在目前 PhoneGap 应用中，Coordinates 对象支持如下 5 种平台。

- ❑ Android
- ❑ BlackBerry（OS 4.6）
- ❑ BlackBerry WebWorks（OS 5.0 或更高版本）
- ❑ iOS
- ❑ Windows Phone 7（Mango）

下面是使用 Coordinates 对象的演示代码。

```
// 获取位置信息成功后调用的回调函数
  var onSuccess = function(position) {
    alert('Latitude: ' + position.coords.latitude         + '\n' +
        'Longitude: ' + position.coords.longitude          + '\n' +
        'Altitude: ' + position.coords.altitude            + '\n' +
        'Accuracy: ' + position.coords.accuracy            + '\n' +
        'Altitude Accuracy: ' + position.coords.altitudeAccuracy + '\n' +
        'Heading: ' + position.coords.heading              + '\n' +
        'Speed: ' + position.coords.speed                  + '\n' +
        'Timestamp: ' + new Date(position.timestamp)       + '\n');
  };

// 获取位置信息出错后调用的回调函数
  var onError = function() {
    alert('onError!');
  };
  navigator.geolocation.getCurrentPosition(onSuccess, onError);
```

在接下来的内容中，我们将通过一个简单例子来阐述使用 Position 对象的方法。

【范例 9-2】阐述使用 Position 对象的方法（光盘 \ 配套源码 \9\9-2.html）。

本实例的实现文件是"9-2.html"，具体实现代码如下。

```html
<!DOCTYPE html>
<html>
<head>
  <meta charset="utf-8">
  <meta name="viewport" content="width=device-width, initial-scale=1">
  <title>index.html</title>
  <script type="text/javascript" charset="utf-8" src="cordova.js" ></script>
  <script type="text/javascript" charset="utf-8">

// 设置一个当 PhoneGap 加载完毕后触发的事件
document.addEventListener("deviceready", onDeviceReady, false);

// PhoneGap 加载完毕并就绪
function onDeviceReady() {
    navigator.geolocation.getCurrentPosition(onSuccess, onError);
}

// 显示位置信息中的 Position 属性
function onSuccess(position) {
    var div = document.getElementById('myDiv');

    div.innerHTML = 'Latitude: '  + position.coords.latitude  + '<br/>' +
                    'Longitude: ' + position.coords.longitude + '<br/>' +
                    'Altitude: ' + position.coords.altitude  + '<br/>' +
                    'Accuracy: ' + position.coords.accuracy  + '<br/>' +
                    'Altitude Accuracy: ' + position.coords.altitudeAccuracy  + '<br/>' +
                    'Heading: ' + position.coords.heading   + '<br/>' +
                    'Speed: ' + position.coords.speed     + '<br/>';
}

// 如果获取位置信息出现问题，则显示一个警告
function onError() {
    alert('onError!');
}

</script>
</head>
<body>
  <div id="myDiv"></div>
</body>
</html>
```

【运行结果】

执行后的效果如图 9-3 所示，可以看出，该效果与预想的不同，这是因为在模拟器中运行的原因，如果在真机中运行，就会显示我们预期的效果。

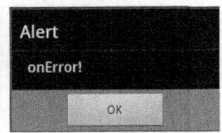

图 9-3 执行效果

注意　当在 Android 系统中不支持 altitudeAccuracy 属性，返回值总是 null。

▌9.3　地理位置 API 的参数

 本节教学录像：2 分钟

在 PhoneGap 应用中，地理位置 API 包含了 3 个选项参数，分别为 geolocationSuccess、geolocationError 和 geolocationOptions。本节将详细讲解这 3 个参数的相关知识。

9.3.1　geolocationSuccess

参数 geolocationSuccess 用于成功获取地理位置信息后的回调函数，在返回属性值中包含了各纬度地理位置信息的 Position 对象，代码格式如下。

```
function geolocationSuccess(position) {
    // 进行处理
}
```

上述代码中，参数 position 表示设备返回的地理位置信息，是 Position 类型。下面是一段使用 geolocationSuccess 的演示代码。

```
function geolocationSuccess(position) {
    alert('Latitude: ' + position.coords.latitude          + '\n' +
        'Longitude: ' + position.coords.longitude          + '\n' +
        'Altitude: ' + position.coords.altitude            + '\n' +
        'Accuracy: ' + position.coords.accuracy            + '\n' +
        'Altitude Accuracy: ' + position.coords.altitudeAccuracy  + '\n' +
        'Heading: ' + position.coords.heading              + '\n' +
        'Speed: ' + position.coords.speed                  + '\n' +
        'Timestamp: '      + new Date(position.timestamp)    + '\n');
}
```

9.3.2　geolocationOptions

参数 geolocationOptions 用于获取地理位置信息时的选项，例如获取频率。产生参数 geolocationOptions

的代码格式如下。

```
{ maximumAge: 3000, timeout: 5000, enableHighAccuracy: true };
```

geolocationOptions 一般为一个 JSON 对象，目前可设置的属性如下。

❏ frequency：Number 类型，以毫秒数表示，用来指定定期获取地理位置信息的频率。如果不指定 frequency，则默认值为 10 秒，即 10000 毫秒。由于 W3C 的规范里并没有该选项，所以将来的 PhoneGap 版本中的 frequency 选项将由 maximumAge 选项代替。

❏ enableHighAccuracy：Boolean 类型，用来指定是否获取最高精度的结果。

❏ timeout：Number 类型，以毫秒数表示，表示 geolocation.getCurrentPosition 或 geolocation. watchPosition 的调用超时时间。

❏ maximumAge：Number 类型，以毫秒数表示，字面意思是保留上一次缓存结果的最长时间，可以理解为获取地理位置信息的频率。

注 意　除非 enableHighAccuracy 选项被设置为 true，否则 Android 2.X 模拟器不会返回一个地理位置结果。相关代码如下。

```
{ enableHighAccuracy: true }
```

9.4　操作方法

 本节教学录像：10 分钟

在 PhoneGap 应用中，地理位置 API 的方法可以通过 navigator 对象进行访问。地理位置 API 有如下 3 种方法。

❏ geolocation.getCurrent Position：获取设备当前的地理位置信息。

❏ geolocation.watchPosition：定期获取设备的地理位置信息。

❏ geolocation. clearWatch：停止定期获取设备的地理位置信息。

在本节的内容中，我们将详细讲解上述方法的相关知识。

9.4.1　实战演练——获取设备当前的地理位置信息

在 PhoneGap 应用中，getCurrentGeolocation() 方法的功能是返回一个表示设备当前位置的 Position 对象，其使用原型如下所示。

```
navigator.geolocation.getCurrentPosition(geolocationSuccess, [geolocationError], [geolocationOptions]);
```

各个参数的具体说明如下。

❏ geolocationSuccess：获取位置信息成功时调用的回调函数，参数为当前的位置信息。

❏ geolocationError：可选项，用于获取位置信息出错时调用的回调函数。

❏ geolocationOptions：可选项，是地理位置选项。

在 PhoneGap 应用中，geolocation.getCurrentPositon() 是一个异步函数，可以回传一个包含设备当前位置信息的 Position 对象给 geolocationSuccess 回调函数。如果发生错误，则回触发 geolocationError 回调函数并传递一个 PositionError 对象。

下面是使用 getCurrentGeolocation() 函数的演示代码。

```
//   获取位置信息成功时调用的回调函数
//   该方法接受一个 Position 对象，包含当前 GPS 坐标信息
var onSuccess = function(position) {
  alert('Latitude: ' + position.coords.latitude          + '\n' +
      'Longitude: ' + position.coords.longitude          + '\n' +
      'Altitude: ' + position.coords.altitude        + '\n' +
      'Accuracy: ' + position.coords.accuracy         + '\n' +
      'Altitude Accuracy: ' + position.coords.altitudeAccuracy  + '\n' +
      'Heading: ' + position.coords.heading          + '\n' +
      'Speed: ' + position.coords.speed        + '\n' +
      'Timestamp: ' + new Date(position.timestamp)      + '\n');
};

// onError 回调函数接收一个 PositionError 对象
function onError(error) {
  alert('code: ' + error.code     + '\n' +
      'message: ' + error.message + '\n');
}
navigator.geolocation.getCurrentPosition(onSuccess, onError);
```

在目前 PhoneGap 应用中，getCurrentGeolocation() 方法支持如下 5 种平台。
❑ Android
❑ BlackBerry（OS 4.6）
❑ BlackBerry WebWorks（OS 5.0 或更高版本）
❑ iOS
❑ Windows Phone 7（Mango）

在接下来的内容中，我们将通过一个简单例子来阐述使用 getCurrentGeolocation() 函数的方法。

【范例 9-3】阐述使用 getCurrentGeolocation() 函数的方法（光盘 \ 配套源码 \ 9\9-3.html）。

本实例的实现文件是 "9-3.html"，具体实现代码如下。

```
<!DOCTYPE html>
<html>
 <head>
   <meta http-equiv="Content-Type" content="text/html; charset=utf-8">
   <title>Geolocation 例子 </title>
   <script type="text/javascript" charset="utf-8" src="cordova.js"></script>
```

```
<script type="text/javascript" charset="utf-8">
// 等待 PhoneGap 加载
document.addEventListener("deviceready", onDeviceReady, false);
// 加载完成
function onDeviceReady() {
    navigator.geolocation.getCurrentPosition(onSuccess, onError);
}
// onSuccess 回调函数
// 接收包含当前地理位置坐标信息的 Position 对象
function onSuccess(position) {
    var element = document.getElementById('geolocation');
    element.innerHTML = ' 纬度 : ' + position.coords.latitude            + '<br />' +
                        ' 经度 : ' + position.coords.longitude           + '<br />' +
                        ' 海拔高度 : ' + position.coords.altitude        + '<br />' +
                        ' 精确度 : ' + position.coords.accuracy          + '<br />' +
                        ' 海拔高度精确度 : ' + position.coords.altitudeAccuracy  + '<br />' +
                        ' 运动方向 : ' + position.coords.heading         + '<br />' +
                        ' 速度 : ' + position.coords.speed               + '<br />' +
                        ' 时间戳 : ' + new Date(position.timestamp)       + '<br />';
}
// onError 回调函数，接收包含具体错误信息的 PositionError 对象
function onError(error) {
    alert(' 错误代码 : ' + error.code    + '\n' +
        ' 详细信息 : ' + error.message + '\n');
}
</script>
</head>
<body>
 <p id="geolocation"> 定位中……</p>
</body>
</html>
```

【运行结果】

执行后的效果如图 9-4 所示，可以看出，该效果与预想的不同，这是因为在模拟器中运行的原因。如果在真机中运行，就会显示我们预期的效果。

图 9-4　执行效果

9.4.2　实战演练——定期获取设备的地理位置信息

在 PhoneGap 应用中，geolocation.watchPosition() 的功能是监视设备的位置变化。geolocation.watchPosition() 是一个异步函数。当检测到设备的位置发生改变时，它返回设备的当前位置。当设备检索到一个新的位置，会触发 geolocationSuccess 回调函数并传递一个 Position 对象作为参数。如果发生错误，会触发 geolocationError 回调函数并传递一个 PositionError 对象。

在 PhoneGap 应用中，方法 geolocation.watchPosition() 的原型如下。

```
var watchId = navigator.geolocation.watchPosition(geolocationSuccess, [geolocationError], [geolocationOptions]);
```

各个参数的具体说明如下。

- ❑ geolocationSuccess：获取位置信息成功时调用的回调函数，参数为当前位置信息。
- ❑ geolocationError：可选项，是获取位置信息出错时调用的回调函数。
- ❑ geolocationOptions：可选项，为地理位置选项。

方法 geolocation.watchPosition() 的返回类型是 String，返回的 watch id 是位置监视 String，是对位置监视周期的引用。在实际应用中，可以通过 geolocation.clearWatch() 调用该 watch ID 以停止对位置变化的监视。

下面是使用 geolocation.watchPosition() 函数的演示代码。

```
// 获取位置信息成功时调用的回调函数
// 该方法接受一个 Position 对象，包含当前 GPS 坐标信息
function onSuccess(position) {
    var element = document.getElementById('geolocation');
    element.innerHTML = 'Latitude: '  + position.coords.latitude    + '<br>' +
                        'Longitude: ' + position.coords.longitude    + '<br>' +
                        '<hr>' + element.innerHTML;
}
// onError 回调函数接收一个 PositionError 对象
function onError(error) {
    alert('code: ' + error.code   + '\n' +
        'message: ' + error.message + '\n');
}
// Options：每隔 3 秒检索一次位置信息
var watchID = navigator.geolocation.watchPosition(onSuccess, onError, { frequency: 3000 });
```

在目前 PhoneGap 应用中，geolocation.watchPosition() 方法支持如下 5 种平台。

- ❑ Android
- ❑ BlackBerry（OS 4.6）
- ❑ BlackBerry WebWorks（OS 5.0 或更高版本）
- ❑ iOS
- ❑ Windows Phone 7（Mango）

在接下来的内容中，我们将通过一个简单例子来阐述使用 geolocation.watchPosition() 的方法。

【范例 9-4】阐述使用 geolocation.watchPosition() 的方法（光盘 \ 配套源码 \9\9-4.html）。

本实例的实现文件是 "9-4.html"，具体实现代码如下。

```html
<!DOCTYPE html>
<html>
 <head>
  <meta http-equiv="Content-Type" content="text/html; charset=utf-8">
  <title>Geolocation 例子 </title>
  <script type="text/javascript" charset="utf-8" src="cordova.js"></script>
  <script type="text/javascript" charset="utf-8">
  // 等待加载 PhoneGap
  document.addEventListener("deviceready", onDeviceReady, false);

  var watchID = null;

  // PhoneGap 加载完毕
  function onDeviceReady() {
      // 每隔 3 秒更新一次
      var options = { frequency: 3000 };
      watchID = navigator.geolocation.watchPosition(onSuccess, onError, options);
  }

  // 获取位置信息成功时调用的回调函数
  function onSuccess(position) {
      var element = document.getElementById('geolocation');
      element.innerHTML = 'Latitude: ' + position.coords.latitude     + '<br />' +
                          'Longitude: ' + position.coords.longitude     + '<br />' +
                          '<hr/>' + element.innerHTML;
  }

  // onError 回调函数接收一个 PositionError 对象
  function onError(error) {
      alert('code: ' + error.code     + '\n' +
          'message: ' + error.message + '\n');
  }

</script>
</head>
<body>
  <p id="geolocation">Finding geolocation...</p>
</body>
</html>
```

【运行结果】

执行后的效果如图 9-5 所示，可以看出，该效果与预想的不一样，这是因为在模拟器中运行的原因，如果在真机中运行，就会显示我们预期的效果。

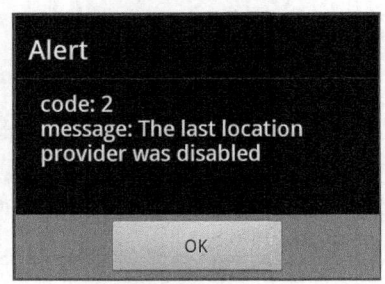

Alert

code: 2
message: The last location
provider was disabled

OK

图 9-5　执行效果

技巧

移动设备持续获取地理位置方法为 navigator.geolocation.watchPosition。对于使用移动设备的用户来说，位置并不是固定的。W3C 当然也考虑到了这一点。watchPosition 是一个专门用来处理这一情况的方法，其被调用后，浏览器会跟踪设备的位置，每一次位置的变化，watchPosition 中的代码都将会被执行。对于致力于移动设备 web 开发的同学来说，这个方法是及其重要的。它也许将会改变 web 移动客户端的格局。使用 navigator.geolocation. clearWatch 可以清除 navigator.geolocation.watchPosition 的监控事件。

9.4.3　实战演练——取消定期获取设备的地理位置信息

在 PhoneGap 应用中，geolocation.clearWatch() 的功能是停止监视 watchID 参数指向的设备位置变化。geolocation.clearWatch() 通过清除 watchID 指向的 geolocation.watchPosition 来停止对设备位置变化的监视。geolocation.clearWatch() 的使用原型如下。

navigator.geolocation.clearWatch(watchID);

上述代码中，参数 watchID 表示要清除的 watchPosition 周期的 id，是一个字符串类型。
下面是使用 geolocation.clearWatch() 的演示代码。

```
// 选项 : 每隔 3 秒检索一次位置信息
var watchID = navigator.geolocation.watchPosition(onSuccess, onError, { frequency: 3000 });

// 后继处理

navigator.geolocation.clearWatch(watchID);
```

在目前 PhoneGap 应用中，geolocation.clearWatch() 支持如下 5 种平台。
❑ Android
❑ BlackBerry（OS 4.6）
❑ BlackBerry WebWorks（OS 5.0 或更高版本）

❑ iOS
❑ Windows Phone 7（Mango）
在接下来的内容中，将通过一个简单例子来阐述使用 geolocation.clearWatch() 的方法。

【范例 9-5】演示使用 geolocation.clearWatch() 的方法（光盘 \ 配套源码 \9\9-5. html）。

本实例的实现文件是"9-9.html"，具体实现代码如下。

```
<!DOCTYPE html>
<html>
 <head>
   <meta http-equiv="Content-Type" content="text/html; charset=utf-8">
   <title>Geolocation 例子 </title>

   <script type="text/javascript" charset="utf-8" src="cordova.js"></script>
   <script type="text/javascript" charset="utf-8">

   // 等待加载 PhoneGap
   document.addEventListener("deviceready", onDeviceReady, false);

   var watchID = null;

   // PhoneGap 加载完毕
   function onDeviceReady() {
     // 每隔 3 秒更新一次
     var options = { frequency: 3000 };
     watchID = navigator.geolocation.watchPosition(onSuccess, onError, options);
   }

   // 获取位置信息成功时调用的回调函数
   function onSuccess(position) {
     var element = document.getElementById('geolocation');
     element.innerHTML = 'Latitude: '  + position.coords.latitude     + '<br />' +
                 'Longitude: ' + position.coords.longitude    + '<br />' +
                 '<hr/>' + element.innerHTML;
   }

   // onError 回调函数接收一个 PositionError 对象
   function onError(error) {
     alert('code: ' + error.code    + '\n' +
        'message: ' + error.message + '\n');
   }

   </script>
```

```
</head>
<body>
    <p id="geolocation">Finding geolocation...</p>
</body>
</html>
```

【运行结果】

执行后的效果如图 9-6 所示，可以看出，该效果与预想的不同，这是因为在模拟器中运行的原因。如果在真机中运行，就会显示我们预期的效果。

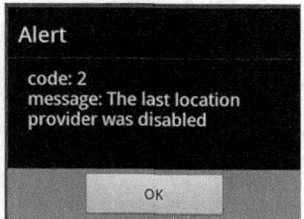

图 9-6　执行效果

9.4.4　实战演练——使用 Geolocation

在接下来的内容中，我们将通过一个具体实例的实现过程来讲解在 PhoneGap 页面中使用 Geolocation 接口的基本方法。

【范例 9-6】在 PhoneGap 页面中使用 Geolocation 接口（光盘 \ 配套源码 \9\ 9-6.html）。

实例文件"index.html"的具体实现代码如下。

```
<!DOCTYPE html>
<html>
  <head>
   <title>Event Example</title>

   <script type="text/javascript" charset="utf-8" src="jquery-1.8.1.min.js"></script>
   <script type="text/javascript" charset="utf-8" src="cordova-2.0.0.js"></script>
   <script type="text/javascript" charset="utf-8">
   document.addEventListener("deviceready", onDeviceReady, false);
   function onDeviceReady() {
       navigator.geolocation.getCurrentPosition(onSuccess, onError);
   }

   function onSuccess(position) {
       var element = document.getElementById('geolocation');
```

```
            // 如果对下面的这些地理坐标感兴趣，大家可以自行搜索
            element.innerHTML = 'Latitude 纬度：' + position.coords.latitude          + '<br />' +
                        'Longitude 经度：' + position.coords.longitude         + '<br />' +
                        'Altitude 位置相对于椭圆球面的高度：' + position.coords.altitude        + '<br />' +
                            'Accuracy 以米为单位的纬度和经度坐标的精度水平：' + position.coords.accuracy
+ '<br />' +
                                'Altitude Accuracy 以米为单位的高度坐标的精度水平：' + position.coords.
altitudeAccuracy      + '<br />' +
                                'Heading 运动的方向，通过相对正北做顺时针旋转的角度指定：'+ position.coords.
heading          + '<br />' +
                            'Speed 以米 / 秒为单位的设备当前地面速度：' + position.coords.speed              +
'<br />' +
                            'Timestamp 以毫秒为单位的 coords 的创建时间戳：' +                    position.
timestamp         + '<br />';
        }

        function onError(error) {
            alert('code: '    + error.code   + '\n' +
                'message: ' + error.message + '\n');
        }

    </script>
    </head>
    <body>
        <p id="geolocation">Finding geolocation...</p>
    </body>
</html>
```

【运行结果】

本实例在模拟器中的执行效果如图 9-7 所示。

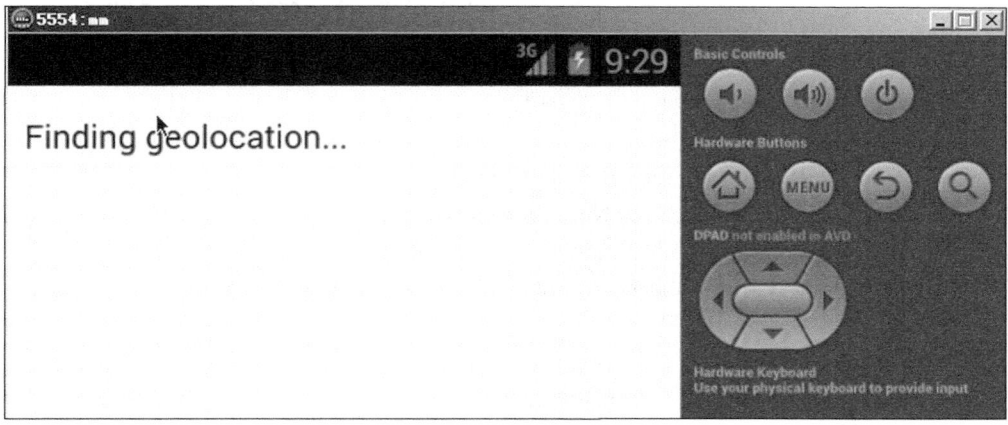

图 9-7　执行效果

> **注意**　以前，获取互联网用户所在地都是以 IP 地址为依据的。这样获取到的数据和真实数据有很大的偏差。为了获取更加精确的位置，可以使用了 HTML5 的 geolocation 来获取经纬度，然后再获取所在地理位置。Geolocation 在的 navigator 对象中，我们可以通过 navigator.geolocation 来使用它。不支持 geolocation 的浏览器并不包含这一对象，这时可以通过编写的代码进行能力检测，对不同的浏览器做不同的处理。在访问 geolocation 对象时，即调用 geolocation 下面的方法时，浏览器会弹出提示，询问用户是否许可网站提供的位置服务，只有在得到用户许可过后，服务才会继续，否则将被停止。

▌ 9.5　综合应用——联合使用 Geolocation 和百度地图实现定位功能

 本节教学录像：2 分钟

　　本节将通过一个综合实例的实现过程，讲解在移动 Web 页面中联合使用 Geolocation 和百度地图实现定位功能的方法。

【范例 9-7】使用 Geolocation 和百度地图实现定位功能（光盘 \ 配套源码 \9\lianhe）。

　　实例文件 "index.html" 的具体实现代码如下。

```
<!DOCTYPE html >
<html>
 <head>
     <meta http-equiv="Content-Type" content="text/html; charset=UTF-8">
     <meta name="viewport" content="width=device-width, initial-scale=1" />
     <link rel="stylesheet"  href="./css/jquery.mobile-1.2.0.css" />
     <style>
     </style>
      <script type="text/javascript" src="http://api.map.baidu.com/api?v=1.2"></script>
     <script src="./js/jquery.js"></script>
     <script src="./js/jquery.mobile-1.2.0.js"></script>
     <script src="./js/cordova-2.2.0.js"></script>
     <script type="text/javascript">
function createMap(init,nLongitude,nNorthLatitude,sCity){
    var wrong = (!(nLongitude) || !(nNorthLatitude)) ? true : false;
    nLongitude = (nLongitude) ? nLongitude : 116.3869220;
    nNorthLatitude =  (nNorthLatitude) ? nNorthLatitude : 39.8886370;
    sCity = sCity || ' 北京天安门 ';
    // 创建地图实例
    var map = new BMap.Map("container");
    map.addEventListener("click", function(e){
```

```
        map.clearOverlays();
        var point = new BMap.Point(e.point.lng, e.point.lat);
        // 创建标注
        var marker = new BMap.Marker(point);
        map.addOverlay(marker);
        var gps={"class":"uexComm","if":"onLocation","lac":e.point.lng,"lat":e.point.lat};
        uexSocketMgr.sendData("cmdDispatcher",JSON.stringify(gps));
    });
    var opts = {type: BMAP_NAVIGATION_CONTROL_LARGE };
    map.addControl(new BMap.NavigationControl(opts));
    map.addControl(new BMap.MapTypeControl());
    // 创建点坐标
    var point = new BMap.Point(nLongitude,nNorthLatitude);
    //map.setCurrentCity(sCity);
    map.centerAndZoom(point, 15);
    // 创建标注
    var marker = new BMap.Marker(point);
    map.addOverlay(marker);
    try {
        localStorage.setItem("longitude", '' + nLongitude);
        localStorage.setItem("latitude", '' + nNorthLatitude);
    }catch (e) {
        if (e == QUOTA_EXCEEDED_ERR) {
            alert('Quota exceeded!');
        }
    };
    if(init != "init" && wrong){
        alert(' 请输入相应的内容后进行定位！ ');
        return;
    };
}

window.uexOnload = function(){
    createMap('init');
}

// 这个不会提示是否关闭浏览器
function CloseWin()
{
window.opener=null;
//window.opener=top;
window.open("","_self");
window.close();
```

```
        }
    </script>


</head>
<body onload="window.uexOnload()">
    <!-- Home -->
    <div data-role="page" id="homepage" >
        <div data-theme="e" data-role="header" >
            <h4>PhoneGapGPS</h4>
            <button onclick="window.location.href='map.html'"> 现在 </button>
            <button onclick="CloseWin();"> 关闭 </button>
        </div>

        <div data-role="content" style="padding-top:15px;">
          <div id="container" style="position:absolute;left:0;right:0;top:45px;bottom:20px;"></div>

        </div>
         <div data-theme="e" data-role="footer" data-position="fixed" style="position:fixed;bottom:0;le
ft:0">
            <span class="ui-title">v1.0</span>
        </div>
    </div>
  </body>
</html>
```

【运行结果】

本实例执行后的效果如图 9-8 所示。

图 9-8 执行效果

在测试时需要开启无线功能和 GPS 功能，如图 9-9 所示。

图 9-9　开启无线功能和 GPS 功能

【范例分析】

本实例是一个基于 PhoneGap API+ 百度地图 API 的简单项目，设置首页默认显示北京天安门附近的地图，单击"现在"按钮将切换到手机当前位置地图。虽然只有两个简单的页面，但关键的两个功能都是实现了（GPS 调用和地图展现）。读者可以以本实例为基础，开发出一些位置方面的手机应用。在测试本项目时，需要开启手机设置中 GPS 和无线网络功能，特别是无线网络。如果没有没勾选此选项，则会总是显示无法获取当前坐标的提示。在使用百度地图时，需要开通手机上网功能，否则无法下载地图。

▌ 9.6　高手点拨

1.　解决 iOS 系统中使用 Position 对象的异常问题

在 iOS 系统中使用 Position 对象，会发生异常情况。这时，timestamp 单位将变为秒，而不是毫秒。通过下面的代码可以用手动的方式将时间戳转换为毫秒（*1000）。

```
var onSuccess = function(position) {
    alert('Latitude: ' + position.coords.latitude + '\n' +
        'Longitude: ' + position.coords.longitude + '\n' +
        'Timestamp: ' + new Date(position.timestamp * 1000) + '\n');
};
```

2.　使用 geolocationError 解决地理位置的错误问题

参数 geolocationError 是用于获取地理位置信息失败后的回调函数，返回属性值包含详细错误信息的 PositionError 对象，产生代码格式如下。

```
function(error) {
    // 处理错误
}
```

上述代码中，error 表示设备返回的错误信息，是 PositionError 类型。

▌ 9.7 实战练习

1. 验证表单中的数据是否为网址格式

请编写一段程序，验证表单中的数据是否是网址格式。

2. 自动设置表单中传递数字

请尝试在页面中显示一个数字域，用于接受 0 ~ 10 的值，且步进为 3。也就是说，合法的值为 0、3、6 和 9。

第 **10** 章

本章教学录像：19 分钟

指南针 API 详解

在现实应用中，智能手机中的指南针功能可以确保我们在行程之中不会迷失方向。在 PhoneGap 应用中，专门提供了指南针 API 来实现方向定位功能。本章将详细讲解指南针 API 的相关知识和具体用法。

本章要点（已掌握的在方框中打钩）

☐ 指南针 API 的两个对象

☐ 指南针 API 中的函数

☐ 综合应用——实现一个移动版指南针

10.1 指南针 API 的对象

 本节教学录像：5 分钟

在 PhoneGap 框架中，使用 Compass 接口可以实现指南针功能。拥有电子罗盘传感器的移动设备一般都有指南针功能。电子罗盘和传统罗盘的作用一样，用来指示方向。电子罗盘相关的应用很多，例如，根据电子罗盘的读数，地图可以自动旋转到方便用户读取的方向，十分适合不太会用地图的人使用。此外，与传统罗盘一样，可以根据地标粗略估计自己所处位置、控制行进方向等。此外，电子罗盘可方便地与 GPS 和电子地图等系统整合使用。熟练运用 GPS 导航功能和电子罗盘功能，能让我们在任何地方都不会迷路。在 PhoneGap 应用中，指南针 API 一共有两个对象，分别为 CompassHeading 和 CompassError。本节将详细讲解这两个对象的基本知识和具体用法。

10.1.1 CompassHeading 对象

在 PhoneGap 应用中，调用指南针接口成功后的回调函数用到了 CompassHeading 对象。该对象具有如下属性。

- ❑ magneticHeading：指南针在某一时刻的朝向，取值范围是 0 ~ 3510.99 度。该属性为 Number 类型，以浮点数表示。
- ❑ trueHeading：指南针在某一时刻相对于北极的朝向，取值范围是 0 ~ 3510.99 度。如果该属性的值为负，则表明该参数不确定。该属性为 Number 类型，以浮点数表示。
- ❑ headingAccuracy：实际度数和记录度数之间的偏差。该属性为 Number 类型，以浮点数表示。
- ❑ timestamp：获取罗盘方向时的时间戳，为 DOMTimeStamp 类型，以毫秒数表示。

在 PhoneGap 应用中，CompassHeading 对象通过 compassSuccess 返回给用户。

10.1.2 CompassError 对象

在 PhoneGap 应用中，调用指南针接口失败后的回调函数用到了 CompassError 对象，其包含了详细的错误信息。CompassError 包含的属性 code 表示预定义的错误代码，目前有两个值，分别为 CompassError.COMPASS_INTERNAL_ERR 和 CompassError.COMPASS_NOT_SUPPORTED。

PhoneGap 应用发生错误时，一个 CompassError 对象会被返回给 CompassError 回调函数。属性 code 是下面两个预定义 error codes 之一。

- ❑ CompassError.COMPASS_INTERNAL_ERR
- ❑ CompassError.COMPASS_NOT_SUPPORTED

10.1.3 onSuccess 函数

在 PhoneGap 应用中，通过 CompassHeading 对象提供了罗盘朝向信息的 onSuccess 回调函数，其使用原型如下。

```
function(heading) {
// 进一步处理
}
```

其中参数 heading 表示朝向信息，是一个 CompassHeading 对象。例如，下面是一段演示代码。

```
function onSuccess(heading) {
    alert('Heading: ' + heading.magneticHeading);
}
```

10.1.4　CompassOptions 对象

在 PhoneGap 应用中，CompassOptions 对象用于定制检索罗盘朝向的可选参数，其各个选项的具体说明如下。

- ❑ frequency：多少毫秒获取一次罗盘朝向，是一个数字类型，默认值是 100。
- ❑ filter：能够触发 watchHeadingFilter success 回调的罗盘改变度数，是数字类型。

目前，在 PhoneGap 应用中使用 CompassOptions 对象可能发生异常情况，并且不同平台的异常表现不同，具体说明如下所示。
- ❑ Android 的特异情况：不支持 filter 参数。
- ❑ Windows Phone 7 的特异情况：不支持 filter 参数。

▌10.2　指南针 API 中的函数

 本节教学录像：10 分钟

在 PhoneGap 应用中，指南针 API 有 5 个函数，分别为 compass.getCurrentHeading()、compass.watchHeading()、compass.clearWatch()、compass.watchHeadingFilter() 和 compass.clearWatchFilter()。在接下来的内容中，我们将详细讲解这 5 个函数的相关知识。

10.2.1　实战演练——获取设备当前的指南针信息

在 PhoneGap 应用中，compass.getCurrentHeading() 函数的功能是获取罗盘的当前朝向，其使用原型如下。

```
navigator.compass.getCurrentHeading(compassSuccess, compassError, compassOptions);
```

上述代码中，compassSuccess 是成功获取指南针信息后的回调函数；compassError 是获取指南针信息失败后的回调函数；compassOptions 为可选项，用来指定获取指南针信息的个性化参数。

罗盘是一个检测设备方向或朝向的传感器，使用度作为衡量单位，取值范围为 0°～3510.99°。可通过 compassSuccess 回调函数返回罗盘朝向数据。下面是一段使用 getCurrentHeading() 函数的演示代码。

```
function onSuccess(heading) {
    alert('Heading: ' + heading);
```

```
}
function onError() {
alert('onError!');
}
navigator.compass.getCurrentHeading(onSuccess, onError);
```

在目前 PhoneGap 应用中，compass.getCurrentHeading() 函数支持如下 3 种平台。

- ❑ Android
- ❑ iOS
- ❑ Windows Phone 7（Mango）

在接下来的内容中，我们将通过一个简单例子来阐述使用 compass.getCurrentHeading() 函数的方法。

【范例 10-1】阐述使用 compass.getCurrentHeading() 函数的方法（光盘 \ 配套源码 \10\ 10-1.html）。

本实例的实现文件是 "10-1.html"，具体实现代码如下。

```
<!DOCTYPE html>
<html>
 <head>
  <meta http-equiv="Content-Type" content="text/html; charset=utf-8">
  <title>Geolocation 例子 </title>

  <script type="text/javascript" charset="utf-8" src="cordova.js"></script>
  <script type="text/javascript" charset="utf-8">

  // 等待加载 PhoneGap
  document.addEventListener("deviceready", onDeviceReady, false);

  // PhoneGap 加载完毕
  function onDeviceReady() {
     navigator.compass.getCurrentHeading(onSuccess, onError);
  }

  // onSuccess : 返回当前的朝向数据
  function onSuccess(heading) {
     alert('Heading: ' + heading);
  }

  // onError : 返回朝向数据失败
  function onError() {
     alert('onError!');
  }
```

```
    </script>
    </head>
    <body>
        <h1>Example</h1>
        <p>getCurrentHeading</p>
    </body>
    </html>
```

【运行结果】

在模拟器中执行的效果如图 10-1 所示，与预想存在差异。如果在真机中运行，就会显示我们预期的效果。

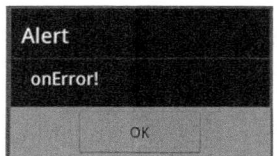

图 10-1　执行效果

10.2.2　实战演练——定期获取设备的指南针信息

在 PhoneGap 应用中，函数 compass.watchHeading() 的功能是在固定的时间间隔获取罗盘朝向的角度，其原型如下。

```
var watchID = navigator.compass.watchHeading(compassSuccess,
compassError, [compassOptions]);
```

罗盘是一个检测设备方向或朝向的传感器，使用度作为衡量单位，取值范围从 0 度到 3510.99 度。compass.watchHeading() 每隔固定时间就获取一次设备的当前朝向。每次取得朝向后，onSuccess 回调函数会被执行。通过 compassOptions 的 frequency 参数可以设定以毫秒为单位的时间间隔。返回的 watch ID 是罗盘监视周期的引用，可以通过 compass.clearWatch() 调用该 watch ID 以停止对罗盘的监视。

下面是一段使用 compass.watchHeading() 函数的演示代码。

```
function onSuccess(heading) {
var element = document.getElementById('heading');
element.innerHTML = 'Heading: ' + heading;
}
function onError() {
alert('onError!');
}
var options = { frequency: 3000 }; // 每隔 3 秒更新一次
var watchID = navigator.compass.watchHeading(onSuccess, onError, options);
```

在目前 PhoneGap 应用中，compass.clearWatch() 方法支持如下 3 种平台。

- ❏ Android
- ❏ iOS
- ❏ Windows Phone 7（Mango）

在接下来的内容中，我们将通过一个简单例子来阐述使用 compass.watchHeading() 函数的方法。

【范例 10-2】阐述使用 compass.watchHeading() 函数的方法（光盘\配套源码\10\10-2.html）。

本实例的实现文件是"10-2.html"，具体实现代码如下。

```html
<!DOCTYPE html>
<html>
 <head>
   <meta http-equiv="Content-Type" content="text/html; charset=utf-8">
   <title>Geolocation 例子 </title>

   <script type="text/javascript" charset="utf-8" src="cordova.js"></script>
   <script type="text/javascript" charset="utf-8">
   // watchID 是当前 compass.watchHeading 的引用
   var watchID = null;

   // 等待加载 PhoneGap
   document.addEventListener("deviceready", onDeviceReady, false);

   // PhoneGap 加载完毕
   function onDeviceReady() {
      startWatch();
   }

   // 开始监视罗盘
   function startWatch() {

      // 每隔 3 秒更新一次罗盘的朝向信息
      var options = { frequency: 3000 };

      watchID = navigator.compass.watchHeading(onSuccess, onError, options);
   }

   // 停止监视罗盘
   function stopWatch() {
      if (watchID) {
         navigator.compass.clearWatch(watchID);
         watchID = null;
      }
   }
```

```
// onSuccess： 返回罗盘的当前朝向
function onSuccess(heading) {
    var element = document.getElementById('heading');
    element.innerHTML = 'Heading: ' + heading;
}

// onError： 获取罗盘朝向失败
function onError() {
    alert('onError!');
}

</script>
</head>
<body>
    <div id="heading">Waiting for heading...</div>
    <button onclick="startWatch();">Start Watching</button>
    <button onclick="stopWatch();">Stop Watching</button>
</body>
</html>
```

【运行结果】

在模拟中执行后的效果如图 10-2 所示，其与预想的不一样。如果在真机中运行，就会显示我们预期的效果。

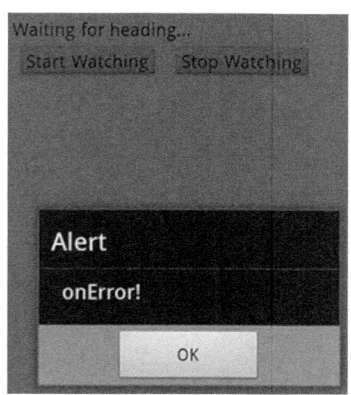

图 10-2　执行效果

10.2.3　实战演练——取消定期获取设备的指南针信息

在 PhoneGap 应用中，compass.clearWatch() 函数的功能是停止监视 watch ID 参数指向的罗盘。其原型如下。

navigator.compass.clearWatch(watchID);

上述代码中，watchID 由 compass.watchHeading() 返回的引用标示。

下面是一段使用 compass.clearWatch() 函数的演示代码。

```javascript
var watchID = navigator.compass.watchHeading(onSuccess, onError, options);
// 后继处理
navigator.compass.clearWatch(watchID);
```

再使用下面的代码，手机便不会再定时获取指南针信息了。

```javascript
var watchID=navigator.compass.watchHeading (onSuccess,onError,options);
    navigator.compass.clearWatch(watchID);
```

在目前 PhoneGap 应用中，compass.clearWatch() 函数支持如下 3 种平台。

- Android
- iOS
- Windows Phone 7（Mango）

在接下来的内容中，将通过一个简单例子来阐述使用 compass.clearWatch() 函数的方法。

【范例 10-3】阐述使用 compass.clearWatch() 函数的方法（光盘 \ 配套源码 \10\ 10-3.html）。

本实例的实现文件是 "10-3.html"，具体实现代码如下。

```html
<!DOCTYPE html>
<html>
  <head>
    <title>Compass 例子 </title>
    <meta http-equiv="Content-Type" content="text/html; charset=utf-8">
    <script type="text/javascript" charset="utf-8" src="cordova.js"></script>
    <script type="text/javascript" charset="utf-8">

    // watchID 是当前 compass.watchHeading 的引用
    var watchID = null;

    // 等待 Cordova 加载
    document.addEventListener("deviceready", onDeviceReady, false);

    // Cordova 加载完成
    function onDeviceReady() {
        startWatch();
    }
```

```
// 开始对指南针设备的监控
function startWatch() {

    // 每隔三秒更新一次数据
    var options = { frequency: 3000 };

    watchID = navigator.compass.watchHeading(onSuccess, onError, options);
}

// 停止对指南针设备的监控
function stopWatch() {
    if (watchID) {
        navigator.compass.clearWatch(watchID);
        watchID = null;
    }
}

// onSuccess 回调函数：返回指南针的当前方向
function onSuccess(heading) {
    var element = document.getElementById('heading');
    element.innerHTML = ' 指南针方向（角度）: ' + heading.magneticHeading;
}

// onError 回调函数：返回详细的错误信息
function onError(compassError) {
    alert(' 错误信息 : ' + compassError.code);
}

    </script>
</head>
<body>
    <div id="heading"> 监测指南针信息中……</div>
    <button onclick="startWatch();"> 开始监测指南针信息 </button>
    <button onclick="stopWatch();"> 停止监测指南针信息 </button>
</body>
</html>
```

【运行结果】

在模拟器中执行后的效果如图 10-3 所示，其与预想的不一样。如果在真机中运行，就会显示我们预期的效果。

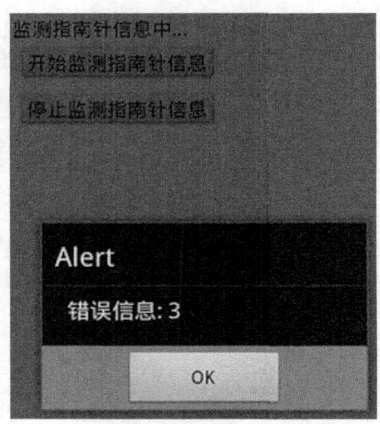

图 10-3　执行效果

10.2.4　实战演练——获取罗盘的朝向度数

在 PhoneGap 应用中，函数 compass.watchHeadingFilter() 的功能是当罗盘至少改变一定度数时获取罗盘的朝向度数，其使用原型如下。

```
var watchID = navigator.compass.watchHeadingFilter(
compassSuccess,
compassError,
compassOptions
);
```

罗盘是探测设备方向或者朝向的传感器，它的测量范围为 0°~3510.99°。compass.watchHeadingFilter 函数获取当设备朝向发生一个指定值的改变后的朝向。当每次朝向的改变大于或者等于某个指定值时，就会调用 onSuccess 回调函数。特定的度数值通过 compassOptions 的 filter 参数指定。

返回的 watchID 引用指向罗盘的监听间隔，函数 compass.clearWatchFilter() 可以使用 watchID 停止对罗盘改变特定度数的监听。每次只有一个 compass.watchHeadingFilter 是有效的，而如果 compass.watchHeadingFilter 是有效的，调用 compass.getCurrentHeading 或者 compass.watchHeading 函数时会使用有效的过滤值来监听罗盘的改变。在 iOS 平台上，这个函数比 iOS 制造商提供的 compass.watchFilter() 更加有效。

目前，函数 compass.watchHeadingFilter 只支持 iOS 平台。下面是一段使用函数 compass.watchHeadingFilter 的演示代码。

```
function onSuccess(heading) {
    var element = document.getElementById('heading');
    element.innerHTML = 'Heading: ' + heading.magneticHeading;
};

function onError(compassError) {
    alert('Compass error: ' + compassError.code);
```

```
};
var options = { filter: 10 };  // 当罗盘的方向改变大于或等于 10 度时获取通知
var watchID = navigator.compass.watchHeadingFilter(onSuccess, onError, options);
```

在接下来的内容中，我们将通过一个具体实例来讲解在 PhoneGap 页面中使 compass.watchHeadingFilter 方法的具体过程。

【范例 10-4】在 PhoneGap 页面中使用 compass.watchHeadingFilter （光盘 \ 配套源码 \10\10-4.html）。

实例文件 "10-4.html" 的具体实现代码如下。

```html
<!DOCTYPE html>
<html>
 <head>
   <title>Compass 例子 </title>
   <meta http-equiv="Content-Type" content="text/html; charset=utf-8">
   <script type="text/javascript" charset="utf-8" src="cordova-2.0.0.js"></script>
   <script type="text/javascript" charset="utf-8">
   // watchID 是当前 "watchHeading" 的引用
   var watchID = null;

   // 等待加载 PhoneGap
   document.addEventListener("deviceready", onDeviceReady, false);
   // PhoneGap 加载完毕
   function onDeviceReady() {
       startWatch();
   }

   // 开始监视罗盘
   function startWatch() {

       // 当罗盘的方向改变大于或等于 10 度时获取通知
       var options = { filter: 10 };

       watchID = navigator.compass.watchHeadingFilter(onSuccess, onError, options);
   }

   // 停止监视罗盘
   function stopWatch() {
       if (watchID) {
         navigator.compass.clearWatchFilter(watchID);
         watchID = null;
       }
   }
```

```
// onSuccess： 返回罗盘的当前朝向
function onSuccess(heading) {
    var element = document.getElementById('heading');
    element.innerHTML = 'Heading: ' + heading.magneticHeading;
}

// onError： 获取罗盘朝向失败
function onError(compassError) {
    alert('Compass error: ' + compassError.code);
}

</script>
</head>
<body>
  <div id="heading">Waiting for heading…</div>
  <button onclick="startWatch();">Start Watching</button>
  <button onclick="stopWatch();">Stop Watching</button>
</body>
</html>
```

【运行结果】

在模拟器中的执行效果如图 10-4 所示。

图 10-4　执行效果

10.2.5　实战演练——停止对罗盘的监听

在 PhoneGap 应用中，函数 compass.clearWatchFilter() 的功能是停止监听通过 watchID 参数指定的罗盘，其使用原型如下。

```
navigator.compass.clearWatchFilter(watchID);
```

上述代码中，参数 watchID 表示 compass.watchHeadingFilter() 函数的返回值。

目前方法 compass.clearWatchFilter 只支持 iOS 平台。下面是一段使用方法 compass.clearWatchFilter 的演示代码。

```
var watchID = navigator.compass.watchHeadingFilter(onSuccess, onError, options);
// 后继处理
navigator.compass.clearWatchFilter(watchID);
```

在接下来的内容中，我们将通过一个具体实例来讲解在 PhoneGap 页面中使用方法 compass. clearWatchFilter() 的具体过程。

【范例 10-5】在 PhoneGap 页面中使用 compass.clearWatchFilter()（光盘 \ 配套源码 \10\10-5.html）。

实例文件 "10-10.html" 的具体实现代码如下。

```
<!DOCTYPE html>
<html>
  <head>
    <title>Compass 例子 </title>
    <meta http-equiv="Content-Type" content="text/html; charset=utf-8">
    <script type="text/javascript" charset="utf-8" src="cordova-2.0.0.js"></script>
    <script type="text/javascript" charset="utf-8">
  // watchID 是当前 "watchHeading" 的引用
  var watchID = null;
  // 等待加载 PhoneGap
  document.addEventListener("deviceready", onDeviceReady, false);

  // PhoneGap 加载完毕
  function onDeviceReady() {
      startWatch();
  }
  // 开始监视罗盘
  function startWatch() {

      // 当罗盘的度数改变大于或等于 10 度时获取通知
      var options = { filter: 10 };

      watchID = navigator.compass.watchHeadingFilter(onSuccess, onError, options);
  }
  // 停止监视罗盘
  function stopWatch() {
    if (watchID) {
      navigator.compass.clearWatchFilter(watchID);
      watchID = null;
    }
  }
```

```
// onSuccess: 返回罗盘的当前朝向
function onSuccess(heading) {
    var element = document.getElementById('heading');
    element.innerHTML = 'Heading: ' + heading.magneticHeading;
}
// onError: 获取罗盘朝向失败
function onError(compassError) {
    alert('Compass error: ' + compassError.code);
}
</script>
</head>
<body>
    <div id="heading">Waiting for heading…</div>
    <button onclick="startWatch();">Start Watching</button>
    <button onclick="stopWatch();">Stop Watching</button>
</body>
</html>
```

【运行结果】

在模拟器中的执行效果如图 10-5 所示。

图 10-5　执行效果

■ 10.3　综合应用——实现一个移动版指南针

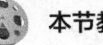 **本节教学录像：4 分钟**

在移动设备应用中，指南针是一个常见的应用程序，内置在很多品牌的手机和平板设备中。本实例的功能是使用 HTML5 技术和 PhoneGap 技术联合实现一个简单的移动版指南针功能。

【范例 10-6】实现一个简单的移动版指南针功能（光盘 \ 配套源码 \10\zhinanzhen）。

本实例的实现文件是 "index.html"，功能是通过函数 getPositonStr() 来获取当前指针的朝向区域，并在页面中显示具体结果。实例文件 "index.html" 的具体实现代码如下。

```
<title> 指南针 </title>
<meta http-equiv="Content-Type" content="text/html; charset=GBK" />
<link href="css/css.css" rel="stylesheet" type="text/css" />

<script type="text/javascript" charset="utf-8" src="phonegap.js"></script>
<script type="text/javascript" charset="utf-8">

    var b=10,c=100,d=20,t=0,ang=0;drgNum=0;
    var cv, ctx,prevAng = 0,currAng = 0;

    var img = new Image();
    img.src = "images/znz_04.png";

    // watchID 是当前 compass.watchHeading 的引用
    var watchID = null;

    document.addEventListener("backbutton", onBackKeyDown, false);
    // 等待加载 PhoneGap
    document.addEventListener("deviceready", onDeviceReady, false);
    function onDeviceReady() {
        // 注册事件监视器
        document.addEventListener("backbutton", onBackKeyDown, false);
    }
    // 开始监视罗盘
    function startWatch() {

        // 每隔 3 秒更新一次罗盘数据
        var options = { frequency: 10 };

        watchID = navigator.compass.watchHeading(onSuccess, onError, options);
    }

    // 停止监视罗盘
    function stopWatch() {
        if (watchID) {
            navigator.compass.clearWatch(watchID);
            watchID = null;
        }
        var element = document.getElementById('heading');
        element.innerHTML = ' 停止 ' + drgNum+'° ';
    }

    // onSuccess： 返回罗盘的当前朝向
```

```
function onSuccess(heading) {
    var fangweiStr = "";
    var element = document.getElementById('heading');
    element.innerHTML = getPositonStr(360-heading)+'' + Math.round(heading)+'° ';
    setRotationFun((360-heading)*Math.PI/180);
    drgNum = heading;
}

// onError： 获取罗盘朝向失败
function onError() {
    alert('onError! 获取罗盘朝向失败 ');
    stopWatch();
}

function getPositonStr(d){
    var str = " 北 ";
    if(d>=340 && d<20 ){
        str=" 北 ";
    }
    if(d<=340 && d>290){
        str=" 东北 ";
    }
    if(d<=290 && d>250){
        str=" 东 ";
    }
    if(d<=250 && d>200){
        str=" 东南 ";
    }
    if(d<=250 && d>200){
        str=" 东南 ";
    }
    if(d<=200 && d>160){
        str=" 南 ";
    }
    if(d<=160 && d>110){
        str=" 西南 ";
    }
    if(d<=110 && d>70){
        str=" 西 ";
    }
    if(d<=70 && d>20){
        str=" 西北 ";
    }
    return str;
}
```

```
function setRotationFun(ang){
    //setRotationFun(ang*Math.PI/180);
    cv = document.getElementById("compassImgDiv");
    ctx = cv.getContext("2d");
    cv.width = 355;
    cv.height = 355;
    ctx.save();
    ctx.translate(cv.width/2, cv.height/2);
    ctx.scale(1, 1);
    ctx.rotate(ang);
    ctx.drawImage(img, -355/2, -355/2);
    ctx.restore();
}
// 格式化数字，保留 num 位小数
function formatNum(str,num){
    var s = parseFloat(str);
    if(!num) num=4;
    if(isNaN(s)){
        return;
    }
    s = s.toFixed(num);
    if(s=="" || s<0) s=0;
    return s;
}

function onBackKeyDown() {
    // 显示确认对话框
    navigator.notification.confirm(
        '是否要退出罗盘程序',        // 显示信息
        onConfirm,                  // 按下按钮后触发的回调函数，返回按下按钮的索引
        '退出程序',                 // 标题
        '确认 , 取消'              // 按钮标签
    );

}

// 处理确认对话框返回的结果
function onConfirm(button) {
    if(button == 1){
        navigator.app.exitApp();
    }
}

</script>
</head>
```

```
<body>
<div class="all">
    <div id="heading" class="top"> 点击开始 </div>
    <div class="middle">
        <canvas id="compassImgDiv" class="dial"></canvas>
    </div>
    <div class="bottom">
        <div class="start"><img src="images/tm.gif" width="198px" height="79" border="0"
onclick="startWatch();"></div>
        <div class="kong"></div>
        <div class="stop"><img src="images/tm.gif" width="198px" height="79" border="0"
onclick="stopWatch();"></div>
    </div>

</div>
</body>
</html>
```

相关样式文件 "css.css" 的具体实现代码如下。

```
body {
 background-color:#b8b2b6; font-family: " 黑 体 "; margin:0px; padding:0px; color:#2d1608;-webkit-
tap-highlight-color: rgba(0,0,0,0);
    -webkit-user-select: none;
}
.all{
width:480px; height:763px; margin:0 auto;
}
/*znz*/
.all .top{
width:480px; height:129px; background:url(../images/znz_01.png) no-repeat; text-align:center; font-
size:80px; padding-top:50px;
}
.all .middle{
width:417px; height:355px; background:url(../images/znz_02.png) no-repeat; padding-left:63px;
}
.all .middle .dial{
width:355px; height:355px; background:url(../images/znz_04.png) no-repeat;
}
.all .bottom{
width:451px; height:106px; background:url(../images/znz_03.png) no-repeat; padding-left:29px;
padding-top:123px;
}
.all .bottom .start{
float:left; width:198px; height:79px;
}
```

```
.all .bottom .start a{
 float:left; width:198px; height:79px;
 }
.all .bottom .start a:hover{
 float:left; width:198px; height:79px; background:url(../images/start.png) no-repeat;
 }
.all .bottom .kong{
 float:left; width:27px; height:79px;
 }
.all .bottom .stop{
 float:left; width:198px; height:79px;
 }
.all .bottom .stop a{
 float:left; width:198px; height:79px;
 }
.all .bottom .stop a:hover{
 float:left; width:198px; height:79px; background:url(../images/stop.png) no-repeat;
 }
.efont{
 font-family:Arial, Helvetica, sans-serif;
 }
.bold{
 font-weight:bold;
 }
```

【运行结果】

本实例执行之后的效果如图 10-6 所示。

图 10-6 执行效果

▌ 10.4 高手点拨

当在 PhoneGap 页面中使用 CompassHeading 对象时可能会发生异常情况，并且在不同平台的异常表现不同，具体说明如下。

❑ Android 的特异情况：不支持 trueHeading 参数，其结果和 magneticHeading 相同。如果 trueHeading 和 magneticHeading 的值一样，则 headingAccuracy 的值将始终为 0。

❑ iOS 的特异情况：只有当位置服务通过 navigator.geolocation.watchLocation() 运行时，才能返回 trueHeading。对于 iOS 版本高于 4.0 的设备，如果设备被旋转了并且应用程序支持旋转后的方向，罗盘的值将按照当前的方向来计算。

❑ Windows Phone 7 的特异情况：仅仅返回 trueHeading，需要注意的是这部分代码很多都没有测试，因为缺乏支持罗盘的设备。

▌ 10.5 实战练习

1. 在表单中选择多个上传文件

请在页面中设置一个查询表单，并实现这些功能：单击"浏览…"按钮后，弹出文件选择对话框，通过该对话框可以选择多个文件做上传操作。

2. 在表单中自动提示输入文本

尝试在页面的表单中新增一个 id 号为"lstWork"的 <datalist> 元素，然后创建一个文本输入框，并将文本框的 list 属性设置为"lstWork"，即将文本框与 <datalist> 元素进行绑定。当单击输入框时，要求显示 <datalist> 元素中的列表项。

第**11**章

 本章教学录像：27 分钟

照相机 API 详解

很多智能手机都具有多媒体功能，例如相机、视频、音乐、录像等，以适应用户的需要。在 PhoneGap 应用中，专门提供了针对相机应用的 API，即 Camera。本章将详细讲解 Camera 的相关知识。

本章要点（已掌握的在方框中打钩）

☐ 照相机 API 的函数

☐ 业务操作

☐ 综合应用——实现拍照并设置为头像功能

☐ 综合应用——实现拍照并查看相册功能

11.1 照相机 API 的函数

 本节教学录像：10 分钟

在 PhoneGap 应用中，照相机 API 是 Camera，功能是使用设备的摄像头采集照片，对象提供对设备默认摄像头应用程序的访问。通过使用照相机 API，可以拍照或者访问照片库中的照片。本节将讲解照相机 API 中 camera.getPicture() 函数的相关知识。

11.1.1 函数 camera.getPicture()

在 PhoneGap 应用中，照相机 API 只有一个函数，即 camera.getPicture()，其选择使用摄像头拍照，或从设备相册中获取一张照片，图片以 base64 编码的字符串或图片 URI（Uniform Resource Identifier，统一资源标识符）形式返回。函数 camera.getPicture() 的原型如下所示。

```
navigator.camera.getPicture(cameraSuccess, cameraError, [ cameraOptions ] );
```

由此可见，函数 camera.getPicture() 有 3 个参数，具体说明如下。

（1）cameraOptions：该参数提供配置参数，是键值对的 JSON 字符串，共有 8 个配置参数，具体说明如下。

❏ PictureSourceType：如果该参数是 navigator.camera.PictureSourceType.PHOTOLIBRARY，则从图片库获取图片；如果该参数是 navigator.camera.PictureSourceType.SAVEDPHOTOALBUM，则从相册中获取图片；如果该参数是 navigator.camera.PictureSourceType.CAMERA，则从设备的照相机中获取图片。在某些设备中，PHOTOLIBRARY 和 AVEDPHOTOALBUM 是同一个。相关代码如下。

```
camera.PictureSourceType = {
  PHOTOLIBRARY : 0,
  CAMERA : 1,
  SAVEDPHOTOALBUM : 2
}
```

❏ destinationType：是数字类型，可以决定返回的数据类型，可以是图片的 URL，也可以是图片数据。该参数通过 navigator.camera.DestinationType 进行定义的相关代码如下。

```
camera.DestinationType = {
  DATA_URL : 0,        // 返回 Base64 编码字符串的图像数据
  FILE_URI : 1         // 返回图像文件的 URI
}
```

❏ quality：该参数用于设定图片的质量，取值范围为 1 ~ 100。
❏ allowEdit：该参数为布尔型，用于指定该图片在选中前是否可以编辑。
❏ encodingType：该参数是数字类型，值是常量，可以是 camera.encodingType.JPEG 或者 camera.encodingType.PNG，用于指定图片返回的文件类型。相关代码如下。

```
camera.EncodingType = {
  JPEG : 0,                // 返回 JPEG 格式图片
  PNG : 1                  // 返回 PNG 格式图片
};
```

❑ targetWidth：该参数用于指定图片展示时的宽度，以像素为单位，必须和 targetHeight 一起使用。
❑ targetHeight：该参数用于指定图片展示时的高度，以像素为单位，必须和 targetWidth 一起使用。
❑ mediaType：该参数是数字类型，对应的值为常量，可以为 camera.mediaType.PICTURE、camera.mediaType.VIDEO 或者 camera.mediaType.ALLMEDIAo。该参数只有在 sourceType 设定为 PHOTOLIBRARY 或者 SAVEDPHOTOALBUM 的情况下才可使用。

```
camera.MediaType = {
  PICTURE: 0,       // 默认值，返回的是 Picture，返回由 DestinationType 指定的格式
  VIDEO: 1,         // 选出的只能是 video 类型，返回值是 FILE_URI
  ALLMEDIA : 2      // 允许选出的是所有类型
```

（2）cameraSuccess：这是成功访问图片后的回调函数。该函数的参数取值取决于 destinationType 的类型，如果 destinationType 是 DATA_URL，则该参数返回 Base64 编码的图像数据；如果 destinationType 是 FIFE_URI，则该参数返回的是图像的 URI。不论是图像数据，还是 URI，都可以通过 img 标签的 src 属性显示在网页中。对于图片数据 imageData，通过给 src 属性赋值 "data:image/jpeg;base64,"+ imageData 即可。对于图片 URI imageURI，通过给 src 属性直接赋值 imageURI 即可。

（3）cameraError：这是访问图片失败后的回调函数。该函数的参数为失败的消息。

由此可见，函数 camera.getPicture() 能够打开设备的默认摄像头应用程序，使用户可以拍照（如果 Camera.sourceType 设置为 Camera.PictureSourceType.CAMERA，则其也成为默认值）。一旦拍照结束，摄像头应用程序会关闭并恢复用户应用程序。

如果 Camera.sourceType 设置为 Camera.PictureSourceType.PHOTOLIBRARY 或 Camera.PictureSourceType.SAVEDPHOTOALBUM，则系统弹出照片选择对话框，用户可以从相机中选择照片。

函数 getPicture() 的返回值会按照用户通过参数 cameraOptions 所设定的下列格式之一发送给 cameraSuccess 回调函数。

❑ 一个字符串，包含 Base64 编码的照片图像（默认情况）。
❑ 一个字符串，表示在本地存储的图像文件位置。
❑ 可以对编码的图片或 URI 做任何处理，通常包括以下几种处理。
● 通过标签渲染图片。
● 存储为本地数据，例如 LocalStorage、Lawnchair* 等。
● 将数据发送到远程服务器。
在现实应用中，可以对编码的图片或 URI 做任何处理，例如以下几种处理。
❑ 通过 img 标签渲染图片。
❑ 存储为本地数据，例如 LocalStorage、Lawnchair* 等。
❑ 将数据发送到远程服务器。
在目前 PhoneGap 应用中，函数 camera.getPicture() 支持如下 5 种平台。
❑ Android
❑ BlackBerry WebWorks（OS 5.0 或更高版本）

❑ iOS

❑ Windows Phone 7 (Mango)

提示

在现实应用中，在使用方法 camera.getPicture 时会发生如下几类异常。

（1）Android 的特异情况

❑ 忽略 allowEdit 参数。

❑ Camera.PictureSourceType.PHOTOLIBRARY 或 Camera.PictureSourceType.SAVEDPHOTOALBUM 都会显示同一个相集。

❑ 不支持 Camera.EncodingType。

（2）BlackBerry 的特异情况

❑ 忽略 quality 参数。

❑ 忽略 sourceType 参数。

❑ 忽略 allowEdit 参数。

❑ 当拍照结束后，应用程序必须有按键注入权限才能关闭本地 Camera 应用程序。

❑ 使用大图像尺寸，可能会导致新近带有高分辨率摄像头型号的设备无法对图像进行编码，如 Torch 9800 便会出现这种情况。

❑ 不支持 Camera.MediaType。

（3）Palm 的特异情况

❑ 忽略 quality 参数。

❑ 忽略 sourceType 参数。

❑ 忽略 allowEdit 参数。

❑ 不支持 Camera.MediaType。

（4）iOS 的特异情况

❑ 报内存错误。为了避免部分设备上出现内存错误，quality 的设定值要低于 50。

❑ 当使用 destinationType.FILE_URI 时，使用摄像头拍摄的和编辑过的照片会存储到应用程序的"Documents/tmp"目录。

❑ 应用程序结束的时候，应用程序的"Documents/tmp"目录会被删除。如果存储空间大小非常紧缺，开发者也可以通过 navigator.fileMgr 的接口来删除该目录。

（5）Windows Phone 7 的异常情况：会忽略 allowEdit 参数。

11.1.2 cameraSuccess

在目前 PhoneGap 应用中，cameraSuccess 的功能是提供图像数据的 onSuccess() 回调函数，其使用原型如下。

```
function(imageData) {
    // 对图像进行处理
}
```

参数 imageData 能够根据 cameraOptions 的设定值，为 Base64 编码的图像数据或图像文件的 URI，是一个字符串类型。下面为一段使用了 imageData 的代码。

```
// 显示图片
function cameraCallback(imageData) {
    var image = document.getElementById('myImage');
```

```
image.src = "data:image/jpeg;base64," + imageData;
}
```

11.1.3 cameraError

在目前 PhoneGap 应用中，cameraError 提供了错误信息的 onError() 回调函数。

```
function(message) {
  // 显示有用信息
}
```

参数 message 表示设备本地代码提供的错误信息，是一个字符串类型。

11.1.4 实战演练——在网页中触发照相机

在接下来的内容中，我们将通过一个简单例子来阐述使用照相机 API 的方法。

【范例 11-1】演示使用照相机 API 的方法（光盘 \ 配套源码 \11\11-1.html）。

本实例的实现文件是"11-1.html"，具体实现代码如下。

```html
<!DOCTYPE html>
<html>
<head>
  <meta charset="utf-8">
  <meta name="viewport" content="width=device-width, initial-scale=1">
  <title>index.html</title>
  <script type="text/javascript" charset="utf-8" src="cordova.js" ></script>
    <script type="text/javascript" charset="utf-8">

    var pictureSource;      // 图片来源
    var destinationType;       // 设置返回值的格式

    // 等待 PhoneGap 连接设备
    document.addEventListener("deviceready",onDeviceReady,false);

    // PhoneGap 准备就绪，可以使用！
    function onDeviceReady() {
      pictureSource=navigator.camera.PictureSourceType;
      destinationType=navigator.camera.DestinationType;
    }

    // 当成功获得一张照片的 Base64 编码数据后被调用
    function onPhotoDataSuccess(imageData) {
```

```
    // 取消注释以查看 Base64 编码的图像数据
    // console.log(imageData);
    // 获取图像句柄
    var smallImage = document.getElementById('smallImage');

    // 取消隐藏的图像元素
    smallImage.style.display = 'block';

    // 显示拍摄的照片
    // 使用内嵌 CSS 规则来缩放图片
    smallImage.src = "data:image/jpeg;base64," + imageData;
}

// 当成功得到一张照片的 URI 后被调用
function onPhotoURISuccess(imageURI) {

    // 取消注释以查看图片文件的 URI
    // console.log(imageURI);
    // 获取图片句柄
    var largeImage = document.getElementById('largeImage');

    // 取消隐藏的图像元素
    largeImage.style.display = 'block';

    // 显示拍摄的照片
    // 使用内嵌 CSS 规则来缩放图片
    largeImage.src = imageURI;
}

// "Capture Photo" 按钮点击事件触发函数
function capturePhoto() {

    // 使用设备上的摄像头拍照，并获得 Base64 编码字符串格式的图像
    navigator.camera.getPicture(onPhotoDataSuccess, onFail, { quality: 50 });
}

// "Capture Editable Photo" 按钮点击事件触发函数
function capturePhotoEdit() {

    // 使用设备上的摄像头拍照，并获得 Base64 编码字符串格式的可编辑图像
    navigator.camera.getPicture(onPhotoDataSuccess, onFail, { quality: 20, allowEdit: true });
}
```

```
// 按钮 "From Photo Library" 和按钮 "From Photo Album" 单击事件触发函数
function getPhoto(source) {

    // 从设定的来源处获取图像文件 URI
    navigator.camera.getPicture(onPhotoURISuccess, onFail, { quality: 50,
    destinationType: destinationType.FILE_URI,sourceType: source });
}

// 当有错误发生时触发此函数
function onFail(mesage) {
    alert('Failed because: ' + message);
}

</script>
</head>
<body>
    <button onclick="capturePhoto();">Capture Photo</button> <br>
    <button onclick="capturePhotoEdit();">Capture Editable Photo</button> <br>
    <button onclick="getPhoto(pictureSource.PHOTOLIBRARY);">From Photo Library</button><br>
     <button onclick="getPhoto(pictureSource.SAVEDPHOTOALBUM);">From Photo Album</button><br>
    <img style="display:none;width:60px;height:60px;" id="smallImage" src="" />
    <img style="display:none;" id="largeImage" src="" />
    </body>
</html>
```

【运行结果】

执行后的效果如图 11-1 所示，触摸屏幕中的某个按钮后，会实现对应的功能。例如，触摸 "From Photo Album" 按钮后，会显示系统内图片库内的图片信息。

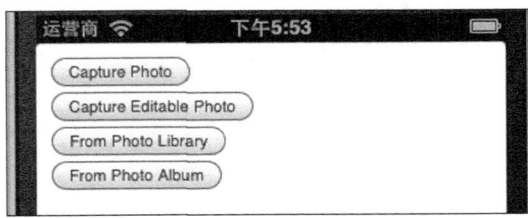

图 11-1　执行效果

11.2　业务操作

 本节教学录像：6 分钟

在 PhoneGap 应用中，有如下两个和照相机 API 相关的业务操作。

❑ 利用系统默认的照相机拍照。
❑ 从图片库或者相册中浏览现有的照片。
本节将详细讲解照相机 API 相关业务操作的基本知识。

11.2.1　业务操作基础

在 PhoneGap 应用中，照相机 API 的两个相机操作都会调用 camera.getPicture() 函数，并且主要逻辑一致，唯一的不同就是 cameraOptions 对象的配置不同。

利用照相机 API 进行拍照的主要逻辑如下。

```
navigator.camera.getPicture(onSuccess,onFail,{
sourceType:navigator.camera.PictureSourceType.CAMERA
} )
```

从相册中浏览照片的主要逻辑如下。

```
navigator.camera.getPicture(onSuccess,onFail,{
sourceType:navigator.camera.PictureSourceType.PHOTOLIBRARY
} )
```

它们之间的唯一区别是 sourceType 的配置不同。
下面是实现拍照并获取 Base64 编码的图像的演示代码。

```
navigator.camera.getPicture(onSuccess, onFail, { quality: 50 });
   function onSuccess(imageData) {
   var image = document.getElementById('myImage');
   image.src = "data:image/jpeg;base64," + imageData;
   }
   function onFail(message) {
   alert('Failed because: ' + message);
   }
```

下面是拍照并获取图像文件路径的演示代码。

```
navigator.camera.getPicture(onSuccess, onFail, { quality: 50,
   destinationType: Camera.DestinationType.FILE_URI });
   function onSuccess(imageURI) {
   var image = document.getElementById('myImage');
   image.src = imageURI;
   }
   function onFail(message) {
   alert('Failed because: ' + message);
   }
```

11.2.2　实战演练——使用照相机 API

在接下来的内容中，我们将通过一个具体实例的实例过程，讲解使用照相机 API 的方法。

【范例 11-2】阐述使用照相机 API 的方法（光盘 \ 配套源码 \11\11-2.html）。

本实例页面利用 jQuery Mobile UI 来布局，实现文件是"11-2.html"。该文件由两个按钮和一个图片显示区域组成。本实例的具体实现流程如下。

（1）在页面的页头部分，添加两个自定义的 CSS 来控制图片 img 标签及其父容器 div 的显示样式，以使图片具有固定的长度和宽度，并且充满整个 div，另外，div 周围包含边框。具体代码如下。

```
<!DOCTYPE html>
<html>
<head>
  <meta charset="utf-8">
  <meta name="viewport" content="width=device-width, initial-scale=1">
  <title>index.html</title>
  <link rel="stylesheet" href="jquery.mobile-1.0.1.min.css" />
  <script type="text/javascript" charset="utf-8" src="jquery.js"></script>
  <script type="text/javascript" charset="utf-8" src="jquery.mobile-1.0.1.min.js"></script>
  <script type="text/javascript" charset="utf-8" src="cordova.js" ></script>
  <style >
  .imageContainer
  {
    width: 288px;
    height: 288px;
    position: relative;
    background-color: #fbfbfb;
    border: 1px solid #b8b8b8;
  }
  #myImage
  {
    width: 288px;
    height: 288px;
      display:block;
  }
</style>
  <body>
    <div data-role=page>
      <div data-role=content>
        <a data-role="button" data-transition="fade" class="captureBtn" > 拍照 </a>
        <a data-role="button" data-transition="fade" class="browserBtn"> 浏览 </a>
        <div class="imageContainer">
          <img id="myImage"  />
        </div>
      </div>
```

```
        </div>
    </body>
</html>
```

【运行结果】

执行后的效果如图 11-2 所示。

图 11-2　执行效果

（2）为按钮编写对应的单击事件，并在触发 deviceready 事件之后，调用 jQuery 的 bind()
方法分别绑定两个按钮的单击事件监听函数。在"拍照"按钮的单击事件监听函数中调用
getPictureFromCamera() 方法，以从照相机获得图片数据，在"浏览"按钮的点击事件监听函数中调用
getPictureFromePhotoLibrary() 方法，以从图片库获得图片的 URI。最后，通过两种方法选中的图片均
展示在图片容器内。具体代码如下。

```
<script type="text/javascript" charset="utf-8">
$(document).ready(function(){

    document.addEventListener("deviceready",onDeviceReady,false);

});
function onDeviceReady()
{
    console.log("deviceReady");
    $( ".captureBtn" ).bind( "click", function(event, ui) {
        getPictureFromCamera();

});
$( ".browserBtn" ).bind( "click", function(event, ui) {
```

```
        getPictureFromePhotoLibrary();

    });
}
```

（3）编写方法 getPictureFromCamera()，功能是利用照相机实现拍照，具体代码如下。

```
function getPictureFromCamera()
{
        navigator.camera.getPicture(onSuccess, onFail, { quality: 50,destinationType: Camera.
DestinationType.DATA_URL,sourceType:navigator.camera.PictureSourceType.PHOTOLIBRARY });

}

function onSuccess(imageData) {
  var image = document.getElementById('myImage');
  image.src = "data:image/jpeg;base64," + imageData;
}

function onFail(message) {
    alert('Failed because: ' + message);
}
```

可通过配置 sourceType:navigator.camera.PictureSourceType.CAMERA 从照相机获取图片，然后通过 destinationType:camera.DestinationType.DATA_URL 获得图片的数据，并且把图片的质量设为 10，故意把质量降低，是为了成功访问图片数据后直接在 img 元素中展现数据，显示图片。单击"拍照"按钮后，将调出系统默认的照相机。拍照后系统将提示用户进行保存，单击"保存"按钮后，系统返回到应用界面并显示图片。该图片因为设定的质量很低，所以会很模糊。

（4）编写 getPictureFromePhotoLibrary() 方法。与 getPictureFromCamera() 方法不同的是，cameraOptions 中图片的质量高，要求从图片库中加载图片，并返回图片 URI 进行展示。具体代码如下。

```
function getPictureFromePhotoLibrary()
{
        navigator.camera.getPicture(onSuccessFromLib, onFail, { allowEdit:true,quality:
90,destinationType:Camera.DestinationType.FILE_URI ,sourceType:navigator.camera.PictureSourceType.
PHOTOLIBRARY,targetHeight:288,targetWidth:288 });
    function onSuccessFromLib(imageURI)
{
        alert("imageURI"+imageURI);
    var image = document.getElementById('myImage');
        image.src = imageURI;
}
}
```

此时，触摸"浏览"按钮后，应用自动跳转到图片库中，选中刚才用照相机拍下的图片，应用将自动返回到主界面，并将图片的路径展示在页面中。此时可以发现，图片的质量明显提高。

▌ 11.3　综合应用——实现拍照并设置为头像功能

本节教学录像：7 分钟

在本节的内容中，我们将通过一个具体实例来讲解 PhoneGap 中的拍照 API 实现拍照设置的基本过程。

【范例 11-3】实现拍照并设置图片功能（光盘 \ 配套源码 \11\Camerajqm）。

【范例分析】

本实例的功能是，使用手机相机拍照后，将自动为照片添加拍摄之名字"小强"和"联系方式"信息，并生成自己的头像。在具体实现时，首先使用 PhoneGap 调用摄像头拍下头像，然后上传到服务器，并同时保存到本地以方便加载。

本实例的具体实现流程如下。

（1）拍照功能是通过 JS 文件"camera.js"实现的，具体实现代码如下。

```
function take_pic() {
    navigator.camera.getPicture(onPhotoDataSuccess, function(ex) {
        alert("Camera Error!");
    }, {
    // 这里的更多设置参数参见官方文档
        quality : 50,
    targetWidth: 320,
    targetHeight: 240,
    // 用 data_url 而不用 file_url 的原因是 file_url 在不同平台有差异
    destinationType:destinationType.DATA_URL
        });
    }
    function onPhotoDataSuccess(imageData) {
    console.log("* * * onPhotoDataSuccess");
    var cameraImage = document.getElementById('settingImage');
    cameraImage.style.visibility = 'visible';
    // 把图片存进数据库里面
    kset("image",imageData);
    cameraImage.src = "data:image/jpeg;base64," + imageData;

    }
```

（2）编写 JS 文件"device.js"，功能是启动加载的硬件，具体实现代码如下。

```
function init() {
    document.addEventListener("deviceready", onDeviceReady, true);
```

```
   }
   var onDeviceReady = function() {
     console.log("deviceready event fired");

     // 设置图片来源是调用摄像头还是本机相册，默认是调用摄像头
     // 更多用法参见官方文档
     pictureSource=navigator.camera.PictureSourceType;
     // 当 phonegap 获取图片的时候，设置获取的是基础路径还是
     // 基于 base64 编码的图像格式
     destinationType=navigator.camera.DestinationType;
     // 初始化主页，如果已经有头像的话，就加载显示
     var saveImage = kget("image");
     if(saveImage){
         var cameraImage = document.getElementById('cameraImage');
         cameraImage.style.visibility = 'visible';
         cameraImage.src = "data:image/jpeg;base64," + saveImage;

     }
     // 下面是各种系统的事件，根据用户操作需求实现自己的回调方法
     document.addEventListener("searchbutton", onSearchKeyDown, false);
     document.addEventListener("menubutton", onMenuButtonDown, false);
     document.addEventListener("pause", onEventFired, false);
     document.addEventListener("resume", onEventFired, false);
     document.addEventListener("online", onEventFired, false);
     document.addEventListener("offline", onEventFired, false);
     document.addEventListener("backbutton", onEventFired, false);
     document.addEventListener("batterycritical", onEventFired, false);
     document.addEventListener("batterylow", onEventFired, false);
     document.addEventListener("batterystatus", onEventFired, false);
     document.addEventListener("startcallbutton", onEventFired, false);
     document.addEventListener("endcallbutton", onEventFired, false);
     document.addEventListener("volumedownbutton", onEventFired, false);
     document.addEventListener("volumeupbutton", onEventFired, false);
   };
```

（3）编写 JS 文件"storage.js"，功能是存储拍摄的照片信息，具体实现代码如下。

```
function kset(key, value){
    console.log("key"+key+"value"+value);
    window.localStorage.setItem(key, value);
}

function kget(key){
    console.log(key);
    return window.localStorage.getItem(key);
}
```

```
function kremove(key){
    window.localStorage.removeItem(key);
}

function kclear(){
    window.localStorage.clear();
}
function kupdate(key,value){
    window.localStorage.removeItem(key);
    window.localStorage.setItem(key, value);
}
```

（4）编写主页文件"index.html"，功能是显示拍照时的设置界面，具体实现代码如下。

```
<!DOCTYPE html>
<html>
<head>
    <meta charset="UTF-8">
    <!-- 自适应界面，如果出现，在某些设备出现界面偏小的话，检查一下有没有加入这句 -->
    <meta http-equiv="Content-type" name="viewport"
        content="initial-scale=1.0, maximum-scale=1.0, user-scalable=no, width=device-width">
    <!-- 样式 -->
    <link rel="stylesheet" href="jquery.mobile/jquery.mobile-1.0.1.min.css" />
    <!--end-->
    <!-- 导入的 js 框架 -->
    <script type="text/javascript" charset="utf-8" src="phonegap-1.4.1.js"></script>
    <script src="jquery.mobile/jquery-1.6.4.min"></script>
    <script src="jquery.mobile/jquery.mobile-1.0.1.min.js"></script>
    <!--end-->
    <!--import custom library -->
    <script type="text/javascript" charset="utf-8" src="js/camera.js"></script>
    <script type="text/javascript" charset="utf-8" src="js/device.js"></script>
    <script type="text/javascript" charset="utf-8" src="js/storage.js"></script>
    <!--end-->

    <!-- 自己写的 js-->
    <script type="text/javascript">
        // 在页面初始化的时候，利用 phonegap 初始化我们的应用
        $('body').live("pageinit",function(){
            init();
        });

        $('#setting').live("pageinit",function(){
            // 显示头像图片
            var saveImage = kget("image");
            if(saveImage){
```

```
                //console.log("have image"+saveImage);
                var cameraImage = document.getElementById('settingImage');
                cameraImage.style.visibility = 'visible';
                cameraImage.src = "data:image/jpeg;base64," + saveImage;

            }
            // 当我们向右滑动的时候 , 回到主页
            $('#settingContent').bind("swiperight",function(){
                $.mobile.changePage('#home',{ transition: "fade"});
            });
            // 进行拍照
            $('#takePhoto').bind("tap",function(){
                take_pic();
            });
        });

        $("#btnSubmit").click(function(){
            var saveImage = kget("image");
            if(saveImage){
                //console.log("have image"+saveImage);
                var cameraImage = document.getElementById('settingImage');
                cameraImage.style.visibility = 'visible';
                cameraImage.src = "data:image/jpeg;base64," + saveImage;
            }
        });


    </script>
  <!--end-->
</head>
<body>
    <div data-role="page" id="home">
        <div data-role="header">
            <h1> 个人信息 </h1>
            <a href="#setting" data-rel="dialog" data-icon="home" id="intro" class="ui-btn-right"> 设
置 </a>
        </div>
        <div data-role="content" id="homeContent" data-theme="b">
            <p> 头像 </p>
            <img id="cameraImage" src="images/default.jpg" width="100%" height="200"/>
            <!-- 这一块的动态实现图片的读取和存储 -->
            <p> 名字 : 小强 </p>
            <p> 联系方式 :xxxxx</p>
        </div>
    </div>
    <div data-role="dialog" id="setting" data-overlay-theme="a" data-theme="b" data-title=" 设置 ">
```

```
            <div data-role="header">
                <h1> 头像设置 </h1>
            </div>
            <div data-role="settingContent">
                <div style="text-align: center;" align="center">
                <img align="middle" id="settingImage" src="images/default.jpg" width="90%" height="200"/>
                </div>
                <br>
                <div style="text-align: center;" align="center">
                    <div style="text-align: center;" align="center"><div data-role="button" id="takePhoto">
拍照 </div></div>
                </div>
            </div>
            <br/>
            <fieldset class="ui-grid-a">
                <div class="ui-block-a">
                <a href="index.html" data-role="button" data-rel="back"   data-theme="c" id="btnSubmit">
确定 </a>
                </div>
                <div class="ui-block-b">
                <a href="index.html" data-role="button" data-rel="back"   data-theme="b"> 取消 </a>
                </div>
            </fieldset>
        </div>
        <script type="text/javascript" charset="utf-8" src="js/camera.js"></script>
        <script type="text/javascript" charset="utf-8" src="js/device.js"></script>
        <script type="text/javascript" charset="utf-8" src="js/storage.js"></script>
    </body>
</html>
```

【运行结果】

到此为止，整个实例介绍完毕，执行后的效果如图 11-3 所示。

单击右上角"设置"按钮，来到头像设置界面，如图 11-4 所示。

图 11-3　执行效果

图 11-4　头像设置界面

■ 11.4　综合应用——实现拍照并查看相册功能

 本节教学录像：4 分钟

本节将通过一个具体实例的实现过程，讲解利用 HTML5 和 PhoneGap 技术实现拍照和浏览相册功能的方法。

【 范例 11-4 】实现拍照并查看相册的功能（ 光盘 \ 配套源码 \11\Camera ）。

【 范例分析 】

本实例需设置一幅指定的照片作为屏幕背景，并在左上角显示一个"拍照"按钮，单击后能实现拍照功能，同时，在右上角显示一个"相册"按钮，单击后能够浏览系统中的相册信息。

本实例的具体实现流程如下。

（1）编写主程序文件"index.html"，功能是在屏幕中分别添加按钮和背景图片素材。文件"index". html 的具体实现代码如下。

```
<!DOCTYPE html >
<html>
 <head>
        <meta http-equiv="Content-Type" content="text/html; charset=UTF-8">
        <meta name="viewport" content="width=device-width, initial-scale=1" />
        <link rel="stylesheet"  href="./css/jquery.mobile-1.2.0.css" />
        <style>
        </style>
        <script src="./js/jquery.js"></script>
        <script src="./js/jquery.mobile-1.2.0.js"></script>
        <script src="./js/cordova-2.2.0.js"></script>
        <script type="text/javascript" charset="utf-8"  src="./js/camera.js"> </script>
 </head>
 <body>
        <!-- Home -->
        <div data-role="page" id="homepage" style="background-image: url(./img/bg.png);" >
          <div data-theme="e" data-role="header">
                <h2>HTML5 相机 </h2>
                <button onclick="capturePhoto();"> 拍照 </button>
                <button onclick="getPhoto(pictureSource.SAVEDPHOTOALBUM);"> 相册 </button>
          </div>
          <div data-role="content" style="padding-top:15px;">
          <div align="center">
          <img style="display:none;width:98%;height:75%;"  id="smallImage" src="" />
          </div>
          </div>
          <div data-theme="e" data-role="footer" data-position="fixed">
             <span class="ui-title">v1.0</span>
          </div>
```

```
        </div>
    </body>
</html>
```

（2）编写 JS 文件"camera.js"，以实现拍照和相册浏览功能，具体实现代码如下。

```
var pictureSource;      // 图片来源
var destinationType;      // 设置返回值的格式

document.addEventListener("deviceready",onDeviceReady,false);      // PhoneGap 准备就绪
function onDeviceReady() {
    pictureSource=navigator.camera.PictureSourceType;
    destinationType=navigator.camera.DestinationType;
}

// 当成功获得一张照片的 Base64 编码数据后被调用
function onPhotoDataSuccess(imageData) {
    // 获取图像句柄
    var smallImage = document.getElementById('largeImage');
    // 取消隐藏的图像元素
    smallImage.style.display = 'block';
    // 显示拍摄的照片
    // 使用内嵌 CSS 规则来缩放图片
    smallImage.src = "data:image/jpeg;base64," + imageData;
}

// 当成功得到一张照片的 URI 后被调用
function onPhotoURISuccess(imageURI) {
    // 取消注释以查看图片文件的 URI
    // console.log(imageURI);
    // 获取图片句柄
    var largeImage = document.getElementById('smallImage');
    // 取消隐藏的图像元素
    largeImage.style.display = 'block';
    // 显示拍摄的照片
    // 使用内嵌 CSS 规则来缩放图片
    largeImage.src = imageURI;
}

// "Capture Photo" 按钮的单击事件触发函数
function capturePhoto() {
    // 使用设备上的摄像头拍照，并获得 Base64 编码字符串格式的图像
    navigator.camera.getPicture(onPhotoURISuccess, onFail, { quality: 50,destinationType:
Camera.DestinationType.FILE_URI});
```

```
}

// "Capture Editable Photo"按钮单击事件触发函数
function capturePhotoEdit() {
    // 使用设备上的摄像头拍照，并获得 Base64 编码字符串格式的可编辑图像
    navigator.camera.getPicture(onPhotoDataSuccess, onFail, { quality: 20, allowEdit: true });
}

// 按钮"From Photo Library"和按钮"From Photo Album"的单击事件触发函数
function getPhoto(source) {
    // 从设定的来源处获取图像文件 URI
    navigator.camera.getPicture(onPhotoURISuccess, onFail, { quality: 50,
    destinationType: destinationType.FILE_URI,sourceType: source });
}

// 当有错误发生时，触发此函数
function onFail(mesage) {
    alert('Failed because: ' + message);
}
```

【运行结果】

本实例执行后的效果如图 11-5 所示。

图 11-5 执行效果

▍ 11.5   高手点拨

1．PhoneGap 插件开发的真正意义

PhoneGap 提供了强大的插件架构功能，使得开发人员能够轻松地添加新功能到他们的应用程序中，并与现有的 PhoneGap 应用程序集成。PhoneGap 中的核心 API（如重力计、通讯录和媒体等）都是基于插件的。PhoneGap 使运行在嵌入式浏览器中的 JavaScript 与本地代码相互通信的方法叫本地桥接（native bridge）。这个桥接的基础就是设备上的本地浏览器。基于不同设备上的浏览器提供的功能的不同，该方法的具体实现也不同。

2．强烈建议将 Camera.destinationType 设为"FILE_URI"

在现实应用中，较新的设备上使用摄像头拍摄的照片的质量是相当不错的，使用 Base64 对这些照片进行编码已导致其中的一些设备出现内存问题（如 iPhone4、BlackBerry Torch 9800)。因此，强烈建议将 Camera.destinationType 设为"FILE_URI"。

▍ 11.6   实战练习

1．在网页中生成一个密钥

尝试在表单中新建了一个 name 为"keyUserInfo"的 <keygen> 元素，通过此元素可以在页面中创建一个选择密钥位数的下拉列表框。当选择列表框中某选项值，单击表单的"提交"按钮可以将根据所选密钥的位数生成对应密钥提交给服务器。

2．验证输入的密码是否合法

在表单中创建一个用于输入密码的文本框，并使用 pattem 属性自定义相应的密码验证规则。然后，用 JavaScript 代码编写一个表单提交时触发的函数 chkPassWord()。该函数将显式地检测"密码"输入文本框的内容是否与自定义的验证规则匹配。如果不符合，则在文本输入框的右边显示一个"×"，否则，显示一个"√"。

第 12 章

本章教学录像：21 分钟

采集 API 详解

　　PhoneGap 相关应用专门提供了针对多媒体信息采集的 API，即 Capture。本章将详细讲解采集 API——Capture 的相关知识。

本章要点（已掌握的在方框中打钩）

☐ 主要对象

☐ 主要方法

☐ 综合应用——Video 视频采集器

12.1 主要对象

 本节教学录像：10 分钟

在 PhoneGap 应用中，Capture 也被称为采集 API 或捕获 API，其功能是捕获视频、音频和图像。本节将讲解 Capture 的对象的相关知识。

12.1.1 Capture 对象

在 PhoneGap 应用中，对象 Capture 是被分配给 navigator.device 对象的，因此，其作用域为全局范围。相关代码如下。

```
// 全局范围的 capture 对象
var capture = navigator.device.capture;
```

capture 对象包含如下属性。

- ❑ supportedAudioModes：当前设备所支持的音频录制格式，属于 ConfigurationData[] 类型。
- ❑ supportedImageModes：当前设备所支持的拍摄图像尺寸及格式，属于 ConfigurationData[] 类型。
- ❑ supportedVideoModes：当前设备所支持的拍摄视频分辨率及格式，属于 ConfigurationData[] 类型。

12.1.2 CaptureAudioOptions 对象

在 PhoneGap 应用中，对象 CaptureAudioOptions 用于封装音频采集的配置选项。
CaptureAudioOptions 对象包含如下属性。

- ❑ limit：指定在单个采集操作期间能够记录的音频剪辑数量最大值，必须设定为大于等于 1，默认值为 1。
- ❑ drration：一个音频剪辑的最长时间，单位为秒。
- ❑ mode：选定的音频模式，必须设定为 capture.supportedAudioModes 枚举中的值。

下面为一段使用上述各属性的演示代码。

```
// 限制采集上限为 3 个媒体文件，每个文件不超过 10 秒
var options = { limit: 3, duration: 10 };
navigator.device.capture.captureAudio(captureSuccess, captureError, options);
```

 提 示

在目前 PhoneGap 应用中，在不同平台中，使用 CaptureAudioOptions 对象，会发生如下异常情况。
- ❑ Android 的特异情况
  - ● 不支持 duration 参数，无法通过程序限制录制长度。
  - ● 不支持 mode 参数，无法通过程序修改音频录制格式。使用自适应多速率（AMR）格式（audio/amr）进行音频录制编码。

❑ BlackBerry WebWorks 的特异情况
- 不支持 duration 参数，无法通过程序限制录制长度。
- 不支持 mode 参数，无法通过程序修改音频录制格式。使用自适应多速率（AMR）格式（audio/amr）进行音频录制编码。
❑ iOS 的特异情况
- 不支持 limit 参数，每次调用只能创建一个录制。
- 不支持 mode 参数，无法通过程序修改音频录制格式。使用波形音频（WAV）格式（audio/wav）进行音频录制编码。

12.1.3 CaptureImageOptions 对象

CaptureImageOptions 对象用于封装图像采集的配置选项。此对象包含如下属性。
❑ limit：指定在单个采集操作期间能够采集的图像数量最大值，必须设定为大于等于 1（默认值为 1）。
❑ mode：选定的图像模式，必须设定为 capture.supportedImageModes 枚举中的值。
下面为一段使用上述属性的演示代码。

```
// 最多采集 3 幅图像
var options = { limit: 3 };
navigator.device.capture.captureImage(captureSuccess, captureError, options);
```

12.1.4 CaptureVideoOptions 对象

在 PhoneGap 应用中，CaptureVideoOptions 对象用于封装视频采集的配置选项。此对象包含如下属性。
❑ limit：指定在单个采集操作期间能够采集的视频剪辑数量最大值，必须设定为大于等于 1，默认值为 1。
❑ drration：一个视频剪辑的最长时间，单位为秒。
❑ mode：选定的视频采集模式，必须设定为 capture.supportedVideoModes 枚举中的值。
下面为使用上述属性的演示代码。

```
// 最多采集 3 个视频剪辑
var options = { limit: 3 };
navigator.device.capture.captureVideo(captureSuccess, captureError, options);
```

提 示

在不用平台使用 CaptureVideoOptions 对象时，会发生如下异常情况。
❑ Android 的的异常情况
- 不支持 duration 参数，无法通过程序限制录制长度。
- 不支持 mode 参数，无法通过程序修改视频的大小和格式。不过，设备用户可以修改这些参数。默认情况下，视频会以 3GPP 格式（video/3gpp）存储。
❑ BlackBerry WebWorks 的异常情况

- 不支持 duration 参数，无法通过程序限制录制长度。
- 不支持 mode 参数，无法通过程序修改视频的大小和格式。不过，设备用户可以修改这些参数。默认情况下，视频会以 3GPP（video/3gpp）格式存储。
  - ❑ iOS 的的异常情况
- 不支持 limit 参数，每调用一次采集一个视频。
- 不支持 duration 参数，无法通过程序限制录制长度。
- 不支持 mode 参数，无法通过程序修改视频的大小和格式。默认情况下，视频会以 MOV（video/3gpp）格式存储。

12.1.5 CaptureCB 函数

在 PhoneGap 应用中，CaptureCB 是媒体采集成功后调用的回调函数，其使用原型如下。

```
function captureSuccess( MediaFile[] mediaFiles ) { ... }
```

当完成一个成功的采集操作后会调用该函数。这意味着已经采集到一个媒体文件，同时要么用户已经退出媒体采集应用程序，要么已经到达采集数量上限。每个 MediaFile[] 对象都指向一个采集到的媒体文件。

相关代码如下。

```
// 采集操作成功完成后的回调函数
function captureSuccess(mediaFiles) {
var i, path, len;
for (i = 0, len = mediaFiles.length; i < len; i += 1) {
path = mediaFiles[i].fullPath;
```

12.1.6 CaptureErrorCB 函数

在 PhoneGap 应用中，CaptureErrorCB 是媒体采集操作发生错误后调用的回调函数，其原型如下。

```
function captureError( CaptureError error ) { ... }
```

当出现以下情况会调用该函数。
- ❑ 试图在采集应用程序繁忙时启动媒体采集操作而引起错误。
- ❑ 正在工作的采集操作出现错误。
- ❑ 用户在没有任何媒体文件采集完成前取消采集操作。

该函数调用时会传递一个包含相应错误代码的 captureError 对象，相关代码如下。

```
// 采集操作出错后的回调函数
var captureError = function(error) {
navigator.notification.alert('Error code: ' + error.code, null, 'Capture Error');
}
```

12.1.7　ConfigurationData 对象

在 PhoneGap 应用中，ConfigurationData 对象用于封装设备支持的媒体采集参数集。该对象用于描述设备所支持的媒体采集模式，配置数据包括 MIME 类型和采集尺寸，适用于视频和图像采集。MIME 类型应该符合 RFC2046 规范，例如下面的格式类型就符合。

- ❑ video/3gpp
- ❑ video/quicktime
- ❑ image/jpeg
- ❑ audio/amr
- ❑ audio/wav

ConfigurationData 对象包含如下属性。

- ❑ type：用小写 ASCII 编码字符串表示的媒体类型，属于 DOMString 格式。
- ❑ height：用像素表示的图像或视频高度，音频剪辑为 0，属于数字类型。
- ❑ width：用像素表示的图像或视频宽度，音频剪辑为 0，属于数字类型。

下面是一段使用上述属性的演示代码。

```
// 获得支持的图像模式
var imageModes = navigator.device.capture.supportedImageModes;
// 选择最高水平分辨率的模式
var width = 0;
var selectedmode;
foreach (var mode in imageModes) {
if (mode.width > width) {
width = mode.width;
selectedmode = mode;
}
}
```

12.1.8　MediaFile 对象

在 PhoneGap 应用中，MediaFile 对象用于封装采集到的媒体文件的属性，包含如下属性。

- ❑ name：不含路径信息的文件名，属于 DOMString 类型。
- ❑ fullPath：包含文件名的文件全路径，属于 DOMString 类型。
- ❑ type：MIME 类型，属于 DOMString 类型。
- ❑ lastModifiesDate：文件最后修改的日期和时间，属于日期类型。
- ❑ size：以字节数表示的文件大小，属于数字类型。

12.1.9　MediaFileData 对象

在 PhoneGap 应用中，MediaFileData 对象用于封装媒体文件的格式信息，包含如下属性。

- ❑ codecs：音频及视频内容的实际格式，属于 DOMString 类型。
- ❑ bitrate：文件内容的平均比特率。对于图像文件，该属性的值为 0，属于数字类型。

- ❏ height：用像素表示的图像或视频高度，音频剪辑的该属性的值为 0，属于数字类型。
- ❏ width：用像素表示的图像或视频的宽度，音频剪辑的该属性的值为 0，属于数字类型。
- ❏ duration：以秒为单位的视频或音频剪辑时长，图像文件的该属性的值为 0，属于数字类型。

12.2 主要方法

 本节教学录像：9 分钟

在 PhoneGap 应用中，采集 API 包括了 5 个功能强大的方法，用于实现采集功能。本节将详细讲解这 5 个采集方法的基本知识。

12.2.1 实战演练——使用 capture.captureAudio() 方法

在 PhoneGap 应用中，方法 capture.captureAudio() 的功能是启动录音机应用程序并返回采集的音频剪辑文件，其使用原型如下。

navigator.device.capture.captureAudio(CaptureCB captureSuccess,
CaptureErrorCB captureError, [CaptureAudioOptions options]);

方法 capture.captureAudio() 通过设备默认的音频录制应用程序开始一个异步操作以采集音频录制。该操作允许设备用户在一个会话中同时采集多个录音。

用户退出音频录制应用程序，或系统到达 CaptureAudioOptions 的参数 limit 所定义的最大录制数时采集操作将停止。如果没有设置参数 limit 的值，则使用其默认值 1。也就是说，当用户录制好一个音频剪辑后，采集操作就会终止。

当采集操作结束后，系统会调用 CaptureCB 回调函数，传递一个包含所有采集到的音频剪辑文件的 MediaFile 对象数组。如果用户在完成一个音频剪辑采集之前终止采集操作，系统会调用 CaptureErrorCB 回调函数，并传递一个包含 CaptureError.CAPTURE_NO_MEDIA_FILES 错误代码的 CaptureError 对象。

下面是使用方法 captureAudio 的演示代码。

```
// 采集操作成功完成后的回调函数
var captureSuccess = function(mediaFiles) {
var i, path, len;
for (i = 0, len = mediaFiles.length; i < len; i += 1) {
path = mediaFiles[i].fullPath;
}
};
// 采集操作出错后的回调函数
var captureError = function(error) {
navigator.notification.alert('Error code: ' + error.code, null, 'Capture Error');
};
// 开始采集音频
navigator.device.capture.captureAudio(captureSuccess, captureError, {limit:2});
```

在目前 PhoneGap 应用中，方法 capture.captureAudio() 支持如下 4 种平台。

❑　Android

❑　BlackBerry WebWorks（OS 5.0 或更高版本）

❑　iOS

❑　Windows Phone 7（Mango）

在接下来的内容中，我们将通过一个简单例子来阐述使用 capture.captureAudio() 的方法。

【范例 12-1】阐述使用 capture.captureAudio() 的方法（光盘 \ 配套源码 \12\ 12-1.html）。

本实例的实现文件是"12-1.html"，具体实现代码如下。

```
<!DOCTYPE html>
<html>
<head>
  <meta charset="utf-8">
  <meta name="viewport" content="width=device-width, initial-scale=1">
  <title>index.html</title>
  <script type="text/javascript" charset="utf-8" src="cordova.js" ></script>
  <script type="text/javascript" charset="utf-8" src="json2.js"></script>
  <script type="text/javascript" charset="utf-8">

  // 采集操作成功完成后的回调函数
  function captureSuccess(mediaFiles) {
      var i, len;
      for (i = 0, len = mediaFiles.length; i < len; i += 1) {
          uploadFile(mediaFiles[i]);
      }
  }

  // 采集操作出错后的回调函数
  function captureError(error) {
      var msg = 'An error occurred during capture: ' + error.code;
      navigator.notification.alert(msg, null, 'Uh oh!');
  }

  // "Capture Audio"按钮的单击事件触发函数
  function captureAudio() {

      // 启动设备的音频录制应用程序，并允许用户最多采集 2 个音频剪辑
      navigator.device.capture.captureAudio(captureSuccess, captureError, {limit: 2});
  }

  // 上传文件到服务器
  function uploadFile(mediaFile) {
      var ft = new FileTransfer(),
      path = mediaFile.fullPath,
      name = mediaFile.name;
```

```
        ft.upload(path,
            "http://my.domain.com/upload.php",
            function(result) {
                console.log('Upload success: ' + result.responseCode);
                console.log(result.bytesSent + ' bytes sent');
            },
            function(error) {
                console.log('Error uploading file ' + path + ': ' + error.code);
            },
            { fileName: name });
    }

</script>
</head>
<body>
    <button onclick="captureAudio();">Capture Audio</button>
</body>
</html>
```

【运行结果】

执行后的效果如图 12-1 所示。如果在模拟器中运行,那么单击"Capture Audioo"按钮后会显示如图 12-2 所示的效果。如果在真机中运行,则会实现我们预期的采集功能。

图 12-1　执行效果　　　　　　　　　　　　图 12-2　模拟器中的执行效果

12.2.2　实战演练——使用 capture.captureImage() 方法

在 PhoneGap 应用中,方法 capture.captureImage() 的功能是开启摄像头应用程序,并返回采集到的图像文件信息，其原型如下。

```
navigator.device.capture.captureImage(
    CaptureCB captureSuccess, CaptureErrorCB captureError, [CaptureImageOptions options]
);
```

该方法通过设备的摄像头应用程序开始一个异步操作以采集图像。该操作允许设备用户在一个会话中同时采集多个图像。当用户退出摄像头应用程序，或系统到达 CaptureImageOptions 的 limit 参数所定义的最大图像数时，采集操作就会停止。如果没有设置 limit 参数的值，则使用其默认值 1。也就是说，当用户采集到一个图像后，采集操作就会终止。

当采集操作结束后，系统会调用 CaptureCB 回调函数，传递一个包含每个采集到的图像文件的 MediaFile 对象数组。如果用户在完成一个图像采集之前终止采集操作，系统会调用 CaptureErrorCB 回调函数，并传递一个包含 CaptureError.CAPTURE_NO_MEDIA_FILES 错误代码的 CaptureError 对象。

下面是使用方法 capture.captureImage() 的演示代码。

```
// 采集操作成功完成后的回调函数
var captureSuccess = function(mediaFiles) {
var i, path, len;
for (i = 0, len = mediaFiles.length; i < len; i += 1) {
path = mediaFiles[i].fullPath;
}
};
// 采集操作出错后的回调函数
var captureError = function(error) {
navigator.notification.alert('Error code: ' + error.code, null, 'Capture Error');
};
// 开始采集图像
navigator.device.capture.captureImage(captureSuccess, captureError, {limit:2});
```

在目前 PhoneGap 应用中，方法 capture.captureImage() 支持如下 4 种平台。

- ❏ Android
- ❏ BlackBerry WebWorks（OS 5.0 或更高版本）
- ❏ iOS
- ❏ Windows Phone 7（Mango）

在接下来的内容中，我们将通过一个简单例子来阐述使用方法 capture.captureImage() 的具体过程。

【范例 12-2】使用方法 capture.captureImage()（光盘 \ 配套源码 \12\12-2. html）。

本实例的实现文件是 "12-2.html"，具体实现代码如下。

```
<!DOCTYPE html>
<html>
<head>
  <meta charset="utf-8">
  <meta name="viewport" content="width=device-width, initial-scale=1">
```

```html
<title>index.html</title>
<script type="text/javascript" charset="utf-8" src="cordova.js" ></script>
<script type="text/javascript" charset="utf-8" src="json2.js"></script>
<script type="text/javascript" charset="utf-8">
// 采集操作成功完成后的回调函数
function captureSuccess(mediaFiles) {
    var i, len;
    for (i = 0, len = mediaFiles.length; i < len; i += 1) {
        uploadFile(mediaFiles[i]);
    }
}

// 采集操作出错后的回调函数
function captureError(error) {
    var msg = 'An error occurred during capture: ' + error.code;
    navigator.notification.alert(msg, null, 'Uh oh!');
}

// "Capture Image" 按钮点击事件触发函数
function captureImage() {
    // 启动设备的摄像头应用程序，并允许用户最多采集 2 个图像
    navigator.device.capture.captureImage(captureSuccess, captureError, {limit: 2});
}

// 上传文件到服务器
function uploadFile(mediaFile) {
    var ft = new FileTransfer(),
        path = mediaFile.fullPath,
        name = mediaFile.name;

    ft.upload(path,"http://my.domain.com/upload.php",
        function(result) {
            console.log('Upload success: ' + result.responseCode);
            console.log(result.bytesSent + ' bytes sent');
        },
        function(error) {
            console.log('Error uploading file ' + path + ': ' + error.code);
        },
        { fileName: name });
}

</script>
</head>
<body>
  <button onclick="captureImage();">Capture Image</button>
</body>
</html>
```

【运行结果】

在模拟器中执行后的效果如图 12-3 所示。如果在真机中运行，单击"Capture Audioo"按钮后就会实现我们预期的采集功能。

图 12-3　执行效果

12.2.3　MediaFile.getFormatData() 方法

在 PhoneGap 应用中，方法 MediaFile.getFormatData() 的功能是获取采集到的媒体文件的格式信息，其使用原型如下。

```
mediaFile.getFormatData(
    MediaFileDataSuccessCB successCallback,
    [MediaFileDataErrorCB errorCallback]
)
```

方法 MediaFile.getFormatData() 通过异步方式尝试获取媒体文件的格式信息。获取成功后，该方法会调用 MediaFileDataSuccessCB 回调并传递一个 MediaFileData 对象。尝试失败后，该方法会调用 MediaFileDataErrorCB 回调。

在目前 PhoneGap 应用中，MediaFile.getFormatData() 方法支持如下 4 种平台。

❑　Android
❑　BlackBerry WebWorks（OS 5.0 或更高版本）
❑　iOS
❑　Windows Phone 7（Mango）

提 示

在不同平台中使用 MediaFile.getFormatData() 方法时，会发生如下异常情况。
❑　BlackBerry WebWorks 的异常情况：因为该平台没有提供媒体文件格式信息的 API，因此，所有 MediaFileData 对象都会返回默认值。
❑　Android 的异常情况：因为获取媒体文件格式信息的 API 受到限制，所以不是所有的 MediaFileData 属性都支持。
❑　iOS 的异常情况：因为获取媒体文件格式信息的 API 受到限制，所以不是所有的 MediaFileData 属性都支持。

▌12.3　综合应用——Video 视频采集器

 本节教学录像：2 分钟

在接下来的内容中，我们将通过一个综合实例来阐述使用方法 captureVideo 的方法。

【范例 12-3】阐述使用 capture.captureVideo 的方法（光盘 \ 配套源码 \12\12-3.html）。

本实例的实现文件是"12-3.html"，具体实现代码如下。

```
<!DOCTYPE html>
<html>
<head>
  <meta charset="utf-8">
  <meta name="viewport" content="width=device-width, initial-scale=1">
  <title>index.html</title>
  <script type="text/javascript" charset="utf-8" src="cordova.js" ></script>
  <script type="text/javascript" charset="utf-8" src="json2.js"></script>
  <script type="text/javascript" charset="utf-8">
// 采集操作成功完成后的回调函数
function captureSuccess(mediaFiles) {
    var i, len;
    for (i = 0, len = mediaFiles.length; i < len; i += 1) {
        uploadFile(mediaFiles[i]);
    }
}


// 采集操作出错后的回调函数
function captureError(error) {
    var msg = 'An error occurred during capture: ' + error.code;
    navigator.notification.alert(msg, null, 'Uh oh!');
}


// "Capture Image" 按钮的单击事件触发函数
function captureImage() {
    // 启动设备的摄像头应用程序，并允许用户最多采集 2 个图像
    navigator.device.capture.captureImage(captureSuccess, captureError, {limit: 2});
}


// 上传文件到服务器
function uploadFile(mediaFile) {
    var ft = new FileTransfer(),
        path = mediaFile.fullPath,
        name = mediaFile.name;

    ft.upload(path,"http://my.domain.com/upload.php",
        function(result) {
            console.log('Upload success: ' + result.responseCode);
            console.log(result.bytesSent + ' bytes sent');
        },
        function(error) {
            console.log('Error uploading file ' + path + ': ' + error.code);
        },
        { fileName: name });
}
```

```
    </script>
    </head>
    <body>
      <button onclick="captureImage();">Capture Image</button>
    </body>
    </html>
```

【运行结果】

在模拟器上执行后的效果如图 12-4 所示。如果在真机中运行，触摸"Capture Audioo"按钮后会实现我们预期的采集功能。

图 12-4　执行效果

当在 BlackBerry WebWorks 系统中使用方法 capture.captureVideo() 时有可能会发生异常情况。这是因为在 BlackBerry WebWorks 上，PhoneGap 会尝试启动 RIM 提供的 Video Recorder 应用程序来采集视频录制，而如果设备没有安装该应用程序，开发者会收到一个 CaptureError.CATURE_NOT_SUPPORTED 错误代码。

【范例分析】

在 PhoneGap 应用中，方法 capture.captureVideo() 的功能是开启视频录制应用程序，并返回采集到的视频剪辑文件信息。方法 capture.captureVideo 的使用原型如下所示。

```
navigator.device.capture.captureVideo(
    CaptureCB captureSuccess, CaptureErrorCB captureError, [CaptureVideoOptions options]
);
```

方法 captureVideo 通过设备的视频录制应用程序开始一个异步操作以采集视频录制。该操作允许设备用户在一个会话中同时采集多个视频录制。当用户退出视频录制应用程序，或系统到达 CaptureVideoOptions 的 limit 参数所定义的最大录制数时都会停止采集操作。如果没有设置 limit 参数的值，则使用其默认值 1，也就是说当用户录制到一个视频剪辑后采集操作就会终止。

当采集操作结束后，系统会调用 CaptureCB 回调函数，传递一个包含每个采集到的视频剪辑文件的 MediaFile 对象数组。如果用户在完成一个视频剪辑采集之前终止采集操作，系统会调用 CaptureErrorCB 回调函数，并传递一个包含 CaptureError.CAPTURE_NO_MEDIA_FILES 错误代码的 CaptureError 对象。

在目前 PhoneGap 应用中，capture.captureVideo 方法支持如下所示的 4 个平台。

❏　Android
❏　BlackBerry WebWorks（OS 5.0 或更高版本）
❏　iOS
❏　Windows Phone 7、8（Mango）

12.4 高手点拨

1. 注意使用 CaptureImageOptions 对象时的异常问题

在不同平台使用 CaptureImageOptions 对象时，会发生如下异常情况。

❑ Android 的异常情况

● 不支持 duration 参数，无法通过程序限制录制长度。

● 不支持 mode 参数，无法通过程序修改音频录制格式。Android 使用自适应多速率（AMR）格式（audio/amr）进行音频录制编码。

❑ BlackBerry WebWorks 的异常情况

● 不支持 duration 参数，无法通过程序限制录制长度。

● 不支持 mode 参数，无法通过程序修改音频录制格式。该平台使用自适应多速率（AMR）格式（audio/amr）进行音频录制编码。

❑ iOS 的异常情况

● 不支持 limit 参数，每次调用只能创建一个录制。

● 不支持 mode 参数，无法通过程序修改音频录制格式。该平台使用波形音频（WAV）格式（audio/wav）进行音频录制编码。

2. 注意使用方法 capture.captureAudio() 时的异常问题

在不同平台使用方法 capture.captureAudio() 时，会发生如下异常情况。

❑ BlackBerry WebWorks 的异常情况：在 BlackBerry WebWorks 上，PhoneGap 会尝试启动 RIM 提供的 Voice Notes Recorder 应用程序来采集音频录制。如果设备没有安装该应用程序，开发者会收到一个 CaptureError.CATURE_NOT_SUPPORTED 错误代码。

❑ iOS 的异常情况：因为 iOS 没有默认的音频录制应用程序，所以只能提供一个简单的用户界面。

12.5 实战练习

1. 验证两次输入的密码是否一致

先创建了两个 text 类型的 <input> 元素，用于输入两次密码。在提交表单时，调用一个用 JavaScript 编写的自定义函数 setErrorInfo()。该函数先获取两次输入的密码，然后检测两次输入是否一致，最后调用元素的 setCustomValidity() 方法修改系统验证的错误信息。

2. 取消表单元素的所有验证规则

在页面表单中先创建了一个用户登录界面，其中包括两个 text 类型的输入文本框，一个用于输入用户名，另一个用于输入密码，并都通过 pattem 属性设置相应的输入框验证规则。然后，将表单的 novalidate 属性设置为"true"。单击表单"提交"按钮后，表单中的元素将不会进行内置的验证，而是直接进行数据提交操作。

第 **13** 章

本章教学录像：20 分钟

媒体 API 详解

  PhoneGap 应用专门提供了针对多媒体应用的 API，即 Media。在本章的内容中，将详细讲解 Media 的相关知识。

本章要点（已掌握的在方框中打钩）

☐ 主要参数

☐ 主要方法

☐ 综合应用——播放本地视频

13.1 主要参数

 本节教学录像：4 分钟

在 PhoneGap 应用中，媒体 API 是 Media，其功能是实现音频的录制和播放。利用 Media，我们可以创建一个自制的录音器。在 PhoneGap 应用中，Media 的当前实现并没有遵守 W3C 媒体捕获的相关规范。或许，Media 未来的实现不仅将遵守最新的 W3C 规范，还有可能不再支持当前的 APIs。本节将详细讲解媒体 API 中主要参数的相关知识。

Media 实例可以通过 new() 方法创建，该方法的用法如下。

```
var media = new Media(src, mediaSuccess, [mediaError]);
```

在上述原型中，包含了如下 4 种参数。

（1）src：必填参数，表示该音频的路径信息，可以是相对路径，也可以是 URI 路径。该 URI 可以是网络路径或者本机文件路径。

（2）mediaSuccess：该函数是 Media 实例完成播放、录制或者停止动作之后触发的回调函数，表示 src 代表的音频可访问，为必填参数。

（3）mediaError：该参数是错误产生时的回调函数，是 MediaError 类型。MediaError 对象包含两个属性，分别为错误代码 code 和错误消息 mes sage。其中，错误代码可以分为如下 4 类。

- ❑ 音频意外终止（MEDIA_ERR_ABORTED）
- ❑ 网络错误（MEDIA_ERR_NETWORK）
- ❑ 解码错误（MEDIA_ERR_DECODE）
- ❑ 不支持手动导入（MEDIA_ERR_NONE_SUPPORTED）

（4）mediaStatus：该参数是音频的状态发生改变时的回调函数。音频的状态改变指播放、暂停和停止的状态切换以及位置的变化等。

另外，Media 还包含如下所示的两个属性。

- ❑ _position：以秒为单位的音频播放位置，播放过程中不会自动更新。该属性通过调用 getCurrentPosition 进行更新。
- ❑ _duration：以秒为单位的媒体时长。

13.2 主要方法

 本节教学录像：12 分钟

在 PhoneGap 应用中，Media 主要包含了如下方法。

- ❑ media.getCurrentPosition()：返回一个音频文件的当前位置。
- ❑ media.getDuration()：返回一个音频文件的总时长。
- ❑ media.play()：开始或恢复播放音频文件。
- ❑ media.pause()：暂停播放音频文件。
- ❑ media.release()：释放底层操作系统的音频资源。
- ❑ media.seekTo()：在音频文件中移动到相应的位置。
- ❑ media.startRecord()：开始录制音频文件。

❑　media.stopRecord()：停止录制音频文件。
❑　media.stop()：停止播放音频文件。
在接下来的内容中，将详细讲解上述方法的基本知识和具体用法。

13.2.1　实战演练——使用 media.getCurrentPosition() 方法

在 PhoneGap 应用中，方法 media.getCurrentPosition() 的功能是返回一个音频文件的当前位置，其使用原型如下。

```
media.getCurrentPosition(mediaSuccess, [mediaError]);
```

各个参数的具体说明如下。
❑　mediaSuccess：为 Media 实例完成播放、录制或停止动作之后触发的回调函数，返回当前的位置。
❑　mediaError：发生错误时调用的回调函数，为可选项。
方法 media.getCurrentPosition() 是一个异步函数，会返回一个 Media 对象所指向的音频文件的当前位置，同时会对 Media 对象的 _position 参数进行更新。
下面是使用方法 media.getCurrentPosition() 的演示代码。

```
// 音频播放器
var my_media = new Media(src, onSuccess, onError);

// 每秒更新一次媒体播放到的位置
var mediaTimer = setInterval(function() {
    // 获得媒体位置
    my_media.getCurrentPosition(
        // 获得成功后调用的回调函数
        function(position) {
            if (position > -1) {
                console.log((position/1000) + " sec");
            }
        },
        // 发生错误后调用的回调函数
        function(e) {
            console.log("Error getting pos=" + e);
        }
    );
}, 1000);
```

在目前 PhoneGap 应用中，media.getCurrentPosition() 方法支持如下 3 种平台。
❑　Android
❑　iOS
❑　Windows Phone 7（Mango）

在接下来的内容中，我们将通过一个简单例子来阐述使用 media.getCurrentPosition() 的方法。

【范例 13-1】使用 media.getCurrentPosition() 的方法（光盘\配套源码\13\13-1.html）。

本实例的实现文件是 "13-1.html"，具体实现代码如下。

```html
<!DOCTYPE html>
<html>
<head>
  <meta charset="utf-8">
  <meta name="viewport" content="width=device-width, initial-scale=1">
  <title>index.html</title>
    <script type="text/javascript" charset="utf-8" src="cordova.js" ></script>
    <script type="text/javascript" charset="utf-8">
// 等待加载 PhoneGap
document.addEventListener("deviceready", onDeviceReady, false);

// PhoneGap 加载完毕
function onDeviceReady() {
    playAudio("http://audio.ibeat.org/content/p1rj1s/p1rj1s_-_rockGuitar.mp3");
}

// 音频播放器
var my_media = null;
var mediaTimer = null;

// 播放音频
function playAudio(src) {
  // 从目标文件创建 Media 对象
  my_media = new Media(src, onSuccess, onError);

  // 播放音频
  my_media.play();

  // 每秒更新一次媒体播放到的位置
  if (mediaTimer == null) {
    mediaTimer = setInterval(function() {
      // 获取媒体播放到的位置
      my_media.getCurrentPosition(

        // 获取成功后调用的回调函数
        function(position) {
          if (position > -1) {
```

```
                    setAudioPosition((position/1000) + " sec");
                }
            },
            // 发生错误后调用的回调函数
            function(e) {
                console.log("Error getting pos=" + e);
                setAudioPosition("Error: " + e);
            }
        );
    }, 1000);
    }
}


// 暂停音频播放
function pauseAudio() {
    if (my_media) {
        my_media.pause();
    }
}


// 停止音频播放
function stopAudio() {
    if (my_media) {
        my_media.stop();
    }
    clearInterval(mediaTimer);
    mediaTimer = null;
}


// 创建 Media 对象成功后调用的回调函数
function onSuccess() {
    console.log("playAudio():Audio Success");
}


// 创建 Media 对象出错后调用的回调函数
function onError(error) {
    alert('code: ' + error.code    + '\n' +
        'message: ' + error.message + '\n');
}


// 设置音频播放位置
function setAudioPosition(position) {
    document.getElementById('audio_position').innerHTML = position;
```

```
    }

    </script>
    </head>
    <body>
      <a href="#" class="btn large" onclick="playAudio('http://audio.ibeat.org/content/p1rj1s/p1rj1s_-_
rockGuitar.mp3');">Play Audio</a>
      <a href="#" class="btn large" onclick="pauseAudio();">Pause Playing Audio</a>
      <a href="#" class="btn large" onclick="stopAudio();">Stop Playing Audio</a>
      <p id="audio_position"></p>
    </body>
    </html>
```

【运行结果】

执行后的效果如图 13-1 所示。

触摸单击某个链接后，会播放或暂停指定的 MP3 文件，例如单击"Play Audio"连接后会播放指定的 MP3 文件，如图 13-2 所示。

图 13-1　执行效果

图 13-2　正在播放

13.2.2　实战演练——使用 media.getDuration() 方法

在 PhoneGap 应用中，方法 media.getDuration() 的功能是返回音频文件的时间长度，其使用原型如下。

```
media.getDuration();
```

media.getDuration() 是一个同步函数。如果音频时长已知，则该方法返回以秒为单位的音频文件时长。如果时长不可知，则该方法返回 -1。下面是使用方法 media.getDuration() 的演示代码。

```
// 音频播放器
var my_media = new Media(src, onSuccess, onError);
// 获得时间长度
var counter = 0;
var timerDur = setInterval(function() {
    counter = counter + 100;
    if (counter > 2000) {
        clearInterval(timerDur);
    }
    var dur = my_media.getDuration();
    if (dur > 0) {
```

```
        clearInterval(timerDur);
        document.getElementById('audio_duration').innerHTML = (dur/1000) + " sec";
    }
}, 100);
```

在目前 PhoneGap 应用中，media.getDuration() 支持如下 3 种平台。

❏　Android
❏　iOS
❏　Windows Phone 7（Mango）

在接下来的内容中，我们将通过一个简单例子来阐述使用 media.getDuration() 的方法。

【范例 13-2】使用 media.getDuration() 的方法（光盘 \ 配套源码 \13\13-2. html）。

本实例的实现文件是"13-2.html"，具体实现代码如下。

```html
<!DOCTYPE html>
<html>
<head>
  <meta charset="utf-8">
  <meta name="viewport" content="width=device-width, initial-scale=1">
  <title>index.html</title>
    <script type="text/javascript" charset="utf-8" src="cordova.js" ></script>
    <script type="text/javascript" charset="utf-8">
    // 等待加载 PhoneGap
    document.addEventListener("deviceready", onDeviceReady, false);

    // PhoneGap 加载完毕
    function onDeviceReady() {
        playAudio("http://audio.ibeat.org/content/p1rj1s/p1rj1s_-_rockGuitar.mp3");
    }

    // 音频播放器
    var my_media = null;
    var mediaTimer = null;

    // 播放音频
    function playAudio(src) {
        // 从目标文件创建 Media 对象
        my_media = new Media(src, onSuccess, onError);

        // 播放音频
        my_media.play();

        // 每秒更新一次媒体播放到的位置
```

```
        if (mediaTimer == null) {
          mediaTimer = setInterval(function() {
            // 获取媒体播放到的位置
            my_media.getCurrentPosition(
                // 获取成功后调用的回调函数
                function(position) {
                    if (position > -1) {
                        setAudioPosition((position/1000) + " sec");
                    }
                },
                // 发生错误后调用的回调函数
                function(e) {
                    console.log("Error getting pos=" + e);
                    setAudioPosition("Error: " + e);
                }
            );
          }, 1000);
        }
    }

    // 暂停音频播放
    function pauseAudio() {
      if (my_media) {
        my_media.pause();
      }
    }

    // 停止音频播放
    function stopAudio() {
      if (my_media) {
        my_media.stop();
      }
      clearInterval(mediaTimer);
      mediaTimer = null;
    }

    // 创建 Media 对象成功后调用的回调函数
    function onSuccess() {
      console.log("playAudio():Audio Success");
    }

    // 创建 Media 对象出错后调用的回调函数
    function onError(error) {
      alert('code: ' + error.code   + '\n' +
```

```
            'message: ' + error.message + '\n');
    }

    // 设置音频播放位置
    function setAudioPosition(position) {
        document.getElementById('audio_position').innerHTML = position;
    }

</script>
</head>
<body>
    <a href="#" class="btn large" onclick="playAudio('http://audio.ibeat.org/content/p1rj1s/p1rj1s_-_
rockGuitar.mp3');">Play Audio</a>
    <a href="#" class="btn large" onclick="pauseAudio();">Pause Playing Audio</a>
    <a href="#" class="btn large" onclick="stopAudio();">Stop Playing Audio</a>
    <p id="audio_position"></p>
</body>
</html>
```

【运行结果】

执行后的效果如图 13-3 所示，将播放指定的 MP3 文件。触摸单击某个链接后，会播放或暂停指定的 MP3 文件。

Play Audio Pause Playing Audio Stop Playing Audio
0.007001 sec

图 13-3 执行效果

13.2.3 实战演练——使用 play() 方法

在 PhoneGap 应用中，方法 media.play() 的功能是开始或恢复播放一个指定的音频文件，其具体使用原型如下。

```
media.play();
```

方法 media.play() 是一个用于开始或恢复播放音频文件的同步函数。
下面是使用方法 media.play() 的演示代码。

```
// 播放音频文件
function playAudio(url) {
    // 播放 url 指向的音频文件
    var my_media = new Media(url,
    // 播放成功后调用的回调函数
    function() {
```

```
        console.log("playAudio():Audio Success");
    },
    // 播放出错后调用的回调函数
    function(err) {
        console.log("playAudio():Audio Error: "+err);
    });


    // 播放音频文件
    my_media.play();
}
```

在目前 PhoneGap 应用中，media.play() 方法支持如下 3 种平台。

❑ Android
❑ iOS
❑ Windows Phone 7（Mango）

在接下来的内容中，我们将通过一个简单例子来阐述使用 media.play() 的方法。

【范例 13-3】使用 media.play() 的方法（光盘 \ 配套源码 \13\13-3.html）。

本实例的实现文件是 "13-3.html"，具体实现代码如下。

```html
<!DOCTYPE html>
<html>
<head>
  <meta charset="utf-8">
  <meta name="viewport" content="width=device-width, initial-scale=1">
  <title>index.html</title>
  <script type="text/javascript" charset="utf-8" src="cordova.js" ></script>
  <script type="text/javascript" charset="utf-8">
  // 等待加载 PhoneGap
  document.addEventListener("deviceready", onDeviceReady, false);

  // PhoneGap 加载完毕
  function onDeviceReady() {
      playAudio("http://audio.ibeat.org/content/p1rj1s/p1rj1s_-_rockGuitar.mp3");
  }

  // 音频播放器
  var my_media = null;
  var mediaTimer = null;

  // 播放音频文件
  function playAudio(src) {
      // 从目标文件创建 Media 对象
```

```
    my_media = new Media(src, onSuccess, onError);

    // 播放音频
    my_media.play();

    // 每秒更新一次媒体播放到的位置
    if (mediaTimer == null) {
        mediaTimer = setInterval(function() {
            // 获取媒体播放到的位置
            my_media.getCurrentPosition(
                // 获取成功后调用的回调函数
                function(position) {
                    if (position > -1) {
                        setAudioPosition((position/1000) + " sec");
                    }
                },
                // 发生错误后调用的回调函数
                function(e) {
                    console.log("Error getting pos=" + e);
                    setAudioPosition("Error: " + e);
                }
            );
        }, 1000);
    }
}

// 暂停音频播放
function pauseAudio() {
    if (my_media) {
        my_media.pause();
    }
}

// 停止音频播放
function stopAudio() {
    if (my_media) {
        my_media.stop();
    }
    clearInterval(mediaTimer);
    mediaTimer = null;
}

// 创建 Media 对象成功后调用的回调函数
```

```
        function onSuccess() {
            console.log("playAudio():Audio Success");
        }

        // 创建 Media 对象出错后调用的回调函数
        function onError(error) {
            alert('code: ' + error.code    + '\n' +
                'message: ' + error.message + '\n');
        }

        // 设置音频播放位置
        function setAudioPosition(position) {
            document.getElementById('audio_position').innerHTML = position;
        }

    </script>
    </head>
    <body>
        <a href="#" class="btn large" onclick="playAudio('http://audio.ibeat.org/content/p1rj1s/p1rj1s_-_
rockGuitar.mp3');">Play Audio</a>
        <a href="#" class="btn large" onclick="pauseAudio();">Pause Playing Audio</a>
        <a href="#" class="btn large" onclick="stopAudio();">Stop Playing Audio</a>
        <p id="audio_position"></p>
    </body>
    </html>
```

【运行结果】

执行后的效果如图 13-4 所示，将播放指定的 MP3 文件。触摸单击某个链接后，会播放或暂停指定的 MP3 文件。

```
Play Audio Pause Playing Audio Stop Playing Audio
0.00407500000000000005 sec
```

图 13-4　执行效果

13.2.4　media.pause() 方法

在 PhoneGap 应用中，方法 media.pause() 的功能是暂停播放一个音频文件，其使用原型如下。

```
media.pause();
```

方法 media.pause() 是一个用于暂停播放音频文件的同步函数。下面是一段使用方法 media.pause() 的演示代码。

```
// 播放音频
function playAudio(url) {
    // 播放 url 指向的音频文件
    var my_media = new Media(url,
        // 获取成功后调用的回调函数
        function() {
            console.log("playAudio():Audio Success");
        },
        // 发生错误后调用的回调函数
        function(err) {
            console.log("playAudio():Audio Error: "+err);
        }
    )

    // 播放音频
    my_media.play();

    // 暂停 10 秒钟
    setTimeout(function() {
        media.pause();
        }, 10000);
    }
```

在目前 PhoneGap 应用中，media.pause() 方法支持如下 3 种平台。

❑　Android

❑　iOS

❑　Windows Phone 7（Mango）

13.2.5　media.release() 方法

在 PhoneGap 应用中，方法 media.release() 的功能是释放底层操作系统音频资源，其使用原型如下。

```
media.release();
```

注意　　　方法 media.release() 是一个用于释放系统音频资源的同步函数。该函数对于 Android 系统尤为重要。因为 Android 系统的 OpenCore（多媒体核心）的实例是有限的，开发者需要在他们不再需要相应 Media 资源时调用 media.release() 函数释放它。

下面是一段使用方法 media.release() 的演示代码。

```
// 音频播放器
var my_media = new Media(src, onSuccess, onError);
```

```
my_media.play();
my_media.stop();
my_media.release();
```

在目前 PhoneGap 应用中，media.release() 方法支持如下 3 种平台。

❑ Android
❑ iOS
❑ Windows Phone 7（Mango）

在下面的演示代码中，演示了在 PhoneGap 应用中使用 media.release() 方法的具体过程。

```html
<html>
<head>
<title>Media Example</title>

<script type="text/javascript" charset="utf-8" src="cordova-2.0.0.js"></script>
<script type="text/javascript" charset="utf-8">

    // 等待加载 PhoneGap
    document.addEventListener("deviceready", onDeviceReady, false);

    // PhoneGap 加载完毕
    function onDeviceReady() {
        playAudio("http://audio.ibeat.org/content/p1rj1s/p1rj1s_-_rockGuitar.mp3");
    }

    // 音频播放器
    var my_media = null;
    var mediaTimer = null;
    // 播放音频
    function playAudio(src) {
        // 从目标播放文件创建 Media 对象
        my_media = new Media(src, onSuccess, onError);

        // 播放音频
        my_media.play();

        // 每秒更新一次媒体播放到的位置
        if (mediaTimer == null) {
            mediaTimer = setInterval(function() {
                // 获取媒体播放到的位置
                my_media.getCurrentPosition(
                    // 获取成功后调用的回调函数
```

```
                function(position) {
                    if (position > -1) {
                        setAudioPosition((position) + " sec");
                    }
                },
                // 发生错误后调用的回调函数
                function(e) {
                    console.log("Error getting pos=" + e);
                    setAudioPosition("Error: " + e);
                }
            );
        }, 1000);
    }
}


// 暂停音频播放
function pauseAudio() {
    if (my_media) {
        my_media.pause();
    }
}


// 停止音频播放
function stopAudio() {
    if (my_media) {
        my_media.stop();
    }
    clearInterval(mediaTimer);
    mediaTimer = null;
}


// 创建 Media 对象成功后调用的回调函数
function onSuccess() {
    console.log("playAudio():Audio Success");
}


// 创建 Media 对象出错后调用的回调函数
function onError(error) {
    alert('code: ' + error.code    + '\n' +
        'message: ' + error.message + '\n');
}


// 设置音频播放位置
```

```
    function setAudioPosition(position) {
        document.getElementById('audio_position').innerHTML = position;
    }

</script>
</head>
<body>
    <a href="#" class="btn large" onclick="playAudio('http://audio.ibeat.org/content/p1rj1s/p1rj1s_-_
rockGuitar.mp3');">Play Audio</a>
    <a href="#" class="btn large" onclick="pauseAudio();">Pause Playing Audio</a>
    <a href="#" class="btn large" onclick="stopAudio();">Stop Playing Audio</a>
    <p id="audio_position"></p>
</body>
</html>
```

13.2.6 实战演练——使用 media.startRecord() 方法

在 PhoneGap 应用中，方法 media.startRecord() 的功能是开始录制一个音频文件，其具体使用原型如下。

```
media.startRecord();
```

方法 media.startRecord() 是用于开始录制一个音频文件的同步函数。

下面是一段使用方法 media.startRecord() 的演示代码。

```
// 录制音频
function recordAudio() {
    var src = "myrecording.mp3";
    var mediaRec = new Media(src,
        // 新建 Media 对象成功后调用的回调函数
        function() {
            console.log("recordAudio():Audio Success");
        },

        // 新建 Media 对象出错后调用的回调函数
        function(err) {
            console.log("recordAudio():Audio Error: "+ err.code);
        }
    );

    // 录制音频
    mediaRec.startRecord();
}
```

在目前 PhoneGap 应用中，media.startRecord() 方法支持如下 3 种平台。

❑　Android

❑　iOS

❑　Windows Phone 7（Mango）

在接下来的内容中，我们将通过一个简单例子来阐述使用 media.startRecord() 的方法。

【范例 13-4】演示使用 media.startRecord() 的方法（光盘 \ 配套源码 \13\13-4.html）。

本实例的实现文件是 "13-4.html"，具体实现代码如下。

```
<!DOCTYPE html>
<html>
<head>
  <meta charset="utf-8">
  <meta name="viewport" content="width=device-width, initial-scale=1">
  <title>index.html</title>
  <script type="text/javascript" charset="utf-8" src="cordova.js" ></script>
  <script type="text/javascript" charset="utf-8">
  // 等待加载 PhoneGap
  document.addEventListener("deviceready", onDeviceReady, false);
  // 录制音频
  function recordAudio() {
     var src = "myrecording.mp3";
     var mediaRec = new Media(src, onSuccess, onError);

     // 开始录制音频
     mediaRec.startRecord();

     // 10 秒钟后停止录制
     var recTime = 0;
     var recInterval = setInterval(function() {
        recTimerecTime = recTime + 1;
        setAudioPosition(recTime + " sec");
        if (recTime >= 10) {
           clearInterval(recInterval);
           mediaRec.stopRecord();
        }
     }, 1000);
  }

  // PhoneGap 加载完毕
  function onDeviceReady() {
     recordAudio();
```

```
    }

    // 创建 Media 对象成功后调用的回调函数
    function onSuccess() {
        console.log("recordAudio():Audio Success");
    }

    // 创建 Media 对象出错后调用的回调函数
    function onError(error) {
        alert('code: ' + error.code    + '\n' +
            'message: ' + error.message + '\n');
    }

    // 设置音频播放位置
    function setAudioPosition(position) {
        document.getElementById('audio_position').innerHTML = position;
    }

</script>
</head>
<body>
    <a href="#" class="btn large" onclick="playAudio('http://audio.ibeat.org/content/p1rj1s/p1rj1s_-_
rockGuitar.mp3');">Play Audio</a>
    <a href="#" class="btn large" onclick="pauseAudio();">Pause Playing Audio</a>
    <a href="#" class="btn large" onclick="stopAudio();">Stop Playing Audio</a>
    <p id="audio_position"></p>
</body>
</html>
```

上述代码在真机中执行后，会实现音频录制功能。

注 意　　在 iOS 系统中使用 media.startRecord() 方法时，用于录制的文件必须已经存在并是 .wav 类型。这可以通过 File API 来创建。

13.2.7　media.stop() 方法

在 PhoneGap 应用中，方法 media.stop() 的功能是停止播放一个音频文件，其具体使用原型如下。

media.stop();

方法 media.stop() 是一个用于停止播放音频文件的同步函数。
下面是使用方法 media.stop() 的演示代码。

```
// 播放音频
function playAudio(url) {
// 播放 url 指向的音频文件
var my_media = new Media(url,
    // 新建 Media 对象成功后调用的回调函数
      function() {
        console.log("playAudio():Audio Success");
      },
      // 新建 Media 对象出错后调用的回调函数
      function(err) {
        console.log("playAudio():Audio Error: "+err);
    }
);

// 播放音频
my_media.play();

// 10 秒钟后暂停播放
setTimeout(function() {
    my_media.stop();
  }, 10000);
}
```

在目前 PhoneGap 应用中，media.stop() 方法支持如下 3 种平台。
❑ Android
❑ iOS
❑ Windows Phone 7（Mango）
在下面的演示代码中，演示了使用 media.stop() 方法的具体过程。

```
<html>
<head>
<title>Media Example</title>

<script type="text/javascript" charset="utf-8" src="cordova-2.0.0.js"></script>
<script type="text/javascript" charset="utf-8">

  // 等待加载 PhoneGap
  document.addEventListener("deviceready", onDeviceReady, false);

  // PhoneGap 加载完毕
  function onDeviceReady() {
      playAudio("http://audio.ibeat.org/itar.mp3");
  }
```

```
// 音频播放器
var my_media = null;
var mediaTimer = null;

// 播放音频
function playAudio(src) {
    // 从目标播放文件创建 Media 对象
    my_media = new Media(src, onSuccess, onError);

    // 播放音频
    my_media.play();

    // 每秒更新一次媒体播放到的位置
    if (mediaTimer == null) {
        mediaTimer = setInterval(function() {
            // 获取媒体播放到的位置
            my_media.getCurrentPosition(
                // 获取成功后调用的回调函数
                function(position) {
                    if (position > -1) {
                        setAudioPosition((position) + " sec");
                    }
                },
                // 发生错误后调用的回调函数
                function(e) {
                    console.log("Error getting pos=" + e);
                    setAudioPosition("Error: " + e);
                }
            );
        }, 1000);
    }
}

// 暂停音频播放
function pauseAudio() {
    if (my_media) {
        my_media.pause();
    }
}

// 停止音频播放
function stopAudio() {
```

```
        if (my_media) {
            my_media.stop();
        }
        clearInterval(mediaTimer);
        mediaTimer = null;
    }

    // 创建 Media 对象成功后调用的回调函数
    function onSuccess() {
        console.log("playAudio():Audio Success");
    }

    // 创建 Media 对象出错后调用的回调函数
    function onError(error) {
        alert('code: ' + error.code     + '\n' +
            'message: ' + error.message + '\n');
    }

    // 设置音频播放位置
    function setAudioPosition(position) {
        document.getElementById('audio_position').innerHTML = position;
    }

</script>
</head>
<body>
    <a href="#" class="btn large" onclick="playAudio('http://audio.ibeat.org/content/p1rj1s/p1rj1s_-_
rockGuitar.mp3');">Play Audio</a>
    <a href="#" class="btn large" onclick="pauseAudio();">Pause Playing Audio</a>
    <a href="#" class="btn large" onclick="stopAudio();">Stop Playing Audio</a>
    <p id="audio_position"></p>
</body>
</html>
```

13.2.8　media.stopRecord() 方法

在 PhoneGap 应用中，方法 media.stopRecord() 的功能是停止录制一个音频文件，其具体使用原型如下。

```
media.stopRecord();
```

方法 media.stopRecord() 是用于停止录制一个音频文件的同步函数。

下面是一段使用方法 media.stopRecord() 的演示代码。

```
// 录制音频
function recordAudio() {
    var src = "myrecording.mp3";
    var mediaRec = new Media(src,
        // 新建 Media 对象成功后调用的回调函数
        function() {
            console.log("recordAudio():Audio Success");
        },

        // 新建 Media 对象出错后调用的回调函数
        function(err) {
            console.log("recordAudio():Audio Error: "+ err.code);
        }
    );

    // 开始录制音频
    mediaRec.startRecord();

    // 10 秒后停止录制
    setTimeout(function() {
        mediaRec.stopRecord();
    }, 10000);
}
```

在目前 PhoneGap 应用中，media.stopRecord() 方法支持如下 3 种平台。
- ❑ Android
- ❑ iOS
- ❑ Windows Phone 7（Mango）

例如在下面的演示代码中，演示了使用 media.stopRecord() 方法的具体过程。

```
<html>
<head>
<title>Media Example</title>

<script type="text/javascript" charset="utf-8" src="cordova-2.0.0.js"></script>
<script type="text/javascript" charset="utf-8">
    // 等待加载 PhoneGap
    document.addEventListener("deviceready", onDeviceReady, false);

    // 录制音频
    function recordAudio() {
        var src = "myrecording.mp3";
```

```
        var mediaRec = new Media(src, onSuccess, onError);

        // 开始录制音频
        mediaRec.startRecord();

        // 10 秒后停止录制
        var recTime = 0;
        var recInterval = setInterval(function() {
            recTime = recTime + 1;
            setAudioPosition(recTime + " sec");
            if (recTime >= 10) {
                clearInterval(recInterval);
                mediaRec.stopRecord();
            }
        }, 1000);
    }

    // PhoneGap 加载完毕
    function onDeviceReady() {
        recordAudio();
    }

    // 新建 Media 对象成功后调用的回调函数
    function onSuccess() {
        console.log("recordAudio():Audio Success");
    }

    // 新建 Media 对象出错后调用的回调函数
    function onError(error) {
        alert('code: ' + error.code   + '\n' +
            'message: ' + error.message + '\n');
    }

    // 设置音频播放位置
    function setAudioPosition(position) {
        document.getElementById('audio_position').innerHTML = position;
    }

</script>
</head>
<body>
  <p id="media">Recording audio...</p>
```

```
    <p id="audio_position"></p>
    </body>
    </html>
```

13.3 综合应用——播放本地视频

 本节教学录像：4 分钟

本节将通过一个具体实例的实现过程，详细讲解利用 PhoneGap 媒体 API 技术播放本地视频的方法。

【范例 13-5】利用 PhoneGap 的媒体 API 技术播放本地视频（光盘 \ 配套源码 \13\ vedio ）。

本实例的功能是在 Android 系统中播放指定的本地视频文件"video.mp4"。本实例的具体实现流程如下。

（1）编写主程序文件"index.html"，功能是调用播放方法 play() 播放指定的本地视频文件"video.mp4"。文件"index.html"的具体实现代码如下。

```
<!DOCTYPE HTML>
<html>
```

```
<head>
<title>PhoneGap</title>
<SCRIPT type="text/javascript" charset="utf-8" src="cordova-2.0.0.js"></SCRIPT>
<script type="text/javascript" charset="utf-8" src="video.js"></script>

<SCRIPT type="text/javascript" charset="utf-8">

  function onmyPlay(){
  window.plugins.videoPlayer.play("file:///android_asset/www/video.mp4");
  }
</SCRIPT>
</head>
<body>
<h1 onclick="onmyPlay()">hello world</h1>
</body>
</html>
```

（2）编写 JS 文件 "video.js"，功能是定义播放方法 play() 指定的视频文件，具体实现代码如下。

```
function VideoPlayer() {};

/** * 开始播放 */

VideoPlayer.prototype.play = function(url)
{   cordova.exec(null, null, "VideoPlayer", "playVideo", [url]);};
/** * 载入播放器 */
if(!window.plugins)
   {   window.plugins = {};}
  if (!window.plugins.videoPlayer)
    {   window.plugins.videoPlayer = new VideoPlayer();
}
```

（3）编写文件 "HellophonegapActivity.java"，功能是设置系统执行后的页面文件是 "index. html"，具体实现代码如下。

```
public class HellophonegapActivity extends DroidGap {
   /** 在第一次创建活动时调用 . */
   @Override
   public void onCreate(Bundle savedInstanceState) {
     super.onCreate(savedInstanceState);
     super.loadUrl("file:///android_asset/www/index.html");
   }
}
```

（4）编写文件"VideoPlayer.java"，功能是播放指定的视频文件。此视频文件是本实例实现播放功能的核心。文件"VideoPlayer.java"的具体实现代码如下。

```java
public class VideoPlayer extends Plugin {

    private static final String YOU_TUBE = "youtube.com";
    private static final String ASSETS = "file:///android_asset/";

    @Override
    public PluginResult execute(String action, JSONArray args, String callbackId) {
        PluginResult.Status status = PluginResult.Status.OK;
        String result = "";
        try {
            if (action.equals("playVideo")) {
                playVideo(args.getString(0));
            } else {
                status = PluginResult.Status.INVALID_ACTION;
            }
            return new PluginResult(status, result);
        } catch (JSONException e) {
            return new PluginResult(PluginResult.Status.JSON_EXCEPTION);
        } catch (IOException e) {
            return new PluginResult(PluginResult.Status.IO_EXCEPTION);
        }
    }

    private void playVideo(String url) throws IOException {
        Uri uri = Uri.parse(url);
        Intent intent = null;
        // 检查是否播放 YouTube 页面 .
        if (url.contains(YOU_TUBE)) {
            // 不提供 YouTube 选项
            uri = Uri.parse("vnd.youtube:" + uri.getQueryParameter("v"));
            intent = new Intent(Intent.ACTION_VIEW, uri);
        } else if (url.contains(ASSETS)) {
            // 获取 assets 目录的路径
            String filepath = url.replace(ASSETS, "");
            String filename = filepath.substring(filepath.lastIndexOf("/") + 1,
                    filepath.length());
            // 如果文件已经存在则不复制
            File fp = new File(this.cordova.getActivity().getFilesDir() + "/"
                    + filename);
            if (!fp.exists()) {
```

```
                this.copy(filepath, filename);
            }
            uri = Uri
                .parse("file://" + this.cordova.getActivity().getFilesDir()
                    + "/" + filename);
            intent = new Intent(Intent.ACTION_VIEW);
            intent.setDataAndType(uri, "video/*");
        } else {
            intent = new Intent(Intent.ACTION_VIEW);
            intent.setDataAndType(uri, "video/*");
        }
        this.cordova.getActivity().startActivity(intent);


    }


    private void copy(String fileFrom, String fileTo) throws IOException {
        InputStream in = this.cordova.getActivity().getAssets().open(fileFrom);
        FileOutputStream out = this.cordova.getActivity().openFileOutput(
            fileTo, Context.MODE_WORLD_READABLE);
        byte[] buf = new byte[1024];
        int len;
        while ((len = in.read(buf)) > 0)
            out.write(buf, 0, len);
        in.close();
        out.close();
    }
}
```

【运行结果】

到此为止，本实例的实现过程全部介绍完毕。本实例需要在真机中才能正确运行，而在 Android 模拟器中的执行达不到预想效果，如图 13-5 所示。

图 13-5　执行效果

▌ 13.4 高手点拨

1．充分考虑 APP 开发效率的问题

对中大型 APP（Application，第三方应用程序）来说，用户对软件有很强的需求。目前，由于定位和发展方向的变更，很多 APP 处于不断探索和快速迭代的阶段。这意味着，开发者希望使用尽可能简单的方式、占用较少的人力资源进行开发，以尽快在多个平台发布，进而快速响应迭代的需求。在各种因素的权衡中，优先考虑满足上述需求。

对于原生 APP 好还是 WebAPP 基于 Web 的系统和运用的问题，似乎一直有很大争议。实际上，这不是一个纯粹的技术问题。WebAPP 在开发效率上的优势，原生 APP 在性能和开发自由度上的优势都是不言自明的，一个 APP 是否采用混合架构依赖于产品定位和发展策略。如果希望尽快发布、跨平台、能快速响应可以预见的迭代，那么混合架构就很值得考虑。如果有足够的开发人员覆盖各平台、产品设计成熟度高、产品周期上可接受相对较长的开发时间，那么原生显然是更好的选择。

2．充分考虑 APP 跨平台的问题

现实中的大多数 APP 以展示内容为主，那些只有原生代码才可以实现的功能需要比较少。这意味着如果采用混合架构实现这些 APP，需要实现的原生特性与需要解决的跨平台问题会较少。这样混合架构的优势被放大。

即使考虑了第一个因素后认为值得使用混合架构，但如果 APP 本身的特性不适合 WebAPP 的方式，那也会显得没有这个必要。WebAPP 之所以开发效率高，一方面在于 HTML+CSS+JS 能做的事情，比用原生代码做同样的事情要简单得多，另一方面在于方便跨平台。如果 APP 里面要实现的功能，很多都没法用 HTML 实现，而必须用原生代码，那 WebAPP 这两方面的优势都消失殆尽。

▌ 13.5 实战练习

1．在网页中自动增加表格

请编写一个页面，执行后首先显示一个 "2*2" 的表格，每单击一次 "+" 按钮，都会增加一行表格。

2．开发一个计数器程序

请使用 HTML + CSS + JavaScript 技术开发一个绚丽的计时器程序。首先用加粗标记 <strong></strong> 使统计的时间更醒目，然后用两个按钮分别实现 "开始" 操作和 "重启" 操作。

第 **14** 章

本章教学录像：27 分钟

通讯录 API 详解

在现实应用中，无论是智能手机还是非智能手机，都具有通讯录功能，通过通讯录能够快速找到联系人的信息。PhoneGap 应用专门提供了针对通讯录的 API，即 Contacts。本章将详细讲解通讯录 API 的相关知识。

本章要点（已掌握的在方框中打钩）

☐ 主要对象

☐ 包含的方法

☐ 综合应用——创建一个简易的 Web 版通讯录

▋ 14.1 主要对象

本节教学录像:19 分钟

在 PhoneGap 应用中,通讯录 API 是 Contacts,其为用户提供了一个通讯接口,使得 Web 应用程序能方便地访问移动设备的通讯录数据库。在 PhoneGap 应用中,主要通过 navigator.contacts 来访问通讯录 API。本节将讲解通讯录 API 用到的对象的相关知识。

14.1.1 实战演练——使用 Contact 对象

一个联系人常见的属性有名字、地址、工作单位、电话列表和联系地址等。联系人可以用 Contact 对像实例来表示。该对象可以通过新建、查询或者复制得到。Contact 对象包含用于描述联系人的属性,比如用户的个人或者商务联系方式,一共有 14 个属性,具体如下。

- ❑ id:全局唯一标识符,DOMString 类型。
- ❑ displayname:联系人显示名称,适合向最终用户展示的联系人名称,DOMString 类型。
- ❑ name:联系人姓名所有部分的对象,ContactName 类型。
- ❑ nickname:昵称,对联系人的非正式称呼,DOMString 类型。
- ❑ phoneNumbers:联系人所有联系电话的数组,ContactField[] 类型。
- ❑ emails:联系人所有 email 地址的数组,ContactField[] 类型。
- ❑ addrsses:联系人所有联系地址的数组,ContactAddresses[] 类型。
- ❑ ims:联系人所有 IM 地址的数组,ContactField[] 类型。
- ❑ organizations:联系人所属所有组织的数组,ContactOrganization[] 类型。
- ❑ birthday:联系人的生日,日期类型。
- ❑ note:联系人的注释信息,DOMString 类型。
- ❑ photos:联系人所有照片的数组,ContactField[] 类型。
- ❑ categories:联系人所属的所有用户自定义类别的数组,ContactField[] 类型。
- ❑ urls:与联系人相关网页的数组,ContactField[] 类型。

在 PhoneGap 应用中,Contact 对象代表一个用户联系人,其可以在设备通讯录数据库中被创建、存储或者删除,同样也可以使用 contacts.find 方法从数据库中进行检索。

注意　　并不是所有的设备平台都支持以上列出的所有联系人字段。请通过查看每个平台的特异情况描述部分,了解每个平台分别支持的字段。

在 PhoneGap 应用中,在 Contact 对象中包含了如下 3 个方法。

- ❑ contact.clone():返回一个新的 Contact 对象。它是调用对象的深度拷贝,其 id 属性被设为 null。
- ❑ contact.remove():从通讯录数据库中删除联系人。当删除不成功的时候,触发以 ContactError 为参数的错误处理回调函数。
- ❑ contact.save():将一个新联系人存储到通讯录数据库,如果通讯录数据库中已经包含与其 ID 相同的记录,则更新该已有记录。

在目前 PhoneGap 应用中,Contact 对象支持如下 3 种平台。

- ❑ Android
- ❑ BlackBerry WebWorks(OS 5.0 或更高版本)

❑ iOS

下面是使用方法 contact.save() 的演示代码。

```
function onSuccess(contacts) {
    alert("Save Success");
    }

function onError(contactError) {
    alert("Error = " + contactError.code);
}

// 建立一个新的联系人对象
var contact = navigator.service.contacts.create();
contact.displayName = "Plumber";
contact.nickname = "Plumber";     // 同时指定以支持所有设备

// 填充一些字段
var name = new ContactName();
name.givenName = "Jane";
name.familyName = "Doe";
contact.name = name;

// 存储到设备上
contact.save(onSuccess,onError);
```

下面是使用方法 contact.remove() 的演示代码。

```
function onSuccess(contacts) {
alert("Save Success");
}
function onError(contactError) {
alert("Error = " + contactError.code);
}
// 建立一个新的联系人对象
var contact = navigator.service.contacts.create();
contact.displayName = "Plumber";
contact.nickname = "Plumber"; // 同时指定以支持所有设备
// 填充一些字段
var name = new ContactName();
name.givenName = "Jane";
name.familyName = "Doe";
contact.name = name;
// 存储到设备上
contact.remove(onSuccess,onError);
```

下面是使用方法 contact.clone() 的演示代码。

```
// 克隆联系人对象
var clone = contact.clone();
clone.name.givenName = "John";
console.log("Original contact name = " + contact.name.givenName);
console.log("Cloned contact name = " + clone.name.givenName);
```

在接下来的内容中，我们将通过一个简单例子来阐述使用 contact 对象的方法。

【范例 14-1】演示使用 contact 对象的方法（光盘 \ 配套源码 \14\14-1.html）。

本实例的实现文件是"14-1.html"，具体实现代码如下。

```
<!DOCTYPE html>
<html>
<head>
  <meta charset="utf-8">
  <meta name="viewport" content="width=device-width, initial-scale=1">
  <title>index.html</title>
  <script type="text/javascript" charset="utf-8" src="cordova.js" ></script>
  <script type="text/javascript" charset="utf-8">
  // 等待加载 PhoneGap
  document.addEventListener("deviceready", onDeviceReady, false);

  // PhoneGap 加载完毕
  function onDeviceReady() {

    // 创建联系人
    var contact = navigator.service.contacts.create();
    contact.displayName = "Plumber";
    contact.nickname = "Plumber";        // 同时指定以支持所有设备
    var name = new ContactName();
    name.givenName = "Jane";
    name.familyName = "Doe";
    contact.name = name;

    // 存储联系人
    contact.save(onSaveSuccess,onSaveError);

    // 克隆联系人
    var clone = contact.clone();
    clone.name.givenName = "John";
    console.log("Original contact name = " + contact.name.givenName);
    console.log("Cloned contact name = " + clone.name.givenName);

    // 删除联系人
```

```
        contact.remove(onRemoveSuccess,onRemoveError);
    }

    // onSaveSuccess: 返回当前保存成功的联系人数据的快照
    function onSaveSuccess(contacts) {
        alert("Save Success");
    }

    // onSaveError： 获取联系人数据失败
    function onSaveError(contactError) {
        alert("Error = " + contactError.code);
    }

    // onRemoveSuccess： 返回当前删除成功的联系人数据的快照
    function onRemoveSuccess(contacts) {
        alert("Removal Success");
    }

    // onRemoveError： 获取联系人数据失败
    function onRemoveError(contactError) {
        alert("Error = " + contactError.code);
    }

</script>
</head>
<body>
 <h1>Example</h1>
 <p>Find Contact</p>
</body>
</html>
```

【运行结果】

执行后的效果如图 14-1 所示。

图 14-1　执行效果

提示

在目前 PhoneGap 应用中，使用 contact 对象时，各个平台会发生如下异常。

（1）Android 2.X 的异常情况

Android2.X 设备上不支持 categories 属性，返回值总是 null。

（2）Android 1.X 的异常情况

❑ name：Android1.x 设备上不支持该属性，返回值总是 null。

❑ nickname：Android1.x 设备上不支持该属性，返回值总是 null。

❑ birthday：Android1.x 设备上不支持该属性，返回值总是 null。

❑ photos：Android1.x 设备上不支持该属性，返回值总是 null。

❑ categories：Android1.x 设备上不支持该属性，返回值总是 null。

❑ urls：Android1.x 设备上不支持该属性，返回值总是 null。

（3）BlackBerry WebWorks（OS 5.0 或更高版本）的异常情况

❑ id：支持，系统在存储联系人记录时自动分配。

❑ displayname：支持，存储到 BlackBerry 的 user1 字段。

❑ nickname：不支持该属性，返回值总是 null。

❑ phoneNumber：部分支持，类型为 home 的电话号码将被存储到 BlackBerry 的 homePhone1 和 homePhone2 字段；类型为 work 的电话号码将被存储到 workPhone1 和 workPhone2 字段；类型为 mobile 的电话号码将被存储到 mobilePhone；类型为 fax 的电话号码将被存储到 faxPhone 字段；类型为 pager 的电话号码将被存储到 pagerPhone；如果电话号码不属于以上类型则被存储到 otherPhone 字段。

❑ emails：部分支持，前 3 个邮件地址将被分别存储到 BlackBerry 的 email1、email2 和 email3 这 3 个字段。

❑ addresses：部分支持，第一和第二个地址将被分别存储到 BlackBerry 的 homeAddress 以及 workAddress 字段。

❑ ims：不支持该属性，返回值总是 null。

❑ organizations：部分支持，第一个组织的名称和职务将被分别存储到 BlackBerry 的 company 和 title 字段。

❑ photos：部分支持，只支持一个缩略图大小的照片。要设置一个联系人照片的话，可以通过传递一个 Base64 编码的图片或一个指向图片的 URL。该图片在存储到联系人数据库之前会被缩小。联系人照片会以 Base64 编码形式的图片返回。

❑ categories：部分支持，只支持 Business 和 Personal 这两个类别。

❑ urls：部分支持，第一个 url 将被存储到 BlackBerry 的 webpage 字段。

（4）iOS 的异常情况

❑ displayName：iOS 不支持该属性。除非没有给联系人指定 ContactName，否则该字段返回值总是 null。如果没有指定 ContactName，系统会根据有无设定值的情况依次返回 composite name，nickename 或空字符串。

❑ birthday：对于输入而言，必须为其提供一个 JavaScript 日期对象，其返回值也是 JavaScript 日期对象。

❑ photos：传回的照片存储在应用程序的临时目录中，同时返回指向该照片的文件 URL。临时目录在应用程序退出后被删除。

❑ categories：目前不支持该属性，返回值总是 null。

14.1.2 实战演练——使用 ContactName 对象

在通讯录中，联系人的名字的类型为 ContactName。该对象通过 Contact 对象实例的 name 属性得到，主要存储与姓名有关的信息。该对象包含了 6 个属性，具体说明如下。

- ❏ formatted：联系人的格式化全名，格式是"称谓 + 名 + 姓"，如"先生三张"。
- ❏ familyName：联系人的姓，字符串类型。
- ❏ givenName：联系人的名，字符串类型。
- ❏ middleName：联系人名字的中间名字，字符串类型。
- ❏ HonorificPrefix：联系人名字的敬语前缀，字符串类型。
- ❏ HonorificSuffix：联系人名字的敬语后缀，字符串类型。

在目前 PhoneGap 应用中，ContactName 对象支持如下 3 种平台。

- ❏ Android
- ❏ BlackBerry WebWorks（OS 5.0 或更高版本）
- ❏ iOS

下面是使用 ContactName 对象的演示代码，其中 name 为 ContactName 类型的对象。

```
function onSuccess(contacts) {
for (var i=0; i< ;contacts.length;i++) {
alert('Formatted: ' + contacts[i].name.formatted + '\n' +
'Family Name: ' + contacts[i].name.familyName + '\n' +
'Given Name: ' + contacts[i].name.givenName + '\n' +
'Middle Name: ' + contacts[i].name.middleName + '\n' +
'Suffix: ' + contacts[i].name.honorificSuffix + '\n' +
'Prefix: ' + contacts[i].name.honorificSuffix);
}
}
function onError() {
alert('onError!');
}
var options = new ContactFindOptions();
options.filter="";
filter = ["displayName","name"];
navigator.service.contacts.find(filter, onSuccess, onError, options);
```

在接下来的内容中，我们将通过一个简单例子来阐述使用 ContactName 对象的方法。

【范例 14-2】演示使用 ContactName 对象的方法（光盘 \ 配套源码 \14\14-2.html）。

本实例的实现文件是"14-2.html"，具体实现代码如下。

```
<!DOCTYPE html>
<html>
<head>
  <meta charset="utf-8">
  <meta name="viewport" content="width=device-width, initial-scale=1">
```

```
<title>index.html</title>
<script type="text/javascript" charset="utf-8" src="cordova.js" ></script>
 <script type="text/javascript" charset="utf-8">
// 等待加载 PhoneGap
document.addEventListener("deviceready", onDeviceReady, false);

// PhoneGap 加载完毕
function onDeviceReady() {
    var options = new ContactFindOptions();
    options.filter="";
    filter = ["displayName"];
    navigator.service.contacts.find(filter, onSuccess, onError, options);
}

// onSuccess: 返回联系人结果集的快照
function onSuccess(contacts) {
  for (var i=0; i< contacts.length; i++) {
    alert("Formatted: " + contacts[i].name.formatted + "\n" +
      "Family Name: " + contacts[i].name.familyName + "\n" +
      "Given Name: " + contacts[i].name.givenName + "\n" +
      "Middle Name: " + contacts[i].name.middleName + "\n" +
      "Suffix: " + contacts[i].name.honorificSuffix + "\n" +
      "Prefix: " + contacts[i].name.honorificPrefix);
  }
}

// onError: 获取联系人结果集失败
function onError() {
    alert('onError!');
}

</script>
</head>
<body>
 <h1>Example</h1>
 <p>Find Contact</p>
</body>
</html>
```

提 示

在不同平台使用 ContactName 对象时会发生如下异常。

（1）Android 的异常情况

只 是 部 分 支 持 formatted， 将 返 回 honorificPrefix、givenName、middleName、familyName 和 honorificSuffix 的串联结果，但不会单独存储。

（2）BlackBerry WebWorks（OS 5.0 或更高版本）的异常情况

❑ formatted：部分支持，将返回 BlackBerry firstName 和 lastName 两个字段的串联结果。

❑ familyName：支持，存放到 BlackBerry 的 lastName 字段。

❑ givenName：支持，存储到 BlackBerry 的 firstName 字段。

❑ middleName：不支持该属性，返回值总是 null。

❑ honorificPrefix：不支持该属性，返回值总是 null。

❑ honorificSuffix：不支持该属性，返回值总是 null。

（3）iOS 的异常情况

只是部分支持 formatted，将返回 iOS 的 Composite Name，但不会单独存储。

14.1.3　实战演练——使用 ContactField 对象

在联系人信息中，邮件列表、电话列表和网页列表都有类似的结构，即它们可以由多条具有相似结构的记录组成，每一条记录都由一个类型和一个取值与之对应，如电话列表可以有家庭电话和办公电话，其中，家庭电话就是号码的类型，家庭电话对应的号码就是该类型对应的取值，因此每一条记录都可以用一个通用的数据类型表示。在 PhoneGap 中，该通用的数据类型即 ContactField 类型，用来存储 Contact 对象中的通用字段属性。通过 Contact 对象 .emails、Contact 对象 .phoneNumbers 和 Contact 对象 .urls 可以获得 ContactField 对象数组，然后通过数组的索引坐标可以访问每一个 ContactField 对象。

Contact 对象中支持的通用字段类型，存储为 ContactField 对象的属性包括 email addresses、phone numbers 和 urls 等，具体说明如下。

❑ type：只读类型，如 phoneNumbers 的类型可以是 home、work 或者 mobile，根据移动平台本身支持的类型来设定。该属性为字符串类型。

❑ value：获得 type 对应的值，如 phoneNumbers[o].home 返回联系人信息的家庭电话。该属性为字符串类型。

❑ pref：该值可以设置 value 是否优先，如设置某一个联系人的移动电话号码而不是家庭号码为优先值。该属性为布尔值。

ContactField 对象是一个可重用的组件，用于支持通用方式的联系人字段。每个 ContactField 对象都包含一个值属性、一个类型属性和一个首选项属性。一个 Contact 对象将多个属性分别存储到多个 ContactField[] 数组中，例如电话号码与邮件地址等。

提 示

注意 type 属性值的不确定性。

在大多数情况下，ContactField 对象中的 type 属性并没有事先确定值。例如，一个电话号码的 type 属性值可以是 "home" "work" "mobile" "iPhone" 或其他相应特定设备平台的联系人数据库所支持的值。然而，对于 Contact 对象的 photos 字段，PhoneGap 使用 type 字段来表示返回的图像格式。如果 value 属性包含的是一个指向照片图像的 URL，PhoneGap 对于 type 会返回 "url"。如果 value 属性包含的是图像的 Base64 编码字符串，PhoneGap 对于 type 会返回 "base64"。

在目前 PhoneGap 应用中，ContactField 对象支持如下 3 种平台。

❑ Android

❑ BlackBerry WebWorks（OS 5.0 或更高版本）

❑ iOS

下面是使用 ContactField 对象的演示代码。

```
// 建立一个新的联系人记录
var contact = navigator.service.contacts.create();
// 存储联系人电话号码到 ContactField[] 数组
var phoneNumbers = [3];
phoneNumbers[0] = new ContactField('work', '212-555-1234', false);
phoneNumbers[1] = new ContactField('mobile', '9114-555-5432', true); // 首选项
phoneNumbers[2] = new ContactField('home', '203-555-7890', false);
contact.phoneNumbers = phoneNumbers;
// 保存联系人
contact.save();
```

在接下来的内容中，我们将通过一个简单例子来阐述使用 ContactField 对象的方法。

【范例 14-3】演示演示使用 ContactName 对象的方法（光盘 \ 配套源码 \14\14-3.html）。

本实例的实现文件是 "14-3.html"，具体实现代码如下。

```
<!DOCTYPE html>
<html>
<head>
  <meta charset="utf-8">
  <meta name="viewport" content="width=device-width, initial-scale=1">
  <title>index.html</title>
  <script type="text/javascript" charset="utf-8" src="cordova.js" ></script>
  <script type="text/javascript" charset="utf-8">
  // 等待加载 PhoneGap
  document.addEventListener("deviceready", onDeviceReady, false);

  // PhoneGap 加载完毕
  function onDeviceReady() {

    // 建立一个新的联系人记录
    var contact = navigator.service.contacts.create();

    // 存储联系人电话号码到 ContactField[] 数组
    var phoneNumbers = [3];
    phoneNumbers[0] = new ContactField('work', '212-555-1234', false);
    phoneNumbers[1] = new ContactField('mobile', '9114-555-5432', true);    // 首选项
    phoneNumbers[2] = new ContactField('home', '203-555-7890', false);
    contact.phoneNumbers = phoneNumbers;
```

```
    // 存储联系人
    contact.save();

    // 搜索联系人列表，返回符合条件联系人的显示名及电话号码
    var options = new ContactFindOptions();
    options.filter="";
    filter = ["displayName","phoneNumbers"];
    navigator.service.contacts.find(filter, onSuccess, onError, options);
}

// onSuccess：返回联系人结果集的快照
function onSuccess(contacts) {
    for (var i=0; i< contacts.length; i++) {
    // 显示电话号码
        for (var j=0; j< contacts[i].phoneNumbers.length; j++) {
            alert("Type: " + contacts[i].phoneNumbers[j].type + "\n" +
                "Value: "  + contacts[i].phoneNumbers[j].value + "\n" +
                "Preferred: "  + contacts[i].phoneNumbers[j].pref);
        }
    }
}

// onError：获取联系人结果集失败
function onError() {
    alert('onError!');
}

</script>
</head>
<body>
 <h1>Example</h1>
 <p>Find Contact</p>
</body>
</html>
```

提 示

在各个平台使用 ContactField 对象时会发生如下异常。
（1）Android 的异常情况
Android 不支持 pref 属性，返回值总是 false。
（2）BlackBerry WebWorks (OS 5.0 或更高版本) 的异常情况
❑　type：部分支持，用于电话号码。
❑　value：支持。
❑　pref：不支持该属性，返回值总是 false。
（3）iOS 的异常情况
iOS 不支持 pref 属性，返回值总是 false。

14.1.4 实战演练——使用 ContactAddress 对象

联系人的地址信息即邮政地址，可以包含国家、城市、街道等属性，用 ContactAddress 对象表示。Contact 对象 .addresses 属性可返回一个 ContactAddress 类型的对象的数组。通过数组的索引坐标，我们可以访问每一个 ContactAddress 对象。该对象包含 8 个属性，具体说明如下。

- ❏ pref：设置该地址是否是优先地址，为布尔值。
- ❏ type：只读属性，表示该地址的类型，如 home 或者 work。该属性为布尔值。
- ❏ formatted：获得完整地址描述，包含国家、城市、街道等所有的地址信息。该属性为字符串类型。
- ❏ streetAddress：获得完整的街道地址，为字符串类型。
- ❏ locality：获得城市信息，为字符串类型。
- ❏ region：获得所在州或省或区，为字符串类型。
- ❏ postalCode：获得邮政编码，为字符串类型。
- ❏ country：获得国家信息，为字符串类型。

在 PhoneGap 应用中，ContactAddress 对象用于存储一个联系人的单个地址。一个 Contact 对象可以拥有一个或多个地址，并被存储在一个 ContactAddress[] 数组中。

在目前 PhoneGap 应用中，ContactAddress 对象支持如下 3 种平台。

- ❏ Android
- ❏ BlackBerry WebWorks（OS 5.0 或更高版本）
- ❏ iOS

在接下来的内容中，我们将通过一个简单例子来阐述使用 ContactAddress 对象的方法。

【范例 14-4】演示使用 ContactAddress 对象的方法（光盘\配套源码\14\14-4.html）。

本实例的实现文件是"14-4.html"，具体实现代码如下。

```
// 等待加载 PhoneGap
document.addEventListener("deviceready", onDeviceReady, false);

// PhoneGap 加载完毕
function onDeviceReady() {

    // 从全部联系人中进行搜索
    var options = new ContactFindOptions();
    options.filter="";
    var filter = ["displayName","addresses"];
    navigator.service.contacts.find(filter, onSuccess, onError, options);
}

// onSuccess： 返回当前联系人结果集的快照
function onSuccess(contacts) {
    // 显示所有联系人的地址信息
```

```
    for (var i=0; i<contacts.length; i++) {
        for (var j=0; j<contacts[i].addresses.length; j++) {
            alert("Pref: " + contacts[i].addresses[j].pref + "\n" +
                "Type: " + contacts[i].addresses[j].type + "\n" +
                "Formatted: " + contacts[i].addresses[j].formatted + "\n" +
                "Street Address: "  + contacts[i].addresses[j].streetAddress + "\n" +
                "Locality: "  + contacts[i].addresses[j].locality + "\n" +
                "Region: "  + contacts[i].addresses[j].region + "\n" +
                "Postal Code: "  + contacts[i].addresses[j].postalCode + "\n" +
                "Country: "  + contacts[i].addresses[j].country);
        }
    }
}

// onError： 获取联系人结果集失败
function onError() {
    alert('onError!');
}

</script>
</head>
<body>
 <h1>Example</h1>
 <p>Find Contact</p>
</body>
</html>
```

提示

在各个平台使用 ContactAddress 对象时会发生如下异常。

（1）Android 2.X 的特异情况

Android2.X 设备上不支持 pref 属性，返回值总是 false。

（2）Android 1.X 的异常情况

❑ pref：Android1.X 设备上不支持该属性，返回值总是 false。

❑ type：Android1.X 设备上不支持该属性，返回值总是 null。

❑ streetAddress：Android1.X 设备上不支持该属性，返回值总是 null。

❑ locality：Android1.X 设备上不支持该属性，返回值总是 null。

❑ region：Android1.X 设备上不支持该属性，返回值总是 null。

❑ postalCode：Android1.X 设备上不支持该属性，返回值总是 null。

❑ country：Android1.X 设备上不支持该属性，返回值总是 null。

（3）BlackBerry WebWorks（OS 5.0 或更高版本）的异常情况

❑ pref：BlackBerry 设备上不支持该属性，返回值总是 false。

❑ type：部分支持，对于一个联系人对象只能分别存储一个"Work"和一个"Home"类型的地址。

- formatted：部分支持，将返回所有 BlackBerry 地址字段的串联。
- streetAddress：支持，将返回 BlackBerry address1 和 address2 两个地址字段的串联。
- locality：支持，存储到 BlackBerry city 字段。
- region：支持，存储到 BlackBerry stateProvince 字段。
- postalCode：支持，存储到 BlackBerry zipPostal 字段。
- country：支持。

（4）iOS 的异常情况
- pref：iOS 设备上不支持该属性，返回值总是 false。
- formatted：目前不支持。

14.1.5　ContactOrganization 对象

在 PhoneGap 应用中，ContactOrganization 对象用来存储联系人的组织结构信息。Contact 对象 .organizations 属性返回一个 ContactOrganization 类型的对象的数组。通过数组的索引坐标，我们可以访问每一个 ContactOrganization 对象。

ContactOrganization 对象包含 5 个属性，具体说明如下。
- pref：表示该组织是否是优先地址，为布尔值。
- type：表示地址类型字段，为布尔值。
- name：表示组织的名称，为字符串类型。
- department：表示组织的部门名称，为字符串类型。
- title：表示职务名称，为字符串类型。

ContactOrganization 对象存储联系人的所属组织属性，Contact 对象通过一个数组存储一个或多个 ContactOrganization 对象。在目前 PhoneGap 应用中，ContactOrganization 对象支持如下 3 种平台。
- Android
- BlackBerry WebWorks（OS 5.0 或更高版本）
- iOS

下面是使用 ContactOrganization 对象的演示代码。

```
function onSuccess(contacts) {
for (var i=0; i< contacts.length; i++) {
for (var j=0; j< contacts[i].organizations.length; j++) {
alert("Pref: " + contacts[i].organizations[j].pref + "\n" +
"Type: " + contacts[i].organizations[j].type + "\n" +
"Name: " + contacts[i].organizations[j].name + "\n" +
"Department: " + contacts[i].organizations[j].department + "\n" +
"Title: " + contacts[i].organizations[j].title);
}
}
}
function onError() {
```

```
alert('onError!');
}
var options = new ContactFindOptions();
options.filter="";
filter = ["displayName","organizations"];
navigator.service.contacts.find(filter, onSuccess, onError, options);
```

在下面演示代码中，完整演示了使用 ContactOrganization 对象的具体过程。

```
<html>
<head>
<title>Contact Example</title>

<script type="text/javascript" charset="utf-8" src="cordova-2.0.0.js"></script>
<script type="text/javascript" charset="utf-8">

// 等待加载 PhoneGap
document.addEventListener("deviceready", onDeviceReady, false);

// PhoneGap 加载完毕
function onDeviceReady() {
    var options = new ContactFindOptions();
    options.filter="";
    filter = ["displayName","organizations"];
  navigator.service.contacts.find(filter, onSuccess, onError, options);
}

// onSuccess : 返回当前联系人结果集的快照
function onSuccess(contacts) {
  for (var i=0; i<contacts.length; i++) {
      for (var j=0; j<contacts[i].organizations.length; j++) {
          alert("Pref: " + contacts[i].organizations[j].pref + "\n" +
          "Type: " + contacts[i].organizations[j].type + "\n" +
          "Name: " + contacts[i].organizations[j].name + "\n" +
          "Department: "  + contacts[i].organizations[j].department + "\n" +
          "Title: "  + contacts[i].organizations[j].title);
      }
    }
}

// onError : 获取联系人失败
function onError() {
  alert('onError!');
```

```
    }

</script>
</head>
<body>
 <h1>Example</h1>
 <p>Find Contact</p>
</body>
</html>
```

目前，各个平台使用 ContactOrganization 对象时会发生如下异常。

（1）Android 2.X 的异常情况

在 Android2.X 设备上不支持 pref 属性，返回值总是 false。

（2）Android 1.X 的异常情况：

❏ pref：Android1.X 设备上不支持该属性，返回值总是 false。

❏ type：Android1.X 设备上不支持该属性，返回值总是 null。

❏ title：Android1.X 设备上不支持该属性，返回值总是 null。

（3）BlackBerry WebWorks（OS 5.0 或更高版本）的异常情况

❏ pref：BlackBerry 设备上不支持该属性，返回值总是 false。

❏ type：BlackBerry 设备上不支持该属性，返回值总是 null。

❏ name：部分支持，第一个组织名称将被存储到 BlackBerry 的 company 字段。

❏ department：不支持该属性，返回值总是 null。

❏ title：部分支持，第一个组织职务将被存储到 BlackBerry 的 jobTitle 字段。

（4）iOS 的异常情况

❏ pref：iOS 设备上不支持该属性，返回值总是 false。

❏ type：iOS 设备上不支持该属性，返回值总是 null。

❏ name：部分支持，第一个组织名称将被存放到 iOS 的 kABPersonOrganization Property 字段。

❏ department：部分支持，第一个部门名字将被存放到 iOS 的 kABPersonDepartment Property 字段。

❏ title：部分支持，第一个组织职务将被存放到 iOS 的 kABPersonJobTitleProperty 字段。

14.1.6　ContactFindOptions 对象

在 PhoneGap 应用中，对象 ContactFindOptions 包含了用于 contacts.find 操作对所有联系人进行过滤的属性。该对象主要包含如下属性。

❏ filter：用于查找联系人的搜索字符串，为 DOMString 类型，默认值为空字符串。

❏ multiple：决定查收操作是否可以返回多条联系人记录为布尔类型，默认值为 false。

在目前 PhoneGap 应用中，ContactFindOptions 对象支持如下 3 种平台。

❏ Android

❏ BlackBerry WebWorks（OS 5.0 或更高版本）

❑　iOS

下面是使用 ContactFindOptions 对象的演示代码。

```
// 成功后的回调函数
function onSuccess(contacts) {
for (var i=0; i< ;contacts.length; i++) {
alert(contacts[i].displayName);
}
}
// 出错后的回调函数
function onError() {
alert('onError!');
}
// 指定联系人搜索条件
var options = new ContactFindOptions();
options.filter="";  // 空搜索字符串将返回所有联系人
options.multiple=true;  // 可返回多条记录
filter = ["displayName"];  // 仅返回 contact.displayName 字段
// 查找联系人
navigator.service.contacts.find(filter, onSuccess, onError, options);
```

在下面演示代码中，完整演示了使用 ContactFindOptions 对象的具体过程。

```
<html>
<head>
<title>Contact Example</title>

<script type="text/javascript" charset="utf-8" src=" cordova-2.0.0.js "></script>
<script type="text/javascript" charset="utf-8">

  // 等待加载 PhoneGap
  document.addEventListener("deviceready", onDeviceReady, false);

  // PhoneGap 加载完毕
  function onDeviceReady() {

      // 指定联系人搜索条件
      var options = new ContactFindOptions();
      options.filter="";                  // 空搜索字符串将返回所有联系人
      options.multiple=true;              // 可返回多条记录
      filter = ["displayName"];           // 仅返回 contact.displayName 字段

      // 查找联系人
      navigator.service.contacts.find(filter, onSuccess, onError, options);
```

```
    }

    // onSuccess: 返回当前联系人记录集的快照
    function onSuccess(contacts) {
        for (var i=0; i< contacts.length; i++) {
        alert(contacts[i].displayName);
    }
    }

    // onError: 获取联系人失败
    function onError() {
        alert('onError!');
    }

</script>
</head>
<body>
 <h1>Example</h1>
 <p>Find Contact</p>
</body>
</html>
```

14.2 包含的方法

 本节教学录像：5 分钟

在 PhoneGap 应用中，通讯录 API 包含了 5 个方法。在本节的内容中，将详细讲解这 5 个方法的基本知识，为读者步入本书后面知识的学习打下基础。

14.2.1 实战演练——查找联系人方法

在 PhoneGap 应用中，contacts.find() 方法能够查找本地的通讯录数据库。这个方法还能设置过滤条件，以返回所要查找的 Contact 对象数组。该方法的使用格式如下。

navigator.service.contacts.find(contactFields, contactSuccess, contactError, contactFindOptions);

contacts.find() 是一个查询设备通讯录数据库并返回 Contact 对象数组的同步函数。返回的对象会被传递给 contactSuccess 回调函数的 contactSuccess 参数。

下面简要介绍该方法的 4 个参数。

❏ contactFields：它是一个字符串数组，用于指定需要返回的 Contact 对象的属性列表。

❏ contactSuccess：它是查询成功后的回调函数。contacts.find() 方法是个异步方法，因此查询成功后，会调用回调函数，并把查询到的 contacts 数组作为参数返回。

❑ contactError：该参数可选，是查询失败后的回调函数，为 ContactError 对象。通讯录的任何操作错误发生时，都会返回 ContactError 实例。contactError 只有一个属性 code，代表了错误代码。该错误代码的取值可以是以下列表中的任何一个。

- ContactError.UNKNOWN_ERROR
- Cont actError .INVALID_ARGUMENT_ERROR
- ContactError.TIMEOUT_ERROR
- Contact Error.PENDING_OPERATION_ERROR
- ContactError.IO_ERROR
- ContactError.NOT_SUPPORTED_ERROR
- ContactError.PERMISSION_DENIED_ERROR

❑ contactFindOptions：该参数可选，其指定需要过滤的字符串，为 ContactFindOptions 对象，可以通过 new 关键字来创建。contactFindOptions 包含如下 2 个属性。

- filter：用于过滤的关键词，其取值为字符串类型。
- multiple：设置是否需要返回多个联系人信息，其取值为字符串类型。

下面是使用方法 contacts.find() 的演示代码。

```javascript
function onSuccess(contacts) {
alert('Found ' + contacts.length + ' contacts.');
}
function onError() {
alert('onError!');
}
// 从所有联系人中查找任意名字字段中包含 "Bob" 的联系人
var options = new ContactFindOptions();
options.filter="Bob";
var fields = ["displayName", "name"];
navigator.service.contacts.find(fields, onSuccess, onError, options);
```

在接下来的内容中，我们将通过一个简单例子来阐述使用方法 contacts.find() 的方法。

【范例 14-5】使用方法 contacts.find()（光盘 \ 配套源码 \14\14-5.html）。

本实例的实现文件是 "14-5.html"，具体实现代码如下。

```html
<!DOCTYPE html>
<html>
<head>
  <meta charset="utf-8">
  <meta name="viewport" content="width=device-width, initial-scale=1">
  <title>index.html</title>
  <script type="text/javascript" charset="utf-8" src="cordova.js" ></script>
  <script type="text/javascript" charset="utf-8">
  // PhoneGap 加载完毕
  function onDeviceReady() {
```

```
// 从所有联系人中查找任意名字字段中包含"Bob"的联系人
var options = new ContactFindOptions();
options.filter="Bob";
var fields = ["displayName", "name"];
navigator.service.contacts.find(fields, onSuccess, onError, options);
}

// onSuccess：获取当前联系人结果集的快照
function onSuccess(contacts) {
    for (var i=0; i<contacts.length; i++) {
        console.log("Display Name = " + contacts[i].displayName);
    }
}

// onError：获得联系人失败
function onError() {
    alert('onError!');
}

</script>
</head>
<body>
 <h1>Example</h1>
 <p>Find Contact</p>
</body>
</html>
```

在目前 PhoneGap 应用中，方法 find 支持如下 3 种平台。

❑ Android
❑ BlackBerry WebWorks（OS 5.0 或更高版本）
❑ iOS

14.2.2 创建联系人

在 PhoneGap 应用中，contacts.create() 方法可用来添加一个新的联系人。创建后的对象不会被持久化到数据库中，而如果想持久保存在设备的本地数据库，还需要调用 contacts.save() 方法。

方法 contacts.create() 的使用原型如下。

```
var contact = navigator.service.contacts.create(properties);
```

上述代码中，properties 是一个属性键值对的 JSON 对象，用于指定 Contact 对象各个属性及其取值。这个参数可选，因此可以直接调用不带任何参数的 contacts.create() 方法创建一个空的联系人，然后通过给该对象的属性赋值来设置联系人信息。该方法不会将新创建的 Contact 对象持久化到设备的通讯录数据库，但可通过调用 contacts.save() 方法将新建的 Contact 对象持久化到设备。

下面是使用方法 contacts.create() 的演示代码。

```
<!DOCTYPE html>
<html>
<head>
<title>Contact Example</title>
<script type="text/javascript" charset="utf-8" src="phonegap.js"></script>
<script type="text/javascript" charset="utf-8">
    // 等待加载 PhoneGap
    document.addEventListener("deviceready", onDeviceReady, false);
    // PhoneGap 加载完毕
    function onDeviceReady() {
        var myContact = navigator.service.contacts.create({"displayName": "Test User"});
        myContact.gender = "male";
        console.log("The contact, " + myContact.displayName + ", is of the " + myContact.gender + "
gender");
    }
</script>
</head>
<body>
 <h1>Example</h1>
 <p>Create Contact</p>
</body>
</html>
```

在目前 PhoneGap 应用中，方法 contacts.create() 支持如下 3 种平台。

❏　Android

❏　BlackBerry WebWorks（OS 5.0 或更高版本）

❏　iOS

14.2.3　保存联系人

在 PhoneGap 应用中，contacts.save() 方法用来保存联系人。该方法可持久化联系人的信息且为异步操作。该方法的使用原型如下。

contacts.save(onSuccess,onError)

contacts.save() 是一个实例方法，需要通过一个联系人对象调用。如果本地通讯录数据库中已经包含了一个相同 id 的记录，则进行更新操作。该方法的两个参数的相关说明如下。

❏　onSuccess：表示保存成功后的回调函数，其参数为 contact 对象数组。

❏　onError：表示保存失败后的回调函数，其参数为 ContactError 对象。

14.2.4　删除联系人

在 PhoneGap 应用中，contacts.delete() 方法用于从通讯录数据库中删除联系人，为异步操作和实例方法，需要通过一个联系人对象调用。该方法的使用原型为 contacts.delete(onSuccess,nError)。它的两个参数如下。

❑ onSuccess：表示删除成功后的回调函数，其参数为 contact 对象数组。

❑ onError：表示删除失败后的回调函数，其参数为 ContactError 对象。

14.2.5　复制联系人

在 PhoneGap 应用中，contacts.clone() 方法通过深层拷贝现有的联系人信息创建一个新的联系人，新建的联系人的 id 为 null。该方法签名的使用原型如下。

contacts.clone (onSuccess,onError)

contacts() 为实例方法，需要通过一个联系人对象调用。

▌14.3　综合应用——创建一个简易的 Web 版通讯录

 本节教学录像：3 分钟

在本章前两节的内容中，我们已经学习了通讯录操作常用的对象和方法。现在，我们利用这些知识，创建一个简易的 Web 版的通讯录。该通讯录能够列出所有的联系人，并且能够过滤。当点击每个联系人名称时，可以打电话、发短信和发邮件，还可以浏览该联系人的详细信息。

【范例 14-6】创建一个简易的 Web 版的通讯录（光盘 \ 配套源码 \14\14-6. html）。

本实例使用 jQuery Mobile 和 PhoneGap 通讯录 API 完成，主页文件 "14-6.html" 的具体实现代码如下所示。

```html
<!DOCTYPE html>
<html>
  <head>
  <meta charset="utf-8">
  <meta name="viewport" content="width=device-width, initial-scale=1">
  <title>Contact Example</title>
  <link rel="stylesheet"  href="jquery.mobile-1.0.1.min.css" />
  <script type="text/javascript" src="jquery.js"></script>
  <script type="text/javascript" src="jquery.mobile-1.0.1.min.js"></script>
  <script type="text/javascript" src="cordova.js"></script>
  <link rel="stylesheet"  href="app1.css" />
  <script type="text/javascript" src="app1.js"></script>
</head>
<body>
  <div data-role="page" >
      <div data-role="header" >
        <h1> 通讯录 </h1>
```

```
            </div>
            <div data-role="content">
               <ul data-role="listview" data-filter="true" data-split-icon="gear" id="contactlistdiv" >
               </ul>
            </div>
            <div data-role="footer" >
            </div>
      </div>
      <div data-role="page" id="contactdetail" data-add-back-btn=true  >
            <div data-role="header"  >
               <h1> 详细信息 </h1>
            </div>
            <div id="detailconttent" data-role="content">
               <div class="content-primary">
               <ul data-role="listview" data-dividertheme="d">
                  <li data-role="list-divider">name</li>
                  <li id="contactnamestr"></li>
                  <li data-role="list-divider">Phone</li>
                  <li id="contactphonetr">content</li>
                  <li data-role="list-divider">Email</li>
                  <li id="contactemailstr">content</li>
                  <li data-role="list-divider">IM</li>
                  <li id="contactimstr">content</li>
                  <li data-role="list-divider">Organization</li>
                  <li id="contactorganizationstr">content</li>
                  <li data-role="list-divider">Address</li>
                  <li id="contactaddstr">content</li>
                  <li data-role="list-divider">Group</li>
                  <li id="contactgroupstr">content</li>
               </ul>
               </div>
            </div>
            <div data-role="footer" >
            </div>
      </div>
      <div data-role="page" id="actionlist" data-add-back-btn=true  >
            <div data-role="header" >
               <h1></h1>
            </div>
            <div data-role="content"   >
               <div data-role="controlgroup" data-type="horizontal" id="controlgroupdiv" >
               </div>
            </div>
      </div>
   </body>
</html>
```

由此可见，系统由 3 个页面组成，具体说明如下。

❑ 通讯录主界面：包含了本机通讯录列表。该列表具有过滤功能。
❑ 联系人详细信息页面：以列表的形式展现联系人的姓名、电话、邮件、IM、组织结构、地址信息以及分组信息。
❑ 联系人操作页面：以按钮组的形式给用户 3 个连接，分别可以打电话、发送邮件和短信。

上述主页文件对应的 JavaScript 文件被命名为 "app1.js"。该文件的具体实现代码如下。

```
document.addEventListener("deviceready", onDeviceReady, false);
  function onDeviceReady()
  {
      getContacts();
  }

  function findContact(filterStr,returnFields,onSuccessFun,onErrorFun)
  {

      var options = null;
      if (filterStr != "")
      {
        options= new ContactFindOptions();
        options.filter=filterStr;
      }
      navigator.contacts.find(returnFields, onSuccessFun, onErrorFun, options);
  }

  function getContacts()
  {
      var contactFields=["id","displayName","name"];
      findContact("",contactFields,contactSuccess,onError);
  }

  function contactSuccess(contacts)
  {
      console.log("contacts.length:"+contacts.length);
      var htmlStr = "";
      for (var i=0;i<contacts.length;i++)
      {
        $("#contactlistdiv").append("<li><a href=\"#\" onclick=goToActionList(\""+contacts[i].id+"\")
data-rel=\"dialog\" data-transition=\"pop\" >"+contacts[i].displayName+"</a><a href=\"#\" onclick=goToContentDetail(\""+contacts[i].id+"\") ></a></li>");
      }
      console.log($("#contactlistdiv").html());
      $("#contactlistdiv").listview("refresh");
  }

  function goToActionList(contactName)
  {
```

```
        getPhoneAndEmail(contactName);
    }

    function getPhoneAndEmail(contactId)
    {
        console.log("contactName:"+contactId);
        var fields = ["id","displayName","emails","phoneNumbers"];
        findContact(contactId,fields,actionListSuccess,onError);
    }

    function goToContentDetail(contactId)
    {
        console.log("contactID:"+contactId);
        var fields = ["id","displayName","name","phoneNumbers","emails","ims","organizations","address
es","categories"];
        findContact(contactId,fields,contactDetailSuccess,onError);

    }

    function onError(error)
    {
        console.log(error.toString());
    }


    function actionListSuccess(contacts)
    {

        console.log("actionListSuccess:"+contacts.length);
        var htmlStr="";
        $("#controlgroupdiv").html('');
        if (contacts.length >0 )
        {

          if (contacts[0].phoneNumbers)
          {
            var phone0 = contacts[0].phoneNumbers[0];
            console.log("phone0:"+phone0.type+";"+phone0.value);
            htmlStr+='<a href="tel:'+contacts[0].phoneNumbers[0].value+'" data-icon="arrow-r" data-
role="button" data-inline="true">Call</a>';
            htmlStr+='<a href="sms:'+contacts[0].phoneNumbers[0].value +'"data-icon="arrow-r"
data-role="button" data-inline="true">Msg</a>';
          }

          if (contacts[0].emails)
          {
```

```
            console.log("emails:"+contacts[0].emails);
            htmlStr+='<a href="mailto:'+contacts[0].emails[0]+'" data-icon="arrow-r" data-role="button"
data-inline="true">Email</a>';
        }
        $("#controlgroupdiv").html(htmlStr);
        $.mobile.changePage("#actionlist");


    }
    else
    {
        alert("wrong access ");
    }
}


function contactDetailSuccess(contacts)
{
    console.log("actionListSuccess:"+contacts.length);
    if (contacts.length >0 )
    {
        updateContactName(contacts[0],"#contactnamestr");
        updateContactField(contacts[0],"phoneNumbers","#contactphonetr");
        updateContactField(contacts[0],"emails","#contactemailstr");
        updateContactField(contacts[0],"ims","#contactimstr");
        updateContactField(contacts[0],"categories","#contactgroupstr");
        updteOrganization(contacts[0],"#contactorganizationstr");
        updateAddress(contacts[0],"#contactaddstr");
        $.mobile.changePage("#contactdetail");
    }
    else
    {
        alert("wrong access ");
    }


}

function updateContactName(contact,targetContent)
{
    checkContactNull(contact);
    var nameField = contact.name;
    console.log("nameField:"+nameField.formatted+";"+nameField.DisplayName);
    var htmlStr=nameField.familyName+nameField.middleName+nameField.givenName;
    $("#contactnamestr").html(htmlStr);


}
```

```
function updateContactField(contact,fieldName,targetContent)
{
    checkContactNull(contact);
    var fieldObject ;
    var htmlStr = "";

    if ("phoneNumbers"== fieldName)
    {
       fieldObject = contact.phoneNumbers;
    }
    else if ("emails"==fieldName)
    {
       fieldObject = contact.emails;
    }
    else if ("ims"==fieldName)
    {
       fieldObject = contact.ims;
    }
    else if ("categories"==fieldName)
    {
       fieldObject = contact.categories;

    }
    console.log("fieldObject:"+fieldObject);
    if (fieldObject)
    {
       for (var i=0;i<fieldObject.length;i++)
       {
          htmlStr+="<p>"+fieldObject[i].type+":"+fieldObject[i].value+"</p>";

       }

    }
    $(targetContent).html(htmlStr);
}

function updteOrganization(contact,targetContent)
{
    checkContactNull(contact);
    var organizationField = contact.organizations;
    var htmlStr="";
    if (organizationField)
    for (var i=0;i<organizationField.length;i++)
       {
          htmlStr+="<p>"+organizationField[i].type+":"+organizationField[i].name+"
"+organizationField[i].department+" "+organizationField[i].title+"</p>";
```

```
        }
        $(targetContent).html(htmlStr);


    }

    function updateAddress(contact,targetContent)
    {
        checkContactNull(contact);
        var addressField = contact.addresses;
        var htmlStr="";
        if(addressField)
        for (var i=0;i<addressField.length;i++)
          {
             htmlStr+="<p>"+addressField[i].type+":"+addressField[i].formatted+"</p>";


          }
        $(targetContent).html(htmlStr);
    }

    function checkContactNull(contact)
    {
        if (!contact)
        {
          alert("wrong access");
        }
    }
```

【范例分析】

对上述代码的具体说明如下。

❑ document.addEventListener（"deviceready", onDeviceReady, false）；
首先监听 deviceready 事件，并在该事件的监听器中得到整个通讯录。

❑ findContact（filterStr,returnFields,onSuccessFun,onErrorFun）
对 navigtor.contacts. find() 方法进行封装，方便操作。

❑ getContacts()
通过调用 findContact() 方法，得到全部联系人的 id、displayName 和 Name 字段，其中，id 属性用于给详细信息页面和操作列表页面提供参数。该方法获得所有的联系人后，通过 contacts.find() 方法的回调函数立刻更新主页面的列表的内容。

❑ $（"#contactlistdiv"）.listview（"refresh"）；
这行的主要用途是刷新列表页面，因为在 jQuery Mobile 中动态获得内容存在丢失的问题。

❑ getPhoneAndEmail()
通过在主界面中传递的 id 信息过滤联系人，得到联系人的电话和邮件信息。在 contacts.find() 方法的回调函数中更新操作列表页面，更改 controlgroup 的内容。

❑　goToContentDetail（contactId）

通过主界面的 id 信息调用 contacts.find() 方法，得到该 id 对应的联系人的全部主要信息。在 contacts.find() 方法的回调函数中借助几个更新函数更新详细信息页面的列表，如 updateContactName()、updateContactField()、updteOrganization() 和 updateAddress() 方法。

❑　$.mobile.changePage

页面之间的跳转主要通过 $.mobile.changePage() 方法完成。

【运行结果】

到此为止，整个实例介绍完毕。该实例执行的效果如图 14-2 所示，当在过滤框内输入过滤字符串时，进行自动过滤，返回具有该字符串的联系人列表，单击联系人名称可以选择相应的操作，单击右边的图标可以显示联系人的详细信息，当单击某个联系人时，将弹出操作页面，单击"Call"按钮，将调用设备本身的打电话功能；当单击"Msg"按钮时，将弹出系统短信功能界面，当单击"Email"按钮时，则调用系统的发送邮件功能；因为测试机安装了两个客户端，所以弹出选择界面，单击"Back"按钮，回退到主界面，单击联系人右边的图标，进入详细结果页面。

图 14-2　执行效果

▌14.4　高手点拨

1. 使用 ContactError 对象解决错误的技巧

在 PhoneGap 应用中，当有错误发生时，一个 ContactError 对象会传递给 contactError 回调函数。ContactError 对象主要包含如下属性。

❑　code：一个在下面常量中定义好的错误代码。

此属性包含如下所示的对象常量值。

❑　ContactError.UNKNOWN_ERROR：未知错误类型。

❑　ContactError.INVALID_ARGUMENT_ERROR：无效参数错误类型。

❑　ContactError.TIMEOUT_ERROR：请求超时错误类型。

❑　ContactError.PENDING_OPERATION_ERROR：挂起操作错误类型。

❑　ContactError.IO_ERROR：输入输出错误类型。

❑　ContactError.NOT_SUPPORTED_ERROR：平台不支持错误类型。

❑　ContactError.PERMISSION_DENIED_ERROR：权限被拒绝错误类型。

当有错误发生时，ContactError 对象会通过 contactError 回调函数返回给用户。

2. contactFields 参数

用户必须在 contactFields 参数中指定联系人的字段作为搜索限定符。系统传递给 contactSuccess 回调函数的 Contact 对象属性只会包含在 contactFields 参数中定义的字段。如果定义 0 长度的 contactFields 参数会导致返回的 Contact 对象只填充了 id 属性。字符串 contactFindOptions.filter 可以用来作为查询通讯录数据库时的搜索过滤器。如果设定了该参数，系统会对通讯录数据库中的所有联系人按照 contactFields 参数指定的每个字段进行不区分大小写的部分值匹配。任何指定的字段符合过滤器所要求的内容的联系人数据都会被返回。

▌ 14.5 实战练习

1. 绘制一个圆

在网页中绘制一个黑色填充颜色的圆，执行之后的效果如图 14-3 所示。

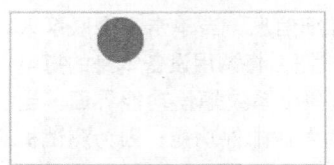

图 14-3 执行效果

2. 在画布中显示一幅指定的图片

在画布中显示一幅指定的图片，执行之后的效果如图 14-4 所示。

图 14-4 执行效果

第 15 章

数据存储 API 详解

在现实应用中，无论是智能手机还是非智能手机，都需要具备数据存储功能。通过此功能，多种信息可被存储为本地数据。PhoneGap 应用专门提供了实现数据存储应用的 API，即 Storage。本章将详细讲解 Storage 的相关知识。

本章要点（已掌握的在方框中打钩）

☐ 主要对象

☐ 主要方法

☐ 综合应用——实现数据操作处理

15.1 主要对象

 本节教学录像：8 分钟

在 PhoneGap 应用中，Storage 是数据存储 API，其功能是截获设备的本地存储选项。Storage 提供对设备的存储选项的访问。此 API 基于 W3C WEB SQL Database Specification 和 W3C Web Storage API Specification。有些设备已经提供了对上述规范的实现。对于上述规范，这些设备采用内置实现而非使用 PhoneGap 的实现。对于没有存储支持的设备，PhoneGap 的实现应该是完全兼容 W3C 规范。本节将详细介绍 Storage 中各个对象的基本知识。

15.1.1 Database 对象

在 PhoneGap 应用中，对象 Database 包含允许用户操作数据库的方法，能够调用 window.openDatabase() 并返回一个 Database 对象。该对象主要包括如下两个方法。

- ❑ transaction()：运行一个数据库事务。
- ❑ changeVersion()：允许脚本执行原子操作，即校验数据库的版本号并更新版本号以完成架构更新。

下面是使用方法 transaction() 的演示代码。

```
function populateDB(tx) {
    tx.executeSql('DROP TABLE DEMO IF EXISTS');
    tx.executeSql('CREATE TABLE IF NOT EXISTS DEMO (id unique, data)');
    tx.executeSql('INSERT INTO DEMO (id, data) VALUES (1, "First row")');
    tx.executeSql('INSERT INTO DEMO (id, data) VALUES (2, "Second row")');
}

function errorCB(err) {
    alert("Error processing SQL: "+err.code);
}

function successCB() {
    alert("success!");
}

var db = window.openDatabase("Database", "1.0", "PhoneGap Demo", 200000);
db.transaction(populateDB, errorCB, successCB);
Change Version 的简单范例：

var db = window.openDatabase("Database", "1.0", "PhoneGap Demo", 200000);
db.changeVersion("1.0", "1.1");
```

下面是使用方法 Change Version() 的演示代码。

```
var db = window.openDatabase("Database", "1.0", "PhoneGap Demo", 200000);
db.changeVersion("1.0", "1.1");
```

在目前 PhoneGap 应用中，Database 对象支持如下 3 种平台。

❑ Android
❑ BlackBerry WebWorks（OS 5.0 或更高版本）
❑ iOS

提 示　　　当在 Android 1.X 系统中使用 Database 对象时会发生异常，这是因为 Android 1.X 设备不支持方法 changeVersion()。

下面是一段使用 Database 对象的完整演示代码。

```html
<!DOCTYPE html>
<html>
<head>
<title>Contact Example</title>

<script type="text/javascript" charset="utf-8" src="phonegap.js"></script>
<script type="text/javascript" charset="utf-8">

    // 等待加载 PhoneGap
    document.addEventListener("deviceready", onDeviceReady, false);

    // PhoneGap 加载完毕
    function onDeviceReady() {
        var db = window.openDatabase("Database", "1.0", "PhoneGap Demo", 200000);
        db.transaction(populateDB, errorCB, successCB);
    }

    // 填充数据库
    function populateDB(tx) {
        tx.executeSql('DROP TABLE DEMO IF EXISTS');
        tx.executeSql('CREATE TABLE IF NOT EXISTS DEMO (id unique, data)');
        tx.executeSql('INSERT INTO DEMO (id, data) VALUES (1, "First row")');
        tx.executeSql('INSERT INTO DEMO (id, data) VALUES (2, "Second row")');
    }

    // 事务执行出错后调用的回调函数
    function errorCB(tx, err) {
        alert("Error processing SQL: "+err);
    }

    // 事务执行成功后调用的回调函数
    function successCB() {
```

```
        alert("success!");
    }

</script>
</head>
<body>
    <h1>Example</h1>
    <p>Database</p>
</body>
</html>
```

15.1.2   SQLTransaction 对象

在 PhoneGap 应用中，对象 SQLTransaction 包含了允许用户对 Database 对象执行 SQL 语句的方法 executeSql()。

❑   executeSql()：执行一条 SQL 语句。

当调用 Database 对象的 transaction() 方法后，其回调函数将被调用并接收一个 SQLTransaction 对象。用户可以通过多次调用 executeSql() 来建立一个数据库事务处理。

下面是一段使用方法 executeSql() 的演示代码。

```
function populateDB(tx) {
    tx.executeSql('DROP TABLE DEMO IF EXISTS');
    tx.executeSql('CREATE TABLE IF NOT EXISTS DEMO (id unique, data)');
    tx.executeSql('INSERT INTO DEMO (id, data) VALUES (1, "First row")');
    tx.executeSql('INSERT INTO DEMO (id, data) VALUES (2, "Second row")');
}

function errorCB(err) {
    alert("Error processing SQL: "+err);
}

function successCB() {
    alert("success!");
}

var db = window.openDatabase("Database", "1.0", "PhoneGap Demo", 200000);
db.transaction(populateDB, errorCB, successCB);
```

在目前 PhoneGap 应用中，SQLTransaction 对象支持如下 3 种平台。

❑   Android

❑   BlackBerry WebWorks（OS 5.0 或更高版本）

❑   iOS

下面是使用 SQLTransaction 对象的完整演示代码。

```html
<!DOCTYPE html>
<html>
<head>
<title>Contact Example</title>

<script type="text/javascript" charset="utf-8" src="cordova-2.0.0.js"></script>
<script type="text/javascript" charset="utf-8">

// 等待加载 PhoneGap
document.addEventListener("deviceready", onDeviceReady, false);

// PhoneGap 加载完毕
function onDeviceReady() {
    var db = window.openDatabase("Database", "1.0", "PhoneGap Demo", 200000);
    db.transaction(populateDB, errorCB, successCB);
}

// 填充数据库
function populateDB(tx) {
  tx.executeSql('DROP TABLE DEMO IF EXISTS');
  tx.executeSql('CREATE TABLE IF NOT EXISTS DEMO (id unique, data)');
  tx.executeSql('INSERT INTO DEMO (id, data) VALUES (1, "First row")');
  tx.executeSql('INSERT INTO DEMO (id, data) VALUES (2, "Second row")');
}

// 事务执行出错后调用的回调函数
function errorCB(err) {
    alert("Error processing SQL: "+err);
}

// 事务执行成功后调用的回调函数
function successCB() {
    alert("success!");
}

</script>
</head>
<body>
  <h1>Example</h1>
  <p>SQLTransaction</p>
</body>
</html>
```

15.1.3 SQLResultSet 对象

在 PhoneGap 应用中，当 SQLTransaction 对象的 executeSql 方法被调用时，executeSql 中设定的回调函数会被触发并返回一个 SQLResultSet 对象。SQLResultSet 对象包含如下属性。

- ❑ insertId：SQLResultSet 对象通过 SQL 语句插入到数据库的行记录的行 ID。如果插入多行，则返回最后一个行的 ID。
- ❑ rowAffected：代表被 SQL 语句改变的记录行数，如果语句没有影响任何行，则设置为 0。
- ❑ rows：是一个 SQLResultSetRowList 对象，表示返回的多条记录。如果没有返回任何记录，则此对象为空。

提 示　　当调用 SQLTransaction 对象的 executeSql 方法时，executeSql 中设定的回调函数会被触发并返回一个 SQLResultSet 对象。该结果对象包含 3 个属性：第一个是 insertID 返回成功的 SQL 插入语句所插入行的 ID，如果 SQL 语句不是插入语句，则 insertID 将不被设定；第二个是 rowAffected，在 SQL 查询操作时，此属性总是 0，当插入或更新操作时，此属性返回受到影响的行数；最后一个属性是 SQLResultSetList 类型，返回 SQL 查询语句的返回数据。

下面是使用 SQLResultSet 的演示代码。

```
function queryDB(tx) {
    tx.executeSql('SELECT * FROM DEMO', [], querySuccess, errorCB);
}

function querySuccess(tx, results) {
    // 因为没有插入记录，所以返回值为空
    console.log("Insert ID = " + results.insertId);
    // 因为这是一条查询语句，所以返回值为 0
    console.log("Rows Affected = " + results.rowAffected);
    // 返回查询到的记录行数量
    console.log("Insert ID = " + results.rows.length);
}

function errorCB(err) {
    alert("Error processing SQL: "+err.code);
}

var db = window.openDatabase("Database", "1.0", "PhoneGap Demo", 200000);
db.transaction(queryDB, errorCB);
```

在目前 PhoneGap 应用中，SQLResultSet 对象支持如下 3 种平台。

- ❑ Android
- ❑ BlackBerry WebWorks（OS 5.0 或更高版本）
- ❑ iOS

下面是使用 SQLResultSet 对象的完整演示代码。

```html
<!DOCTYPE html>
<html>
<head>
<title>Contact Example</title>

<script type="text/javascript" charset="utf-8" src="cordova-2.0.0.js"></script>
<script type="text/javascript" charset="utf-8">

    // 等待加载 PhoneGap
    document.addEventListener("deviceready", onDeviceReady, false);

    // 填充数据库
    function populateDB(tx) {
        tx.executeSql('DROP TABLE DEMO IF EXISTS');
        tx.executeSql('CREATE TABLE IF NOT EXISTS DEMO (id unique, data)');
        tx.executeSql('INSERT INTO DEMO (id, data) VALUES (1, "First row")');
        tx.executeSql('INSERT INTO DEMO (id, data) VALUES (2, "Second row")');
    }

    // 查询数据库
    function queryDB(tx) {
        tx.executeSql('SELECT * FROM DEMO', [], querySuccess, errorCB);
    }

    // 查询成功后调用的回调函数
    function querySuccess(tx, results) {
        // 因为没有插入记录，所以返回值为空
        console.log("Insert ID = " + results.insertId);
        // 因为这是一条查询语句，所以返回值为 0
        console.log("Rows Affected = " + results.rowAffected);
        // 返回查询到的记录行数量
        console.log("Insert ID = " + results.rows.length);
    }

    // 事务执行出错后调用的回调函数
    function errorCB(err) {
        console.log("Error processing SQL: "+err.code);
    }

    // 事务执行成功后调用的回调函数
    function successCB() {
        var db = window.openDatabase("Database", "1.0", "PhoneGap Demo", 200000);
```

```
        db.transaction(queryDB, errorCB);
    }

    // PhoneGap 加载完毕
    function onDeviceReady() {
        var db = window.openDatabase("Database", "1.0", "PhoneGap Demo", 200000);
        db.transaction(populateDB, errorCB, successCB);
    }

</script>
</head>
<body>
    <h1>Example</h1>
    <p>Database</p>
</body>
</html>
```

15.1.4　SQLResultSetList 对象

在 PhoneGap 应用中，对象 SQLResultSetList 也是 SQLResultSet 对象的一个属性，其包含了 SQL 查询所返回的所有行数据。对象 SQLResultSetList 包含了如下属性。

❑ length：SQL 查询所返回的记录行数。

在 PhoneGap 应用中，对象 SQLResultSetList 包含了如下方法。

❑ item()：根据指定索引返回一个行记录的 JavaScript 对象。

提示　在 PhoneGap 应用中，SQlResultSetList 包含了一个 SQL 查询语句所返回的数据。在 SQlResultSetList 对象中，包含一个长度属性，以告知用户有多少符合查询条件的行记录数被返回。item() 通过指定的索引，可以获取指定的行记录数据，并返回一个 JavaScript 对象。该 JavaScript 对象的属性包含前述查询语句所针对的数据库的所有列。

下面是使用 SQLResultSetList 对象的演示代码。

```
function queryDB(tx) {
    tx.executeSql('SELECT * FROM DEMO', [], querySuccess, errorCB);
}



    function querySuccess(tx, results) {
        var len = results.rows.length;
        console.log("DEMO table: " + len + " rows found.");
        for (var i=0; i<len; i++){
         console.log("Row = " + i + " ID = " + results.rows.item(i).id + " Data = " + results.rows.item(i).
data);
```

```
        }
    }

    function errorCB(err) {
        alert("Error processing SQL: "+err.code);
    }

    var db = window.openDatabase("Database", "1.0", "PhoneGap Demo", 200000);
    db.transaction(queryDB, errorCB);
```

在目前 PhoneGap 应用中，SQLResultSetList 对象支持如下 3 种平台。
❑ Android
❑ BlackBerry WebWorks（OS 5.0 或更高版本）
❑ iOS

15.1.5 SQLError 对象

PhoneGap 应用会在出现错误时会抛出一个 SQLError 对象。此对象包含如下属性。
❑ code：一个在下面常量列表中定义好的错误代码 c。
❑ message：关于此错误的说明，包含如下所示的属性值。
● SQLError.UNKNOWN_ERR：未知错误。
● SQLError.DATABASE_ERR：数据库错误。
● SQLError.VERSION_ERR：版本错误。
● SQLError.TOO_LARGE_ERR：数据集过大错误。
● SQLError.QUOTA_ERR：超过数据库配额错误。
● SQLError.SYNTAX_ERR：语法错误。
● SQLError.CONSTRAINT_ERR：约束错误。
● SQLError.TIMEOUT_ERR：超时错误。

15.1.6 localStorage 对象

在 PhoneGap 应用中，对象 localStorage 提供了对 W3C Storage 接口的访问。其原型如下所示：

```
var storage = window.localStorage;
```

在 PhoneGap 应用中，localStorage 对象包含了如下方法。
❑ key()：返回指定位置的键的名称。
❑ getItem()：返回指定键所对应的记录。
❑ setItem()：存储一个键值对。
❑ removeItem()：删除指定键对应的记录。
❑ clear()：删除所有的键值对。
localStorage 提供对 W3C Storage 接口的访问，并可以使用键值对的方式存储数据。
下面是使用方法 key() 的演示代码。

```
var keyName = window.localStorage.key(0);
```

下面是使用方法 setItem() 的演示代码。

```
window.localStorage.setItem("key", "value");
```

下面是使用方法 getItem() 的演示代码。

```
var value = window.localStorage.getItem("key");
// value 的值现在是 "value"
```

下面是使用方法 removeItem() 的演示代码。

```
window.localStorage.removeItem("key");
```

下面是使用方法 clear() 的演示代码。

```
window.localStorage.clear();
```

下面是使用 localStorage 对象的完整演示代码。

```html
<!DOCTYPE html>
<html>
<head>
<title>Contact Example</title>
<script type="text/javascript" charset="utf-8" src="cordova-2.0.0.js"></script>
<script type="text/javascript" charset="utf-8">
// 等待加载 PhoneGap
document.addEventListener("deviceready", onDeviceReady, false);
// PhoneGap 加载完毕
  function onDeviceReady() {
        window.localStorage.setItem("key", "value");
        var keyname = window.localStorage.key(i);
        // keyname 的值现在是"key"
        var value = window.localStorage.getItem("key");
        // value 的值现在是"value"
        window.localStorage.removeItem("key");
        window.localStorage.setItem("key2", "value2");
        window.localStorage.clear();
        // localStorage 现在是空的
  }
</script>
</head>
<body>
<h1>Example</h1>
```

```
<p>localStorage</p>
</body>
</html>
```

在目前 PhoneGap 应用中，localStoreage 对象支持如下 3 种平台。

❏ Android

❏ BlackBerry WebWorks（OS 5.0 或更高版本）

❏ iOS

15.2 主要方法

 本节教学录像：2 分钟

在 PhoneGap 应用中，对象 Storage 中的主要方法是 window.openDatabase()，功能是返回一个新的 Database 对象。方法 openDatabase 的具体使用原型如下。

```
var dbShell = window.openDatabase(name, version, display_name, size);
```

window.openDatabase() 将创建一个新的 SQL Lite 数据库，并返回该 Database 对象，可以使用该 Database 对象操作数据。在上述代码中，存在了如下参数。

❏ name：数据库的名称。

❏ version：数据库的版本号。

❏ display_name：数据库的显示名。

❏ size：以字节为单位的数据库大小。

下面是一段使用方法 window.openDatabase() 的演示代码。

```
<!DOCTYPE html>
<html>
<head>
<title>Contact Example</title>

<script type="text/javascript" charset="utf-8" src="cordova-2.0.0.js"></script>
<script type="text/javascript" charset="utf-8">

// 等待加载 PhoneGap
document.addEventListener("deviceready", onDeviceReady, false);

// PhoneGap 加载完毕
function onDeviceReady() {
    var db = window.openDatabase("test", "1.0", "Test DB", 1000000);
}

</script>
```

```
    </head>
    <body>
        <h1>Example</h1>
        <p>Open Database</p>
    </body>
    </html>
```

在目前 PhoneGap 应用中，方法 window.openDatabase() 支持如下 3 种平台。

❏ Android
❏ BlackBerry WebWorks（OS 6.0 或更高版本）
❏ iOS

▊ 15.3 综合应用——实现数据操作处理

 本节教学录像：8 分钟

本节将通过一个具体实例的实现过程，讲解在移动 Web 页面使用 PhoneGap API 实现数据添加和查询处理的基本方法。

【范例 15-1】对数据进行相关操作处理（光盘 \ 配套源码 \15\phonegap_storage）。

本实例的功能是提供数据查询和添加表单，实现数据的添加和查询操作处理。本实例的具体实现流程如下。

（1）文件"index.html"的功能是显示一个检索表单和一个"添加新的"的链接，单击"submit"按钮后会在本地库中检索表单中输入的关键字的相关信息。文件"index.html"的具体实现代码如下。

```
<!DOCTYPE html>
<html>
<head>
<title>Storage Example</title>
<meta http-equiv="Content-Type" content="text/html; charset=utf-8">
<script type="text/javascript" charset="utf-8" src="cordova-2.0.0.js"></script>
<script type="text/javascript" charset="utf-8">
  // 等待载入 Cordova
  document.addEventListener("deviceready", onDeviceReady, false);

  // 填充数据库
  function populateDB(tx) {
          tx.executeSql('CREATE TABLE IF NOT EXISTS DEMO (id integer PRIMARY KEY
autoincrement, title text,content text)');
  }

  // 查询数据库
```

```
function queryDB(tx) {
    tx.executeSql('SELECT * FROM DEMO', [], querySuccess, errorCB);
}

// 查询成功时的回调
function querySuccess(tx, results) {
    var len = results.rows.length;
    var div = "<table>";
    console.log("DEMO table: " + len + " rows found.");
    for ( var i = 0; i < len; i++) {
        console.log("Row = " + i + " ID = " + results.rows.item(i).id
                + " Data =  " + results.rows.item(i).title);
        div += "<tr><td>" + i + "</td>" + "<td>" + results.rows.item(i).id
                + "</td>" + "<td>" + results.rows.item(i).title + "</td>"
                + "<td>" + results.rows.item(i).content + "</td>"
                + "<td><a href='#' onclick='deletes("
                + results.rows.item(i).id + ");'>delete</a></td></tr>";
    }
    div += "</table>";
    document.getElementById("div").innerHTML = div;
}

var index;

function deletes(index_) {
    index = index_;
    var db = window.openDatabase("Database", "1.0", "Cordova Demo", 200000);
    db.transaction(deletes_, errorCB, successCB);
}
function deletes_(tx) {
    tx.executeSql('delete FROM DEMO where id = ' + index, [], querySuccess,
        errorCB);
}

// 处理错误的回馈
function errorCB(err) {
    console.log("Error processing SQL: " + err.code);
}

// 处理成功的回馈
function successCB() {
    var db = window.openDatabase("Database", "1.0", "Cordova Demo", 200000);
    db.transaction(queryDB, errorCB);
```

```
            console.log("Success processing SQL: ");
        }

        // 准备好了
        function onDeviceReady() {
            var db = window.openDatabase("Database", "1.0", "Cordova Demo", 200000);
            db.transaction(populateDB, errorCB, successCB);
        }

        function display() {
            var db = window.openDatabase("Database", "1.0", "Cordova Demo", 200000);
            db.transaction(queryDB, errorCB);
        }

        function search() {
            var db = window.openDatabase("Database", "1.0", "Cordova Demo", 200000);
            db.transaction(search_, errorCB, querySuccess);
        }

        function search_(tx) {
            var key = document.getElementById("keywords").value;
            console.log("key: " + key);
            tx.executeSql("SELECT * FROM DEMO where title like '%" + key + "%'",
                    [], querySuccess, errorCB);
        }
    </script>
    </head>
    <body>
        <h1> 演示实例 </h1>
        <p> 数据操作 </p>

        <a href="add.html"> 添加新的 </a>

        <input name="keywords" id="keywords" placeholder="search something">
        <input type="submit" onclick="search();" />

        <div id="div"></div>

    </body>
    </html>
```

（2）编写文件"add.html"，功能是显示一个信息添加表单界面，并在表单中分别输入"标题"和"内容"选项和单击"submit"按钮后可以将表单中的数据添加到本地库中。文件"add.html"的具体实现代码如下。

```
<!DOCTYPE html>
<html>
 <head>
  <title>Storage Example</title>
  <meta http-equiv="Content-Type" content="text/html; charset=utf-8">
  <script type="text/javascript" charset="utf-8" src="cordova-2.0.0.js"></script>
  <script type="text/javascript" charset="utf-8">

  // 等待载入 Cordova

  function inster(){

     var db = window.openDatabase("Database", "1.0", "Cordova Demo", 200000);
     db.transaction(inster_, errorCB, successCB);
  }

  function inster_(tx){
     var t = document.getElementById("title").value;
     var c =  document.getElementById("content").value;
     tx.executeSql("INSERT INTO DEMO (title,content) VALUES ('"+t+"','"+c+"')");
  }

  // 处理错误回馈
  function errorCB(err) {
     console.log("Error processing SQL: "+err.code);
  }

  // 处理成功回馈
  function successCB() {
     console.log("Success processing SQL: ");
  }

  </script>
 </head>
 <body>
  <h1> 演示实例 </h1>
  <p> 添加新数据 </p>

  <p> 标题：
```

```
<input type="text" id="title"/>
  </p>
  <p>
   内容：
   <input type="text" id="content"/>
  </p>
  <p>
   <input type="submit" id="submit" value="submit" onclick="inster();"/>
  </p>
 </body>
</html>
```

【运行结果】

执行后的初始效果如图 15-1 所示。

图 15-1　初始执行效果

单击"添加新的"链接后来到信息添加界面，如图 15-2 所示。

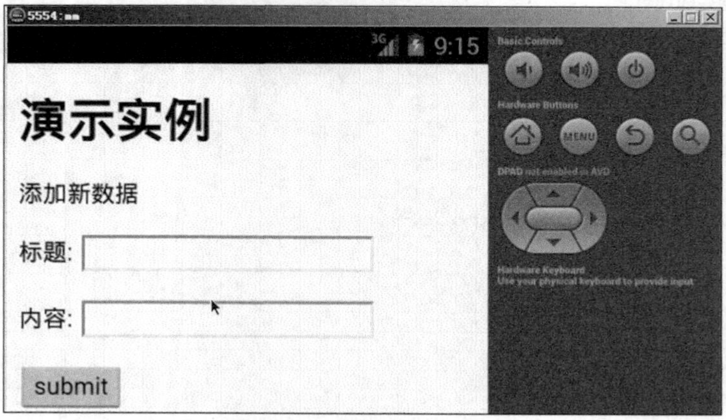

图 15-2　信息添加界面

在信息添加界面可以向本地库中添加新的信息，例如，分别输入标题为"aa"的 3 条信息后，返回到初始执行界面的效果如图 15-3 所示。

图 15-3 添加信息后的效果

单击某条信息后面的 "delete" 链接后会删除这条信息，图 15-4 所示的便是删除了最后一条信息后的效果。

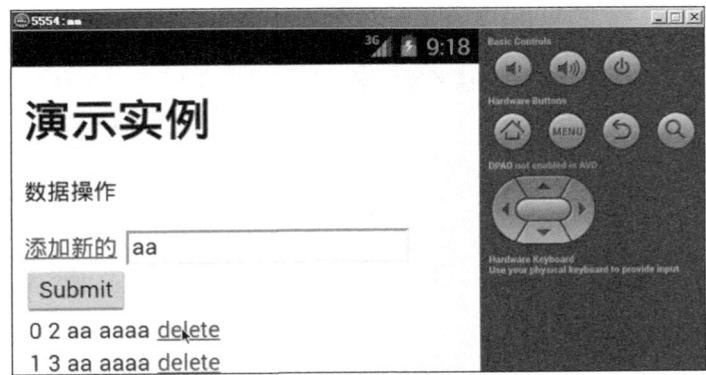

图 15-4 删除一条信息后的效果

15.4 高手点拨

通常，PhoneGap 应用切换新的页面时，会重新初始化 CDVViewController，并制定 CDVViewController 的 "www" 文件夹和 startPage。例如，加载一个名为 "index.html" 的文件的同时传递一个 id，如果将代码写为 startPage="index.html?id=219;"，那在页面加载的时候会提示加载错误，即提示找不到 "index.html?id=219"。原因是 PhoneGap 的 startPage 属性是制定一个需要加载的文件，如果带参数其会把整个字符串作为要加载的页面的名，所以就找不到。

这里借助 localStorage 传值可解决该问题，原理就是在需要跳转的时候保存需要传的值，在加载的页面去取值，并取后删除。存值代码如下。

```
window.localStorage.setItem(key,value);
```

取值代码如下。

```
var parameter=window.localStorage.getItem(key);
```

取值后，需从 localStorage 中将该值删除，否则 localStorage 中存储的东西越来越多。

▌ 15.5　实战练习

1. 绘制一个指定大小的正方形

与创建页面中的其他元素相同，创建 <canvas> 元素的方法也十分简单，只需要加一个 ID 号并设置元素的长和宽即可。创建画布后，就可以利用画布的上下文环境对象绘制图形了。请尝试在页面中新建一个 <canvas> 元素，并在该元素中绘制一个指定长度的正方形。

2. 绘制一个带边框的矩形

请尝试在页面中新建一个 <canvas> 元素，并在该元素中绘制一个有背景色和边框的矩形，需实现单击该矩形时清空矩形中指定区域的图形色彩的功能。

第 16 章

本章教学录像：34 分钟

文件操作 API 详解

在 PhoneGap 应用中，文件 API 是 File，其提供了操作任意格式文件的功能，用于处理那些不适合数据库的用户场景。本章将详细讲解文件 API 的相关知识。

本章要点（已掌握的在方框中打钩）

□ 主要对象

□ 主要方法

□ 综合应用——实现拍照并上传功能

16.1 主要对象

 本节教学录像：19 分钟

在 PhoneGap 应用中，PhoneGap 的文件 API 基于 W3C 的文件 API 规范。

目前，浏览器对该规范的支持程度很差，只有 Google Chrome 提供了完全的支持。从官方 API 文档上看，PhoneGap 虽然提供了大部分支持，但也有部分规范规定的属性及事件还没有得到支持。在 PhoneGap 应用中，文件 API 提供了多个实现存储功能的对象，本节将详细讲解这些对象的基本知识。

16.1.1 DirectoryEntry 对象

在 PhoneGap 应用中，对象 DirectoryEntry 代表文件系统中的一个目录。W3C 的目录和系统规范对该对象进行了定义。该对象包含了如下属性。

- isFile：属于布尔类型，但总是 false。
- isDirectory：属于布尔类型，但总是 true。
- name：DirectoryEntry 的名称，不包含前置路径。该属性是 DOMString 类型。
- fullPath：表示从根目录到当前 DirectoryEntry 的完整绝对路径，属于 DOMString 类型。

该对象包含了如下方法。

- getMetadata()：获得目录的元数据。
- moveTo()：移动一个目录到文件系统中不同的位置。
- copyTo()：拷贝一个目录到文件系统中不同的位置。
- toURI()：返回一个可以定位目录的 URI。
- remove()：删除一个目录，被删除的目录必须是空的。
- getParent()：查找父级目录。
- createReader()：创建一个可以从目录中读取条目的新的 DirectoryReader 对象。
- getDirectory()：创建或查找一个目录。
- getFile()：创建或查找一个文件。
- removeRecursively：删除一个目录以及它的所有内容。

在目前 PhoneGap 应用中，DirectoryEntry 对象支持如下 4 种平台。

- Android
- BlackBerry WebWorks（OS 5.0 或更高版本）
- iOS
- Windows Phone 7（Mango）

16.1.2 DirectoryReader 对象和 File 对象

在 PhoneGap 应用中，对象 DirectoryReader 包含目录中所有的文件和子目录的列表对象。在此对象中包含了方法 readEntries，功能是读取目录中的所有条目。

对象 File 包含了单个文件的属性，可以通过调用 FileEntry 对象的 file() 方法获得一个 File 对象实例。对象 File 包含的属性如下。

- name：表示文件的名称，是 DOMString 类型。
- fullPath：表示文件的完整路径，包含文件名称，是 DOMString 类型。

❏ type：表示文件的 mime 类型，是 DOMString 类型。

❏ lastModifiedDate：表示文件最后被修改的时间，是日期类型。

❏ size：表示以字节为单位的文件大小，是长整型。

在目前 PhoneGap 应用中，DirectoryReader 对象支持如下所示的三个平台。

❏ Android

❏ BlackBerry WebWorks（OS 5.0 或更高版本）

❏ iOS

16.1.3　FileEntry 对象

在 PhoneGap 应用中，对象 FileEntry 代表文件系统中的一个文件，W3C 目录和系统规范对其进行了定义。该对象包含如下属性。

❏ isFile：属于布尔类型，但返回值总是 true。

❏ isDirectory：属于布尔类型，但返回值总是 false。

❏ name：表示 FileEntry 的名称，不包含前置路径，是 DOMString 类型。

❏ fullPath：表示从根目录到当前 FileEntry 的完整绝对路径，是 DOMString 类型。

对象 FileEntry 包含如下方法。

❏ getMetadata()：获得文件的元数据。

❏ moveTo()：移动一个文件到文件系统中不同的位置。

❏ copyTo()：拷贝一个文件到文件系统中不同的位置。

❏ toURI()：返回一个可以定位文件的 URI。

❏ remove()：删除一个文件。

❏ getParent()：查找父级目录。

❏ createWriter()：创建一个可以写入文件的 FileWriter 对象。

❏ file()：创建一个包含文件属性的 File 对象。

在目前 PhoneGap 应用中，FileEntry 对象支持如下 4 种平台。

❏ Android

❏ BlackBerry WebWorks（OS 5.0 或更高版本）

❏ iOS

❏ Windows Phone 7（Mango）

16.1.4　FileReader 对象

在 PhoneGap 应用中，对象 FileReader 是一个允许用户读取文件的对象。FileReader 对象是从设备文件系统读取文件的一种方式。文件以文本或者 Base64 编码的字符串形式读出来。用户注册自己的事件监听器来接收 loadstart、progress、load、loadend、error 和 abort 事件。

对象 FileReaderFileReader 包含如下属性。

❏ readyState：表示当前读取器所处的状态，其值为 EMPTY、LOADING 和 DONE 中的一个。

❏ result：表示已读取文件的内容，属于 DOMString 类型。

❏ error：表示包含错误信息的对象，属于 FileError 类型。

❏ onloadstart：为读取启动时调用的回调函数，属于函数类型。

❑ onprogress：为读取过程中调用的回调函数，用于汇报读取进度（progress.loaded 和 progress. total），不支持 onload。onload 是读取安全完成后调用的回调函数。

❑ onload：为读取安全完成后调用的回调函数，属于函数类型。

❑ onabort：为读取被中止后调用的回调函数，例如通过调用 abort() 方法，属于函数类型。

❑ onerror：为读取失败后调用的回调函数，函数类型。

❑ onloadend：请求完成后调用的回调函数（无论请求是成功还是失败），属于函数类型。

对象 FileReaderFileReader 包含如下方法。

❑ abort()：中止读取文件。

❑ readAsDataURL()：读取文件，结果以 Base64 编码的 data URL 形式返回。data URL 的格式 由 IETF 在 RFC2397 中定义。

❑ readAsText()：读取文件，结果以文本字符串返回。

在目前 PhoneGap 应用中，FileReaderFileReader 对象支持如下 4 种平台。

❑ Android

❑ BlackBerry WebWorks（OS 5.0 或更高版本）

❑ iOS

❑ Windows Phone 7（Mango）

16.1.5　实战演练——使用 FileSystem 对象

在 PhoneGap 应用中，对象 FileSystem 表示一个文件系统，代表当前文件系统的信息。文件系统的名称在公开的文件系统列表中是唯一的。它的 root 属性包含一个代表当前文件系统的根目录的 DirectoryEntry 对象。

对象 FileSystem 包含如下属性。

❑ name：表示文件系统的名称，是 DOMString 类型。

❑ root：表示文件系统的根目录，是 DirectoryEntry 类型。

在目前 PhoneGap 应用中，FileSystem 对象支持如下 4 种平台。

❑ Android

❑ BlackBerry WebWorks（OS 5.0 或更高版本）

❑ iOS

❑ Windows Phone 7（Mango）

下面是使用对象 FileSystem 的演示代码。

```
function onSuccess(fileSystem) {
    console.log(fileSystem.name);
    console.log(fileSystem.root.name);
}

// 请求当前持久化的文件系统
window.requestFileSystem(LocalFileSystem.PERSISTENT, 0, onSuccess, null);
```

在接下来的内容中，我们将通过一个简单例子来阐述使用对象 FileSystem 的方法。

【范例 16-1】调取对象 FileSystem 名称和根目录（光盘 \ 配套源码 \16\16-1.html）。

本实例的实现文件是"16-1.html"，具体实现代码如下。

```
<!DOCTYPE html>
<html>
<head>
  <meta charset="utf-8">
  <meta name="viewport" content="width=device-width, initial-scale=1">
  <title>index.html</title>
  <script type="text/javascript" charset="utf-8" src="cordova.js" ></script>
  <script type="text/javascript" charset="utf-8">
  // 等待加载 PhoneGap
  document.addEventListener("deviceready", onDeviceReady, false);
  // PhoneGap 加载完毕
  function onDeviceReady() {
      window.requestFileSystem(LocalFileSystem.PERSISTENT, 0, onFileSystemSuccess, fail);
  }
  // 分别获取文件名和根目录名
  function onFileSystemSuccess(fileSystem) {
      console.log(fileSystem.name);
      console.log(fileSystem.root.name);
  }
  // 获取失败
  function fail(evt) {
      console.log(evt.target.error.code);
  }

</script>
</head>
<body>
    <h1>Example</h1>
    <p>File System</p>
</body>
</html>
```

【运行结果】

执行后的效果如图 16-1 所示。

图 16-1　执行效果

16.1.6　FileTransfer 对象

在 PhoneGap 应用中，对象 FileTransferFile 是一个允许用户向服务器上传文件的对象。该对象的属性是 N/A。该对象的方法是 upload()，用于上传文件到服务器。上传基于 HTTP 中的 POST 请求，同时支持 HTTP 和 HTTPS 协议。可以传递一个由 FileUploadOptions 对象设定的可选参数给 upload 方法。上传成功后，系统会调用成功回调函数并传递一个 FileUploadResult 对象。如果出现错误，系统会调用错误回调函数并传递一个 FileTransferError 对象。

在目前 PhoneGap 应用中，FileTransfer 对象支持如下 4 种平台。

- ❑ Android
- ❑ BlackBerry WebWorks（OS 5.0 或更高版本）
- ❑ iOS
- ❑ Windows Phone 7（Mango）

下面是一段使用 FileTransfer 对象的具体演示代码。

```
// !! 假设变量 fileURI 包含一个指向设备上一个文本文件的有效 URI

var win = function(r) {
    console.log("Code = " + r.responseCode);
    console.log("Response = " + r.response);
    console.log("Sent = " + r.bytesSent);
}

var fail = function(error) {
    alert("An error has occurred: Code = " = error.code);
}

var options = new FileUploadOptions();
options.fileKey="file";
options.fileName=fileURI.substr(fileURI.lastIndexOf('/')+1);
options.mimeType="text/plain";

var params = new Object();
params.value1 = "test";
params.value2 = "param";

options.params = params;

var ft = new FileTransfer();
ft.upload(fileURI, "http://some.server.com/upload.php", win, fail, options);
```

下面是一段使用 FileTransfer 对象的完整演示代码。

```
<html>
<head>
<title>File Transfer Example</title>

<script type="text/javascript" charset="utf-8" src="phonegap.0.9.4.min.js"></script>
<script type="text/javascript" charset="utf-8">

  // 等待加载 PhoneGap
  document.addEventListener("deviceready", onDeviceReady, false);

  // PhoneGap 加载完成
  function onDeviceReady() {

      // 从指定来源检索图像文件位置
      navigator.camera.getPicture(uploadPhoto,
                              function(message) { alert('get picture failed'); },
                              { quality: 50,
                              destinationType: navigator.camera.DestinationType.FILE_URI,
                              sourceType: navigator.camera.PictureSourceType.PHOTOLIBRARY }
                              );
  }

  function uploadPhoto(imageURI) {
      var options = new FileUploadOptions();
      options.fileKey="file";
      options.fileName=imageURI.substr(imageURI.lastIndexOf('/')+1);
      options.mimeType="image/jpeg";

    var params = new Object();
      params.value1 = "test";
      params.value2 = "param";

      options.params = params;

      var ft = new FileTransfer();
      ft.upload(imageURI, "http://some.server.com/upload.php", win, fail, options);
  }

  function win(r) {
      console.log("Code = " + r.responseCode);
      console.log("Response = " + r.response);
      console.log("Sent = " + r.bytesSent);
```

```
    }

    function fail(error) {
        alert("An error has occurred: Code = " = error.code);
    }

</script>
</head>
<body>
    <h1>Example</h1>
    <p>Upload File</p>
</body>
</html>
```

16.1.7 FileUploadOptions 对象和 FileUploadResult 对象

在 PhoneGap 应用中，一个 FileUploadOptions 对象可以作为参数传递给 FileTransfer 对象的 upload() 方法，以指定上传脚本的其他参数。对象 FileUploadOptions 包含如下属性。

- ❑ fileKey：为表单元素的 name 值，如果没有设置默认为 "file"，属于 DOMString 类型。
- ❑ fileName：为希望文件存储到服务器所用的文件名，如果没有设置默认 "image.jpg"，属于 DOMString 类型。
- ❑ mimeType：为正在上传数据所使用的 mime 类型，如果没有设置默认为 "image/jpeg"，属于 DOMString 类型。
- ❑ params：为通过 HTTP 请求发送到服务器的一系列可选键 / 值对，属于对象类型。

当对象 FileTransfer 的 upload() 方法调用成功后，通过回调函数将一个 FileUploadResult 对象返回给用户。对象 FileUploadResult 包含如下属性。

- ❑ bytesSent：为上传文件时向服务器所发送的字节数，属于长整型。
- ❑ responseCode：为服务器端返回的 HTTP 响应代码，属于长整型。
- ❑ response：为服务器端返回的 HTTP 响应，属于 DOMString 类型。

提 示 　　当在 iOS 系统中使用 FileUploadResult 对象时会发生异常情况。因为在 iOS 的回调函数中，在返回的 FileUploadResult 对象里不包含 responseCode 和 bytesSent 的值。

16.1.8 实战演练——使用 FileWriter 对象

在 PhoneGap 应用中，FileWriter 是一个允许用户写文件的对象。对象 FileWriterr 包含如下属性。

- ❑ readyState：表示当前写入器所处的状态，其值可为 INIT、WRITING 和 DONE 中任意一个。
- ❑ fileName：表示要进行写入的文件的名称，属于 DOMString 类型。
- ❑ length：表示要进行写入的文件的当前长度，属于长整型。
- ❑ position：表示文件指针的当前位置，属于长整型。

❑ error：表示包含错误信息的对象，属于 FileError 类型。

❑ onwritestart：为写入操作启动时调用的回调函数，属于函数类型。

❑ onprogress：为读取过程中调用的回调函数，用于汇报读取进度（progress.loaded 和 progress.total），不支持 onload，onload 是读取安全完成后调用的回调函数。

❑ onwrite：为当写入成功完成后调用的回调函数，属于函数类型。

❑ onabort：为写入被中止后调用的回调函数，例如通过调用 abort() 方法，属于函数类型。

❑ onerror：为写入失败后调用的回调函数，属于函数类型。

❑ onwriteend：为请求完成后调用的回调函数（无论请求是成功还是失败），属于函数类型。

对象 FileWriter 包含如下方法。

❑ abort()：中止写入文件。

❑ seek()：移动文件指针到指定的字节位置。

❑ truncate()：按照指定长度截断文件。

❑ write()：向文件中写入数据。

对象 FileWriter 是从设备文件系统写入文件的一种方式，用户注册自己的事件监听器来接收 writestart、progress、write、writeend、error 和 abort 事件。

一个 FileWriter 对象是为单个文件的操作而创建。用户可以使用该对象多次对相应文件进行写入操作。FileWriter 维护该文件的指针位置及长度属性，这样用户就可以寻找和写入文件的任何地方。默认情况下，FileWriter 从文件的开头开始写入（将覆盖现有数据）。在 FileWriter 的构造函数中设置可选的 append 参数值为 "ture"，写入操作就会从文件的末尾开始。

下面是使用方法 seek() 的演示代码。

```
function win(writer) {
    // 快速将文件指针指向文件的尾部
    writer.seek(writer.length);
};

var fail = function(evt) {
    console.log(error.code);
};
entry.createWriter(win, fail);
```

下面是使用方法 truncate() 的演示代码。

```
function win(writer) {
    writer.truncate(10);
}

var fail = function(evt) {
    console.log(error.code);
}
entry.createWriter(win, fail);
```

下面是使用方法 write() 的演示代码。

```
    function win(writer) {
        writer.onwrite = function(evt) {
            console.log("write success");
        };
            writer.write("some sample text");
    };

    var fail = function(evt) {
        console.log(error.code);
    };
    entry.createWriter(win, fail);
```

下面是使用方法 append() 的演示代码。

```
function win(writer) {
    writer.onwrite = function(evt) {
        console.log("write success");
    };
    writer.seek(writer.length);
    writer.write("appended text);
}

var fail = function(evt) {
    console.log(error.code);
};

entry.createWriter(win, fail);
```

下面是使用方法 abort() 的演示代码。

```
function win(writer) {
    writer.onwrite = function(evt) {
        console.log("write success");
    };
    writer.write("some sample text");
    writer.abort();
}

var fail = function(evt) {
    console.log(error.code);
};
entry.createWriter(win, fail);
```

在目前 PhoneGap 应用中，FileWriter 对象支持如下 4 种平台。
- ❑ Android
- ❑ BlackBerry WebWorks（OS 5.0 或更高版本）
- ❑ iOS
- ❑ Windows Phone 7（Mango）

在接下来的内容中，我们将通过一个简单例子来阐述使用对象 FileWriter 的方法。

【范例 16-2】演示使用对象 FileWriter 的方法（光盘 \ 配套源码 \16\16-2.html）。

本实例的实现文件是"16-2.html"，具体实现代码如下。

```
<!DOCTYPE html>
<html>
<head>
  <meta charset="utf-8">
  <meta name="viewport" content="width=device-width, initial-scale=1">
  <title>index.html</title>
  <script type="text/javascript" charset="utf-8" src="cordova.js" ></script>
  <script type="text/javascript" charset="utf-8">
  // 等待加载 PhoneGap
  document.addEventListener("deviceready", onDeviceReady, false);

  // PhoneGap 加载完毕
  function onDeviceReady() {
      window.requestFileSystem(LocalFileSystem.PERSISTENT, 0, gotFS, fail);
  }

  function gotFS(fileSystem) {
      fileSystem.root.getFile("readme.txt", null, gotFileEntry, fail);
  }

  function gotFileEntry(fileEntry) {
      fileEntry.createWriter(gotFileWriter, fail);
  }

  function gotFileWriter(writer) {
      writer.onwrite = function(evt) {
         console.log("write success");
      };
      writer.write("some sample text");
      // 文件当前内容是"some sample text"
      writer.truncate(11);
      // 文件当前内容是"some sample"
      writer.seek(4);
```

```
        // 文件当前内容依然是"some sample"，但是文件的指针位于"some"的"e"之后
        writer.write(" different text");
        // 文件的当前内容是"some different text"
    }

    function fail(error) {
        console.log(error.code);
    }

</script>
</head>
<body>
    <h1>Example</h1>
    <p>Write File</p>
</body>
</html>
```

16.1.9　Flags 对象

在 PhoneGap 应用中，对象 Flags 用于为 DirectoryEntry 对象的 getFile() 和 getDirectory() 方法提供参数。这两个方法分别用于查找或创建文件和目录。对象 Flags 包含了如下属性。
- ❑ create：用于指示如果文件或目录不存在时是否进行创建，属于布尔类型。
- ❑ exclusive：就其本身而言没有任何效果。和 create 一起使用时，当要创建的目标路径已经存在，它会导致文件或目录创建失败。该属性属于布尔类型。

在目前 PhoneGap 应用中，Flags 对象支持如下 4 种平台。
- ❑ Android
- ❑ BlackBerry WebWorks（OS 5.0 或更高版本）
- ❑ iOS
- ❑ Windows Phone 7（Mango）

下面是一段时间使用对象 Flags 的演示代码。

```
// 获取 data 目录，如果不存在，则创建该目录
dataDir = fileSystem.root.getDirectory("data", {create: true});

// 当且仅当该文件不存在时，创建"lockfile.txt"
lockFile = dataDir.getFile("lockfile.txt", {create: true, exclusive: true});
```

16.1.10　LocalFileSystem 对象

在 PhoneGap 应用中，对象 LocalFileSystem 的方法定义在 window 对象内。该对象提供一个方法来获得根文件系统。对象 LocalFileSystem 包含了如下两种方法。
- ❑ window.requestFileSystem：请求一个 filesystem 对象。

❑ window.resolveLocalFileSystemURI：通过本地 URI 参数检索 DirectoryEntry 或 FileEntry。

在 PhoneGap 应用中，对象 LocalFileSystem 包含如下两个常量。

❑ LocalFileSystem.PERSISTENT：用于不经过应用程序或者用户许可就无法通过用户代理移除的存储类型。

❑ LocalFileSystem.TEMPORARY：用于不需要保证持久化的存储类型。

在目前 PhoneGap 应用中，LocalFileSystem 对象支持如下 4 种平台。

❑ Android

❑ BlackBerry WebWorks（OS 5.0 或更高版本）

❑ iOS

❑ Windows Phone 7（Mango）

下面是一段使用方法 window.requestFileSystem() 的演示代码。

```
function onSuccess(fileSystem) {
    console.log(fileSystem.name);
}
// 请求持久化的文件系统
window.requestFileSystem(LocalFileSystem.PERSISTENT, 0, onSuccess, onError);
Resolve Local File System URI 的简单范例：

function onSuccess(fileEntry) {
    console.log(fileEntry.name);
}
window.resolveLocalFileSystemURI("file:///example.txt", onSuccess, onError);
```

下面是一段完整使用对象 window.LocalFileSystem() 的演示代码。

```
// 等待加载 PhoneGap
document.addEventListener("deviceready", onDeviceReady, false);
// PhoneGap 加载完毕
function onDeviceReady() {
    window.requestFileSystem(LocalFileSystem.PERSISTENT, 0, onFileSystemSuccess, fail);
    window.resolveLocalFileSystemURI("file:///example.txt", onResolveSuccess, fail);
}

function onFileSystemSuccess(fileSystem) {
    console.log(fileSystem.name);
}
function onResolveSuccess(fileEntry) {
    console.log(fileEntry.name);
}

function fail(evt) {
    console.log(evt.target.error.code);
}
```

16.1.11　Metadata 对象

在 PhoneGap 应用中，对象 Metadata 提供一个文件或目录的状态信息，代表一个文件或目录的状态信息，可以通过调用 DirectoryEntry 或 FileEntery 的 entry.getMetadata() 方法来获得 Metadata 对象的实例。

对象 Metadata 包含如下属性。

❑　modificationTime：为文件或目录最后的修改时间。这是一个日期类型。

在目前 PhoneGap 应用中，Metadata 对象支持如下 4 种平台。

❑　Android

❑　BlackBerry WebWorks（OS 5.0 或更高版本）

❑　iOS

❑　Windows Phone 7（Mango）

下面是一段使用对象 Metadata 的演示代码。

```
function win(metadata) {
    console.log("Last Modified: " + metadata.modificationTime);
}

// 请求此条目的 metadata 对象
entry.getMetadata(win, null);
```

技 巧　　本地相机文件的上传和下载操作会使用到上述对象。

相机本地 API 的调用操作可以通过 PhoneGap 提供的 navigator.camera.getPicture() 以及 navigator.device.copture.captureImage 进行处理。这两个的区别是，前者是可以从相机或者相册取出图片放在 cache 目录中，后者直接从相机生成图片到机器上。当对文件操作的时候，PhoneGap 提供了太多的类，在 Java 中操作很简单的 file 类，在 PhoneGap 里的实现会很复杂，有很多很多的回调函数，并且少很多方便的函数，例如没有类似 isExists() 的函数。

16.2　主要方法

　本节教学录像：12 分钟

前一节内容已经讲解了 PhoneGap 中文件 API 的对象的基本知识。其实在这些对象中还包含了很多操作方法，通过这些方法可以实现和文件相关的操作。本节将详细讲解这些方法的基本知识和具体用法。

16.2.1　方法 entry.getMetadata()

在 PhoneGap 应用中，方法 entry.getMetadata 的功能是查找目录的元数据，其有如下两个参数。

❑ successCallback：为获取元数据成功后回调此函数，参数为一个 Metadata 对象，属于函数类型。

❑ errorCallback：为试图检索元数据发生错误的时候回调此函数，参数为一个 FileError 对象，属于函数类型。

下面是使用方法 entry.getMetadata() 的演示代码。

```
function success(metadata) {
    console.log("Last Modified:" + metadata.modificationTime);
}

function fail(error) {
    alert(error.code);
}

// 请求这个条目的元数据对象
entry.getMetadata(success, fail);
```

16.2.2　方法 entry.moveTo()

在 PhoneGap 应用中，方法 entry.moveTo() 的功能是在文件系统中移动目录。在尝试进行以下操作时会发生错误。

❑ 移动目录到其自身，或者移动到其任意深度的任意子目录中。

❑ 同级移动（将一个目录移动到它的父目录中）时没有提供和当前名称不同的名称。

❑ 移动目录到一个文件所占用的路径。

❑ 移动目录到一个非空目录所占用的路径。

另外，尝试移动一个目录到另一个已经存在的空目录上时，系统会尝试删除并替换已存在的目录。

在 PhoneGap 应用中，方法 entry.moveTo() 具有如下 4 个参数。

❑ parent：表示将目录对象移动到的父级目录，属于 DirectoryEntry 类型。

❑ newName：表示目录的新名字。如果没有指定，默认为当前名字，属于 DOMString 类型。

❑ successCallback：为移动成功后调用的回调函数，参数为移动后的新目录的 DirectoryEntry 对象，属于函数类型。

❑ errorCallback：试图移动目录发生错误时调用的回调函数，参数为一个 FileError 对象，属于函数类型。

下面是使用方法 entry.moveTo() 的演示代码。

```
function success(entry) {
    console.log("New Path:" + entry.fullPath);
}

function fail(error) {
    alert(error.code);
}
```

```
function moveDir(entry) {
    var parent = document.getElementById('parent').value;
    newName = document.getElementById('newName').value;
    parentEntry = new DirectoryEntry({fullPath: parent});

    // 移动目录，并将其重命名
    entry.moveTo(parentEntry, newName, success, fail);
}
```

16.2.3 方法 entry.copyTo()

在 PhoneGap 应用中，方法 entry.copyTo() 的功能是将一个目录拷贝到文件系统中的其他位置。在尝试进行以下操作时会发生错误。

❑ 拷贝一个目录到其任意深度的子目录中；
❑ 同级拷贝（将一个目录拷贝到它的父目录中）时没有提供和当前名称不同的名称。
❑ 目录总是递归操作，也就是说，会拷贝目录中的所有内容。

在 PhoneGap 应用中，方法 entry.copyTo() 包含如下 4 个参数。

❑ parent：表示将目录对象拷贝到的父级目录，属于 DirectoryEntry 类型。
❑ newName：为目录的新名称。如果没有指定，默认为当前名字，属于 DOMString 类型。
❑ successCallback：为拷贝成功后调用的回调函数，参数为拷贝后的新目录的 DirectoryEntry 对象。
❑ errorCallback：为试图拷贝目录发生错误时调用的回调函数，其参数为一个 FileError 对象。

下面是一段使用方法 entry.copyTo() 的演示代码。

```
function win(entry) {
    console.log("New Path:" + entry.fullPath);
}

function fail(error) {
    alert(error.code);
}

function copyDir(entry) {
    var parent = document.getElementById('parent').value,
        newName = document.getElementById('newName').value,
        parentEntry = new DirectoryEntry({fullPath: parent});

    // 拷贝目录，并将其重命名
    entry.copyTo(parentEntry, newName, success, fail);
}
```

16.2.4 方法 entry.toURI()

在 PhoneGap 应用中，方法 entry.toURI() 的功能是返回一个用于定位该文件的 URI。下面是使用方法 toURI 的演示代码。

```
// 请求此条目的 URI
var uri = entry.toURI();
console.log(uri);
```

16.2.5 方法 entry.remove()

在 PhoneGap 应用中，方法 entry.remove() 的功能是删除目录。在尝试进行以下操作时会发生错误。
❑ 删除一个非空目录；
❑ 删除文件系统的根目录。
方法 entry.remove() 包含的参数如下。
❑ successCallback：为目录删除成功后调用的回调函数，无参数。
❑ errorCallback：为试图删除目录发生错误时调用的回调函数，其参数为一个 FileError 对象。
下面是一段使用方法 entry.remove() 的演示代码。

```
function success(entry) {
    console.log("Removal succeeded");
}

function fail(error) {
    alert('Error removing directory: ' + error.code);
}

// 移除这个目录
entry.remove(success, fail);
```

16.2.6 方法 entry.getParent()

在 PhoneGap 应用中，方法 entry.getParent() 的功能是查找包含当前目录的父级 DirectoryEntry，其包含如下参数。
❑ successCallback：为查找成功后调用此回调函数，参数为当前目录的父级 DirectoryEntry 对象。
❑ errorCallback：试图获得当前目录的父级 DirectoryEntry 对象发生错误时调用的回调函数，其参数为一个 FileError 对象。
下面是一段使用方法 entry.getParent() 的演示代码。

```
function success(parent) {
    console.log("Parent Name: " + parent.name);
```

```
}
function fail(error) {
    alert('Failed to get parent directory: ' + error.code);
}
// 获得父级 DirectoryEntry 对象
entry.getParent(success, fail);
```

16.2.7 方法 entry.createReader() 和方法 entry.getDirectory()

在 PhoneGap 应用中，方法 entry.createReader() 的功能是建立一个新的 DirectoryReader 对象用来读取目录的所有条目。

下面是一段使用方法 entry.createReader() 的演示代码。

```
// 创建一个 DirectoryReader 对象
var directoryReader = entry.createReader();
```

方法 entry.getDirectory() 的功能是创建新的目录或查询一个存在的目录。在尝试进行以下操作时会发生错误。

❑ 创建一个直属父级目录尚不存在的目录。

方法 entry.createReader() 包含如下参数。

❑ path：为查找或创建的目录路径，可以是一个绝对路径或者是对应当前 DirectoryEntry 的相对路径，属于 DOMString 类型。

❑ options：用于指定如果查找的目录不存在时是否创建该目录的选项，属于 Flags 类型。

❑ successCallback：为获取成功后调用的回调函数，参数为查找到或创建的 DirectoryEntry 对象。

❑ errorCallback：为创建或查找目录发生错误时调用的回调函数，其参数为一个 FileError 对象。

下面是一段使用方法 entry.getDirectory() 的演示代码。

```
function success(parent) {
    console.log("Parent Name:" + parent.name);
}
function fail(error) {
    alert("Unable to create new directory:"+ error.code);
}

// 检索一个已存在的目录，如果该目录不存在时则创建该目录
entry.getDirectory("newDir", {create: true, exclusive: false}, success, fail);
```

16.2.8 方法 entry.getFile()

在 PhoneGap 应用中，方法 entry.getFile() 的功能是创建新的文件或查询一个存在的文件，在尝试

进行以下操作时会发生错误。

❑　创建一个直属父级目录尚不存在的文件。

在 PhoneGap 应用中，方法 entry.getFile() 包含如下参数。

❑　path：为查找或创建的文件路径，可以是一个绝对路径或者是对应当前 DirectoryEntry 的相对路径，属于 DOMString 类型。

❑　options：用于指定如果查找的文件不存在时是否创建该文件的选项，属于 Flags 类型。

❑　successCallback：为获取成功后调用的回调函数，参数为查找到或创建的 FileEntry 对象

❑　errorCallback：为创建或查找文件发生错误时调用的回调函数，其参数为一个 FileError 对象

下面是一段使用方法 entry.getFile() 的演示代码。

```
function success(parent) {
    console.log("Parent Name:" + parent.name);
}


function fail(error) {
    alert("Failed to retrieve file:" + error.code);
}


// 检索一个已存在的文件，如果该文件不存在，则创建该文件
entry.getFile("newFile.txt", {create: true, exclusive: false}, success, fail);
```

16.2.9　方法 entry.removeRecursively()

在 PhoneGap 应用中，方法 entry.removeRecursively() 的功能是删除一个目录及其所有内容。若删除时发生错误（例如，试图删除一个包含不可删除文件的目录），那该目录中的部分内容可能已经被删除。在尝试进行"删除 filesystem 的根目录"的操作时会发生错误。

方法 entry.removeRecursively() 包含了如下参数。

❑　successCallback：为当 DirectoryEntry 删除成功后调用的回调函数，无参数。

❑　errorCallback：当试图删除 DirectoryEntry 发生错误时调用的回调函数，其参数为一个 FileError 对象。

下面是使用方法 entry.removeRecursively() 的演示代码。

```
function success(parent) {
    console.log("Remove Recursively Succeeded");
}
function fail(error) {
    alert("Failed to remove directory or it's contents:" + error.code);
}


// 删除此目录及其所有内容
entry.removeRecursively(success, fail);
```

16.2.10　方法 readEntries()

在 PhoneGap 应用中，方法 readEntries() 的功能是读取当前目录中的所有条目。此方法包含如下参数。

- □ successCallback：为读取成功后调用的回调函数，参数为一个包含 FileEntry 和 DirectoryEntry 的对象数组。
- □ errorCallback：为检索目录列表发生错误时调用的回调函数，其参数为一个 FileError 对象。

下面是一段使用方法 readEntries() 的演示代码。

```
function success(entries) {
    var i;
    for(i=0;i< entries.length;i++) {
        console.log(entries[i].name);
    }
}
function fail(error) {
    alert("Failed to list directory contents:" + error.code);
}
// 创建一个目录读取器
var directoryReader = dirEntry.createReader();

// 获取目录中的所有条目
directoryReader.readEntries(success,fail);
```

16.2.11　方法 entry.createWriter()

在 PhoneGap 应用中，方法 entry.createWriter() 的功能是创建一个 FileEntry 所代表的文件相关的 FileWriter 对象，其包含如下参数。

- □ successCallback：为创建成功后调用的回调函数，参数为 FileWriter 对象。
- □ errorCallback：为试图创建 FileWriter 发生错误时调用的回调函数，其参数为一个 FileError 对象。

下面是一段使用方法 entry.createWriter() 的演示代码。

```
function success(writer) {
    writer.write("Some text to the file");
}
function fail(error) {
    alert(error.code);
}
// 创建一个用于写文件的 FileWriter 对象
entry.createWriter(success, fail);
```

16.2.12 实战演练——使用方法 ReadAsDataURL() 和方法 ReadAsText()

在 PhoneGap 应用中，方法 readAsDataURL() 的功能是读取文件，结果以 Base64 编码的 data URL 形式返回，其参数 file 表示读取的文件对象。下面是一段使用方法 readAsDataURL() 的演示代码。

```javascript
function win(file) {
    var reader = new FileReader();
    reader.onloadend = function(evt) {
        console.log("read success");
        console.log(evt.target.result);
    };
    reader.readAsDataURL(file);
}

var fail = function(evt) {
    console.log(error.code);
};

entry.file(win, fail);
```

在 PhoneGap 应用中，方法 ReadAsText() 的功能是读取文件，结果以文本字符串返回。该函数包含如下两个参数。

❏ file：为读取的文件对象。
❏ encoding：是用来编码文件内容的编码格式，默认值为 UTF8。
下面是一段使用方法 ReadAsText() 的演示代码。

```javascript
function win(file) {
    var reader = new FileReader();
    reader.onloadend = function(evt) {
        console.log("read success");
        console.log(evt.target.result);
    };
    reader.readAsText(file);
}

var fail = function(evt) {
    console.log(error.code);
};
entry.file(win, fail);
```

在接下来的内容中，我们将通过一个简单例子来阐述使用 ReadAsText() 的方法。

【范例 16-3】使用方法 ReadAsText() 读取文件（光盘 \ 配套源码 \16\16-3.html）。

本实例的实现文件是"16-3.html"，具体实现代码如下。

```html
<!DOCTYPE html>
<html>
<head>
  <meta charset="utf-8">
  <meta name="viewport" content="width=device-width, initial-scale=1">
  <title>index.html</title>
  <script type="text/javascript" charset="utf-8" src="cordova.js" ></script>
  <script type="text/javascript" charset="utf-8">
  // 等待加载 PhoneGap

  document.addEventListener("deviceready", onDeviceReady, false);

  // PhoneGap 加载完毕

  function onDeviceReady() {
      window.requestFileSystem(LocalFileSystem.PERSISTENT, 0, gotFS, fail);
  }

  function gotFS(fileSystem) {
      fileSystem.root.getFile("readme.txt", null, gotFileEntry, fail);
  }

  function gotFileEntry(fileEntry) {
      fileEntry.file(gotFile, fail);
  }

  function gotFile(file){
      readDataUrl(file);
      readAsText(file);
  }

  function readDataUrl(file) {
      var reader = new FileReader();
      reader.onloadend = function(evt) {
          console.log("Read as data URL");
          console.log(evt.target.result);
      };
      reader.readAsDataURL(file);
  }
```

```
function readAsText(file) {
    var reader = new FileReader();
    reader.onloadend = function(evt) {
        console.log("Read as text");
        console.log(evt.target.result);
    };
    reader.readAsText(file);
}

function fail(evt) {
    console.log(evt.target.error.code);
}

</script>
</head>
<body>
    <h1>Example</h1>
    <p>Read File</p>
</body>
</html>
```

16.2.13　方法 upload()

对于某些应用，比如一个图片分享应用，需要允许用户从设备的照片库中上传图片时，会用到文件上传功能。文件的下载场景就更宽泛了，主要用于很多需要缓存的应用场景。

在 PhoneGap 应用中，上传文件用的是 FileTransfer 的 upload() 方法，其具体使用格式如下。

upload(filePath, server, successCallback, errorCallback, options,trustAllHosts)

上述代码中，各个参数的意义如下。

❏ filePath：为要上传的文件的本地地址，比如 file:///mnt/sdcard/test.html。
❏ server：为文件上传的服务地址，比如 http://10.162.139.5/upload_file.php。
❏ successCallback：为上传成功后调用的回调函数。
❏ errorCallback：为上传失败后调用的回调函数。
❏ options：为文件上传的选项配置信息。
❏ trustAllHosts：该参数是个布尔值，指是否相信所有站点，比如对于那些证书是自签名的网站。

下面是一段使用方法 upload() 的演示代码。

```
// 假设变量 fileURI 包含一个指向设备上一个文本文件的有效 URI

var win = function(r) {
    console.log("Code = " + r.responseCode);
    console.log("Response = " + r.response);
```

```
        console.log("Sent = " + r.bytesSent);
    }

    var fail = function(error) {
        alert("An error has occurred: Code = " = error.code);
    }

    var options = new FileUploadOptions();
    options.fileKey="file";
    options.fileName=fileURI.substr(fileURI.lastIndexOf('/')+1);
    options.mimeType="text/plain";

    var params = new Object();
    params.value1 = "test";
    params.value2 = "param";

    options.params = params;

    var ft = new FileTransfer();
    ft.upload(fileURI, "http://some.server.com/upload.php", win, fail, options);
```

下面是一段实现完整上传功能的演示代码。

```
// 等待加载 PhoneGap
document.addEventListener("deviceready", onDeviceReady, false);

// PhoneGap 加载完成
function onDeviceReady() {

    // 从指定来源检索图像文件位置
    navigator.camera.getPicture(uploadPhoto,
                        function(message) { alert('get picture failed'); },
                        { quality: 50,
                        destinationType: navigator.camera.DestinationType.FILE_URI,
                        sourceType: navigator.camera.PictureSourceType.PHOTOLIBRARY }
                    );
}

function uploadPhoto(imageURI) {
    var options = new FileUploadOptions();
    options.fileKey="file";
    options.fileName=imageURI.substr(imageURI.lastIndexOf('/')+1);
    options.mimeType="image/jpeg";
```

```
        var params = new Object();
        params.value1 = "test";
        params.value2 = "param";

        options.params = params;

        var ft = new FileTransfer();
        ft.upload(imageURI, "http://some.server.com/upload.php", win, fail, options);
    }

    function win(r) {
        console.log("Code = " + r.responseCode);
        console.log("Response = " + r.response);
        console.log("Sent = " + r.bytesSent);
    }
    function fail(error) {
        alert("An error has occurred: Code = " = error.code);
    }
```

16.2.14　实战演练——使用方法 download()

在 PhoneGap 应用中，下载文件时需要使用 FileTransfer 对象的方法 download()，其具体使用格式如下。

```
download(source,target, successCallback, errorCallback)
```

上述代码中，各参数的意义如下。
- source：为要下载的文件的 URL 地址。
- target：为下载文件在设备上的完整存放路径。
- successCallback 和 errorCallback：分别是下载成功和失败的回调函数。
在接下来的内容中，我们将通过一个简单例子来讲解实现拍照并上传照片文件的方法。

【范例 16-4】使用 PhoneGrap 中提供的方法实现拍照并上传的功能（光盘\配套源码\16\16-4.html）。

【范例分析】

在本实例中，不但可以选择本地图片，还可以从相机中选择图片，并在本地显示出来，然后上传到服务器中。另外，还可以从服务器下载图片显示出来，如果曾经在本地下载过，可以从缓存中取出之前下载的文件。本实例的具体功能是通过 PhoneGap 中的方法 getPicture 以及方法 captureImage 实现的，前者可以从相机或者相册取出图片放在 cache 目录中，后者可以直接将在相机中生成的图片放保存到机器上。

本实例的实现文件是"16-4.html"，具体实现代码如下。

```html
<!DOCTYPE html>
<html>
<head>
<meta http-equiv="Content-Type" content="text/html; charset=UTF-8" />
<meta name="viewport" content="width=device-width, initial-scale=1">
<link rel="stylesheet" href="jquery/jquery.mobile-1.2.0.css" />
<script src="jquery/jquery-1.7.1.min.js"></script>
<script src="jquery/jquery.mobile-1.2.0.min.js"></script>

<script type="text/javascript" charset="utf-8" src="cordova-2.2.0.js"></script>
<script type="text/javascript" charset="utf-8">
    document.addEventListener("deviceready", onDeviceReady, false);
    var pictureSource;   // getPicture: 数据来源参数的一个常量
    var destinationType;   // getPicture 中：设置 getPicture 的结果类型
    function onDeviceReady() {
        pictureSource = navigator.camera.PictureSourceType;
        destinationType = navigator.camera.DestinationType;
    }

    var pickUrl;
    function fromCamera(source){
        navigator.camera.getPicture(function(imageURI){
                var largeImage = document.getElementById('smallImage');
                largeImage.style.display = 'block';
                largeImage.src = imageURI;
                pickUrl = imageURI;
        }, function(){
            if(source==pictureSource.CAMERA)
                console.log(' 加载照相机出错 !');
            else
                console.log(' 加载相册出错 !');
        }, {
            quality : 50,
            destinationType : destinationType.FILE_URI,
            sourceType : source
        });
    }

    /********* 上传图片 **************/
    function uploadFile() {
        var imageURI = pickUrl;
        if(!imageURI)
            alert(' 请先选择本地图片 ');
```

```
    var options = new FileUploadOptions();
    options.fileKey = "file";
    options.fileName = imageURI.substr(imageURI.lastIndexOf('/') + 1);
    options.mimeType = "image/jpeg";
    var ft = new FileTransfer();
    ft.upload(
            imageURI,
            encodeURI('http://192.168.93.114:1988/shandongTree/upload.jsp'),
            function(){ alert(' 上传成功 !');},
            function(){ alert(' 上传失败 !');},
            options);
}


/********** 下载相片 ***********/
function downloadPic(sourceUrl,targetUrl){
    var fileTransfer = new FileTransfer();
    var uri = encodeURI(sourceUrl);

    fileTransfer.download(
    uri,targetUrl,function(entry){
        var smallImage = document.getElementById('smallImage');
        smallImage.style.display = 'block';
        smallImage.src = entry.fullPath;
    },function(error){
        console.log(" 下载网络图片出现错误 ");
    });
}


function localFile() {
    window.requestFileSystem(LocalFileSystem.PERSISTENT, 0, function(fileSystem){
        // 创建目录
        fileSystem.root.getDirectory("file_mobile/download", {create:true},
            function(fileEntry){ },
            function(){  console.log(" 创建目录失败 ");});

        var _localFile = "file_mobile/download/testtest4.jpg";
        var _url = "http://192.168.93.114:1988/shandongTree/download.jsp?pId=13";
        // 查找文件
        fileSystem.root.getFile(_localFile, null, function(fileEntry){
            // 文件存在就直接显示
            var smallImage = document.getElementById('smallImage');
            smallImage.style.display = 'block';
            smallImage.src = fileEntry.fullPath;
        }, function(){
```

```
            // 否则就到网络下载图片！
            fileSystem.root.getFile(_localFile, {create:true}, function(fileEntry){
                var targetURL = fileEntry.toURL();
                downloadPic(_url,targetURL);
            },function(){
                alert(' 下载图片出错 ');
            });
        });

    }, function(evt){
        console.log(" 加载文件系统出现错误 ");
    });
    }


</script>
</head>
<body>
    <!-- pege 1 -->
    <a data-inline='true'
        href="javascript:fromCamera(pictureSource.PHOTOLIBRARY)" data-role="button"> 来自相
册 </a>
        <a data-inline='true'
        href="javascript:fromCamera(pictureSource.CAMERA)" data-role="button"> 来自相机 </a>
        <a data-inline='true'
        href="javascript:localFile()" data-role="button"> 显示缓存图片，没有则下载 </a>
        <a data-inline='true'
        href="javascript:uploadFile()" data-role="button"> 上传图片 </a>
        <div style='height:200px;width:200px;border:1px solid green;align:center;'>
        <img
        style="width: 160px; height: 160px;" id="smallImage"
        src="" />
        </div>
</body>
</html>
```

16.3　综合应用——实现拍照并上传功能

本节教学录像：3 分钟

本节将通过一个具体实例的实现过程，详细讲解使用 PhoneGap 技术在 iOS 系统中实现拍照并上传照片的具体方法和实现技巧。

【**范例 16-5**】**在 iOS 系统中，实现拍照并上传功能（ 光盘 \ 配套源码 \16\note ）。**

本实例在可以实现拍照功能的同时，可以保存拍摄的照片在本地，还可以选择拍摄的照片进行上传。本实例的具体实现流程如下。

（1）编写首页文件"index.html"，功能是使用 jQuery 移动应用技术展示一个操作表单。文件"index.html"的具体实现代码如下。

```
<!DOCTYPE html>
<html>
  <head>
    <meta charset="utf-8">
    <meta http-equiv="X-UA-Compatible" content="IE=edge,chrome=1">
    <title></title>
    <meta name = "format-detection" content = "telephone=no"/>
    <meta name="viewport" content="user-scalable=no, initial-scale=1, maximum-scale=1,
minimum-scale=1, width=device-width">
    <link rel="stylesheet" href="http://code.jquery.com/mobile/1.3.1/jquery.mobile-1.3.1.min.css" />
    <script src="http://code.jquery.com/jquery-1.9.1.min.js"></script>
    <script src="http://code.jquery.com/mobile/1.3.1/jquery.mobile-1.3.1.min.js"></script>
    <script type="text/javascript" src="cordova.js"></script>
    <script src="js/parse-1.2.8.min.js"></script>
    <script src="js/app.js"></script>
    <style>
    div[data-role=content] img {
       max-width: 200px;
    }
    </style>
  </head>
  <body>
    <div data-role="page" id="home">
      <div data-role="header" data-position="fixed">
        <a href="#addNote" data-icon="plus" data-iconpos="notext" class="ui-btn-right">Add</a>
        <h1>Notebook</h1>
      </div>
      <div data-role="content">
      </div>
    </div>
    <div data-role="page" id="addNote">
      <div data-role="header">
        <a href="#home" data-icon="home" data-iconpos="notext">Home</a>
        <h1>Notebook</h1>
      </div>
      <div data-role="content">
        <h2>Add Note</h2>
        <textarea id="noteText"></textarea>
        <button id="takePicBtn">Add Pic</button>
        <button id="saveNoteBtn">Save</button>
      </div>
    </div>
```

```
    </body>
</html>
```

（2）编写 JavaScript 脚本文件 "app.js"。首先通过 pageshow 事件解析获得的数据，此功能通过查询操作实现的。然后，设置保存文件的路径信息和排列模式，并将拍摄的图片信息进行保存，事件 pageshow 显示的照片信息就是从保存数据中获取并显示的。文件 "app.js" 的具体实现代码如下。

```
var parseAPPID = "you do this";
var parseJSID = "and this too";

// 初始化 Parse
Parse.initialize(parseAPPID,parseJSID);

var NoteOb = Parse.Object.extend("Note");

$(document).on("pageshow", "#home", function(e, ui) {
  $.mobile.loading("show");

  var query = new Parse.Query(NoteOb);
  query.limit(10);
  query.descending("createdAt");

  query.find({
      success:function(results) {
          $.mobile.loading("hide");
          var s = "";
          for(var i=0; i<results.length; i++) {
            s += "<p>";
            s += "<h3>Note " + results[i].createdAt + "</h3>";
            s += results[i].get("text");
            var pic = results[i].get("picture");
            if(pic) {
               s += "<br/><img src='" + pic.url() + "'>";
            }
            s += "</p>";
          }
          $("#home div[data-role=content]").html(s);
      },error:function(e) {
          $.mobile.loading("hide");

      }
   });
});

$(document).on("pageshow", "#addNote", function(e, ui) {
```

```
var imagedata = "";

$("#saveNoteBtn").on("touchend", function(e) {
    e.preventDefault();
    $(this).attr("disabled","disabled").button("refresh");

    var noteText = $("#noteText").val();
    if(noteText == '') return;

    /*
    处理保存可选的图片
    */
    if(imagedata != "") {
      var parseFile = new Parse.File("mypic.jpg", {base64:imagedata});
      console.log(parseFile);
          parseFile.save().then(function() {
                var note = new NoteOb();
                note.set("text",noteText);
                note.set("picture",parseFile);
                note.save(null, {
                  success:function(ob) {
                      $.mobile.changePage("#home");
                  }, error:function(e) {
                      console.log("Oh crap", e);
                  }
                });
                cleanUp();
          }, function(error) {
            console.log("Error");
            console.log(error);
          });

    } else {
      var note = new NoteOb();
      note.set("text",noteText);
      note.save(null, {
        success:function(ob) {
          $.mobile.changePage("#home");
        }, error:function(e) {
          console.log("Oh crap", e);
        }
      });
      cleanUp();

    }
});
```

```
$("#takePicBtn").on("click", function(e) {
    e.preventDefault();
    navigator.camera.getPicture(gotPic, failHandler,
        {quality:50, destinationType:navigator.camera.DestinationType.DATA_URL,
        sourceType:navigator.camera.PictureSourceType.PHOTOLIBRARY});
});
function gotPic(data) {
    console.log('got here');
    imagedata = data;
    $("#takePicBtn").text("Picture Taken!").button("refresh");
}
function failHandler(e) {
    alert("ErrorFromC");
    alert(e);
    console.log(e.toString());
}
function cleanUp() {
    imagedata = "";
    $("#saveNoteBtn").removeAttr("disabled").button("refresh");
    $("#noteText").val("");
    $("#takePicBtn").text("Add Pic").button("refresh");
}
});
```

（3）编号样式文件 "css.css"，具体实现代码如下。

```
body {
    padding-left:10px;
    padding-right:10px;
    font-family: Arial;
}
textarea {
    width:90%;
    height:70px;
}
button {
    width:90%;
    height:50px;
    font-size: 1.8em;
}
```

【运行结果】

到此为止，整个实例介绍完毕，执行后的效果如图 16-2 所示，单击 "+" 按钮可以写日记信息。单击 "Add Pic" 按钮可以添加照片，单击 "Save" 按钮可以上传照片，如图 16-3 所示。

图 16-2 执行效果

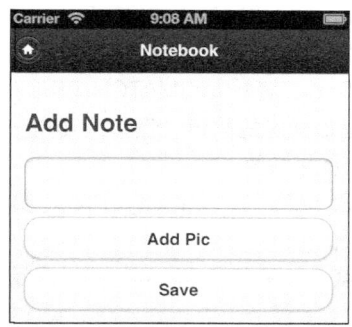

图 16-3 添加或上传照片

▌ 16.4 高手点拨

1. 使用 FileTransferError 对象解决错误问题

在 PhoneGap 应用中，文件传输错误时，通过错误回调函数返回一个 FileTransferError 对象。对象 FileTransferError 包含了如下属性。

❑ code：一个在下面常量列表中定义的错误代码，属于整数类型。

对象 FileTransferError 包含了如下常量。

❑ FileTransferError.FILE_NOT_FOUND_ERR：文件未找到错误。

❑ FileTransferError.INVALID_URL_ERR：无效的 URL 错误。

❑ FileTransferError.CONNECTION_ERR：连接错误。

2. 使用 FileError 对象解决错误问题

在 PhoneGap 应用中，任何 File API 的方法发生错误时，错误属性都被设置为一个 FileError 对象。对象 FileError 包含了一个属性 code。此属性取值的具体说明如下。

❑ FileError.NOT_FOUND_ERR：没有找到相应的文件或目录的错误。

❑ FileError.SECURITY_ERR：所有没被其他错误类型所涵盖的安全错误，包括当前文件在 Web 应用中被访问是不安全的和对文件资源过多的访问等。

❑ FileError.ABORT_ERR：中止错误。

❑ FileError.NOT_READABLE_ERR：文件或目录无法读取的错误，通常是由于另外一个应用已经获取了当前文件的引用并使用了并发锁。

❑ FileError.ENCODING_ERR：编码错误。

❑ FileError.NO_MODIFICATION_ALLOWED_ERR：修改拒绝的错误，当试图写入一个底层文件系统，但状态决定其不能修改的文件或目录时，code 的取值便是该值。

❑ FileError.INVALID_STATE_ERR：无效状态错误。

- □ FileError.SYNTAX_ERR：语法错误，用于 File Writer 对象。
- □ FileError.INVALID_MODIFICATION_ERR：非法的修改请求错误，例如，同级移动（将一个文件或目录移动到它的父目录中）时，若没有提供和当前名称不同的名称，则 code 的取值为该值。（W3C File System API）
- □ FileError.QUOTA_EXCEEDED_ERR：超过配额错误，为当操作会导致应用程序超过系统所分配的存储配额时的取值。
- □ FileError.TYPE_MISMATCH_ERR：类型不匹配错误，为当试图查找文件或目录而请求的对象类型错误时的取值。例如，当用户请求一个 FileEntry 是一个 DirectoryEntry 对象时，code 的取值就是该值。
- □ FileError.PATH_EXISTS_ERR：路径已存在错误，为当试图创建路径已经存在的文件或目录时的取值。

对象 FileError 是所有 File API 的错误回调函数的唯一参数，开发者必须根据错误代码属性决定错误类型。

16.5 实战练习

1. 绘制一个渐变图形

请在页面中新建了一个 <canvas> 元素，并利用该元素以 3 种不同颜色渐变方向绘制图形，分别为自左向右、从上而下、沿图形对角线方向渐变。

2. 绘制不同的圆形

在此要求实现一个页面项目，尝试实现如图 16-4 所示的效果。

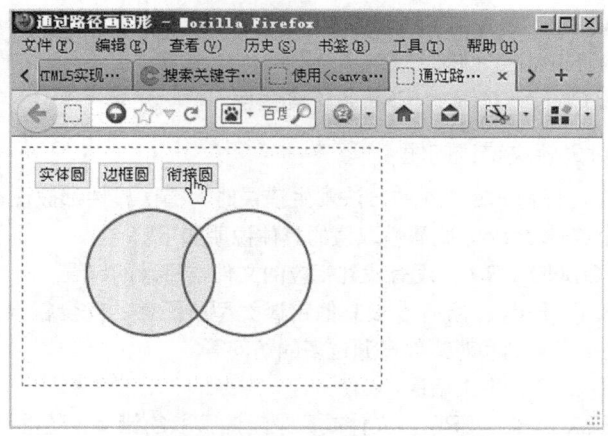

图 16-4　执行效果

第 17 章

本章教学录像：20 分钟

PhoneGap 的插件

　　在现实开发应用中，利用 PhoneGap 开发设计更加复杂的移动 Web 应用时，前面讲解的知识就难以胜任了，这时候我们可以尝试插件。本章将详细讲解 PhoneGap 插件的相关知识。

本章要点（已掌握的在方框中打钩）

☐ PhoneGap 插件基础

☐ 使用 PhoneGap 插件

☐ 实现 PhoneGap 插件

☐ 常用的 PhoneGap 插件

☐ 综合应用——使用插件实现弹出软键盘效果

☐ 综合应用——调用二维码扫描插件

17.1 PhoneGap 插件基础

 本节教学录像：3 分钟

PhoneGap 的总体结构如图 17-1 所示。

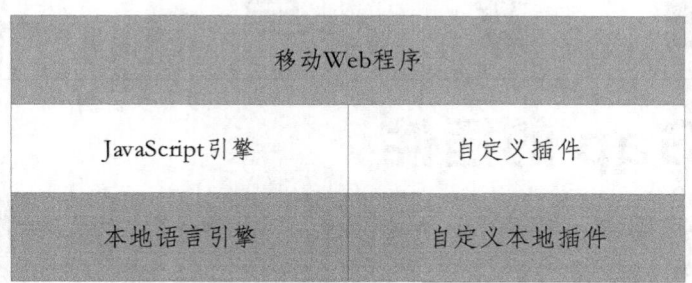

移动Web程序	
JavaScript引擎	自定义插件
本地语言引擎	自定义本地插件

图 17-1　PhoneGap 的总体结构

PhoneGap 的主体由本地语言和 JavaScript 这两个引擎组成，每种引擎都支持开发相应的自定义插件进行扩展，例如 JavaScript 插件以及本地语言插件。PhoneGap 引擎与插件构成了移动应用的基础。如果想为不同的平台编写 PhoneGap 插件，则必须实现如下两个组件。

❑ JavaScript 组件。

❑ does the heavy lifting 的本机组件。

在制作 iOS 插件时，需要生成一个 "*.h" 文件和一个 "*.m" 文件，还有不同 iOS 的 javascript 文件。其实，PhoneGap 插件就是 PhoneGap 获得本地部分功能的一个扩展，而该扩展是 PhoneGap 的原始项目包没有提供的。PhoneGap 插件至少包括以下两个部分。

❑ 获得本地功能的 JavaScript 钩子文件。

❑ 用本地语言编写的代码，iOS 中的本地语言是 Objective-C。

提 示　　目前，大多数第三方开源免费的 PhoneGap 插件都被放置在 GitHub 托管库中，其地址是 https://github.com/phonegap/phonegap-plugins。
登录这个网址后即可下载指定的插件，登录后的页面效果如图 17-2 所示。

从图 17-2 所示的页面效果可以看出，每个目录下都有相应移动平台的插件。一般来说，不同平台下的 PhoneGap 插件是不一样的。在现实中最好的情形是，在不同的平台中使用名称相同的 JavaScript API，但是原生代码是永远不同的。

注 意　　并不是所有的插件都放在 GitHub 上，有兴趣的读者可以从网络中获取更多的 PhoneGap 插件。

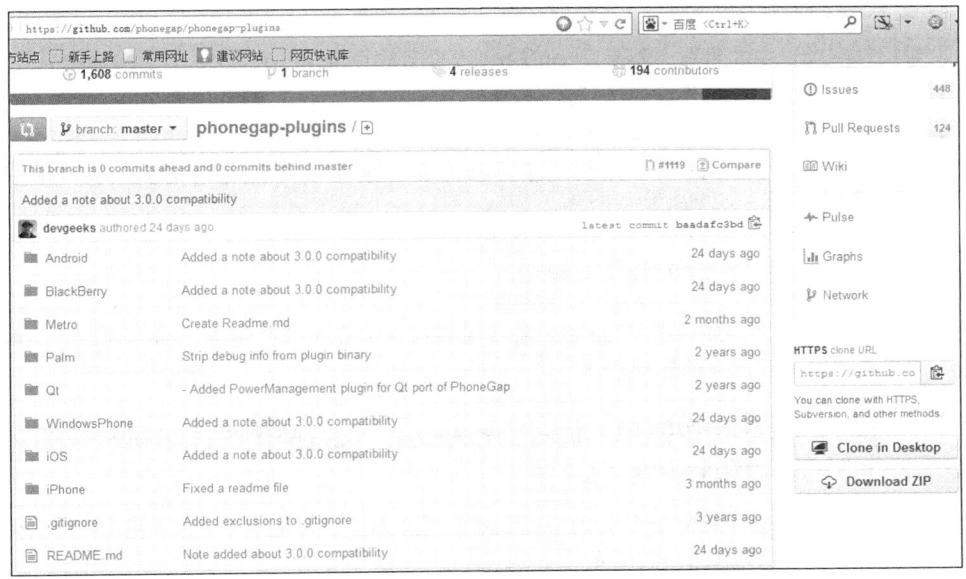

图 17-2　PhoneGap 插件的目录结构

17.2　使用 PhoneGap 插件

 本节教学录像：2 分钟

在当前市面中存在了多个 PhoneGap 插件，其中，针对 iOS 平台用得最多的两大插件就是 ChildBrowser 和 NativeControls。本节将以第三方跨平台插件 ChildBrowser 为例，详细讲解在 iOS 平台中使用 PhoneGap 插件的方法。

17.2.1　ChildBrowser 插件介绍

在 PhoneGap 应用中，ChildBrowser 插件可以在应用程序中显示外部网址。这样用户便不会跳出应用了，从而提升了用户的体验。这一点十分重要，例如，一个常见的用户使用场景是：用户希望打开自己 PhoneGap 应用中的一个外部网址超链接，但是不希望用户点击该链接后跳出应用。加入 ChildBrowser 插件后，会在应用上面创建一个弹出式窗口，显示的内容是根据设备浏览器渲染的网页内容。当用户单击"Back"按钮后会返回到 PhoneGap 应用。在接下来的内容中，我们将详细讲解在 iOS 系统中使用 ChildBrowser 插件的方法。

在使用插件之前，需要先下载这个插件，然后复制下载的插件，接着添加到我们的项目中。为了保持统一性，通常将需要的插件放到"${PROJECT_DIR}/Plugins"目录中。

17.2.2　实战演练——使用 ChildBrowser 插件

在 iOS 系统中，使用 PhoneGap 插件的基本步骤如下。

（1）下载插件到你的电脑，需要注意放的位置。

（2）打开 Xcode 项目。

（3）设置插件在项目中的目录，不是 PhonGapLib 项目的目录。

（4）左键单击下载的插件文件，勾选"复制"和"创建组引用"复选框。

（5）编译项目，此时，可能需要按照插件的类型添加 libraries 库。

　　在使用 ChildBrowser 插件之前，先假设应用程序需要展示一个外部链接的内容，例如，设置 Google 首页为外部链连接，代码如下。

```
<a href="http: //www.google. com">Google</a>
```

　　在不使用插件的情况下，如果在 iPhone 设备或者模拟器中点击这个链接，将会启动默认的移动浏览器。这样用户将难以返回原来的应用程序。

【范例 17-1】在 iOS 平台中使用 ChildBrowser，以在应用程序中显示外部网址（光盘 \ 配套源码 \17\ChildBrowser）。

　　首先要做的是在 Xcode 中建立一个 Cordova 工程，假设我们的工程名为"ChildBrowserExample"，则建好的工程项目目录结构如图 17-3 所示。

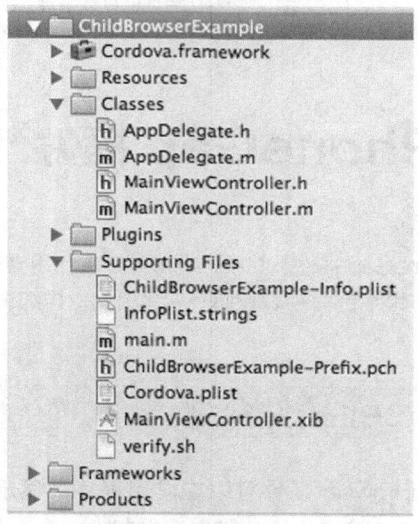

图 17-3　iOS 工程的目录结构

　　在此需要将 ChildBrowser 插件的两个部分，即 −Objective-C 端和 JavaScript 端，需分别加入我们的项目工程里。

　　iOS 的 ChildBrowser 插件位于"phonegap-plugins/iPhone/ChildBrowser"目录下。打开下载的"ChildBrowser"插件文件夹，在里面可以看到"ChildBrowser.bundle"文件、ChildBrowserCommand 的"．h"和"*.m"文件、ChildBrowserViewController（iPhone 视图控制器）的"*.h"和"*.m"文件、"ChildBrowserView Controller.xib"文件和"ChildBrowser.js"文件，还有"index.html"和"FBConnect Example（这是插件使用的代码示例）"。

　　为了使用 JavaScript 插件，文件"ChildBrowser.js"被放在"www"目录下，并且在 HTML 文件中加载 script 文件。将"ChildBrowser.bundle"文件、ChildBrowserCommand 的"*.h""*.m"文件、ChildBrowserViewController 的"*.h"和"*.m"文件、"ChildBrowserViewController.xib"（用来显示的资源）

文件拖曳到刚刚建立的项目工程的"Plugins"文件夹中,如图 17-4 所示。随后将会在项目中自动生成对这些文件的引用。

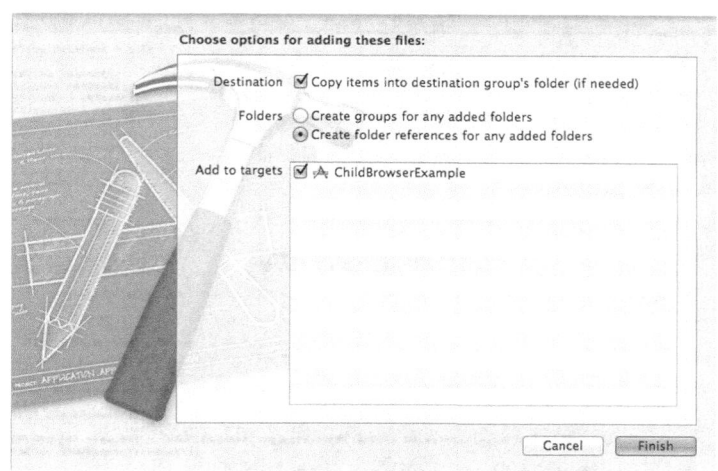

图 17-4 将 ChildBrowser 插件拖拽至 Xcode 插件目录

如图 17-4 所示,确定选中"Copy items into destination group's folder (if needed)",即"把文件复制到项目中(如果需要)"复选框和"Create folder references for any added folders",即"把选择的文件添加到工程的 Group 下"单选按钮,然后单击"Finish"按钮。

这样,ChildBrowser 插件的 Objective-C 端就加入到我们的项目中了。为了确保这些文件已被添加,这时候你可以编译项目以发现一些隐藏的错误。

接下来注册 ChildBrowser 插件,具体操作步骤如下。

(1)修改"Xcode"项目中"Supporting Files"目录下的"Cordova.plist"文件,找到"Plugins"目录,如图 17-5 所示,并添加 Key 为"ChildBrowserCommand"、Value 值为"ChildBrowserCommand"的项。

Key	Type	Value
UIWebViewBounce	Boolean	YES
TopActivityIndicator	String	gray
EnableLocation	Boolean	NO
EnableViewportScale	Boolean	NO
AutoHideSplashScreen	Boolean	YES
ShowSplashScreenSpinner	Boolean	YES
MediaPlaybackRequiresUserAction	Boolean	NO
AllowInlineMediaPlayback	Boolean	NO
OpenAllWhitelistURLsInWebView	Boolean	NO
▼ ExternalHosts	Array	(1 item)
Item 0	String	*
▼ Plugins	Diction...	(15 items)
ChildBrowserCommand	String	ChildBrowserCommand
Compass	String	CDVLocation
Accelerometer	String	CDVAccelerometer
Camera	String	CDVCamera
NetworkStatus	String	CDVConnection
Contacts	String	CDVContacts
Debug Console	String	CDVDebugConsole
File	String	CDVFile
FileTransfer	String	CDVFileTransfer
Geolocation	String	CDVLocation
Notification	String	CDVNotification
Media	String	CDVSound
Capture	String	CDVCapture
SplashScreen	String	CDVSplashScreen
Battery	String	CDVBattery

图 17-5 注册插件

（2）将 ChildBrowser 插件的 JavaScript 端也加入我们的工程文件。这可以通过将文件 "ChildBrowser.js" 复制到 "www" 文件夹下并将 "www" 目录加入到项目工程来实现，如图 17-6 所示。

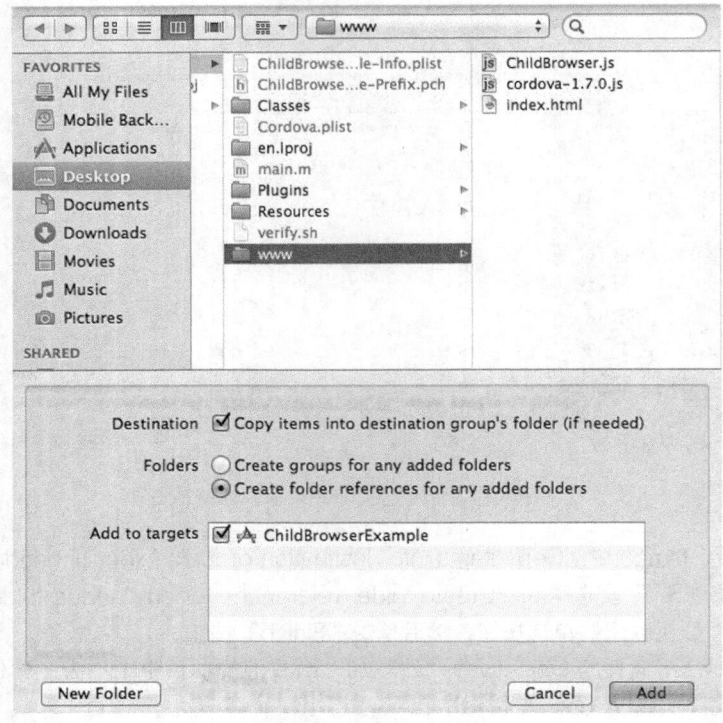

图 17-6　在工程中添加 "www" 目录

在 iOS 上安装 ChildBrowser 插件时，除了可以直接使用 window.plugins.childBrowser 外，还可以调用 childBrowser.install()，最好在 JavaScript 代码中添加 if 语句来保证在调用时不会抛出异常，这样代码也可以兼容 Android。相关演示代码如下。

```
document.addEventListener('deviceready',function () {
    if (window.ChildBrowser && ChildBrowser.install)
    ChildBrowser.install();
    }, false);
```

另外，还需修改文件 "index.html"，以确保文件被调用，演示代码如下。

```
<script type="text/javascript"charset="utf-8" src="cordova-l.7.0.js"></script>
<script type="text/javascript"charset= "utf-8" src="ChildBrowser.js'></script>
```

文件 "index.html" 的完整代码如下。

```
<!DOCTYPE html>
<html>
  <head>
    <title></title>
```

```
     <meta name="viewport" content="width=device-width, initial-scale=1.0, maximum-scale=1.0,
user-scalable=no;" />
     <meta charset="utf-8">
       <script type="text/javascript" charset="utf-8" src="cordova-1.7.0.js"></script>
       <script type="text/javascript" charset="utf-8" src="ChildBrowser.js"></script>
       <script type="text/javascript">
         function onBodyLoad()
         {
            document.addEventListener("deviceready", onDeviceReady, false);
         }
         function onDeviceReady() {
            window.plugins.childBrowser.showWebPage("http://google.com");
         }
       </script>
     </head>
   <body onload="onBodyLoad()">
     <button onclick="cb.showWebPage('http://google.com');">Open Google</button>
   </body>
</html>
```

【运行结果】

加载到设备或者模拟器之后的运行结果如图 17-7 所示。

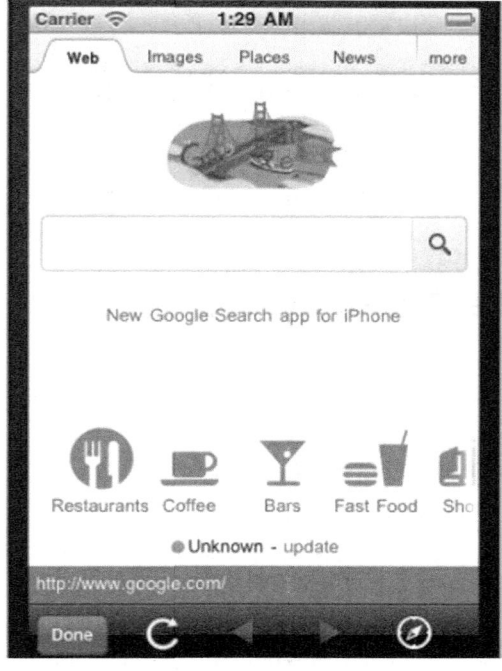

图 17-7　执行效果

■ 17.3 实现 PhoneGap 插件

 本节教学录像：3 分钟

在使用 PhoneGap 的第三方插件时，通常要针对不同的平台去导入和集成原生代码，并且因为 PhoneGap 的自身架构的原因，可以很容易地给我们的程序添加 JavaScript 代码。本节将详细讲解实现 PhoneGap 插件的相关知识。

17.3.1 编写前的准备

在具体编写 PhoneGap 插件之前，需要先了解一些与编写工作有关的信息。我们知道，不同平台的 JavaScript API 存在些许差异，例如前面用到的 ChildBrowser 插件，该插件在 iOS 下拥有更加丰富的功能，而在 Android 下只是提供了 showWebPage 功能。两个平台上不同的用户体验反映了平台的差异性。iOS ChildBrowser 在包含内容的应用视图中弹出，使用自带的浏览器显示网页。相比之下，Android 端口会向系统发送一个包含网址的 intent，并允许系统浏览器来显示该页面。另一方面，因为 Android 设备上拥有返回键，所以当需要返回前面应用时要比 iOS 方便。

因为没有设计文档来强制规范插件架构，所以开发者相对比较自由。大多数开发者往往专注于一个平台。所以，他们开发的插件也主要面向一个平台。

在编写 PhoneGap 插件时，一般需要完成如下两项工作。

❑ 自定义用本地语言编写的本地组件。

❑ 自定义 JavaScrip 组件。

为了给指定的移动平台建立组件，所有组件需要用原生组件实现自定义的 JavaScript API。对于自定义插件的开发者来说，针对多个不同的平台，JavaScript 文件应该有相同的接口，但是每个接口的实现会有所不同。

17.3.2 实战演练——编写 PhoneGap 插件

本节将详细讲解在 ios 平台上编写 PhoneGap 插件的方法。这个插件的功能是在设备屏幕上打印出如"你好！用户名，来自设备名称"的字样，其中，用户名称由用户在 HTML 页面上输入，设备名称由本地代码指定。

【范例 17-2】在 iOS 平台编写 PhoneGap 插件（光盘 \ 配套源码 \17\Phone GapPlugin）。

（1）在 Xcode 中新建一个 Cordova 工程，工程名为"PhoneGapcha"，工程的目录结构如图 17-8 所示。

（2）接下来需要分别实现 HelloWorl 插件的如下两个部分。

❑ Objective-C 端

❑ JavaScript 端

（3）编写 iOS 插件的 Objective-C 部分，相关操作如下。

首先新建一个 Objective-C 类，并将其放在项目工程的"Plugins"文件夹中。右击"Plugins"文件夹，在弹出的快捷菜单中选择"New File"菜单项，如图 17-9 所示。

然后在打开的对话框中选择新建一个 Objective-C 类，如图 17-10 所示。

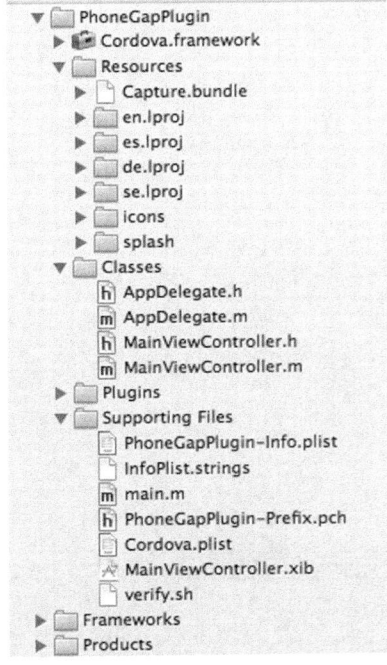

图 17-8　iOS 工程的目录结构

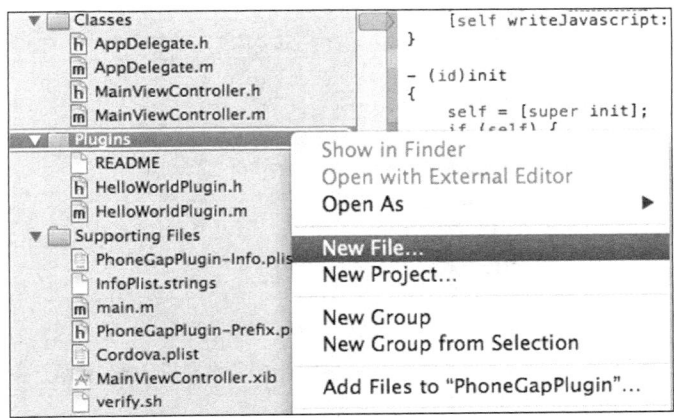

图 17-9　新建插件文件

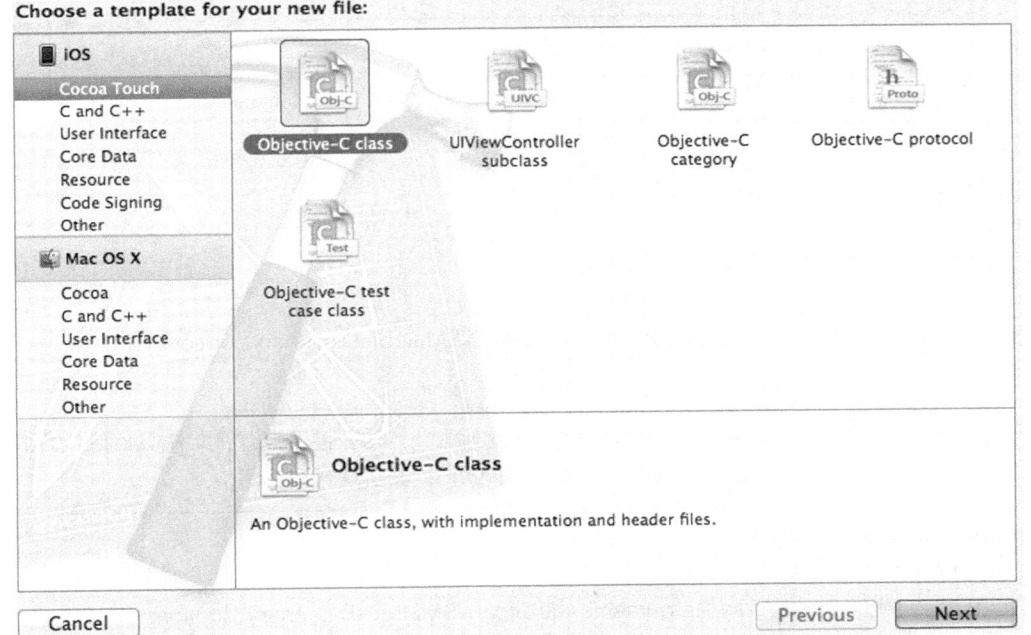

图 17-10　在 Xcode 中建立 Objective-C 类

点击 "Next" 按钮，填写所继承的类名。这里因为我们的插件要继承 Cordova 插件类，所以填写 CDVPlugin 类名，如图 17-11 所示。

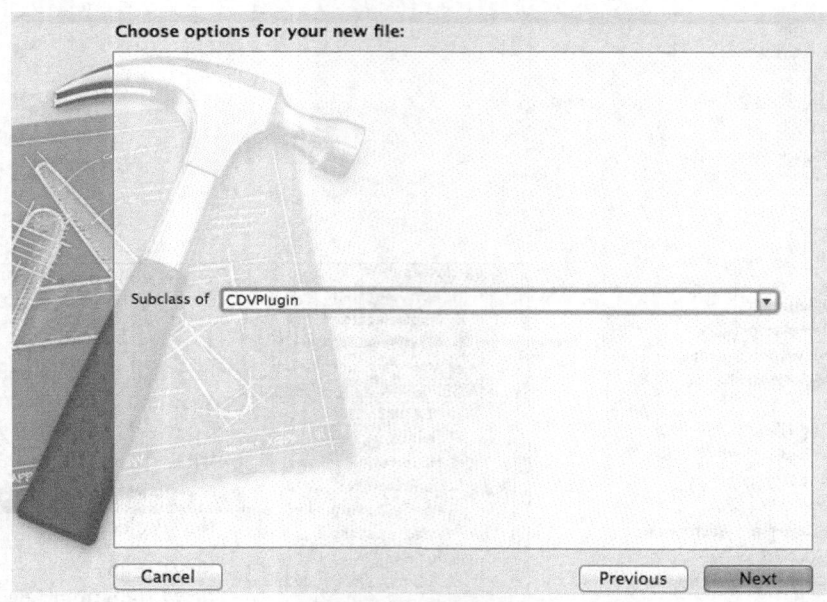

图 17-11　设置 iOS 插件继承于类 CDVPlugin

　　假设类名为"HelloWorldPlugin"，那么保存完毕后，我们需要修改文件"HelloWorldPlugin.h"和文件"HelloWorldPlugin.m"。文件"HelloWorldPlugin.h"是头文件，需先加上 Cordova 库引用，然后添加 hello() 方法的接口声明。文件"HelloWorldPlugin.h"的完整代码如下所示。

```
#import <Foundation/Foundation.h>
#ifdef CORDOVA_FRAMEWORK
#import <Cordova/CDVPlugin.h>
#else
#import "Cordova/CDVPlugin.h"
#endif
@interface HelloWorldPlugin : CDVPlugin {
}
- (void) hello:(NSMutableArray*)arguments withDict:(NSMutableDictionary*)options;
@end
```

　　在此声明了一个接受参数类型为 NSMutableArray 的 hello() 方法。接下来，在文件"HelloWorldPlugin.m"文件中实现这一方法。打开文件"HelloWorldPlugin.m"，其实现代码如下。

```
#import "HelloWorldPlugin.h"
@implementation HelloWorldPlugin
- (void) hello:(NSMutableArray *)arguments withDict:(NSMutableDictionary *)options
{
    CDVPluginResult* result = nil;
    NSString* jsString = nil;
    NSString* callbackId = (NSString*)[arguments objectAtIndex:0];
```

```
    NSString* name = (NSString*)[arguments objectAtIndex:1];

    NSString* returnStr = [NSString stringWithFormat:@"Hello World! %@ from iOS", name];
    result = [CDVPluginResult resultWithStatus:CDVCommandStatus_OK messageAsString:returnStr];
    jsString = (NSString*)[result toSuccessCallbackString:callbackId];
    [self writeJavascript:jsString];
}
- (id)init
{
    self = [super init];
    if (self) {
    }
    return self;
}
@end
```

在上述代码中，因为 callbackId 通常默认为参数数组的第一个元素，因此可以通过 (NSString*)
[arguments objectAtIndex:l] 得到 JavaScript 端传递过来的用户名参数。将用户名参数通过字符串拼接
组合好，返回结果字符串后将其包装在 CDVPluginResult 内，并通过 writejavascript 分发出去。

编写上述代码完毕后，可以编译测试，以查看是否有错误。如果没有错误，则可以注册编写的
插件，方法是：修改文件 "PhoneGap.Plist"，并在 Xcode 项目中的 "Supporting Files" 目录下找到
"Plugins" 目录，并添加 Key 为 "HelloWorldPlugin.value" 值也为 HelloWorldPlugin 的项，如图 17-12
所示。

Key	Type	Value
UIWebViewBounce	Boolean	YES
TopActivityIndicator	String	gray
EnableLocation	Boolean	NO
EnableViewportScale	Boolean	NO
AutoHideSplashScreen	Boolean	YES
ShowSplashScreenSpinner	Boolean	YES
MediaPlaybackRequiresUserAction	Boolean	NO
AllowInlineMediaPlayback	Boolean	NO
OpenAllWhitelistURLsInWebView	Boolean	NO
▶ ExternalHosts	Array	(0 items)
▼ Plugins	Diction...	(15 items)
HelloWorldPlugin	String	HelloWorldPlugin
Compass	String	CDVLocation
Accelerometer	String	CDVAccelerometer
Camera	String	CDVCamera
NetworkStatus	String	CDVConnection
Contacts	String	CDVContacts
Debug Console	String	CDVDebugConsole

图 17-12　注册插件

（4）编写 iOS 插件的 JavaScript 部分，相关操作如下。
iOS 插件的 JavaScript 部分比较简单，实现文件是 "helloworldplugin.js"，具体代码如下。

```
var HelloWorldPlugin = function() {
}
HelloWorldPlugin.prototype.hello = function(name, successCallback, failureCallback) {
    PhoneGap.exec(successCallback,        // 成功时回调函数
            failureCallback,              // 失败时回调函数
            'HelloWorldPlugin',           // 注册的插件名称（Objective C 端）
            'hello',                      // Objective C 端函数名
            [name]);                      // 传递给 Objective C 端的参数
};
PhoneGap.addConstructor(function() {
    PhoneGap.addPlugin('HelloWorldPlugin', new HelloWorldPlugin());
});
```

将文件"helloworldplugin.js"保存到"www"文件夹中，然后手动加入到 Xcode 工程文件中，如图 17-13 所示。

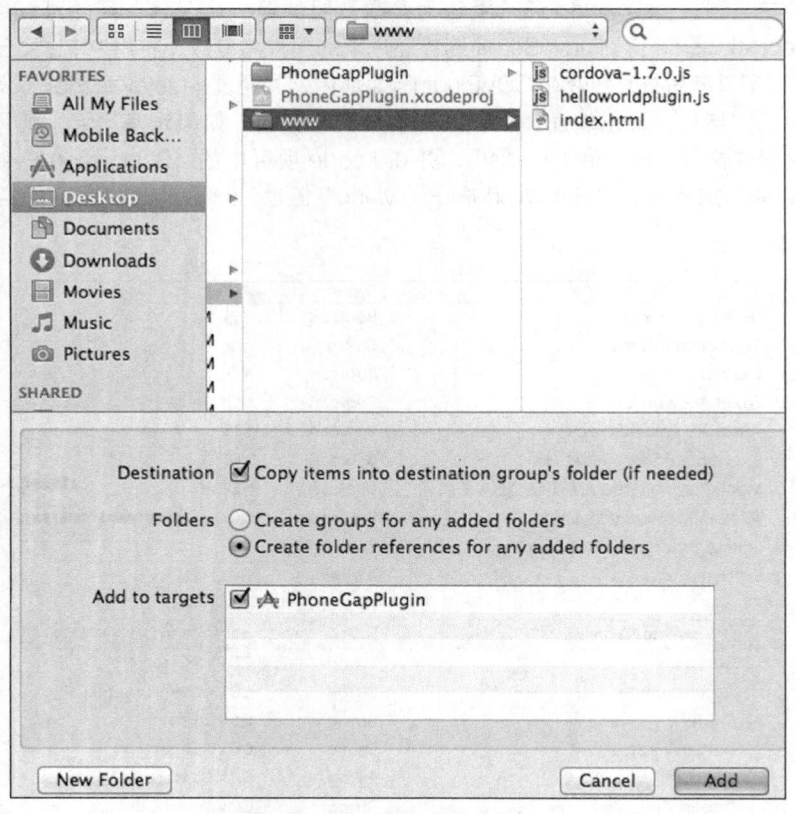

图 17-13　在 Xcode 工程中添加"www"目录

（5）使用编写的 iOS 插件，相关操作如下。

经过前面的步骤，两端的插件代码编写完毕。接下来，需编写"www"目录中文件"index.html"的代码，具体实现代码如下。

```
<!DOCTYPE HTML>
<HTML>
 <head>
  <meta http-equiv="Content-Type" content="text/html; charset=UTF-8"/>
  <title>PhoneGap</title>
  <script type="text/javascript" charset="utf-8" src="cordova-1.7.0.js"></script>
  <script type="text/javascript" charset="utf-8" src="helloworldplugin.js"></script>
  <script type="text/javascript" charset="utf-8">
   document.addEventListener('deviceready', function() {
   var btn = document.getElementById("btn");
   var usernameTxt = document.getElementById("name");
   var output = document.getElementById("output");
   btn.addEventListener('click', function() {
   var username = usernameTxt.value;
   window.plugins.HelloWorldPlugin.hello(username,
   // 成功后的回调函数
   function(result) {
   output.innerHTML = result;
   }
   // 失败后的回调函数
   , function(err) {
   output.innerHTML = " 调用插件失败 ";
   });
   });
   }, true);
  </script>
 </head>

 <body>
  <div id="input">
   <input type="text" name="name" id="name" />
  </div>
  <div>
   <button id="btn">Hello</button>
  </div>
  <div id="output"></div>
 </body>
</HTML>
```

【运行结果】

执行后的效果如图 17-14 所示。

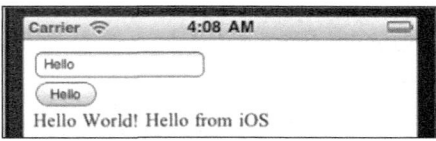

图 17-14　执行效果

17.3.3　将 PhoneGap 嵌入到 iOS 程序中

PhoneGap 具有嵌入式特性，也就是说，可以将 PhoneGap 作为一个单独的视图组件嵌入到一个更大的本地应用中。这样可以发挥 PhoneGap 和本地框架各自的优势。目前，只有 iOS 和 Android 这两种平台支持该特性。在接下来的内容中，我们将详细讲解 PhoneGap 嵌入到 iOS 应用程序中的方法。

（1）创建 iOS 应用

使用 Xcode 的向导功能创建一个单视图的简单应用"CordovaWebViewDemo"，功能是只显示一行文本。

（2）配置 PhoneGap 组件

使用前面用 Xcode 创建过的 PhoneGap 应用"CordovaDemo"，从中获取几个需要的文件资源，具体步骤如下所示。

第 1 步：用 Finder 打开"CordovaDemo"的工程目录，将其中的"Cordova.plist"文件以及"www"目录复制到"CordovaWebViewDemo"对应的目录中。

第 2 步：将"Cordova.plist"文件拖拽到 Xcode 中的"CordovaWebViewDemo"项目的"Supporting Files"里，在弹出的对话框中选择"Create groups for any added folders"再确认。

第 3 步：将"www"目录拖拽到"CordovaWebViewDemo"项目的标题处，在弹出的对话框中选择"Create folder references for any added folders"再确认。

然后添加所依赖的其他库，具体步骤如下。

第 1 步：在 Xcode 中选中"CordovaWebViewDemo"项目的标题，右击该标题后，从弹出的快捷菜单中选择"Add File to CordovaWebViewDemo"。

第 2 步：在打开的对话框中输入快捷键"Shift+Command+G"，接着"Go to the folder"文框中输入"~/Documentsr CordovaLibr"并确认，然后选中"VERSION"文件，确保对话框中选中"Create groups for any added folders"并确认。

第 3 步：与上两步类似，将"~/Documents/CordovaLib/CordovaLib.xcodeproj"添加到项目中。

第 4 步：在项目导航器中选中刚添加进来的"CordovaLib"项目，输入快捷键"Option+Command+I"显示文件审查器，在"Location"下拉菜单中选中"Relative to CORDOVALIB"。

第 5 步：在项目导航器中选中"CordovaWebViewDemo"项目，然后选择"Build Settings"页，搜索出"Other Linker Flags"并添加"-all_load-Obj-C"。

第 6 步：单击"CordovaWebViewDemo"项目中的"TARGETS"，在"Build Phase"页中配置"Link Binaries with Libraries"，以将下面列出的库添加进去。

- AddressBook.framework
- AddressBookUI.framework
- AudioToolbox.framework
- AVFoundation.framework
- CoreLocation.framework
- MediaPlayer.framework
- QuartzCore.framework
- SystemConfiguration.framework
- MobileCoreServices.framework
- CoreMedia.framework

第 7 步：将新加进来的库挪到项目的"Frameworks"目录下。

第 8 步：展开 "Target Dependencies"，点击 + 按钮并将 CordovaLib 添加进去。

第 9 步：再展开 Link Binaries with Libraries，点击 + 并将 libCordova.a 添加进去。

到此为止，完成了 PhoneGap 组件的配置工作。

（3）使用 PhoneGap 组件

打开应用文件 "BIDAppDelegate.m"，添加如下引用代码。

```
#import<Cordova/CDWiewController.h>
```

然后就可以根据需求编写具体的代码，并将 PhoneGap 组件引入到工程界面中。

17.4　常用的 PhoneGap 插件

 本节教学录像：3 分钟

在 GitHub 网址（https://github.com/phonegap/phonegap-plugins）中可以发现很多免费的第三方插件资源，另外还有很多提供免费 PhoneGap 插件下载的网站。在当前市面上，拥有插件最多的平台是 iOS。本节将简单介绍几款 iOS 平台上常用的 PhoneGap 插件。

17.4.1　NativeControls 插件

通过使用 NativeControls 插件，可以在 PhoneGap 应用中使用 iOS 平台的本地控件。这样能够大弥补目前流行的 JavaScript UI 框架的一些不足，能够解决诸如本地界面的风格融合的问题及性能问题。

在 NativeControls 插件中，提供如下本地控件供开发者使用。

- ❏ UIActionSheet：提供一个滑动控件，其中带有一个或多个按钮。这个插件允许创建一 actionSheet，添加按钮，以及委托用户选择的响应事件。
- ❏ UIStatusBar：提供了隐藏标准状态栏的能力。
- ❏ UIToolBar：提供了一个 toolBar 控件，其中带有一个 "refresh" 按钮。
- ❏ UITabBar：提供了一个 tabBar 控件，其中带有一到五个按钮。这个插件允许创建 tabBar、添加按钮、按钮动作和位置，以及展示隐藏能力。

NativeControls 插件仅有 iOS 版本，位于 "phonegap-plugins/iOS/NativeControls" 目录下。接下来，我们将讲解在 iOS 中使用 NativeControls 插件的方法。

（1）在 Xcode 中建立一个 Cordova 工程，然后分别加入插件的 Obective-C 端和 JavaScript 端。

（2）将 NativeControls 的 "*.h" 和 "*.m" 文件拖拽到刚刚建立的项目工程的 "Plugins" 文件夹中，然后在项目中自动生成对这些文件的引用。这样就成功的将 NativeControls 插件的 Objective-C 端加入到了需要的项目中。为了确保已经成功添加了这些文件，此时可以编译项目以发现是否存在一些隐藏错误。

（3）开始注册 NativeControls 插件，需先修改 Xcode 项目中 "Supporting Files" 目录下的文件 "Cordova.plist"，找到 "Plugins" 目录，并添加 Key 为 "NativeControlsCommand"、value 值为 "NativeControlsCommand" 的项。

（4）复制文件 "NativeControls.js" 到 "www" 文件夹下，并加入到项目工程中。

（5）修改文件 "index.html" 以确保插件文件被调用，相关演示代码如下。

```
<!DOCTYPE html>
<html>
```

```html
<head>
    <title></title>
    <meta name="viewport" content="width=device-width, initial-scale=1.0, maximum-scale=1.0,
user-scalable=no;" />
    <meta charset="utf-8">
    <script type="text/javascript" charset="utf-8" src="cordova-1.7.0.js"></script>
    <script type="text/javascript" charset="utf-8" src="NativeControls.js"></script>

    <script type="text/javascript">

    function onBodyLoad()
    {
        document.addEventListener("deviceready", onDeviceReady, false);
    }

    function onDeviceReady()
    {
        nativeControls = window.plugins.nativeControls;
        nativeControls.createTabBar();
        nativeControls.createTabBarItem(
                        " 主页 ",
                        "Home",
                        "/www/home.png",
                        {"onSelect": function() {
                        home();
                        }}
                        );
        nativeControls.createTabBarItem(
                        " 关于我们 ",
                        "About",
                        "/www/about.png",
                        {"onSelect": function() {
                        about();
                        }}
                        );
        nativeControls.showTabBar();
        nativeControls.showTabBarItems("home", "about");
        nativeControls.selectTabBarItem("home");
    }

    </script>
    </head>
<body onload="onBodyLoad()">
    <p id="tabbar">Native Controls with TabBar. </p>
</body>
</html>
```

在上述代码中，函数 nativeControls.createTabBarItem() 的参数列表中，第一项是名称变量，第二项是图标标签，第三项是图标路径，最后一项是点击图标后将调用的函数。读者可以尝试将上述演示代码加载到设备或者模拟器中运行。

17.4.2 WebGL 插件

WebGL web Graphics library，网页图形库是一种 3D 绘图标准，允许把 JavaScript 和 OpenGL ES 2.0 结合在一起，通过增加 OpenGL ES 2.0 的一个 JavaScript 绑定，其可以为 HTML5 Canvas 提供硬件 3D 加速渲染。这样，Web 开发人员就可以借助系统显卡在浏览器里更流畅地展示 3D 场景和模型了，还能创建复杂的导航和数据视觉化。 显然，WebGL 技术标准免去了开发网页专用渲染插件的麻烦，可被用于创建具有复杂 3D 结构的网站页面，甚至可以用来设计 3D 网页游戏。 WebGL 和 3D 图形规范 OpenGL（Open Graphics library，开放图形库）、通用计算规范 OpenCL（Open Computing language，开放运算语言）等都来自 Khronos Group，而且免费开放。Adobe Flash 10、微软 Silverlight 3.0 也都已经支持 GPU 加速，但它们都是私有的、不透明的。WebGL 标准工作组的成员包括 AMD、爱立信、谷歌、Mozilla、Nvidia 以及 Opera 等。这些成员与 Khronos 公司通力合作，创建了一种多平台环境可用的 WebGL 标准。

WebGL 完美地解决了现有的 Web 交互式三维动画的两个问题。

（1）通过 HTML 脚本本身实现 Web 交互式三维动画的制作，无需任何浏览器插件支持。

（2）利用底层的图形硬件加速功能进行的图形渲染，是通过统一的、标准的、跨平台的 OpenGL 接口实现的。

WebGL 标准已出现在 Mozilla Firefox、Apple Safari 及开发者预览版 Google Chrome 等浏览器中。这项技术支持 Web 开发人员借助系统显示芯片，在浏览器中展示各种 3D 模型和场景，未来有望推出 3D 网页游戏及复杂 3D 结构的网站页面。

苹果和 Google 都是 Khronos Group 的成员，因此他们的 Safari、Chrome 等 WebKit 核心浏览器获得这种 3D GPU 加速特性应该是水到渠成的了。Mozilla、Opera 虽然在核心引擎上走的是另一条路，但也积极支持创建 3D Web 图形开放标准，也为 Khronos Group 的规范制定做出了自己的贡献。

■ 17.5 综合应用——使用插件实现弹出软键盘效果

 本节教学录像：5 分钟

本节将通过一个具体实例的实现过程，详细讲解在 Android 平台中自定义一个插件的过程。这个插件的功能是自动弹出软键盘效果。

【范例 17-3】使用插件在 Android 平台中实现弹出软键盘效果（光盘 \ 配套源码 \17\ ruanjianpan）。

在本实例中，自定义插件的功能如下。

❑ 激活插件成功会显示成功提示。
❑ 激活插件失败后会显示失败提示。
❑ 通过分享事件调用本机内置程序发送分享信息。
❑ 激活键盘事件显示软键盘。

本实例的具体实现流程如下。

（1）编写偏好设置文件"AppPreferences.java"，具体实现代码如下。

```java
public class AppPreferences extends Plugin {
    public static final String NATIVE_ACTION_STRING="nativeAction";
    public static final String SUCCESS_PARAMETER="success";
    @Override
    public PluginResult execute(String action, JSONArray data, String callbackId) {
        Log.d("HelloPlugin", "Hello, this is a native function called from PhoneGap/Cordova!");
        // 只有当这个操作是应该调用的才被执行
        if (NATIVE_ACTION_STRING.equals(action)) {

            String resultType = null;
            try {
                resultType = data.getString(0);
            }
            catch (Exception ex) {
                Log.d("HelloPlugin", ex.toString());
            }

            if (resultType.equals(SUCCESS_PARAMETER)) {
                return new PluginResult(PluginResult.Status.OK, "Yay, Success!!!");
            }
            else {
                return new PluginResult(PluginResult.Status.ERROR, "Oops, Error :(");
            }
        }
        return null;
    }
    private PluginResult createErrorObj(int code, String message) throws JSONException {
        JSONObject errorObj = new JSONObject();
        errorObj.put("code", code);
        errorObj.put("message", message);
        return new PluginResult(PluginResult.Status.ERROR, errorObj);
    }
}
```

文件"AppPreferences.java"对应的 JS 脚本文件是"AppPreferences.js"，具体实现代码如下。

```javascript
var AppPreferences = {

    load: function (success, fail,resultType) {
        alert("sdffdsf");
        return cordova.exec(success, fail, "com.simonmacdonald.prefs.AppPreferences", "nativeAction",
[resultType]);
    }
};
```

（2）编写文件"HelloPlugin.java"测试插件程序，如果激活成功，则显示"Success"，激活失败则显示"Error"提示。文件"HelloPlugin.java"的具体实现代码如下。

```java
public class HelloPlugin extends Plugin {
    public static final String NATIVE_ACTION_STRING="nativeAction";
    public static final String SUCCESS_PARAMETER="success";
    @Override
    public PluginResult execute(String action, JSONArray data, String callbackId) {

        Log.d("HelloPlugin", "Hello, this is a native function called from PhoneGap/Cordova!");

        // 只有当这个操作是应该调用的才会被执行
        if (NATIVE_ACTION_STRING.equals(action)) {

            String resultType = null;
            try {
                resultType = data.getString(0);
            }
            catch (Exception ex) {
                Log.d("HelloPlugin", ex.toString());
            }

            if (resultType.equals(SUCCESS_PARAMETER)) {
                return new PluginResult(PluginResult.Status.OK, "Yay, Success!!!");
            }
            else {
                return new PluginResult(PluginResult.Status.ERROR, "Oops, Error :(");
            }
        }
        return null;
    }
}
```

文件"HelloPlugin.java"对应的 JS 脚本文件是"HelloPlugin.js"，后者的具体实现代码如下。

```javascript
var HelloPlugin = {
    callNativeFunction: function (success, fail, resultType) {
        return cordova.exec(success, fail, "com.tricedesigns.HelloPlugin", "nativeAction", [resultType]);
    }
};
```

（3）编写文件"Share.java"，功能是单击"单击后与众人分享"按钮后实现分享功能，具体实现代码如下。

```java
public class Share extends Plugin {
    @Override
```

```
    public PluginResult execute(String action, JSONArray args, String callbackId) {
        try {
            JSONObject jo = args.getJSONObject(0);
            doSendIntent(jo.getString("subject"), jo.getString("text"));
            return new PluginResult(PluginResult.Status.OK);
        } catch (JSONException e) {
            return new PluginResult(PluginResult.Status.JSON_EXCEPTION);
        }
    }

    private void doSendIntent(String subject, String text) {
        Intent sendIntent = new Intent(android.content.Intent.ACTION_SEND);
        sendIntent.setType("text/plain");
        sendIntent.putExtra(android.content.Intent.EXTRA_SUBJECT, subject);
        sendIntent.putExtra(android.content.Intent.EXTRA_TEXT, text);
        this.cordova.startActivityForResult(this, sendIntent, 0);
    }
}
```

文件 "Share.java" 对应的 JS 脚本文件是 "Share.js"，后者的具体实现代码如下所示。

```
var Share = {
    show:function(content, success, fail) {
        return cordova.exec( function(args) {
            success(args);
        }, function(args) {
            fail(args);
        }, 'Share', '', [content]);
    }
};
```

（4）编写文件 "SoftKeyBoard.java"，功能是弹出软键盘功能，具体实现代码如下。

```
public class SoftKeyBoard extends Plugin {
    public SoftKeyBoard() {
    }
    public void showKeyBoard() {
        InputMethodManager mgr = (InputMethodManager) ((Context) this.ctx).getSystemService
(Context.INPUT_METHOD_SERVICE);
        mgr.showSoftInput(webView, InputMethodManager.SHOW_IMPLICIT);

        ((InputMethodManager) ((Context) this.ctx).getSystemService(Context.INPUT_METHOD_
SERVICE)).showSoftInput(webView, 0);
    }
    public void hideKeyBoard() {
        InputMethodManager mgr = (InputMethodManager) ((Context) this.ctx).
getSystemService(Context.INPUT_METHOD_SERVICE);
```

```
      mgr.hideSoftInputFromWindow(webView.getWindowToken(), 0);
   }
   public boolean isKeyBoardShowing() {

      int heightDiff = webView.getRootView().getHeight() - webView.getHeight();
      return (100 < heightDiff); // 如果超过 100 像素，则可能是键盘
   }
   public PluginResult execute(String action, JSONArray args, String callbackId) {
      if (action.equals("show")) {
         this.showKeyBoard();
         return new PluginResult(PluginResult.Status.OK, "done");
      }
      else if (action.equals("hide")) {
         this.hideKeyBoard();
         return new PluginResult(PluginResult.Status.OK);
      }
      else if (action.equals("isShowing")) {

         return new PluginResult(PluginResult.Status.OK, this.isKeyBoardShowing());
      }
      else {
         return new PluginResult(PluginResult.Status.INVALID_ACTION);
      }
   }
}
```

文件 "SoftKeyBoard.java" 对应的 JS 脚本文件是 "SoftKeyBoard.js"，后者的具体实现代码
如下。

```
var SoftKeyBoard={
   skbShow:function(win, fail){
      return cordova.exec(
         function (args) { if(win !== undefined) { win(args); } },
         function (args) { if(fail !== undefined) { fail(args); } },
         "SoftKeyBoard",
         "show",
         []);
   }
}

function SoftKeyBoard() {}


SoftKeyBoard.prototype.show = function(win, fail) {
   return PhoneGap.exec(
      function (args) { if(win !== undefined) { win(args); } },
```

```
            function (args) { if(fail !== undefined) { fail(args); } },
            "SoftKeyBoard",
            "show",
            []);
    };

    SoftKeyBoard.prototype.hide = function(win, fail) {
        return PhoneGap.exec(
            function (args) { if(win !== undefined) { win(args); } },
            function (args) { if(fail !== undefined) { fail(args); } },
            "SoftKeyBoard",
            "hide",
            []);
    };

    SoftKeyBoard.prototype.isShowing = function(win, fail) {
        return PhoneGap.exec(
            function (args) { if(win !== undefined) { win(args); } },
            function (args) { if(fail !== undefined) { fail(args); } },
            "SoftKeyBoard",
            "isShowing",
            []);
    };

    PhoneGap.addConstructor(function() {
        PhoneGap.addPlugin('SoftKeyBoard', new SoftKeyBoard());
        PluginManager.addService("SoftKeyBoard","com.zenexity.SoftKeyBoardPlugin.SoftKeyBoard");
    });
```

（5）最后编写测试文件 "index.html"，功能是在屏幕中列表显示各个自定义插件的激活按钮，具体实现代码如下。

```
<!DOCTYPE html>
<html>
  <head>
  <title></title>
    <meta name="viewport" content="width=device-width, initial-scale=1.0, maximum-scale=1.0, user-scalable=no;" />
    <meta charset="utf-8">
    <!-- 如果你的应用程序是针对 iOS4 之前的版本，则必须把 json2.js 从 http://www.JSON.org/json2.js 移至你的 www 目录中 -->
    <script type="text/javascript" charset="utf-8" src="cordova-1.9.0.js"></script>
    <script type="text/javascript" charset="utf-8" src="HelloPlugin.js"></script>
    <script type="text/javascript" charset="utf-8" src="AppPreferences.js"></script>
    <script type="text/javascript" charset="utf-8" src="jquery.mobile/jquery-1.6.4.min"></script>
    <!-- 加载 jquerymobile -->
```

```
<script type="text/javascript" charset="utf-8" src="jquery.mobile/jquery.mobile-1.0.1.js"></script>
<!-- 加载自定义插件 -->
<script type="text/javascript" charset="utf-8" src="share.js"></script>
<script type="text/javascript" charset="utf-8" src="softkeyboard.js"></script>
<script type="text/javascript">
function onBodyLoad()
{
   document.addEventListener("deviceready", onDeviceReady, false);
}

function onDeviceReady()
{
   // 实现功能
   navigator.notification.alert("Cordova is working")
}
function shareClick(){
   Share.show({
      subject: 'I like turtles',
      text: 'http://www.toppr.net'},
      function() {}, // 成功程序
      function() {alert('Share failed')} // 失败程序
   );
}
function keyBoardClick(){
   SoftKeyBoard.skbShow(function () {
      // 成功
   },function () {
      // 失败
   });
}
function callNativePlugin( returnSuccess ) {
      HelloPlugin.callNativeFunction( nativePluginResultHandler, nativePluginErrorHandler,
returnSuccess );
   }
function nativePluginResultHandler (result) {
   alert("SUCCESS: \r\n"+result );
}
function nativePluginErrorHandler (error) {
   alert("ERROR: \r\n"+error );
}
</script>
</head>
<body onload="onBodyLoad()">
   <h1>Hey, it's Cordova!</h1>

   <button onclick="callNativePlugin('success');"> 单击后成功调用本地插件 </button>
```

```
        <button onclick="callNativePlugin('error');"> 单击后调用本地插件失败 </button>
        <button onclick="shareClick();"> 单击后与众人分享 </button>
        <button onclick="keyBoardClick();"> 激活键盘 </button>
    </body>
</html>
```

【运行结果】

到此为止，整个实例介绍完毕，执行后的效果如图 17-15 所示，单击某个按钮后会激活编写的自定义插件功能。

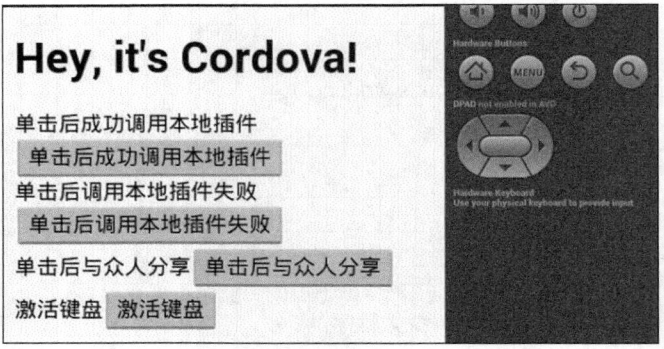

图 17-15　执行效果

提　示

　　Android 系统提供了分享的调用接口，可以向已安装的 QQ、微信、微博等提供的分享接口来实现快速分享，但 PhoneGap 的展示是通过 HTML 实现的，而 HTML 不可能直接调用 Android 系统的接口。这就需要一个简单的插件来实现。网上很多可用的代码，其中，PhoneGap 的 2.x 与 3.x 版本存在差别，如这两个版本中的 execute() 方法的返回值类型不一样，故不能通用。

　　PhoneGap 提供了插件父类 CordovaPlugin，其 execute() 方法与前端 JavaScript 的 cordova.exec() 方法能很好地结合。开发者在开发插件的时候，只需要继承 CordovaPlugin 重载 execute() 方法，然后建立相应的 JavaScript 方法通过 cordova.exec() 实现插件响应。

▌ 17.6　综合应用——调用二维码扫描插件

 本节教学录像：4 分钟

本节将通过一个具体实例的实现过程，详细讲解在 Android 平台中调用一个二维码扫描插件的过程。这个插件可以实现二维码的扫描功能。

【范例 17-4】在 Andriod 中实现二维码扫描功能（光盘 \ 配套源码 \17\ PhonegapBarcode）。

本实例的具体实现流程如下。

（1）编写实现二维码扫描功能的 PhoneGap 类的扩展代码，实现文件是 "BarcodeScanner.java"，具体实现代码如下。

```
package com.easyway.barcode;
import org.json.JSONArray;
import org.json.JSONException;
import android.app.Activity;
import android.app.AlertDialog;
import android.content.ActivityNotFoundException;
import android.content.DialogInterface;
import android.content.Intent;
import android.net.Uri;

import com.phonegap.api.PhonegapActivity;
import com.phonegap.api.Plugin;
import com.phonegap.api.PluginResult;

/**
 * 扩展二维码扫描的 PhoneGap 类实现
 * 实现原理主要涉及三方面
 *   1. 使用 phonegap 的 js 类库实现通过插件调用相关的 Plugin java 类
 *   2. plugin 调用 zxing 相关的二维码扫描的方法实现
 *   3. 如果调用 zxing 没有安装，到 google 下载相关的 zxing apk 安装，并调用对应的 intent 实现
 * 调用 ZXing 条形码阅读器并返回结果
 */
public class BarcodeScanner extends Plugin {
        public static final int REQUEST_CODE = 0x0ba7c0de;
        public static final String defaultInstallTitle = "Install Barcode Scanner?";
        public static final String defaultInstallMessage = "This requires the free Barcode Scanner app. Would you like
to install it now?";
        public static final String defaultYesString = "Yes";
        public static final String defaultNoString = "No";

        public String callback;

    /**
     * 结构
     */
      public BarcodeScanner() {
      }
      /**
       * plugin 相关的方法，用于暴露相关的方法使用
       */
      public PluginResult execute(String action, JSONArray args, String callbackId) {
          this.callback = callbackId;
```

```
try {
    if (action.equals("encode")) {
        String type = null;
        if(args.length() > 0) {
            type = args.getString(0);
        }

        String data = null;
        if(args.length() > 1) {
            data = args.getString(1);
        }

        String installTitle = defaultInstallTitle;
        if(args.length() > 2) {
            installTitle = args.getString(2);
        }

        String installMessage = defaultInstallMessage;
        if(args.length() > 3) {
            installMessage = args.getString(3);
        }

        String yesString = defaultYesString;
        if(args.length() > 4) {
            yesString = args.getString(4);
        }

        String noString = defaultNoString;
        if(args.length() > 5) {
            noString = args.getString(5);
        }

        this.encode(type, data, installTitle, installMessage, yesString, noString);
    }
    else if (action.equals("scan")) {
        String barcodeTypes = null;
        if(args.length() > 0) {
            barcodeTypes = args.getString(0);
        }
        String installTitle = defaultInstallTitle;
        if(args.length() > 1) {
            installTitle = args.getString(1);
        }

        String installMessage = defaultInstallMessage;
        if(args.length() > 2) {
```

```
                    installMessage = args.getString(2);
                }

                String yesString = defaultYesString;
                if(args.length() > 3) {
                    yesString = args.getString(3);
                }

                String noString = defaultNoString;
                if(args.length() > 4) {
                    noString = args.getString(4);
                }

                scan(barcodeTypes, installTitle, installMessage, yesString, noString);
            } else {
        return new PluginResult(PluginResult.Status.INVALID_ACTION);
            }
            PluginResult r = new PluginResult(PluginResult.Status.NO_RESULT);
            r.setKeepCallback(true);
            return r;
        } catch (JSONException e) {
            e.printStackTrace();
            return new PluginResult(PluginResult.Status.JSON_EXCEPTION);
        }
    }
    /**
     * scan 是扫描二维码的方法
     *   备注：在扫描二维码时最好不要设置一个类型，在前期的zxing可能需要，在后期的版本中不需要，
     *   zxing 会自动检索二维码的类型，并识别相关二维码。
     */
    public void scan(String barcodeFormats, String installTitle, String installMessage, String
yesString, String noString ) {
        Intent intentScan = new Intent("com.google.zxing.client.android.SCAN");
        try {
            this.ctx.startActivityForResult((Plugin) this, intentScan, REQUEST_CODE);
        } catch (ActivityNotFoundException e) {
            showDownloadDialog(installTitle, installMessage, yesString, noString);
        }
    }
    /**
     * 用于获取二维码扫描之后的信息
     */
    public void onActivityResult(int requestCode, int resultCode, Intent intent) {
        if (requestCode == REQUEST_CODE) {
            if (resultCode == Activity.RESULT_OK) {
                String contents = intent.getStringExtra("SCAN_RESULT");
```

```
                String format = intent.getStringExtra("SCAN_RESULT_FORMAT");
                    this.success(new PluginResult(PluginResult.Status.OK, " 条形码为 :"+contents+"
条码类型为 : "+format), this.callback);
                } else {
                    this.error(new PluginResult(PluginResult.Status.ERROR), this.callback);
                }
            }
        }
        /**
         * 创建相关的对话框
         * 在没有安装相关 zxing 开源组件时，调用远程的 intent 或者下载相关执行类实现相关的功能
         * @param title
         * @param message
         * @param yesString
         * @param noString
         */
        private void showDownloadDialog(final String title, final String message, final String yesString,
final String noString) {
            final PhonegapActivity context = this.ctx;
            Runnable runnable = new Runnable() {
                public void run() {
                    AlertDialog.Builder dialog = new AlertDialog.Builder(context);
                    dialog.setTitle(title);
                    dialog.setMessage(message);
                    dialog.setPositiveButton(yesString, new DialogInterface.OnClickListener() {
                        public void onClick(DialogInterface dlg, int i) {
                            dlg.dismiss();
                            Intent intent = new Intent(Intent.ACTION_VIEW,
                                                        Uri.parse("market://
search?q=pname:com.google.zxing.client.android")
                                                        );
                            try {
                                context.startActivity(intent);
                            } catch (ActivityNotFoundException e) {
                                // 因为没有 App 应用商城所以请直接下载它
                                Intent in = new Intent(Intent.ACTION_VIEW);
                                    in.setData(Uri.parse("http://zxing.googlecode.com/files/
BarcodeScanner4.1.apk"));
                                context.startActivity(in);
                            }
                        }
                    });
                    dialog.setNegativeButton(noString, new DialogInterface.OnClickListener() {
                        public void onClick(DialogInterface dlg, int i) {
                            dlg.dismiss();
                        }
```

```
                });
                dialog.create();
                dialog.show();

            }
        };
        context.runOnUiThread(runnable);

    }
    /**
     * 启动一个条码编码，如果没有安装 ZXing 扫描器，则提示用户安装它
     * @param type  The barcode type to encode
     * @param data  The data to encode in the bar code
     * @param installTitle The title for the dialog box that prompts the user to install the scanner
     * @param installMessage The message prompting the user to install the barcode scanner
     * @param yesString The string "Yes" or localised equivalent
     * @param noString The string "No" or localised version
     */
    public void encode(String type, String data, String installTitle, String installMessage, String
yesString, String noString) {
            Intent intentEncode = new Intent("com.google.zxing.client.android.ENCODE");
            intentEncode.putExtra("ENCODE_TYPE", type);
            intentEncode.putExtra("ENCODE_DATA", data);
            try {
                this.ctx.startActivity(intentEncode);
            } catch (ActivityNotFoundException e) {
                showDownloadDialog(installTitle, installMessage, yesString, noString);
            }
        }
    }
}
```

（2）编写文件"PhonegapBarcodeActivity.java"，功能是实现具体的扫描功能，具体实现代码如下。

```
package com.easyway.barcode;

import com.phonegap.*;
import android.os.Bundle;
/**
 * phonegap 实现相关的二维码的扫码功能
 * @Title:
 * @Description: 实现 phonegap 实现相关的二维码的扫码功能
 * @Copyright:Copyright (c) 2011
 * @version 1.0
 */
public class PhonegapBarcodeActivity extends DroidGap {
    @Override
    public void onCreate(Bundle savedInstanceState) {
        super.onCreate(savedInstanceState);
```

```
        super.loadUrl("file:///android_asset/www/index.html");
    }
}
```

（3）编写 JS 脚本文件 "barcodescanner.js"，功能是实现二维扫描码，具体实现代码如下。

```
var BarcodeScanner = function() {

}

BarcodeScanner.Type = {
        QR_CODE: "QR_CODE",
        DATA_MATRIX: "DATA_MATRIX",
        UPC_E: "UPC_E",
        UPC_A: "UPC_A",
        EAN_8: "EAN_8",
        EAN_13: "EAN_13",
        CODE_128: "CODE_128",
        CODE_39: "CODE_39",
        CODE_93: "CODE_93",
        CODABAR: "CODABAR",
        ITF: "ITF",
        RSS14: "RSS14",
        PDF417: "PDF417",
        RSS_EXPANDED: "RSS_EXPANDED",
        PRODUCT_CODE_TYPES: "UPC_A,UPC_E,EAN_8,EAN_13",
        ONE_D_CODE_TYPES: "UPC_A,UPC_E,EAN_8,EAN_13,CODE_39,CODE_93,CODE_128",
        QR_CODE_TYPES: "QR_CODE",
        ALL_CODE_TYPES: null
}

BarcodeScanner.Encode = {
                TEXT_TYPE: "TEXT_TYPE",
                EMAIL_TYPE: "EMAIL_TYPE",
                PHONE_TYPE: "PHONE_TYPE",
                SMS_TYPE: "SMS_TYPE",
    }
// 二维码扫描的方法
BarcodeScanner.prototype.scan = function(types, success, fail, options) {

        /* 如果没有安装 ZXing，则会出现该字符串 */
        var installTitle = "Install Barcode Scanner?";
        var installMessage = "This requires the free Barcode Scanner app. Would you like to install it
now?";
        var yesString = "Yes";
        var noString = "No";
```

```
        if (typeof options != 'undefined') {
            if(typeof options.installTitle != 'undefined') {
                    installTitle = options.installTitle;
            }

            if(typeof options.installMessage != 'undefined') {
                    installMessage = options.installMessage;
            }

            if(typeof options.yesString != 'undefined') {
                    yesString = options.yesString;
            }

            if(typeof options.noString != 'undefined') {
                    noString = options.noString;
            }
        }


    return PhoneGap.exec(function(args) {
        success(args);
    }, function(args) {
        fail(args);
    }, 'BarcodeScanner', 'scan', [types, installTitle, installMessage, yesString, noString]);
    };
    BarcodeScanner.prototype.encode = function(type, data, success, fail, options) {

        var installTitle = "Install Barcode Scanner?";
        var installMessage = "This requires the free Barcode Scanner app. Would you like to install it
now?";
        var yesString = "Yes";
        var noString = "No";
        if (typeof options != 'undefined') {
            if(typeof options.installTitle != 'undefined') {
                    installTitle = options.installTitle;
            }

            if(typeof options.installMessage != 'undefined') {
                installMessage = options.installMessage;
            }

            if(typeof options.yesString != 'undefined') {
                yesString = options.yesString;
            }

            if(typeof options.noString != 'undefined') {
```

```
            noString = options.noString;
        }
    }

    return PhoneGap.exec(function(args) {
        success(args);
    }, function(args) {
        fail(args);
    }, 'BarcodeScanner', 'encode', [type, data, installTitle, installMessage, yesString, noString]);
};

PhoneGap.addConstructor(function() {
    // 如果不支持 window.plugins, 则创建并做相关设置
    if(!window.plugins){
        window.plugins={};
    }
    window.plugins.barcodeScanner=new BarcodeScanner();
        PluginManager.addService("BarcodeScanner","com.easyway.barcode.BarcodeScanner");
});
```

（4）最后编写测试文件"index.html"，具体实现代码如下。

```html
<!DOCTYPE HTML>
<html>
 <head>
  <meta name="viewport" content="width=320; user-scalable=no" />
  <meta http-equiv="Content-type" content="text/html; charset=utf-8">
  <title> 二维码扫描 </title>

  <!-- 加载 phonegap -->
  <script type="text/javascript" charset="utf-8" src="phonegap-1.4.1.js"></script>
  <!-- 加载 jquery -->
  <script type="text/javascript" charset="utf-8" src="jquery.mobile/jquery-1.6.4.min"></script>
  <!-- 加载 jquerymobile -->
  <script type="text/javascript" charset="utf-8" src="jquery.mobile/jquery.mobile-1.0.1.js"></script>
  <!-- 加载自定义插件 -->
  <script type="text/javascript" charset="utf-8" src="barcodescanner.js"></script>
  <script type="text/javascript" charset="utf-8">

  $(function(){
    $("#btnbarcode").click(function(){
        window.plugins.barcodeScanner.scan(
                BarcodeScanner.Type.QR_CODE,
                function(result) {
                    $("#barcodediv").html(""+result);
                },
```

```
                function(error) {
                    $("#barcodediv").html(" 扫描失败: "+result);
                },
                {
                    installTitle: " 安装提示 ",
                    installMessage:" 是否安装开源免费的二维码扫描器 ",
                    yesString:" 确定 ",
                    noString:" 取消 "
                }
            );

        });
    });
</script>


  </head>
  <body >
    <h2> 二维码扫描 </h2>

    <p> 二维码信息: </p>
    <div id="barcodediv"></div>
    <input type="button" id="btnbarcode" value=" 扫描 " />
  </body>
</html>
```

【 运行结果 】

到此为止，整个实例介绍完毕，执行后的初始效果如图 17-16 所示。

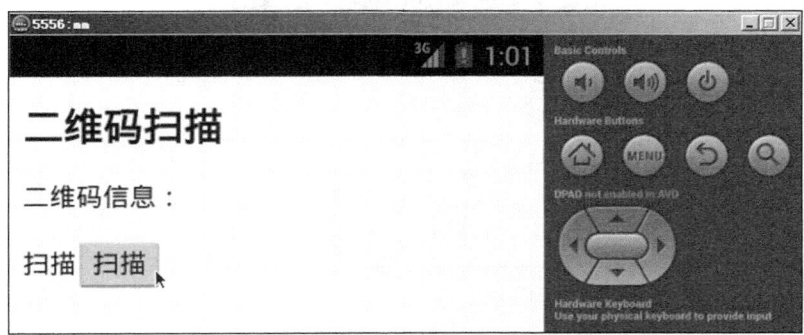

图 17-16　初始执行效果

单击"扫描"按钮后弹出一个安装提示框，如图 17-17 所示。

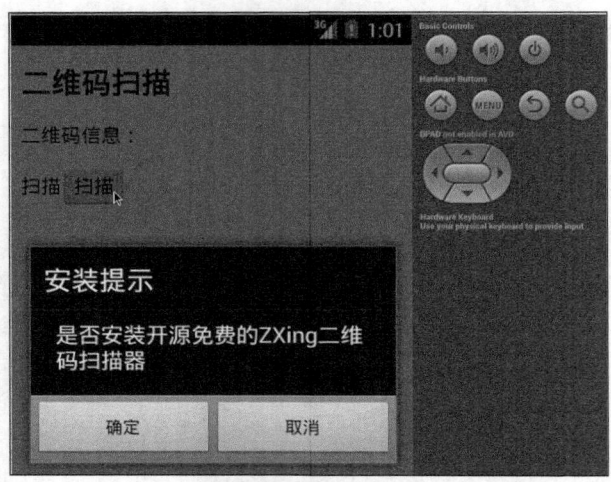

图 17-17　安装扫描器提示框

下载完成后的界面效果如图 17-18 所示。

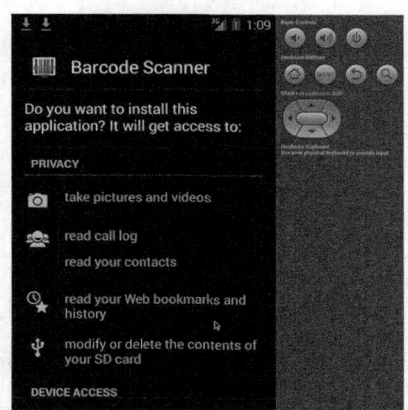

图 17-18　下载完成后的界面效果

■ 17.7　实战练习

1.　使用设备 API 检测设备属性

很多开发平台都提供运行环境软硬件属性的 API，PhoneGap 也不例外。请尝试使用设备 API 检测设备属性。

2.　使用 getCurrentAcceleration() 获取加速度

在 PhoneGap 应用中，加速计 API 中的方法 getCurrentAcceleration() 的功能是返回当前沿 x、y 和 z 方向的加速度。请尝试使用 getCurrentAcceleration() 获取加速度。

第 4 篇
综合实战

第18章

第 **18** 章 🌑

本章教学录像：16 分钟

电话本管理系统

经过本书前面内容的学习，读者已经掌握了使用 PhoneGap 框架开发移动 Web 程序的基础知识。在本章的内容中，我们将综合运用前面所学的知识，并结合使用 HTML5、CSS3 和 JavaScript 技术，开发一个在移动平台运行的电话本管理系统。希望读者认真阅读本章内容，仔细品味 HTML5+jQuery Mobile+PhoneGap 组合在移动 Web 开发领域的真谛。

本章要点（已掌握的在方框中打钩）

☐ 需求分析

☐ 创建 Android 工程

☐ 实现系统主界面

☐ 实现信息查询模块

☐ 实现系统管理模块

☐ 实现信息添加模块

☐ 实现信息修改模块

☐ 实现信息删除模块和更新模块

18.1　需求分析

本实例使用 HTML5+jQuery Mobile+PhoneGap 开发了一个经典的电话本管理工具，能够实现对设备内联系人信息的管理，包括添加新信息、删除信息、快速搜索信息、修改信息、更新信息等功能。在本节的内容中，我们将对本项目进行必要的需求性分析。

18.1.1　产生背景

随着网络与信息技术的发展，很多陌生人之间都有了或多或少的联系。如何更好地管理这些信息是每个人必须面临的问题，特别是对那些很久没有联系的朋友。若不能很好地管理这些信息，则再次见面无法马上想起关于这个人的记忆，进而造成一些不必要的尴尬。因此，基于上述种种原因，开发一套通讯录管理系统很重要。

另外，随着移动设备平台的发展，以 Android 为代表的智能手机系统已经普及到普通消费者用户。智能手机设备已经成为了人们生活中必不可少的物品。在这种历史背景之下，手机通讯录变得愈发重要，已经成为人们离不开的联系人系统。

正是因为上述两个背景，开发一个手机电话本管理系统势在必行。本系统的主要目的是为了更好地管理每个人的通讯录，给每个人提供一个井然有序的管理平台，防止手工管理混乱而造成不必要的麻烦。

18.1.2　功能分析

通过市场调查可知，一个完整的电话本管理系统应该包括添加模块、主窗体模块、信息查询模块、信息修改模块、系统管理模块。本系统主要实现设备内联系人信息的管理，包括添加、修改、查询和删除。整个系统模块划分如图 18-1 所示。

（1）系统管理模块
用户通过此模块来管理设备内的联系人信息。该模块在屏幕下方提供了实现系统管理的 5 个按钮。
- ❑　搜索：单击此按钮后，能够快速搜索设备内我们需要的联系人信息。
- ❑　添加：单击此按钮后，能够向设备内添加新的联系人信息。
- ❑　修改：单击此按钮后，能够修改设备内已经存在的某条联系人信息。
- ❑　删除：单击此按钮后，删除设备内已经存在的某条联系人信息。
- ❑　更新：单击此按钮后，能够更新设备的所有联系人信息。

（2）系统主界面
在系统主屏幕界面中显示了两个操作按钮，通过这两个按钮可以快速进入本系统的核心区域。
- ❑　查询：单击此按钮后，能够来到系统搜索界面，能够快速搜索设备内我们需要的联系人信息。
- ❑　管理：单击此按钮后，能够来到系统管理模块的主界面。

（3）信息添加模块
通过此模块能够向设备中添加新的联系人信息。

（4）信息修改模块
通过此模块能够修改设备内已经存在的联系人信息。

（5）信息删除模块
通过此模块能够删除设备内已经存在的联系人信息。

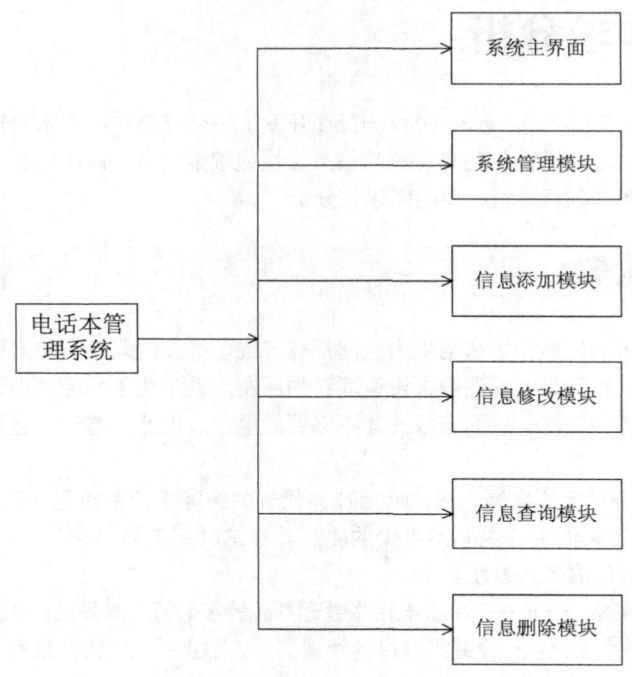

图 18-1　系统构成模块图

（6）信息查询模块

通过此模块能够搜索设备内我们需要的联系人信息。

18.2　创建 Android 工程

 本节教学录像：2 分钟

（1）启动 Eclipse，依次选中"File""New""Other"菜单，然后在向导的树形结构中找到"Android"节点。并点击"Android Project"，在项目名称上填写"phonebook"。

（2）单击"Next"按钮，选择目标"SDK"，在此选择 4.3。单击"Next"按钮，在其中填写"com.example.web_dhb"，如图 18-2 所示。

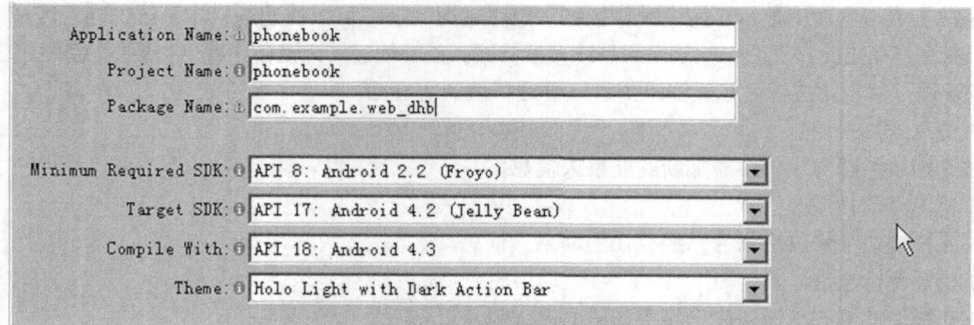

图 18-2　创建 Android 工程

（3）点击"Next"按钮，此时将成功构建一个标准的 Android 项目。图 18-3 展示了当前项目的目录结构。

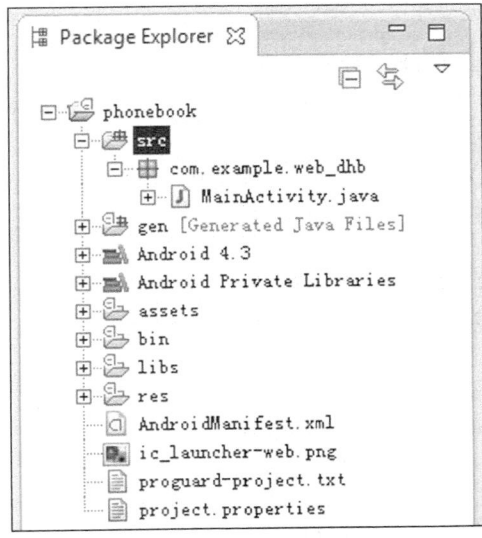

图 18-3　创建的 Android 工程

（4）修改文件"MainActivity.java"，即为此文件添加执行 HTML 文件的代码，主要代码如下。

```java
public class MainActivity extends DroidGap {
    @Override
    public void onCreate(Bundle savedInstanceState) {
        super.onCreate(savedInstanceState);
        super.loadUrl("file:///android_asset/www/main.html");
    }
}
```

18.3　实现系统主界面

 本节教学录像：4 分钟

在本实例中，系统主界面的实现文件是"main.html"，主要实现代码如下。

```html
<script src="./js/jquery.js"></script>
<script src="./js/jquery.mobile-1.2.0.js"></script>
<script src="./cordova-2.1.0.js"></script>


</head>
<body>
    <!-- Home -->
```

```html
<div data-role="page" id="page1" style="background-image: url(./img/bg.gif);" >
    <div data-theme="e" data-role="header">
        <h2> 电话本管理中心 </h2>
    </div>
    <div data-role="content" style="padding-top:200px;">
        <a data-role="button" data-theme="e" href="./select.html" id="chaxun" data-icon="search" data-iconpos="left" data-transition="flip"> 查询 </a>
        <a data-role="button" data-theme="e" href="./set.html" id="guanli" data-icon="gear" data-iconpos="left"> 管理 </a>
    </div>
    <div data-theme="e" data-role="footer" data-position="fixed">
        <span class="ui-title"> 免费组织制作 v1.0</span>
    </div>

    <script type="text/javascript">
     sessionStorage.setItem("uid","");

     $('#page1').bind('pageshow',function(){
        $.mobile.page.prototype.options.domCache = false;

     });
     // 等待加载 PhoneGap
     document.addEventListener("deviceready", onDeviceReady, false);

     // PhoneGap 加载完毕
     function onDeviceReady() {
        var db = window.openDatabase("Database", "1.0", "PhoneGap myuser", 200000);
        db.transaction(populateDB, errorCB);
     }
     // 填充数据库
     function populateDB(tx) {
        tx.executeSql('CREATE TABLE IF NOT EXISTS `myuser` (`user_id` integer primary key autoincrement ,`user_name` VARCHAR( 25 ) NOT NULL ,`user_phone` varchar( 15 ) NOT NULL ,`user_qq` varchar( 15 ) ,`user_email` VARCHAR( 50 ),`user_bz` TEXT)');

     }
     // 事务执行出错后调用的回调函数
     function errorCB(tx, err) {
        alert("Error processing SQL: "+err);
     }

    </script>
</div>
```

```
    </body>
</html>
```

执行后的效果如图 18-4 所示。

图 18-4　执行效果

18.4　实现信息查询模块

 本节教学录像：2 分钟

信息查询模块的功能是快速搜索设备内我们需要的联系人信息。单击图 18-4 中的"查询"按钮后会来到查询界面，如图 18-5 所示。

在查询界面上面的表单中可以输入搜索关键字，然后单击"查询"按钮后会在下方显示搜索结果。信息查询模块的实现文件是"select.html"，主要实现代码如下。

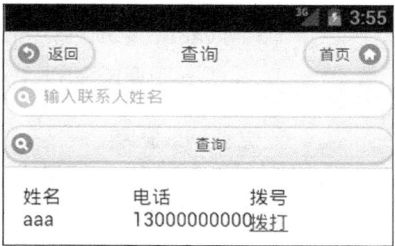

图 18-5　查询界面

```
    <script src="./js/jquery.js"></script>
    <script src="./js/jquery.mobile-1.2.0.js"></script>
    <!-- <script src="./cordova-2.1.0.js"></script> -->
</head>
<body>
<body>
    <!-- Home -->
    <div data-role="page" id="page1">
        <div data-theme="e" data-role="header">
```

```
        <a data-role="button" href="./main.html" data-icon="back" data-iconpos="left" class="ui-btn-
left"> 返回 </a>
        <a data-role="button" href="./main.html" data-icon="home" data-iconpos="right" class="ui-
btn-right"> 首页 </a>
        <h3> 查询 </h3>
        <div >
          <fieldset data-role="controlgroup" data-mini="true">
            <input name="" id="searchinput6" placeholder=" 输入联系人姓名 " value="" type="search"
/>
          </fieldset>
        </div>
        <div>
          <input type="submit" id="search"  data-theme="e" data-icon="search" data-iconpos="left"
value=" 查询 " data-mini="true" />
        </div>
      </div>
    </div>
    <div data-role="content">
        <div class="ui-grid-b" id="contents" >
        </div >
    </div>
    <script>
      //App 自定义 JavaScript
      var u_name="";
      <!-- 查询全部联系人  -->
      // 等待加载 PhoneGap
      document.addEventListener("deviceready", onDeviceReady, false);
      // PhoneGap 加载完毕
       function onDeviceReady() {
          var db = window.openDatabase("Database", "1.0", "PhoneGap myuser", 200000);
          db.transaction(queryDB, errorCB); // 调用 queryDB 查询方法，以及 errorCB 错误回调方法
       }
      // 查询数据库
       function queryDB(tx) {
          tx.executeSql('SELECT * FROM myuser', [], querySuccess, errorCB);
       }
      // 查询成功后调用的回调函数
      function querySuccess(tx, results) {
          var len = results.rows.length;
          var str="<div class='ui-block-a' style='width:90px;'> 姓名 </div><div class='ui-block-b'>
电话 </div><div class='ui-block-c'> 拨号 </div>";
          console.log("myuser table: " + len + " rows found.");
          for (var i=0; i<len; i++){
            // 写入到 logcat 文件
            str +="<div class='ui-block-a' style='width:90px;'>"+results.rows.item(i).user_name+"</
div><div class='ui-block-b'>"+results.rows.item(i).user_phone
                +"</div><div class='ui-block-c'><a href='tel:"+results.rows.item(i).user_phone+"'
```

```
data-role='button' class='ui-btn-right' > 拨打 </a></div>";
                    }
                $("#contents").html(str);
            }
            // 事务执行出错后调用的回调函数
            function errorCB(err) {
                console.log("Error processing SQL: "+err.code);
            }
            <!-- 查询一条数据  -->
            $("#search").click(function(){
                var searchinput6 = $("#searchinput6").val();
                u_name = searchinput6;
                var db = window.openDatabase("Database", "1.0", "PhoneGap myuser", 200000);
                 db.transaction(queryDBbyone, errorCB);
            });
            function queryDBbyone(tx){
                 tx.executeSql("SELECT * FROM myuser where user_name like '%"+u_name+"%'", [],
querySuccess, errorCB);
            }
        </script>
      </div>
    </body>
  </html>
```

18.5　实现系统管理模块

本节教学录像：2 分钟

系统管理模块的功能是管理设备内的联系人信息。单击图 18-4 中的"管理"按钮后来到系统管理界面，如图 18-6 所示。

在图 18-6 所示的界面中提供了实现系统管理的 5 个按钮，具体说明如下。

❑　搜索：单击此按钮后，能够快速搜索设备内我们需要的联系人信息。

❑　添加：单击此按钮后，能够向设备内添加新的联系人信息。

图 18-6　系统管理界面

❑　修改：单击此按钮后，能够修改设备内已经存在的某条联系人信息。

❑　删除：单击此按钮后，删除设备内已经存在的某条联系人信息。

❑　更新：单击此按钮后，能够更新设备的所有联系人信息。

系统管理模块的实现文件是"set.html"，主要实现代码如下。

```
<body>
  <!-- Home -->
  <div data-role="page" id="set_1" data-dom-cache="false">
    <div data-theme="e" data-role="header" >
        <a data-role="button" href="main.html" data-icon="home" data-iconpos="right" class="ui-btn-right"> 主页 </a>
        <h1> 管理 </h1>
        <a data-role="button" href="main.html" data-icon="back" data-iconpos="left" class="ui-btn-left"> 后退 </a>
        <div >
         <span id="test"></span>
         <fieldset data-role="controlgroup" data-mini="true">
             <input name="" id="searchinput1" placeholder=" 输入查询人的姓名 " value="" type="search" />
         </fieldset>
        </div>
        <div>
             <input type="submit" id="search" data-inline="true" data-icon="search" data-iconpos="top" value=" 搜索 " />
             <input type="submit" id="add" data-inline="true" data-icon="plus" data-iconpos="top" value=" 添加 "/>
             <input type="submit" id="modfiry"data-inline="true" data-icon="minus" data-iconpos="top" value=" 修改 " />
             <input type="submit" id="delete" data-inline="true" data-icon="delete" data-iconpos="top" value=" 删除 " />
             <input type="submit" id="refresh" data-inline="true" data-icon="refresh" data-iconpos="top" value=" 更新 " />
        </div>
    </div>
    <div data-role="content">
      <div class="ui-grid-b" id="contents">
      </div >
    </div>
    <script type="text/javascript">

      $.mobile.page.prototype.options.domCache = false;
      var u_name="";
      var num="";


      var strsql="";
      <!-- 查询全部联系人 -->
      // 等待加载 PhoneGap
      document.addEventListener("deviceready", onDeviceReady, false);
      // PhoneGap 加载完毕
      function onDeviceReady() {
         var db = window.openDatabase("Database", "1.0", "PhoneGap myuser", 200000);
```

```
        db.transaction(queryDB, errorCB);  // 调用 queryDB 查询方法，以及 errorCB 错误回调方法
    }
// 查询数据库
  function queryDB(tx) {
      tx.executeSql('SELECT * FROM myuser', [], querySuccess, errorCB);
    }
// 查询成功后调用的回调函数
  function querySuccess(tx, results) {
      var len = results.rows.length;
        var str="<div class='ui-block-a'> 编 号 </div><div class='ui-block-b'> 姓 名 </div><div
class='ui-block-c'> 电话 </div>";
        for (var i=0; i<len; i++){
          // 写入到 logcat 文件
          str +="<div class='ui-block-a'><input type='checkbox' class='idvalue' value="+results.
rows.item(i).user_id+" /></div><div class='ui-block-b'>"+results.rows.item(i).user_name
              +"</div><div class='ui-block-c'>"+results.rows.item(i).user_phone+"</div>";
        }
      $("#contents").html(str);
    }
// 事务执行出错后调用的回调函数
  function errorCB(err) {
      console.log("Error processing SQL: "+err.code);
    }

    <!-- 查询一条数据  -->
    $("#search").click(function(){
        var searchinput1 = $("#searchinput1").val();
        u_name = searchinput1;
        var db = window.openDatabase("Database", "1.0", "PhoneGap myuser", 200000);
          db.transaction(queryDBbyone, errorCB);
    });
    function queryDBbyone(tx){
          tx.executeSql("SELECT * FROM myuser where user_name like '%"+u_name+"%'", [],
querySuccess, errorCB);
        }
    $("#delete").click(function(){
        var len = $("input:checked").length;
        for(var i=0;i<len;i++){
          num +=","+$("input:checked")[i].value;
        }
        num=num.substr(1);
        var db = window.openDatabase("Database", "1.0", "PhoneGap myuser", 200000);
          db.transaction(deleteDBbyid, errorCB);
    });
    function deleteDBbyid(tx){
          tx.executeSql("DELETE FROM `myuser` WHERE user_id in("+num+")", [], queryDB,
errorCB);
        }
```

```
$("#add").click(function(){
    $.mobile.changePage ('add.html', 'fade', false, false);
});
$("#modfiry").click(function(){
    if($("input:checked").length==1){
        var userid=$("input:checked").val();
        sessionStorage.setItem("uid",userid);
        $.mobile.changePage ('modfiry.html', 'fade', false, false);
    }else{
        alert(" 请选择要修改的联系人，并且每次只能选择一位 ");
    }

});
//============= 与手机联系人 同步数据 ===============================
$("#refresh").click(function(){
        // 从全部联系人中进行搜索
    var options = new ContactFindOptions();
    options.filter="";
    var filter = ["displayName","phoneNumbers"];
    options.multiple=true;
    navigator.contacts.find(filter, onTbSuccess, onError, options);
    });
    // onSuccess: 返回当前联系人结果集的快照
function onTbSuccess(contacts) {
        // 显示所有联系人的地址信息

        var str="<div class='ui-block-a'> 编 号 </div><div class='ui-block-b'> 姓 名 </div><div
class='ui-block-c'> 电话 </div>";
        var phone;
        var db = window.openDatabase("Database", "1.0", "PhoneGap myuser", 200000);
        for (var i=0; i<contacts.length; i++){
            for(var j=0; j< contacts[i].phoneNumbers.length; j++){
                phone = contacts[i].phoneNumbers[j].value;
            }

            strsql +="INSERT INTO `myuser` (`user_name`,`user_phone`) VALUES ('"+contacts[i].
displayName+"','"+phone+"');#";
        }
        db.transaction(addBD, errorCB);
    }
    // 更新插入数据
    function addBD(tx){

        strs=strsql.split("#");
        for(var i=0;i<strs.length;i++){
            tx.executeSql(strs[i], [], [], errorCB);
        }
        var db = window.openDatabase("Database", "1.0", "PhoneGap myuser", 200000);
```

```
            db.transaction(queryDB, errorCB);
        }
        // onError: 获取联系人结果集失败
        function onError() {
            console.log("Error processing SQL: "+err.code);
        }
    </script>
  </div>
</body>
```

18.6 实现信息添加模块

 本节教学录像: 2 分钟

在图 18-6 所示的界面中提供了实现系统管理的 5 个按钮,如果单击"添加"按钮,则会来到信息添加界面。通过此界面,用户可以向设备中添加新的联系人信息,如图 18-7 所示。

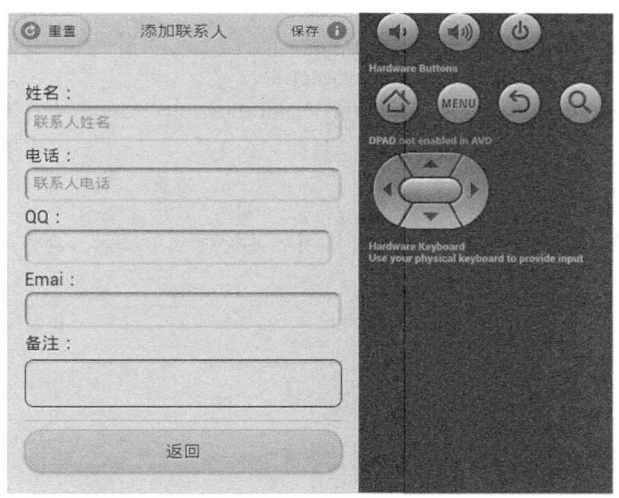

图 18-7 信息添加界面

信息添加模块的实现文件是"add.html",主要实现代码如下。

```
<body>
 <!-- Home -->
   <div data-role="page" id="page1">
     <div data-theme="e" data-role="header">
         <a data-role="button"  id="tjlxr" data-theme="e" data-icon="info" data-iconpos="right" class=
"ui-btn-right"> 保存 </a>
         <h3> 添加联系人 </h3>
         <a data-role="button"  id="czlxr" data-theme="e"  data-icon="refresh" data-iconpos="left" class=
"ui-btn-left"> 重置 </a>
```

```
        </div>
        <div data-role="content">
          <form action="" data-theme="e" >
            <div data-role="fieldcontain">
              <fieldset data-role="controlgroup" data-mini="true">
                <label for="textinput1"> 姓名: <input name="" id="textinput1" placeholder=" 联系人姓
名 " value="" type="text" /></label>
              </fieldset>
              <fieldset data-role="controlgroup" data-mini="true">
                <label for="textinput2"> 电话: <input name="" id="textinput2" placeholder=" 联系人电
话 " value="" type="tel" /></label>
              </fieldset>
              <fieldset data-role="controlgroup" data-mini="true">
                <label for="textinput3">QQ : <input name="" id="textinput3" placeholder="" value=""
type="number" /></label>
              </fieldset>
              <fieldset data-role="controlgroup" data-mini="true">
                <label for="textinput4">Emai : <input name="" id="textinput4" placeholder="" value=""
type="email" /></label>
              </fieldset>
              <fieldset data-role="controlgroup">
                <label for="textarea1"> 备注: </label>
                <textarea name="" id="textarea1" placeholder="" data-mini="true"></textarea>
              </fieldset>
            </div>
            <div>
              <a data-role="button"  id="back" data-theme="e" > 返回 </a>
            </div>
          </form>
        </div>
        <script type="text/javascript">
        $.mobile.page.prototype.options.domCache = false;
        var textinput1 = "";
         var textinput2 = "";
         var textinput3 = "";
         var textinput4 = "";
         var textarea1  = "";
          $("#tjlxr").click(function(){

            textinput1 =  $("#textinput1").val();
            textinput2 =  $("#textinput2").val();
            textinput3 =  $("#textinput3").val();
            textinput4 =  $("#textinput4").val();
            textarea1  =  $("#textarea1").val();
          var db = window.openDatabase("Database", "1.0", "PhoneGap myuser", 200000);
          db.transaction(addBD, errorCB);
        });
        function addBD(tx){
```

```
            tx.executeSql("INSERT INTO `myuser` (`user_name`,`user_phone`,`user_qq`,`user_
email`,`user_bz`) VALUES ('"+textinput1+"','"+textinput2+"','"+textinput3+"','"+textinput4+"','"+textarea1+"')",
[], successCB, errorCB);
                }
            $("#czlxr").click(function(){
                $("#textinput1").val("");
                $("#textinput2").val("");
                $("#textinput3").val("");
                $("#textinput4").val("");
                $("#textarea1").val("");
            });
            $("#back").click(function(){
                successCB();
            });
            // 等待加载 PhoneGap
            document.addEventListener("deviceready", onDeviceReady, false);
            // PhoneGap 加载完毕
            function onDeviceReady() {
                var db = window.openDatabase("Database", "1.0", "PhoneGap myuser", 200000);
                db.transaction(populateDB, errorCB);
            }
            // 填充数据库
             function populateDB(tx) {
                tx.executeSql('CREATE TABLE IF NOT EXISTS `myuser` (`user_id` integer primary key
autoincrement ,`user_name` VARCHAR( 25 ) NOT NULL ,`user_phone` varchar( 15 ) NOT NULL ,`user_
qq` varchar( 15 ) ,`user_email` VARCHAR( 50 ),`user_bz` TEXT)');
            }
            // 事务执行出错后调用的回调函数
            function errorCB(tx, err) {
                alert("Error processing SQL: "+err);
            }

            // 事务执行成功后调用的回调函数
            function successCB() {
                $.mobile.changePage ('set.html', 'fade', false, false);
            }
        </script>
    </div>
</body>
```

18.7　实现信息修改模块

 本节教学录像：2 分钟

在图 19-6 所示的界面中，如果先勾选一个联系人信息，然后单击"修改"按钮后会来到信息修改
界面。通过此界面，用户可以修改这条被选中联系人的信息，如图 18-8 所示。

图 18-8　信息修改界面

信息修改模块的实现文件是"modfiry.html"，主要实现代码如下。

```
<script type="text/javascript" src="./js/jquery.js"></script>
</head>
<body>
 <!-- Home -->
    <div data-role="page" id="page1">
        <div data-theme="e" data-role="header">
            <a data-role="button"  id="tjlxr" data-theme="e" data-icon="info" data-iconpos="right"
class="ui-btn-right"> 修改 </a>
            <h3> 修改联系人 </h3>
            <a data-role="button"  id="back" data-theme="e"  data-icon="refresh" data-iconpos="left"
class="ui-btn-left"> 返回 </a>
        </div>
        <div data-role="content">
            <form action="" data-theme="e" >
                <div data-role="fieldcontain">
                    <fieldset data-role="controlgroup" data-mini="true">
                        <label for="textinput1"> 姓名: <input name="" id="textinput1" placeholder=" 联系人姓
名 " value="" type="text" /></label>
                    </fieldset>
                    <fieldset data-role="controlgroup" data-mini="true">
                        <label for="textinput2"> 电话: <input name="" id="textinput2" placeholder=" 联系人电
话 " value="" type="tel" /></label>
                    </fieldset>
                    <fieldset data-role="controlgroup" data-mini="true">
                         <label for="textinput3">QQ : <input name="" id="textinput3" placeholder="" value=""
type="number" /></label>
                    </fieldset>
                    <fieldset data-role="controlgroup" data-mini="true">
                        <label for="textinput4">Emai : <input name="" id="textinput4" placeholder="" value=""
type="email" /></label>
                    </fieldset>
                    <fieldset data-role="controlgroup">
                        <label for="textarea1"> 备注: </label>
```

```
        <textarea name="" id="textarea1" placeholder="" data-mini="true"></textarea>
      </fieldset>
    </div>
  </form>
</div>
<script type="text/javascript">
$.mobile.page.prototype.options.domCache = false;
var textinput1 = "";
var textinput2 = "";
var textinput3 = "";
var textinput4 = "";
var textarea1  = "";
var uid = sessionStorage.getItem("uid");
```
//===
```
$("#tjlxr").click(function(){

    textinput1 =  $("#textinput1").val();
    textinput2 =  $("#textinput2").val();
    textinput3 =  $("#textinput3").val();
    textinput4 =  $("#textinput4").val();
    textarea1  =  $("#textarea1").val();
  var db = window.openDatabase("Database", "1.0", "PhoneGap myuser", 200000);
    db.transaction(modfiyBD, errorCB);
});
  function modfiyBD(tx){
        tx.executeSql("UPDATE `myuser`SET  `user_name`='"+textinput1+"',`user_
phone`="+textinput2+",`user_qq`="+textinput3
                  +",`user_email`='"+textinput4+"',`user_bz`='"+textarea1+"' WHERE user_id="+uid,
[], successCB, errorCB);
    }
```
//===
```
$("#back").click(function(){
    successCB();
});
document.addEventListener("deviceready", onDeviceReady, false);
// PhoneGap 加载完毕
function onDeviceReady() {
    var db = window.openDatabase("Database", "1.0", "PhoneGap myuser", 200000);
    db.transaction(selectDB, errorCB);
}
  function selectDB(tx) {
    tx.executeSql("SELECT * FROM myuser where user_id="+uid, [], querySuccess, errorCB);
  }
// 事务执行出错后调用的回调函数
function errorCB(tx, err) {
    alert("Error processing SQL: "+err);
}
// 事务执行成功后调用的回调函数
```

```
        function successCB() {
            $.mobile.changePage ('set.html', 'fade', false, false);
        }
        function querySuccess(tx, results) {
         var len = results.rows.length;
         for (var i=0; i<len; i++){
            // 写入到 logcat 文件
             $("#textinput1").val(results.rows.item(i).user_name);
             $("#textinput2").val(results.rows.item(i).user_phone);
             $("#textinput3").val(results.rows.item(i).user_qq);
             $("#textinput4").val(results.rows.item(i).user_email);
             $("#textarea1").val(results.rows.item(i).user_bz);
            }
          }
        </script>
    </div>
</body>
</html>
```

18.8 实现信息删除模块和更新模块

 本节教学录像：2 分钟

在图 18-5 所示的界面中，如果先勾选一个联系人信息，然后单击"删除"按钮后会删除这条被勾选的联系人信息。信息删除模块的功能在文件"set.html"中实现，相关的实现代码如下。

```
        function deleteDBbyid(tx){
                tx.executeSql("DELETE FROM `myuser` WHERE user_id in("+num+")", [], queryDB,
errorCB);
        }
```

在图 18-5 所示的界面中，如果单击"更新"按钮，则会更新整个设备内的联系人信息。信息更新模块的功能在文件"set.html"中实现，相关的实现代码如下。

```
        $("#refresh").click(function(){
            // 从全部联系人中进行搜索
            var options = new ContactFindOptions();
            options.filter="";
            var filter = ["displayName","phoneNumbers"];
            options.multiple=true;
            navigator.contacts.find(filter, onTbSuccess, onError, options);
        });
```

到此为止，整个实例讲解完毕。读者若将本实例源码中的"www"内容复制到 iOS 工程中，则本实例也可以在 iOS 平台中运行。

RSS 订阅系统

　　RSS（Really Simple Syndication，简易信息聚合）是在线共享内容的一种简易方式，也叫聚合内容。通常在时效性比较强的内容上使用 RSS 订阅能更快速地获取信息，而网站提供 RSS 输出，有利于让用户获取网站内容的最新更新。本章综合运用前面所学的知识，详细讲解使用 HTML5、CSS3、jQuery Mobile 和 PhoneGap 等技术来开发一个 Web 版 RSS 订阅系统的方法。

本章要点（已掌握的在方框中打钩）

☐ RSS 基础　　　　　　☐ 订阅管理

☐ SAX 技术简介　　　　☐ 设置功能

☐ 功能介绍　　　　　　☐ RSS 信息展示

☐ 创建 Android 工程　　☐ 系统调试

☐ 系统主界面

■ 19.1 RSS 基础

RSS 通常被用在时效性比较强的内容上，因为使用 RSS 订阅后，用户可以更快速地获取信息。在网站中提供 RSS 输出，有利于用户获取网站内容的最新更新。本节将简要讲解 RSS 技术的基本知识，为读者步入本书后面知识的学习打下基础。

19.1.1 RSS 的用途

在现实应用中，RSS 的主要用途如下。

（1）可以订阅 BLOG（你可以订阅你工作中所需的技术文章；也可以订阅与你有共同爱好的作者的 Blog，总之，你对什么感兴趣你就可以订什么）。

（2）订阅新闻（无论是奇闻怪事、明星消息、体坛风云，只要你想知道的，都可以订阅）。

（3）再也不用一个网站一个网站、一个网页一个网页地去逛了。只要将你需要的内容订阅在一个 RSS 阅读器中，这些内容就会自动出现你的阅读器里，你也不必为了一个急切想知道的消息而不断地刷新网页，因为一旦有了更新，RSS 阅读器就会自己通知你。

其实，订阅 RSS 新闻内容要先安装一个 RSS 阅读器，然后将提供 RSS 服务的网站加入到 RSS 阅读器的频道即可，具体操作如下。

（1）选择有价值的 RSS 信息源。

（2）启动 RSS 订阅程序，将信息源添加到自己的 RSS 阅读器或者在线 RSS。

（3）接收并获取定制的 RSS 信息。

19.1.2 RSS 的基本语法

RSS 2.0 的语法规则简单而严格，请读者看如下演示代码。

```
<?xml version="1.0" encoding="ISO-8859-1" ?>
<rss version="2.0">
<channel>

<title>W3Schools</title>
<link>http://www.w3schools.com</link>
<description>W3Schools Web Tutorials </description>

<item>
<title>RSS Tutorial</title>
<link>http://www.w3schools.com/rss</link>
<description>Check out the RSS tutorial
on W3Schools.com</description>
</item>

</channel>
</rss>
```

上述代码中，<channel> 元素内是描述 RSS feed（RSS feed 指 RSS 订阅的频道）的地方。

RSS 的 <channel> 元素是项目内容显示的地方。它就像 RSS 的标题，一般来讲，其不会频繁地改动。<channel> 有 3 个内部元素是必须有的，分别是 <title>、<link> 和 <description>，具体说明如下。

❑ <title>：元素里应该包含你的站和你的 RSS feed 简短的说明。

❑ <link>：元素为应该定义你网站主页的链界。

❑ <description>：元素为应该描述你的 RSS feed。

在标签元素 <channel> 内的可选元素如下。

❑ <category>：定义一个或多个频道分类。

❑ <cloud>：允许更新通告。

❑ <copyright>：提醒有关版权。

❑ <docs>：频道所使用的 RSS 版本文档 URL。

❑ <generator>：如果频道是自动生成器产生的，就在这里定义。

❑ <image>：给频道加图片。

❑ <language>：描述了频道所使用的语言。

❑ <lastBuildDate>：定义频道最新一次改动的时间。

❑ <managingEditor>：定义编辑站点人员的 E-mail 地址。

❑ <pubDate>：定义频带最新的发布时间。

❑ <rating>：页面评估。

❑ <ttl>：存活的有效时间。

❑ <webMaster>：定义站张的邮件地址。

在 RSS 应用中，<item> 元素内是你网站连接和描述更新内容的地方，也是显示 RSS 更新内容的地方，其像是文章的标题。当你的站点有更新时，RSS feed 中的 <item> 元素就会被建立起来。<item> 元素里有几个可选的元素，但 <title> 和 <description> 是必须有的。

❑ <title> 该元素是项目的题目，应该用十分简短的描述。

❑ <link> 该元素项目所关联的连接。

❑ <description> 该元素就是 RSS feed 的描述部分。

可选的 <item> 元素如下。

❑ <author>：表示定义作者。

❑ <category>：表示类别。

❑ <comments>：表示针对项目的评论页 URL。

❑ <enclosure>：表示描述一个与项目有关的媒体对象。

❑ <guid>：表示针对项目定义独特的标志。

❑ <pubDate>：表示项目发布时间。

❑ <source>：表示转载地址（源地址）。

在 <description> 中建议使用 <![CDATA[ ]]>，所有在 CDATA 部件之间的文本都会被解析器忽略。

注意　　CDATA 部件之间不能再包含 CDATA 部件，即不能嵌套。如果 CDATA 部件包含了字符 "]]>"或者 CDATA，将很有可能出错。同样要注意，在字符串 "]]>"之间没有空格或者换行符。

▌ 19.2　SAX 技术简介

SAX 全称 Simple API for XML，既是指一种接口，也是指一个软件包。SAX 最初是由 David Megginson 采用 Java 语言开发，之后，很快在 Java 开发者中流行起来。Sax 现在负责管理其原始 API 的开发工作。这是一种公开的、开放源代码软件。不同于其他大多数 XML 标准的是，SAX 没有语言开发商必须遵守的标准 SAX 参考版本。因此，SAX 的不同实现可能采用区别很大的接口。本节将简要介绍 SAX 技术的基本知识。

19.2.1　SAX 的原理

作为接口，SAX 是事件驱动型 XML（Extensible Markup language，XML）解析的一个标准接口（standard interface）不会改变，已被 OASIS（Organization for the Advancement of Structured Information Standards，结构化信息标准促进组织）所采纳。作为软件包，SAX 最早的开发始于 1997 年 12 月，由一些在互联网上分散的程序员合作进行。后来，参与开发的程序员越来越多，组成了互联网上的 XML-DEV 社区。5 个月以后，即 1998 年 5 月，SAX 1.0 版由 XML-DEV 正式发布。目前，最新的版本是 SAX 2.0。SAX 2.0 版本在多处与 1.0 版本不兼容，包括一些类和方法的名字。

SAX 的工作原理就是对文档进行顺序扫描，当扫描到文档（document）开始与结束、元素（element）开始与结束、文档（document）结束等地方时，通知事件处理函数，由事件处理函数做相应动作，然后继续同样的扫描，直至文档结束。

大多数 SAX 实现都会产生以下 5 种类型的事件。

❑ 在文档的开始和结束时触发文档处理事件。

❑ 在文档内每一 XML 元素接受解析的前后触发元素事件。

❑ 任何元数据通常都由单独的事件交付。

❑ 在处理文档的 DTD（Document Type Definition，文档类型定义）或 Schema（可扩展标记语言架构）时产生 DTD 或 Schema 事件。

❑ 产生错误事件用来通知主机应用程序解析错误。

19.2.2　基于对象和基于事件的接口

语法分析器有两类接口，分别是基于对象的接口和基于事件的接口。DOM（Document Object Model，文档对象模型）是基于对象的语法分析器的标准的 API。作为基于对象的接口，DOM 通过在内存中显示的构建对象树来与应用程序通信。对象树是 XML 文件中元素树的精确映射。

DOM 易于学习和使用，因为它与基本 XML 文档紧密匹配，以 XML 为中心的应用程序（例如，浏览器和编辑器）也是很理想的。以 XML 为中心的应用程序为了操纵 XML 文档而操纵 XML 文档。

然而，大多数应用程序处理 XML 文档只是其众多任务中的一种。例如，记帐软件包可能导入 XML 发票，但这不是其主要活动。计算账户余额、跟踪支出以及使付款与发票匹配才是主要活动。记账软件包可能已经具有一个数据结构（最有可能是数据库）。DOM 模型不太适合记账应用程序，因为在那种情况下，应用程序必须在内存中维护数据的两份副本（一个是 DOM 树，另一个是应用程序自己的结构）。至少，在内存维护两次数据会使效率下降。对于桌面应用程序来说，这可能不是主要问题，但是它可能导致服务器瘫痪。对于不以 XML 为中心的应用程序，SAX 是明智的选择。实际上，SAX 并不在内存中显式地构建文档树，其能使应用程序能用最有效率的方法存储数据。

SAX 是基于事件的接口，正如其名称所暗示的，基于事件的语法分析器将事件发送给应用程序。这些事件类似于用户界面事件，例如，浏览器中的 ONCLICK 事件或者 Java 中的 AWT/Swing 事件。

事件通知应用程序发生了某件事并需要应用程序作出反应。在浏览器中，通常为响应用户操作而生成事件，例如，当用户单击按钮时，按钮产生一个 ONCLICK 事件。

在 XML 语法分析器中，事件与用户操作无关，而与正在读取的 XML 文档中的元素有关，有针对以下几方面的事件。

- ❑ 元素开始和结束标记
- ❑ 元素内容
- ❑ 实体
- ❑ 语法分析错误

读者在此可能禁不住要问，为什么使用基于事件的接口？因为在这两种 API 中，没有一种在本质上更好，它们适用于不同的需求。经验法则是在需要更多控制时，使用 SAX；要增加方便性时，则使 DOM。例如，DOM 在脚本语言中很流行。

采用 SAX 的主要原因是效率。SAX 比 DOM 做的事要少，但提供了对语法分析器的更多控制。当然，如果语法分析器的工作减少，则意味着开发者有更多的工作要做。另外，正如我们已讨论的，SAX 比 DOM 消耗的资源要少，这只是因为它不需要构建文档树。在 XML 早期，DOM 的发展，得益于 W3C 批准的官方 API 这一身份。可逐渐地，开发者选择了功能性而放弃了方便性，并转向了 SAX。

SAX 的主要限制是它无法向后浏览文档。实际上，激发一个事件后，语法分析器就将其忘记。应用程序必须显式地缓冲其感兴趣的事件。

19.2.3　常用的接口和类

在 RSS 应用中，SAX 将其事件分为如下的接口。

- ❑ ContentHandler：定义与文档本身关联的事件，例如，开始和结束标记。大多数应用程序都注册这些事件。
- ❑ DTDHandler：定义与 DTD 关联的事件。然而，它不定义足够的事件来完整地报告 DTD。如果需要对 DTD 进行语法分析，请使用可选的 DeclHandler。DeclHandler 是 SAX 的扩展，但不是所有的语法分析器都支持它。
- ❑ EntityResolver：定义与装入实体关联的事件。只有少数几个应用程序注册这些事件。
- ❑ ErrorHandler：定义错误事件。许多应用程序注册这些事件以便用它们自己的方式报错。

为简化工作，SAX 在 DefaultHandler 类中提供了这些接口的缺省实现。在大多数情况下，为应用程序扩展 DefaultHandler 并覆盖相关的方法要比直接实现一个接口更容易。

1. XMLReader

XMLReader 为注册事件处理器并启动语法分析器。

```
parser.parse(args[0]);
```

XMLReader 的主要方法如下。

（1）parse()：对 XML 文档进行语法分析。parse() 有两个版本，一个接受文件名或 URL，另一个接受 InputSource 对象。

（2）setContentHandler()、setDTDHandler()、setEntityResolver() 和 setErrorHandler()：让应用程序注册事件处理器。

（3）setFeature() 和 setProperty()：控制语法分析器的工作。它们采用一个特性或功能标识（一个类似于名称空间的 URI 和值）。功能采用 Boolean 值，而特性采用"对象"。

2. XMLReaderFactory

XMLReaderFactory 用于创建语法分析器对象。它定义 createXMLReader() 的两个版本，一个采用语法分析器的类名作为参数，另一个从 org.xml.sax.driver 系统特性中获得类名称。

例如在下面的代码中，为获得更大的灵活性，应用程序可以从命令行读取类名或使用不带参数的 crealteXMLReader()。因此，甚至可以不重新编译就更改语法分析器。

```
XMLReaderparser=XMLReaderFactory.createXMLReader(
"org.apache.xerces.parsers.SAXParser");
```

最常用的 XMLReaderFactory 功能如下。

（1）http:// xml.org/sax/features/namespaces：所有 SAX 语法分析器都能识别它。如果将它设置为 true（缺省值），则在调用 ContentHandler 的方法时，语法分析器将识别出名称空间并解析前缀。

（2）http://xml.org/sax/features/validation：它是可选的。如果将它设置为"true"，则验证语法分析器将验证该文档。非验证语法分析器忽略该功能。

3. InputSource

InputSource 用于控制语法分析器如何读取文件，包括 XML 文档和实体。在大多数情况下，文档是从 URL 装入的。但是，有特殊需求的应用程序可以覆盖 InputSource。例如，这可以用来从数据库中装入文档。

4. ContentHandler

ContentHandler 是最常用的 SAX 接口，因为它定义 XML 文档的事件。在 ContentHandler 中声明了如下 7 个事件。

（1）startDocument()/endDocument()：通知应用程序文档的开始或结束。

（2）startElement()/endElement()：通知应用程序标记的开始或结束，属性作为 Attributes 参数传递。即使只有一个标记，"空"元素（例如，<imghref="logo.gif"/>）也生成 startElement() 和 endElement()。

（3）startPrefixMapping()/endPrefixMapping()：通知应用程序名称空间作用域。您几乎不需要该信息，因为当 http://xml.org/sax/features/namespaces 为"true"时，语法分析器已经解析了名称空间。

（4）当语法分析器在元素中发现文本（已经过语法分析的字符数据）时，characters()/ignorableWhitespace() 会通知应用程序。要知道，语法分析器负责将文本分配到几个事件（更好地管理其缓冲区）。ignorableWhitespace 事件用于由 XML 标准定义的可忽略空格。

（5）processingInstruction()：将处理指令通知应用程序。

（6）skippedEntity()：通知应用程序已经跳过了一个实体，即当语法分析器未在 DTD/schema 中发现实体声明时触发。

（7）setDocumentLocator()：将 Locator 对象传递到应用程序，详细内容请参阅后面的 Locator 一节。请注意，不需要 SAX 语法分析器提供 Locator，但是如果它提供了，则必须在其他事件之前激活该事件。

5. 属性

在 startElement() 事件中，属性 Attributes 用于接收参数中的属性列表。

Stringattribute=attributes.getValue("","price");

在属性 Attributes 中，定义了如下方法。

❏ getValue（i）/getValue（qName）/getValue（uri,localName）：返回第 i 个属性值或给定
　名称的属性值。

❏ getLength()：返回属性数目。

❏ getQName（i）/getLocalName（i）/getURI（i）：返回限定名（带前缀）、本地名（不带前缀）
　和第 i 个属性的名称空间 URI。

❏ getType（i）/getType（qName）/getType（uri,localName）：返回第 i 个属性的类型或者给定
　名称的属性类型。这些方法的返回值的类型为字符串，取值包含于 DTD 内："CDATA""ID"
　"IDREF""IDREFS""NMTOKEN""NMTOKENS""ENTITY""ENTITIES" 或 "NOTATION" 等。

注意　　Attributes 参数仅在 startElement() 事件期间可用。如果在事件之间需要它，则用
AttributesImpl 复制一个。

6. 定位器

Locator 的功能是为应用程序提供行和列的位置。我们不需要语法分析器来提供 Locator 对象。在
Locator 中定义了如下方法。

❏ getColumnNumber()：返回当前事件结束时所在的那一列。在 endElement() 事件中，它将返
　回结束标记所在的最后一列。

❏ getLineNumber()：返回当前事件结束时所在的行。在 endElement() 事件中，它将返回结束标
　记所在的行。

❏ getPublicId()：返回当前文档事件的公共标识。

❏ getSystemId()：返回当前文档事件的系统标识。

7. DTDHandler

DTDHandler 声明两个与 DTD 语法分析器相关的事件，具体如下。

❏ notationDecl()：通知应用程序已经声明了一个标记。

❏ nparsedEntityDecl()：通知应用程序已经发现了一个未经过语法分析的实体声明。

8. EntityResolver

EntityResolver 接口仅定义一个事件 resolveEntity()。该事件返回 InputSource（在另一章讨论）。因
为 SAX 语法分析器已经可以解析大多数 URL，所以很少应用程序实现 EntityResolver。例外情况是目
录文件（在另一章中讨论），其将公共标识解析成系统标识。如果在应用程序中需要目录文件，请下载
NormanWalsh 的目录软件包（请参阅参考资料）。

9. ErrorHandler

ErrorHandler 接口定义错误事件。处理这些事件的应用程序可以提供定制错误处理。安装了定制错
误处理器后，语法分析器不再抛出异常。抛出异常是事件处理器的责任。接口定义了与错误的 3 个级

别，或严重性对应的 3 个方法。

- ❑ warning()：警示那些不是由 XML 规范定义的错误。例如，当没有 XML 声明时，某些语法分析器发出警告。它不是错误（因为声明是可选的），但是它可能值得注意。
- ❑ error()：警示那些由 XML 规范定义的错误。
- ❑ fatalError()：警示那些由 XML 规范定义的致命错误。

10．SAXException

SAX 定义的大多数方法都可以抛出 SAXException。当对 XML 文档进行语法分析时，SAXException 通知一个错误。错误可以是语法分析错误，也可以是事件处理器中的错误。要报告来自事件处理器的其他异常，可以将异常封装在 SAXException 中。

▌ 19.3 功能介绍

根据市场需求资料分析，RSS 订阅系统具有如下所示的功能。

（1）分栏目定制

该系统实现了搜狐、网易等网站的新闻栏目的订阅与退订管理，可供用户进行订阅预览。具体来说，该系统包含搜狐新闻的各个栏目以及网易新闻的各个栏目，且各栏目组可以展开和收回。这样能够更加方便读者进行预览和订阅。

- ❑ 每一栏的右侧显示为带绿色加号的文件夹时，说明还未订阅。这表示可以添加。
- ❑ 每一栏的右侧显示为带红色减号的文件夹时，说明已经订阅。这表示可以退订。

（2）首页定制显示

在系统首页中，会根据用户的选择订阅情况而实时、动态地显示相关信息。这样可以实现个性化阅读的用户体验。

（3）新闻预览

单击首页上已订阅的新闻栏目的图标，便可进入新闻预览界面，可以预览该对应栏目下的相应新闻，可以预览到标题、插图、发布时间、新闻描述信息，可以单击"阅读详情"调用本地浏览器进入门户进行更多更详细的新闻阅读。

（4）实时更新

每当用户点击主页上的栏目图标时，系统便已联网并更新了相应栏目的新闻。如果因为网络原因加载失败，可以通过手动单击刷新按钮的方式来刷新相应页面的新闻列表。在标题栏上有相应的栏目名称，在下面显示对应的实时更新的新闻，并且用户可以单击"更新"按钮进行自主的类表更新。

（5）栏目图标

在本系统实例中，每个新闻栏目都有专门相关的一个本地关联的精致 PNG 图标。这样可以更加方便用户根据自己的兴趣爱好进行有针对性地进行订阅。在程序启动的一开始，加入了自行设计的 splash 的首页图片。

（6）皮肤设置

本系统实例支持换肤操作功能，用户可以根据自己的需求对整个软件的界面进行换肤操作。本系统实例内置了 4 种皮肤，分别是浅灰色、暗灰色、羊皮纸和白墙皮肤。

（7）初始化设置

　　本系统实例提供了清除用户数据和恢复初始化设置的功能，可以帮助用户清空本地订阅信息并进行新的订阅。为了防止用户误按清除键，本系统特别设计了一个确认删除的对话框，只有在用户确认清除本地订阅信息的情况下，才会清空本地数据并进行反馈，这样显得更加人性化。

　　除上述功能外，本系统还提供了定制城市天气信息、更改当前软件的网络连接方式和更改每一栏目的加载数量的功能。

19.4　创建 Android 工程

　　创建 Android 工具的步骤如下。

　　（1）启动 Eclipse，依次选中"File""New""Other"菜单，然后在向导的树形结构中找到"Android"节点，并点击"Android Project"，在项目名称上填写"rss"。

　　（2）单击"Next"按钮，选择目标 SDK，在此选择 4.3。单击"Next"按钮，在其中填写"com.example.web_dhb"。如图 19-1 所示。

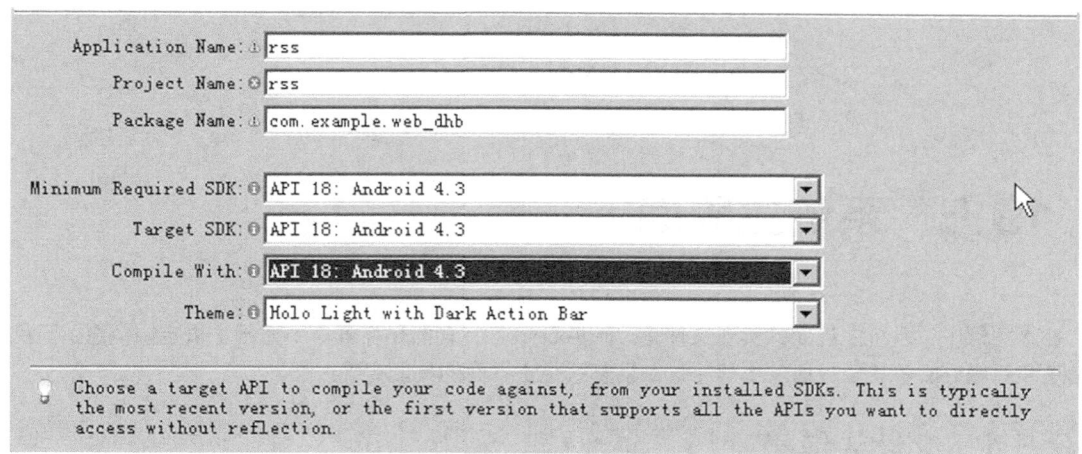

图 19-1　创建 Android 工程

　　（3）单击"Next"按钮，将成功构建一个标准的 Android 项目。图 19-2 展示了当前项目的目录结构。

　　（4）修改文件"MainActivity.java"，即为此文件添加执行 HTML 文件的代码，主要代码如下。

```
public class MainActivity extends DroidGap {
    @Override
    public void onCreate(Bundle savedInstanceState) {
        super.onCreate(savedInstanceState);
        super.loadUrl("file:///android_asset/www/index.html");
    }
}
```

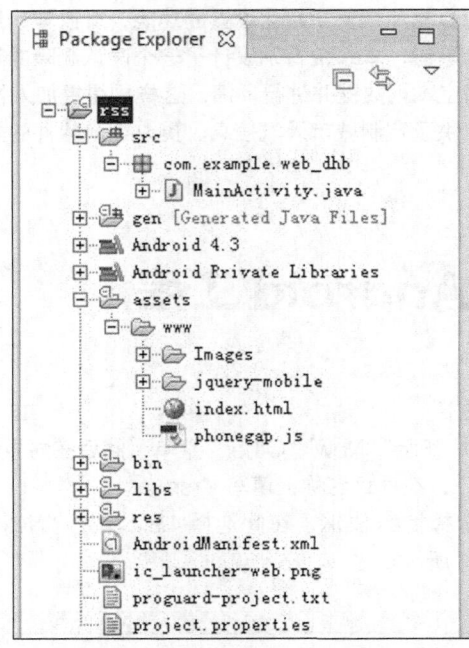

图 19-2　创建的 Android 工程

■ 19.5　系统主界面

在本实例中，系统主界面的实现文件是"index.html"，功能是在屏幕中显示主页定制信息、订阅栏目信息和新增订阅等功能界面。本节将详细讲解系统主界面的具体实现过程。

19.5.1　文件头信息

文件"index.html"的头信息中，不仅设置了 CSS 样式代码，还调用了外部 jQuery Mobile 和 PhoneGap 文件，对应代码如下。

```html
<!DOCTYPE html>
<html>
<head>
<meta charset="utf-8">
<title>My RSS</title>
 <style>

.contentskin1{
   background-image:url(Images/skin/grey.png);
}
```

```
.contentskin2{
    background-image:url(Images/skin/chocolate.png);
}
.contentskin3{
    background-image:url(Images/skin/wall.png);
}
.weather {
    position: absolute;
}
.weather {
    position: absolute;
}
</style>
<link href="jquery-mobile/jquery.mobile-1.0a3.min.css" rel="stylesheet" type="text/css"/>
<script src="jquery-mobile/jquery-1.5.min.js" type="text/javascript"></script>
<script src="jquery-mobile/jquery.mobile-1.0a3.min.js" type="text/javascript"></script>
<!-- 只要将当前站点配置为移动应用程序，则对"phonegap.js"的该引用将允许代码提示 -->
<script src="/phonegap.js" type="text/javascript"></script>
```

19.5.2　显示顶部导航

在系统主屏幕中，顶部导航中有两个按钮，分别是"添加订阅"和"设置"两个按钮。在文件"index.html"中，显示顶部导航信息的具体实现代码如下。

```
<div data-role="page" id="page_index" >
    <div data-role="header" id='page_index_header'>
        <a href="#subscriptions" data-theme="b" data-icon="plus"> 添加订阅 </a>
        <h1 align="center">RSS 阅读器 </h1>
        <a href="#settings" data-icon="gear" data-theme="b"> 设置 </a>
    </div>
```

19.5.3　显示城市天气信息

在文件"index.html"中，显示某个城市天气信息的具体实现代码如下。

```
function getWeather(){
    if(!localStorage.getItem('weather_city')){
        localStorage.setItem('weather_city','nanjing');
    }
            var html = "";
            var xml="";
```

```
            var url ="http://www.raychou.com/weather/rss.php?id="+localStorage.getItem("weather_
city");//RSS 天气信息
        if(window.XMLHttpRequest){
            var xhr = new XMLHttpRequest();
            xhr.open("GET",url,false);
            xhr.send(null);
            xml = xhr.responseXML.documentElement;
        }else if(window.ActiveXObject){
            xml = new ActiveXObject("Msxml2.DOMDocument");
            xml.async = false;
            xml.load(url);
        }else{
            xml = "";
            alert(" 没有获取到 xml 数据 ");
        }
        // 显示数据
        var city=xml.getElementsByTagName("channel");
        var items = xml.getElementsByTagName("item");
        var cityname=city.item(0).getElementsByTagName("title")[0].childNodes[0].nodeValue;
        var weathercondition=items.item(0).getElementsByTagName("title")[0].childNodes[0].
nodeValue;
        var date=new Date();
        var month=date.getMonth()+1;
        var day=date.getDate();
        html ='<p style="margin-top:-20px"><strong>'+cityname.substring(0,cityname.length-4)+'</
strong>  '+weathercondition.substring(12,weathercondition.length)+' <br/>'+month+'
月 '+day+' 日 '+'<a  onclick="changeCity()" style="text-decoration:none;color:blue">  [ 切 换 城
市 ]</a>'+'</p>';
        document.getElementById('weather').innerHTML = html;
    }
    function changeCity(){
        var city=prompt(" 切换城市 "," 城市拼音 ");
        if(city){
        localStorage.setItem('weather_city',city);
        getWeather();
        }
    }
<div data-role="page" id="page_index" >

    <div data-role="header" id='page_index_header'>
        <a href="#subscriptions" data-theme="b" data-icon="plus"> 添加订阅 </a>
        <h1 align="center">RSS 阅读器 </h1>
        <a href="#settings" data-icon="gear" data-theme="b"> 设置 </a>
```

```
</div>

<div data-role="content" style="margin-top:-30px; margin-left:-10px;width:screen.
width;height:600px;" id='page_index_content' >
    <h1 ><img src="Images/bookmarks.png"></h1>
    <div id='weather'>
        <!--<p style="margin-top:-20px"><strong> 南京 </strong>   多云 23℃ ～ 30℃ 07
月 16 日 <a href="http://www.baidu.com" style="text-decoration:none">  [ 切换 ]</a></p>-->
    </div>
    <!-- <div style="margin-top:-30px">   <img src="Images/weather1.png" style="position:absolute;
left: 243px; top: 90px; height: 58px; width: 157px;"></img>
        <img src="Images/weather.png" width="47" style="position:absolute; width: 42px; height: 26px; left:
3px; top: 90px;"></img>
        <iframe name="weather_inc" src="http://tianqi.xixik.com/cframe/9" width="500" height="60"
frameborder="0" marginwidth="0" marginheight="0" scrolling="no"></iframe>


    </div>-->
```

实现更换城市功能的实现代码如下。

```
function changeCity(){
    var city=prompt(" 切换城市 "," 城市拼音 ");
    if(city){
        localStorage.setItem('weather_city',city);
        getWeather();
    }
}
```

19.5.4 显示订阅栏目信息

系统主屏幕界面的正中位置会以九宫格的样式显示已经订阅的栏目信息图标。相关项目文件为
"index.html"，其中显示订阅栏目信息的具体实现代码如下。

```
function loadsubscription(){       // 读取本地订阅信息

    var nameaddr=20;        // 相应新闻的中文名字偏移存储空间
    var imgaddr=40;
    var urladdr=60;
    var targetaddr=80;
    var name="";
    for(i=1;i<=nameaddr;i++){
    // 初始化二级地址空间；设定偏移地址为 100+ 后为二级地址存放空间
        if(!localStorage.getItem(nameaddr+i)&&!localStorage.getItem(imgaddr+i)){
```

```
        localStorage.setItem(nameaddr+i," 该订阅不存在！");}

    switch(nameaddr+i){          // 初始化所有 RSS 地址及对应的名字

  case nameaddr+1:          // 社会新闻
  name=" 社会新闻 ";
  localStorage.setItem(nameaddr+1,name);
  localStorage.setItem(imgaddr+1,"Images/souhu/newspaper.png");
   localStorage.setItem(urladdr+1,'http://rss.news.sohu.com/rss/shehui.xml');
  localStorage.setItem(targetaddr+1,"shehui");
  break;

  case nameaddr+2:          // 娱乐新闻
  name=" 娱乐新闻 ";
  localStorage.setItem(nameaddr+2,name);
  localStorage.setItem(imgaddr+2,"Images/souhu/happy.png");
  localStorage.setItem(urladdr+2,'http://rss.news.sohu.com/rss/yule.xml');
  localStorage.setItem(targetaddr+2,"yule");
  break;

  case nameaddr+3:          // 体育新闻
  name=" 体育新闻 ";
  localStorage.setItem(nameaddr+3,name);
  localStorage.setItem(imgaddr+3,"Images/souhu/sports.png");
  localStorage.setItem(urladdr+3,'http://rss.sports.sohu.com/rss/zhongguozuqiu.xml');
  localStorage.setItem(targetaddr+3,"zhongguozuqiu");
  break;

  case nameaddr+4:          // 财经新闻
  name=" 财经新闻 ";
  localStorage.setItem(nameaddr+4,name);
  localStorage.setItem(imgaddr+4,"Images/souhu/business.png");
  localStorage.setItem(urladdr+4,'http://rss.news.sohu.com/rss/business.xml');
  localStorage.setItem(targetaddr+4,"business");
  break;

  case nameaddr+5:          // 科技新闻
  name=" 科技新闻 ";
  localStorage.setItem(nameaddr+5,name);
  localStorage.setItem(imgaddr+5,"Images/souhu/imac.png");
  localStorage.setItem(urladdr+5,'http://rss.news.sohu.com/rss/it.xml');
  localStorage.setItem(targetaddr+5,"it");
  break;
```

```
case nameaddr+6:            // 国内新闻
name=" 国内新闻 ";
localStorage.setItem(nameaddr+6,name);
localStorage.setItem(imgaddr+6,"Images/souhu/national-news.png");
localStorage.setItem(urladdr+6,'http://rss.news.sohu.com/rss/guonei.xml');
localStorage.setItem(targetaddr+6,"guonei");
break;

case nameaddr+7:            // 国际新闻
name=" 国际新闻 ";
localStorage.setItem(nameaddr+7,name);
localStorage.setItem(imgaddr+7,"Images/souhu/world-news.png");
localStorage.setItem(urladdr+7,'http://rss.news.sohu.com/rss/guoji.xml');
localStorage.setItem(targetaddr+7,"guoji");
break;

case nameaddr+8:            // 焦点新闻
name=" 焦点新闻 ";
localStorage.setItem(nameaddr+8,name);
localStorage.setItem(imgaddr+8,"Images/souhu/focus-news.png");
localStorage.setItem(urladdr+8,'http://rss.news.sohu.com/rss/focus.xml');
localStorage.setItem(targetaddr+8,"focus");
break;

case nameaddr+9:            // 数码资讯
name=" 数码资讯 ";
localStorage.setItem(nameaddr+9,name);
localStorage.setItem(imgaddr+9,"Images/souhu/digital.png");
localStorage.setItem(urladdr+9,'http://digi.it.sohu.com/digital.xml');
localStorage.setItem(targetaddr+9,"digital");
break;

case nameaddr+10:           // 汽车新闻
name=" 汽车新闻 ";
localStorage.setItem(nameaddr+10,name);
localStorage.setItem(imgaddr+10,"Images/souhu/car-news.png");
localStorage.setItem(urladdr+10,'http://auto.sohu.com/rss/qichexinwen.xml');
localStorage.setItem(targetaddr+10,"qichexinwen");
break;

case nameaddr+11:           // 网易头条
name=" 网易头条 ";
```

```
        localStorage.setItem(nameaddr+11,name);
        localStorage.setItem(imgaddr+11,"Images/wangyi/top-news.png");
        localStorage.setItem(urladdr+11,'http://news.163.com/special/00011K6L/rss_newstop.xml');
        localStorage.setItem(targetaddr+11,"rss_newstop");
        break;

    case nameaddr+12:              // 电影世界
    name=" 电影世界 ";
        localStorage.setItem(nameaddr+12,name);
        localStorage.setItem(imgaddr+12,"Images/wangyi/movies.png");
        localStorage.setItem(urladdr+12,'http://ent.163.com/special/00031K7Q/rss_entmovie.xml');
        localStorage.setItem(targetaddr+12,"rss_entmovie");
        break;

    case nameaddr+13:              // 手机资讯
    name=" 手机资讯 ";
        localStorage.setItem(nameaddr+13,name);
        localStorage.setItem(imgaddr+13,"Images/wangyi/cellphone.png");
        localStorage.setItem(urladdr+13,'http://mobile.163.com/special/001144R8/mobile163.xml');
        localStorage.setItem(targetaddr+13,"mobile163");
        break;

    case nameaddr+14:              // 文化书摘
    name=" 文化书摘 ";
        localStorage.setItem(nameaddr+14,name);
        localStorage.setItem(imgaddr+14,"Images/wangyi/book.png");
        localStorage.setItem(urladdr+14,'http://book.163.com/special/0092451H/rss_whzx.xml');
        localStorage.setItem(targetaddr+14,"rss_whzx");
        break;

    case nameaddr+15:              // 情感天空
    name=" 情感天空 ";
        localStorage.setItem(nameaddr+15,name);
        localStorage.setItem(imgaddr+15,"Images/wangyi/love.png");
        localStorage.setItem(urladdr+15,'http://lady.163.com/special/00261R8C/ladyrss3.xml');
        localStorage.setItem(targetaddr+15,"ladyrss3");
        break;
    }

}
```

```
    }

function showshelf(){
    var count=0;
    var temp='';
    var liststyle='style="background:url(Images/background.png);background-repeat:no-
repeat;width:80px; height:80px;margin-right:10px; margin-left:10px; margin-top:10px; margin-
bottom:10px"';

    if(!localStorage.getItem(21)){
        loadsubscription();
    }
    var newslist='';
    for(i=1;i<20;i++){                              // 注意 length 的长度
    var divclick1='getnews("'+localStorage.getItem(60+i)+'","'+localStorage.getItem(80+i)+'")';
        if(localStorage.getItem(i)=="true"){
            count+=1;
            switch(count%3){
                case 0:
                temp='c';
                break;
                case 1:
                temp='a';
                break;
                case 2:
                temp='b';
                break;

            }
        newslist+='<div class="ui-block-'+temp+'" '+liststyle+'>'
        +'<a href="#page'+i+'" '+'style="text-decoration:none" '+'>'
        +'<div class="ui-grid-a" style="margin-left:8px; margin-top:5px;" onClick='+divclick1+'>'
        +'<div class="ui-block-a"  style="width:48px; height:48px;margin-left:5px">'+'<img
src="'+localStorage.getItem(40+i)+'"/></div>'
        +'<div class="ui-block-a" style="margin-top:-12px; margin-left:2px"><pre>'+localStorage.
getItem(20+i)+'</pre></div></div></a></div>';

        }
    }
    document.getElementById("newsshelf").innerHTML = newslist;
```

```
}
<div id="newsshelf" class="ui-grid-c">
   </div>
    </div>
    <div data-role="footer">
      <h4></h4>
    </div>
</div>
```

此时执行后的效果如图 19-3 所示。

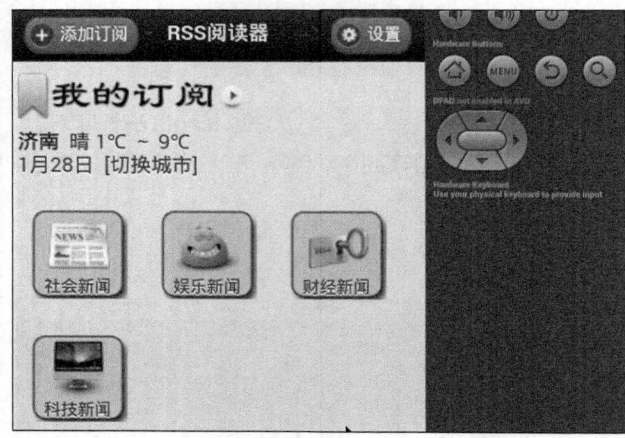

图 19-3 执行效果

19.6 订阅管理

单击主屏幕左上角的"添加订阅"按钮后会来到一个新界面，在新界面中，列表显示了系统中可以添加的 RSS 栏目。用户可以根据自己的喜好选择要添加的栏目，也可以取消已经勾选的栏目。

19.6.1 管理订阅

用户可以在 RSS 栏目列表展示界面中管理订阅栏目，对应的实现代码如下。

```
<div data-role="page" id="subscriptions" >
   <div data-role="header" style="background:red" id="page_subscriptions_header">
   <a href="#page_index" data-icon="back"> 返回 </a>
      <h1> 管理订阅 </h1>
   <a onClick="window.location.reload()"  data-icon="refresh"> 刷新 </a>
   </div>
```

```
<div data-role="content" id="page_subscriptions_content" style="width:480px; height:1200px">

  <div  data-role="collapsible">
  <h3> 搜狐推荐 </h3>
   <article data-role="content">

  <article>
    <div class="ui-grid-c">
      <div class="ui-block-a" style="width:40px"> <img src="Images/souhu/newspaper.png"/> </
div>
      <div class="ui-block-b" style="margin-top:-10px; margin-left:30px">
       <p style="font-weight:bold; width:120px; "> 社会新闻 </p> 
       <p style="margin-top:-30px; width:120px; font-size:12px"> 每天 8:00 更新资讯 </p> </div>
      <div id="allnews1" class="ui-block-c" style="margin-left:50px ">
      <script>
      if(localStorage.getItem(1)=="true"){

        allnews1.innerHTML='<a  data-role="button" id="allnews-img1" style="background:url(Images/
remove.png); border-style:none;  width:30px; height:30px; background-repeat:no-repeat;"
onClick="subscribe(1);"></a>';
        }else{
        allnews1.innerHTML='<a  data-role="button" id="allnews-img1" style="background:url(Images/
add.png); border-style:none;  width:30px; height:30px; background-repeat:no-repeat;"
onClick="subscribe(1);"></a>';
        }

      </script></div>
    </article>
      <hr/>


    <article>
    <div class="ui-grid-c">
      <div class="ui-block-a" style="width:40px"> <img src="Images/souhu/happy.png"/> </div>
      <div class="ui-block-b" style="margin-top:-10px; margin-left:30px">
       <p style="font-weight:bold;width:120px;"> 娱乐新闻 </p> 
       <p style="margin-top:-30px; width:120px;font-size:12px"> 每天 8:00 更新资讯 </p> </div>
      <div id="allnews2" class="ui-block-c" style="margin-left:50px ; ">
      <script>
      if(localStorage.getItem(2)=="true"){

        allnews2.innerHTML='<a   data-role="button" id="allnews-img2" style="background:url
(Images/remove.png); border-style:none;  width:30px; height:30px; background-repeat:no-repeat;"
```

```
onClick="subscribe(2);"></a>';
        }else{
         allnews2.innerHTML='<a data-role="button" id="allnews-img2" style="background:url(Images/
add.png); border-style:none;  width:30px; height:30px; background-repeat:no-repeat;"
onClick="subscribe(2);"></a>';
        }

        </script></div>
      </article>

      <hr/>

      <article>
      <div class="ui-grid-c">
        <div class="ui-block-a" style="width:40px"> <img src="Images/souhu/sports.png"/> </div>
        <div class="ui-block-b" style="margin-top:-10px; margin-left:30px">
         <p style="font-weight:bold;width:120px;"> 体育新闻 </p> 
          <p style="margin-top:-30px; width:120px;font-size:12px"> 每天 8:00 更新资讯 </p> </div>
        <div id="allnews3" class="ui-block-c" style="margin-left:50px ; ">
        <script>
        if(localStorage.getItem(3)=="true"){

          allnews3.innerHTML='<a  data-role="button"  id="allnews-img3"
style="background:url(Images/remove.png); border-style:none;   width:30px; height:30px; background-
repeat:no-repeat;" onClick="subscribe(3);"></a>';
        }else{
         allnews3.innerHTML='<a data-role="button" id="allnews-img3" style="background:url(Images/
add.png); border-style:none;  width:30px; height:30px; background-repeat:no-repeat;"
onClick="subscribe(3);"></a>';
        }

        </script></div>
      </article>


      <hr/>
      <article>
      <div class="ui-grid-c">
        <div class="ui-block-a" style="width:40px"> <img src="Images/souhu/business.png"/> </div>
        <div class="ui-block-b" style="margin-top:-10px; margin-left:30px">
         <p style="font-weight:bold;width:120px;"> 财经新闻 </p> 
          <p style="margin-top:-30px;width:120px; font-size:12px"> 每天 8:00 更新资讯 </p> </div>
        <div id="allnews4" class="ui-block-c" style="margin-left:50px ; ">
```

```
    <script>
    if(localStorage.getItem(4)=="true"){

        allnews4.innerHTML='<a   data-role="button" id="allnews-img4" style="background:url(Images/
remove.png); border-style:none;  width:30px; height:30px; background-repeat:no-repeat;"
onClick="subscribe(4);"></a>';
        }else{
        allnews4.innerHTML='<a  data-role="button" id="allnews-img4" style="background:url(Images/
add.png); border-style:none;  width:30px; height:30px; background-repeat:no-repeat;"
onClick="subscribe(4);"></a>';
        }

    </script></div>
  </article>
   <hr/>


    <article>
    <div class="ui-grid-c">
      <div class="ui-block-a" style="width:40px"> <img src="Images/souhu/imac.png"/> </div>
      <div class="ui-block-b" style="margin-top:-10px; margin-left:30px">
       <p style="font-weight:bold;width:120px;"> 科技新闻 </p> 
       <p style="margin-top:-30px; width:120px;font-size:12px"> 每天 8:00 更新资讯 </p> </div>
      <div id="allnews5" class="ui-block-c" style="margin-left:50px ; ">
      <script>
      if(localStorage.getItem(5)=="true"){

        allnews5.innerHTML='<a   data-role="button" id="allnews-img5" style="background:url(Images/
remove.png); border-style:none;  width:30px; height:30px; background-repeat:no-repeat;"
onClick="subscribe(5);"></a>';
        }else{
        allnews5.innerHTML='<a  data-role="button" id="allnews-img5" style="background:url(Images/
add.png); border-style:none;  width:30px; height:30px; background-repeat:no-repeat;"
onClick="subscribe(5);"></a>';
        }

    </script></div>
  </article>
   <hr/>


    <article>
    <div class="ui-grid-c">
```

```
        <div class="ui-block-a" style="width:40px"> <img src="Images/souhu/national-news.png"/> </
div>
        <div class="ui-block-b" style="margin-top:-10px; margin-left:30px">
        <p style="font-weight:bold;width:120px;"> 国内要闻 </p> 
        <p style="margin-top:-30px; width:120px;font-size:12px"> 每天 8:00 更新资讯 </p> </div>
        <div id="allnews6" class="ui-block-c" style="margin-left:50px ; ">
        <script>
    if(localStorage.getItem(6)=="true"){

        allnews6.innerHTML='<a  data-role="button" id="allnews-img6" style="background:url(Images/
remove.png); border-style:none;  width:30px; height:30px; background-repeat:no-repeat;"
onClick="subscribe(6);"></a>';
        }else{
        allnews6.innerHTML='<a  data-role="button" id="allnews-img6" style="background:url(Images/
add.png); border-style:none;  width:30px; height:30px; background-repeat:no-repeat;"
onClick="subscribe(6);"></a>';
        }


        </script></div>
    </article>
    <hr/>


    <article>
    <div class="ui-grid-c">
        <div class="ui-block-a" style="width:40px"> <img src="Images/souhu/world-news.png"/> </
div>
        <div class="ui-block-b" style="margin-top:-10px; margin-left:30px">
        <p style="font-weight:bold;width:120px;"> 国际新闻 </p> 
        <p style="margin-top:-30px; width:120px;font-size:12px"> 每天 8:00 更新资讯 </p> </div>
        <div id="allnews7" class="ui-block-c" style="margin-left:50px ; ">
        <script>
    if(localStorage.getItem(7)=="true"){

        allnews7.innerHTML='<a  data-role="button" id="allnews-img7" style="background:url(Images/
remove.png); border-style:none;  width:30px; height:30px; background-repeat:no-repeat;"
onClick="subscribe(7);"></a>';
        }else{
        allnews7.innerHTML='<a  data-role="button" id="allnews-img7" style="background:url(Images/
add.png); border-style:none;  width:30px; height:30px; background-repeat:no-repeat;"
onClick="subscribe(7);"></a>';
        }
```

```
        </script></div>
    </article>
     <hr/>



     <article>
     <div class="ui-grid-c">
        <div class="ui-block-a" style="width:40px"> <img src="Images/souhu/focus-news.png"/> </
div>
        <div class="ui-block-b" style="margin-top:-10px; margin-left:30px">
         <p style="font-weight:bold;width:120px;"> 焦点新闻 </p> 
         <p style="margin-top:-30px; width:120px;font-size:12px"> 每天 8:00 更新资讯 </p> </div>
        <div id="allnews8" class="ui-block-c" style="margin-left:50px ; ">
        <script>
       if(localStorage.getItem(8)=="true"){


         allnews8.innerHTML='<a data-role="button" id="allnews-img8" style="background:url(Images/
remove.png); border-style:none;  width:30px; height:30px; background-repeat:no-repeat;"
onClick="subscribe(8);"></a>';
         }else{
         allnews8.innerHTML='<a data-role="button" id="allnews-img8" style="background:url(Images/
add.png); border-style:none;  width:30px; height:30px; background-repeat:no-repeat;"
onClick="subscribe(8);"></a>';
         }

        </script></div>
    </article>
     <hr/>



     <article>
     <div class="ui-grid-c">
        <div class="ui-block-a" style="width:40px"> <img src="Images/souhu/digital.png"/> </div>
        <div class="ui-block-b" style="margin-top:-10px; margin-left:30px">
         <p style="font-weight:bold;width:120px"> 数码资讯 </p> 
         <p style="margin-top:-30px; width:120px;font-size:12px"> 每天 8:00 更新资讯 </p> </div>
        <div id="allnews9" class="ui-block-c" style="margin-left:50px ; ">
        <script>
       if(localStorage.getItem(9)=="true"){


         allnews9.innerHTML='<a data-role="button" id="allnews-img9" style="background:url(Images/
remove.png); border-style:none;  width:30px; height:30px; background-repeat:no-repeat;"
onClick="subscribe(9);"></a>';
```

```
    }else{
        allnews9.innerHTML='<a data-role="button" id="allnews-img9" style="background:url(Images/
add.png); border-style:none; width:30px; height:30px; background-repeat:no-repeat;"
onClick="subscribe(9);"></a>';
    }


    </script></div>
</article>
<hr/>
<article>
<div class="ui-grid-c">
    <div class="ui-block-a" style="width:40px"> <img src="Images/souhu/car-news.png"/> </div>
    <div class="ui-block-b" style="margin-top:-10px; margin-left:30px">
    <p style="font-weight:bold;width:120px"> 汽车新闻 </p> 
    <p style="margin-top:-30px;width:120px;font-size:12px"> 每天 8:00 更新资讯 </p> </div>
    <div id="allnews10" class="ui-block-c" style="margin-left:50px ; ">
    <script>
    if(localStorage.getItem(10)=="true"){

        allnews10.innerHTML='<a data-role="button" id="allnews-img10"
style="background:url(Images/remove.png); border-style:none; width:30px; height:30px; background-
repeat:no-repeat;" onClick="subscribe(10);"></a>';
    }else{
        allnews10.innerHTML='<a data-role="button" id="allnews-img10" style="background:url
(Images/add.png); border-style:none; width:30px; height:30px; background-repeat:no-repeat;"
onClick="subscribe(10);"></a>';
    }


    </script></div>
</article>
<hr/>


</article>
</div>
<div data-role="collapsible">
<h3> 网易推荐 </h3>
<article data-role="content">
<article>
<div class="ui-grid-c">
    <div class="ui-block-a" style="width:40px"> <img src="Images/wangyi/top-news.png"/> </div>
    <div class="ui-block-b" style="margin-top:-10px; margin-left:30px">
    <p style="font-weight:bold; width:120px "> 网易头条 </p> 
    <p style="margin-top:-30px; width:120px;font-size:12px"> 每天 8:00 更新资讯 </p> </div>
```

```
<div id="allnews11" class="ui-block-c" style="margin-left:50px ">
<script>
if(localStorage.getItem(11)=="true"){

        allnews11.innerHTML='<a  data-role="button" id="allnews-img11" style="background:url
(Images/remove.png); border-style:none;  width:30px; height:30px; background-repeat:no-repeat;"
onClick="subscribe(11);"></a>';
    }else{
        allnews11.innerHTML='<a  data-role="button" id="allnews-img11" style="background:url
(Images/add.png); border-style:none;  width:30px; height:30px; background-repeat:no-repeat;"
onClick="subscribe(11);"></a>';
    }
</script></div>
</article>
<hr/>
<article>
<div class="ui-grid-c">
<div class="ui-block-a" style="width:40px"> <img src="Images/wangyi/movies.png"/> </div>
<div class="ui-block-b" style="margin-top:-10px; margin-left:30px">
<p style="font-weight:bold;width:120px; "> 电影世界 </p> 
<p style="margin-top:-30px;width:120px;font-size:12px"> 每天 8:00 更新资讯 </p> </div>
<div id="allnews12" class="ui-block-c" style="margin-left:50px ">
<script>
if(localStorage.getItem(12)=="true"){

        allnews12.innerHTML='<a  data-role="button" id="allnews-img12" style="background:url
(Images/remove.png); border-style:none;  width:30px; height:30px; background-repeat:no-repeat;"
onClick="subscribe(12);"></a>';
    }else{
        allnews12.innerHTML='<a  data-role="button" id="allnews-img12"
style="background:url(Images/add.png); border-style:none;  width:30px; height:30px; background-
repeat:no-repeat;" onClick="subscribe(12);"></a>';
    }

</script></div>
</article>
<hr/>
<article>
<div class="ui-grid-c">
<div class="ui-block-a" style="width:40px"> <img src="Images/wangyi/cellphone.png"/> </div>
<div class="ui-block-b" style="margin-top:-10px; margin-left:30px">
<p style="font-weight:bold;width:120px; "> 手机资讯 </p> 
```

```
      <p style="margin-top:-30px; width:120px;font-size:12px"> 每天 8:00 更新资讯 </p> </div>
      <div id="allnews13" class="ui-block-c" style="margin-left:50px ">
      <script>
      if(localStorage.getItem(13)=="true"){

          allnews13.innerHTML='<a data-role="button" id="allnews-img13" style="background:url
(Images/remove.png); border-style:none;  width:30px; height:30px; background-repeat:no-repeat;"
onClick="subscribe(13);"></a>';
          }else{
            allnews13.innerHTML='<a data-role="button" id="allnews-img13"
style="background:url(Images/add.png); border-style:none;  width:30px; height:30px; background-
repeat:no-repeat;" onClick="subscribe(13);"></a>';
          }


      </script></div>
    </article>
     <hr/>


    <article>
     <div class="ui-grid-c">
       <div class="ui-block-a" style="width:40px"> <img src="Images/wangyi/book.png"/> </div>
       <div class="ui-block-b" style="margin-top:-10px; margin-left:30px">
       <p style="font-weight:bold;width:120px; "> 文化书摘 </p> 
       <p style="margin-top:-30px; width:120px;font-size:12px"> 每天 8:00 更新资讯 </p> </div>
       <div id="allnews14" class="ui-block-c" style="margin-left:50px ">
       <script>
       if(localStorage.getItem(14)=="true"){

          allnews14.innerHTML='<a data-role="button" id="allnews-img14" style="background:url(Images/
remove.png); border-style:none;  width:30px; height:30px; background-repeat:no-repeat;"
onClick="subscribe(14);"></a>';
          }else{
            allnews14.innerHTML='<a data-role="button" id="allnews-img14"
style="background:url(Images/add.png); border-style:none;  width:30px; height:30px; background-
repeat:no-repeat;" onClick="subscribe(14);"></a>';
          }


      </script></div>
    </article>
     <hr/>
    <article>
     <div class="ui-grid-c">
```

```
<div class="ui-block-a" style="width:40px"> <img src="Images/wangyi/love.png"/> </div>
<div class="ui-block-b" style="margin-top:-10px; margin-left:30px">
  <p style="font-weight:bold;width:120px; "> 情感天空 </p> 
  <p style="margin-top:-30px; width:120px;font-size:12px"> 每天 8:00 更新资讯 </p> </div>
<div id="allnews15" class="ui-block-c" style="margin-left:50px ">
<script>
if(localStorage.getItem(15)=="true"){

    allnews15.innerHTML='<a data-role="button" id="allnews-img15" style="background:url(Images/
remove.png); border-style:none;  width:30px; height:30px; background-repeat:no-repeat;"
onClick="subscribe(15);"></a>';
    }else{
    allnews15.innerHTML='<a data-role="button" id="allnews-img15" style="background:url(Images/
add.png); border-style:none;  width:30px; height:30px; background-repeat:no-repeat;"
onClick="subscribe(15);"></a>';
    }

</script></div>
</article>
```

管理订阅界面的最终执行效果如图 19-4 所示。

图 19-4　管理订阅界面执行效果

19.6.2　添加或取消订阅

在图 19-8 所示的效果中，单击某栏目后面的蓝色图标，可以订阅此栏目订阅后，该栏目便显示在主屏幕的订阅栏目列表中。单击某栏目后面的红色图标，可以取消订阅此栏目。这时，显示在主屏幕列表中的订阅栏目被删除。文件 "index.html" 中用于实现订阅和取消订阅功能的代码如下。

```
function subscribe(id){
var add="";
try{
if(!localStorage.getItem(id)){
localStorage.setItem(id,"false");
}

if(localStorage.getItem(id)=="false"){
// 如果是未定阅，则现在订阅
localStorage.setItem(id,"true");
document.getElementById("allnews-img"+id).style.backgroundImage="url(Images/remove.png)";

alert(" 订阅成功！ ");
}
else if(localStorage.getItem(id)=="true"){
// 如果已订阅，取消订阅
  localStorage.setItem(id,"false");
   document.getElementById("allnews-img"+id).style.backgroundImage="url(Images/add.png)";

   alert(" 取消订阅！ ");
}}
catch(exception){
   alert(" 订阅器异常！ ");
}
}
```

订阅成功提示框的效果如图 19-5 所示。

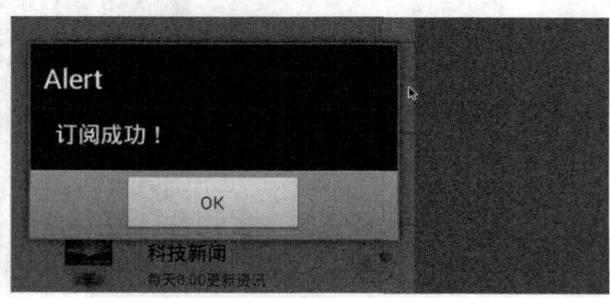

图 19-5　订阅成功提示框

取消订阅提示框的效果如图 19-6 所示。

图 19-6　取消订阅提示框

19.7　设置功能

单击主屏幕右上角的"设置"按钮，会来到一个新界面。在新界面中列表显示了整个系统的设置选项。用户可以根据自己的喜好进行设置，例如可以实现换肤、更改连接、管理订阅、清空订阅等功能。

19.7.1　展示系统设置功能

文件"index.html"中实现系统设置功能的代码如下。

```
<div data-role="page" id="settings" >
  <div data-role="header" id="page_settings_header">
   <a href="#page_index" data-icon="back"> 返回 </a>
    <h1> 设置 </h1>
</div>
<div data-role="content" id="page_settings_content" style="width:480px;height:460px;" >
  <div style="background:#CCC"> 基本设置 </div>
    <article data-role="content">
  <article>
   <div class="ui-grid-c">
    <div class="ui-block-a" style="margin-top:-10px">
      <p style="font-weight:bold"> 换肤 </p> 
      <p style="margin-top:-30px; width:200px;font-size:12px"> 将更改您的本地界面 </p> </div>
    <div class="ui-block-b" style="margin-left:70px;width:100px;" >
    <select id="selectSkin" name="selectSkin" onChange="toskin()" >
       <option selected value="parseInt(localStorage.getItem("skinID"))"> ✎ </option>
       <option  value="0" > | 默认 </option>
```

```
                <option value="1"> II 灰色 </option>
                <option value="2"> III 羊皮纸 </option>
                <option  value="3"> IV 墙面 </option>
            </select>
        <!-- <script>
    $("#selectSkin").change(function () {
        var str;
        $("select option:selected").each(function () {
            str=$(this).val();
            });
        }).change();
</script>-->
            </div>
        </div>
    </article>
    <hr/>
    <article>
    <div class="ui-grid-c">
        <div class="ui-block-a" style="margin-top:-10px">
        <p style="font-weight:bold"> 数目 </p> 
        <p style="margin-top:-30px; width:200px;font-size:12px"> 每栏目加载新闻数目 </p> </div>
        <div class="ui-block-b" style="margin-left:70px;width:100px;" >
        <select id="selectnewsnum"  onChange="newsnum()" >
            <option selected value="6"> ☞ </option>
            <option  value="6" > I 6</option>
            <option value="8"> II 8</option>
            <option value="10"> III 10</option>
            <option  value="20"> IV all</option>
        </select>
        </div>
    </div>

</article>
    <hr/>
    <article>
    <div class="ui-grid-c">

        <div class="ui-block-a" style="margin-top:-10px">
        <p style="font-weight:bold"> 更改连接 </p> 
        <p style="margin-top:-30px; width:200px;font-size:12px"> 将更改您当前的网络连接方式 </p> </div>
        <div class="ui-block-b" style="margin-left:70px;width:100px;" >
        <select id="selectconnection"  onChange="changenet()" >
            <option selected value="parseInt(localStorage.getItem("connection"))">IO</option>
            <option  value="0" > I Unknown</option>
```

```
            <option value="1"> Ⅱ Ethernet</option>
            <option value="2"> Ⅲ WiFi</option>
            <option  value="3"> Ⅳ 2G</option>
             <option  value="4"> Ⅴ 3G</option>
              <option  value="5"> Ⅵ 4G</option>
               <option  value="6"> Ⅶ None</option>
        </select>
        </div>
      </div>
    </article>
  <hr/>
```

19.7.2　换肤设置

文件"index.html"中实现系统换肤设置功能的代码如下。

```
function updateSkin(toSkin){
  var index_content=document.getElementById('page_index_content');
  var subscriptions_content=document.getElementById('page_subscriptions_content');
  var settings_content=document.getElementById('page_settings_content');

  switch(toSkin){
    case 0:     // 默认皮肤
    index_content.style.background="";
    subscriptions_content.style.background="";
   settings_content.style.background="";
     break;

    case 1:             //grey 皮肤
    index_content.style.background="url(Images/skin/grey.png) ";
    subscriptions_content.style.background="url(Images/skin/grey.png) ";
    settings_content.style.background="url(Images/skin/grey.png)";
    break;

    case 2:               // 巧克力皮肤
    index_content.style.background="url(Images/skin/chocolate.png)";
    subscriptions_content.style.background="url(Images/skin/chocolate.png)";
    settings_content.style.background="url(Images/skin/chocolate.png)";
    break;

    case 3:              //wall 皮肤
    index_content.style.background="url(Images/skin/wall.png)";
```

```
      subscriptions_content.style.background="url(Images/skin/wall.png)";
      settings_content.style.background="url(Images/skin/wall.png)";
      break;
    }
  }
  function toskin(){
    if(!localStorage.getItem('skinID')){
      localStorage.setItem('skinID',0);}
      else{
      localStorage.setItem('skinID',$("#selectSkin option:selected").val());
      updateSkin(parseInt(localStorage.getItem('skinID')));
      }
  }
```

19.7.3　数目设置

文件 index.html 中设置每栏目加载新闻数目的代码如下。

```
function newsnum(){
  if(!localStorage.getItem('newsnum')){
  localStorage.setItem('newsnum',6);}
  localStorage.setItem('newsnum',$("#selectnewsnum option:selected").val());
}
```

19.7.4　设置连接方式

文件 index.html 中设置系统连接方式的代码如下。

```
function changenet(){
    if(!localStorage.getItem('connection')){
    localStorage.setItem('connection',3);}
    localStorage.setItem('connection',$("#selectconnection option:selected").val());

    var networkState = navigator.network.connection.type;
    var states = {};

  switch(parseInt(localStorage.getItem('connection'))){
    case 0:
    networkState=Connection.UNKNOWN;
    states[Connection.UNKNOWN] = 'Unknown connection';
    break;
```

```
        case 1:
        networkState=Connection.ETHERNET;
        states[Connection.ETHERNET]  = 'Unknown connection';
        break;
        case 2:
        networkState=Connection.WIFI;
        states[Connection.WIFI]  = 'WiFi connection';
        break;

      case 3:
        networkState=Connection.CELL_2G;
        states[Connection.CELL_2G]  = 'Cell 2G connection';
        break;

      case 4:
        networkState=Connection.CELL_3G;
        states[Connection.CELL_3G]  = 'Cell 3G connection';
        break;
      case 5:
        networkState=Connection.CELL_4G;
        states[Connection.CELL_4G]  = 'Cell 4G connection';
        break;
    case 6:
        networkState=Connection.NONE;
        states[Connection.NONE]  = 'No network connection';
        break;
    }
      alert('Connection type: ' + states[networkState]);
      }
```

19.7.5　清空订阅

文件 index.html 中实现清空删除系统内所有订阅信息功能的具体实现代码如下。

```
function format(){
    if(window.confirm(" 此操作将删除您所有订阅信息？ ")){
        localStorage.clear();
        alert(" 用户数据已清除！ ");}
}
```

系统设置界面的最终执行效果如图 19-7 所示。

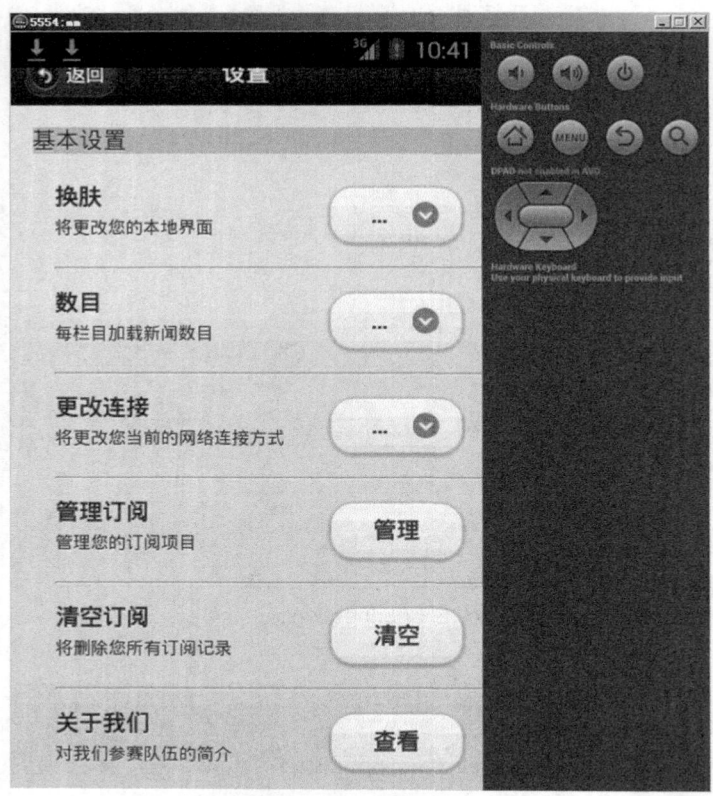

图 19-7　系统设置界面

▌ 19.8　RSS 信息展示

在系统主屏幕中，单击已经订阅的某个栏目图标后会来到一个新界面。在新界面中，列表显示此栏目下的 RSS 信息标题。文件 "index.html" 中实现上述功能的代码如下。

```
<div data-role="page" id="page1">
  <div data-role="header">
    <a href="#page_index" data-icon="back" > 返回 </a>
    <h1> 社会新闻 </h1>
      <a onClick="getnews('http://rss.news.sohu.com/rss/shehui.xml','shehui')"; data-icon="refresh">
更新 </a>
  </div>
  <div data-role="content">


    <ul id="shehui">
```

```
            </ul>

        </div>

      </div>

    <div data-role="page" id="page2">
      <div data-role="header">
        <a href="#page_index" data-icon="back"> 返回 </a>
        <h1> 娱乐新闻 </h1>
          <a onClick="getnews('http://rss.news.sohu.com/rss/yule.xml','yule')"; data-icon="refresh"> 更新
</a>
      </div>
      <div data-role="content">
          <ul id="yule"> </ul>
      </div>

    </div>

    <div data-role="page" id="page3">
      <div data-role="header">
        <a href="#page_index" data-icon="back"> 返回 </a>
        <h1> 体育新闻 </h1>
          <a onClick="getnews('http://rss.sports.sohu.com/rss/zhongguozuqiu.xml','zhongguozuqiu')";
data-icon="refresh"> 更新 </a>

      </div>
      <div data-role="content">


          <ul id="zhongguozuqiu"> </ul>
      </div>

    </div>

    <div data-role="page" id="page4">
      <div data-role="header">
        <a href="#page_index" data-icon="back"> 返回 </a>
        <h1> 财经新闻 </h1>
          <a onClick="getnews('http://rss.news.sohu.com/rss/business.xml','business')"; data-
icon="refresh"> 更新 </a>
      </div>
```

```
        <div data-role="content">
            <ul id="business"> </ul>
        </div>
    </div>


    <div data-role="page" id="page5">
        <div data-role="header">
            <a href="#page_index" data-icon="back"> 返回 </a>
            <h1> 科技新闻 </h1>
            <a onClick="getnews('http://rss.news.sohu.com/rss/it.xml','it')"; data-icon="refresh"> 更新 </a>

        </div>
        <div data-role="content">


            <ul id="it"> </ul>
        </div>
    </div>


    <div data-role="page" id="page6">
        <div data-role="header">
            <a href="#page_index" data-icon="back"> 返回 </a>
            <h1> 国内要闻 </h1>
        <a onClick="getnews('http://rss.news.sohu.com/rss/guonei.xml','guonei')"; data-icon="refresh"> 更
新 </a>

        </div>
        <div data-role="content">


            <ul id="guonei"> </ul>
        </div>
    </div>


    <div data-role="page" id="page7">
        <div data-role="header">
                <a href="#page_index" data-icon="back"> 返回 </a>
            <h1> 国际新闻 </h1>
                <a onClick="getnews('http://rss.news.sohu.com/rss/guoji.xml','guoji')"; data-icon="refresh">
更新 </a>

        </div>
        <div data-role="content">
```

```
            <ul id="guoji"> </ul>
        </div>
    </div>


    <div data-role="page" id="page8">
        <div data-role="header">
         <a href="#page_index" data-icon="back"> 返回 </a>
         <h1> 焦点新闻 </h1>
         <a onClick="getnews('http://rss.news.sohu.com/rss/focus.xml','focus')"; data-icon="refresh"> 更新
</a>
        </div>
        <div data-role="content">


             <ul id="focus"> </ul>
        </div>
    </div>


    <div data-role="page" id="page9">
        <div data-role="header">
            <a href="#page_index" data-icon="back"> 返回 </a>
         <h1> 数码资讯 </h1>
             <a onClick="getnews('http://digi.it.sohu.com/rss/ruanjian.xml','ruanjian')"; data-icon="refresh">
更新 </a>
        </div>
        <div data-role="content">
         <ul id="ruanjian"> </ul>
        </div>
    </div>


    <div data-role="page" id="page10">
        <div data-role="header">
         <a href="#page_index" data-icon="back"> 返回 </a>
          <h1> 汽车新闻 </h1>
             <a onClick="getnews('http://auto.sohu.com/rss/qichexinwen.xml','qichexinwen')"; data-
icon="refresh"> 更新 </a>
        </div>
        <div data-role="content">


             <ul id="qichexinwen"> </ul>
        </div>
    </div>
```

```html
<div data-role="page" id="page11">
   <div data-role="header">
    <a href="#page_index" data-icon="back"> 返回 </a>
     <h1> 网易头条 </h1>
      <a onClick="getnews('http://news.163.com/special/00011K6L/rss_newstop.xml','rss_newstop')";
data-icon="refresh"> 更新 </a>
   </div>
   <div data-role="content">


        <ul id="rss_newstop"> </ul>
   </div>
</div>


<div data-role="page" id="page12">
   <div data-role="header">
    <a href="#page_index" data-icon="back"> 返回 </a>
     <h1> 电影世界 </h1>
      <a onClick="getnews('http://ent.163.com/special/00031K7Q/rss_entmovie.xml','rss_entmovie')";
data-icon="refresh"> 更新 </a>
   </div>
   <div data-role="content">


        <ul id="rss_entmovie"> </ul>
   </div>
</div>


<div data-role="page" id="page13">
   <div data-role="header">
    <a href="#page_index" data-icon="back"> 返回 </a>
     <h1> 手机资讯 </h1>
      <a onClick="getnews('http://mobile.163.com/special/001144R8/mobile163.xml','mobile163')";
data-icon="refresh"> 更新 </a>
   </div>
   <div data-role="content">


        <ul id="mobile163"> </ul>
   </div>
</div>


<div data-role="page" id="page14">
   <div data-role="header">
    <a href="#page_index" data-icon="back"> 返回 </a>
```

```
            <h1> 文化书摘 </h1>
            <a onClick="getnews('http://book.163.com/special/0092451H/rss_whzx.xml','rss_whzx')"; data-
icon="refresh"> 更新 </a>
        </div>
        <div data-role="content">
            <ul id="rss_whzx"> </ul>
        </div>
    </div>

    <div data-role="page" id="page15">
        <div data-role="header">
        <a href="#page_index" data-icon="back"> 返回 </a>
            <h1> 情感天空 </h1>
                <a onClick="getnews('http://lady.163.com/special/00261R8C/ladyrss3.xml','ladyrss3')"; data-
icon="refresh"> 更新 </a>
        </div>
        <div data-role="content">
            <ul id="ladyrss3"> </ul>
        </div>
    </div>
```

在文件 index.html 中，需要通过不同 RSS 栏目对应的 XML 文件来获取对应的 RSS 信息，具体实现代码如下。

```
function getnews(url,target){
        var html = "";
        var xml="";

        if(window.XMLHttpRequest){
            var xhr = new XMLHttpRequest();
            xhr.open("GET",url,false);
            xhr.send(null);
            xml = xhr.responseXML.documentElement;
        }else if(window.ActiveXObject){
            xml = new ActiveXObject("Msxml2.DOMDocument");
            xml.async = false;
            xml.load(url);
        }else{
            xml = "";
            alert(" 没有获取到 xml 数据 ");
        }
        // 显示数据
        var items = xml.getElementsByTagName("item");
```

```
for(var i=0; i<localStorage.getItem('newsnum'); i++){
    html+='<li> <details><summary><p style="font:bold">'+items.item(i).
getElementsByTagName("title")[0].childNodes[0].nodeValue+'</p></summary><p style="font-
size:12px;color:grey">'+items.item(i).getElementsByTagName("pubDate")[0].childNodes[0].
nodeValue+'</p><p style="margin-top:-10px">'+items.item(i).getElementsByTagName("description")
[0].childNodes[0].nodeValue+'<a href="'+items.item(i).getElementsByTagName("link")[0].childNodes[0].
nodeValue+'"> 阅读详情 '+'>'+'</a></p></details></li><hr/>';
    }
    document.getElementById(target).innerHTML = html;
```

例如，"社会新闻"栏目下的 RSS 效果如图 19-8 所示。

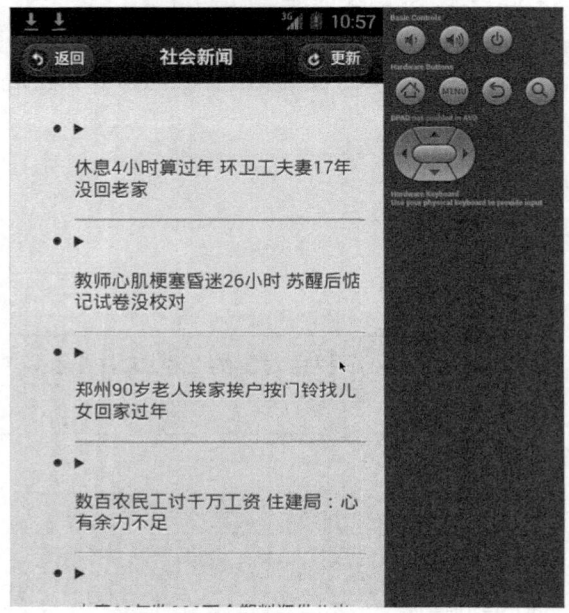

图 19-8　RSS 列表信息展示

19.9　系统调试

上述程序执行后，首先进入系统首页，因为是用户第一次使用软件，所以默认为是没有订阅信息的，而且天气城市默认为济南市。因此，首页订阅会显示为空，天气显示为济南。

添加订阅的方式有两种。一种是直接单击标题栏的左上方的"添加订阅"按钮。另一种是单击右上方的"设置"按钮进入设置页面，并在设置界面里进入"管理订阅"栏目，如图 19-9 所示。

在管理界面可以进行订阅或者退订操作。单击搜狐或者网易栏目下的每一栏右侧的小文件夹图标。每一栏的右侧显示为带绿色加号的文件夹时，说明还未订阅，意即可以添加；显示为带红色减号的文件夹时，说明已经订阅，意即可以退订，如图 19-10 所示。

"管理订阅"进入管理界面　　　　　　　　管理订阅界面

图 19-9　添加订阅

订阅成功　　　　　　　　　　　取消订阅

图 19-10　订阅操作

　　挑选好订阅项目后,单击标题栏的左上角的"返回"按钮即可回到首页。此时,首页上便会显示用户刚才所订阅的栏目,并以图标和标题的形式列表显示,清晰大方直观,如图 19-11 所示。

订阅后首页示例一　　　　　　　　　　　　　订阅后首页示例二

图 19-11　订阅成功后

单击首页上的图标，进入相应的栏目的新闻列表。新闻列表在进入时已经完成更新，用户可以根据需要进行手动刷新，方法是单击右上角的"刷新"按钮，如图 19-12 所示。

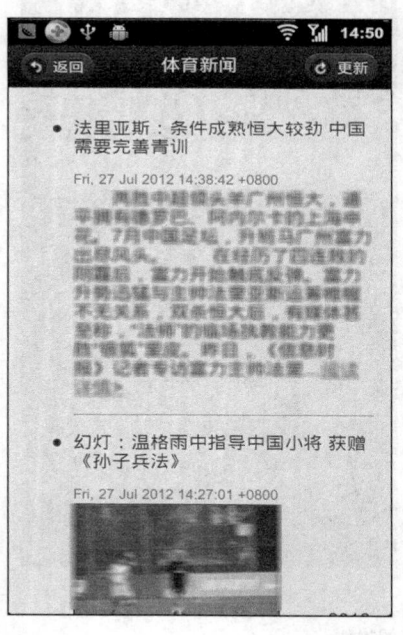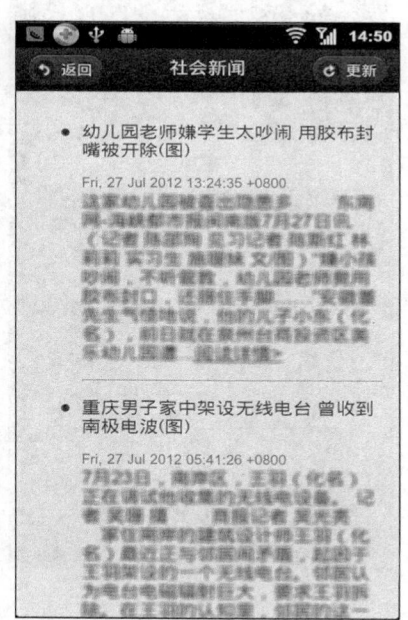

图 19-12　新闻列表

单击"阅读详情"链接后，便可对感兴趣的新闻进行更加详细地阅读。此时会调用本地的浏览器，并进入相应主题的门户网站，如图 19-13 所示。

图 19-13　新闻详情界面

　　开始进行换肤操作，在首页单击"设置"按钮，进入设置界面，选择"换肤"按钮，便可选择相应的皮肤，并且自动更新到本地软件，如图 19-14 所示。

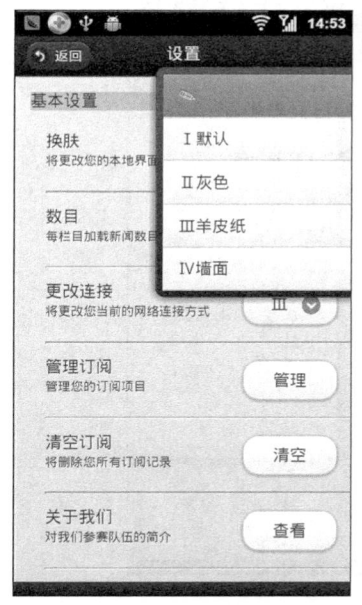
选择皮肤

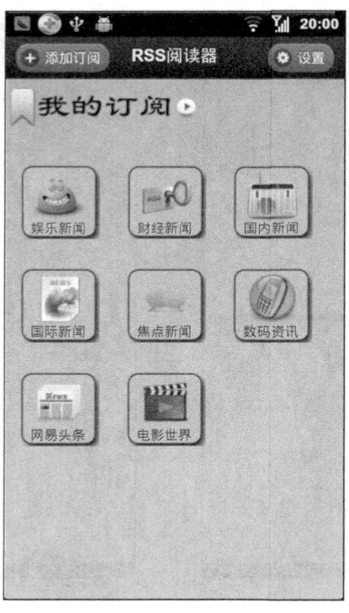
羊皮纸皮肤

墙面皮肤

图 19-14　换肤操作界面

　　再设置界面中的"清空订阅"，选择后并确认，可以清空当前所有的订阅信息，如图 19-15 所示。

　　用户可以调整每个栏目对应新闻的条数，如图 19-16 所示。用户也可以更改洗头的网络连接方式，如图 19-17 所示。

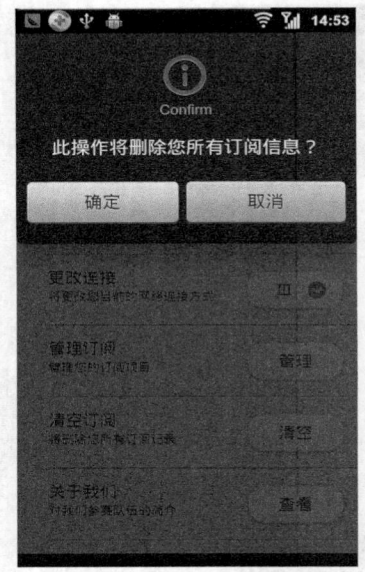
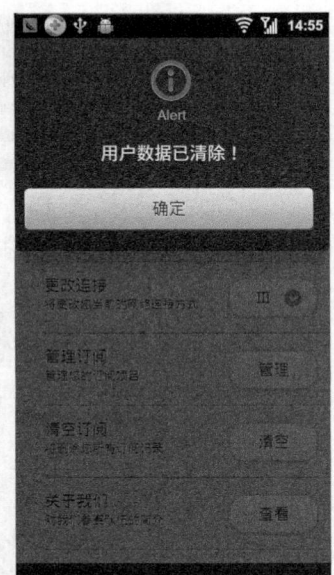

清除确认对话框　　　　　　　　　　　　确认后完成清除

图 19-15　清空订阅

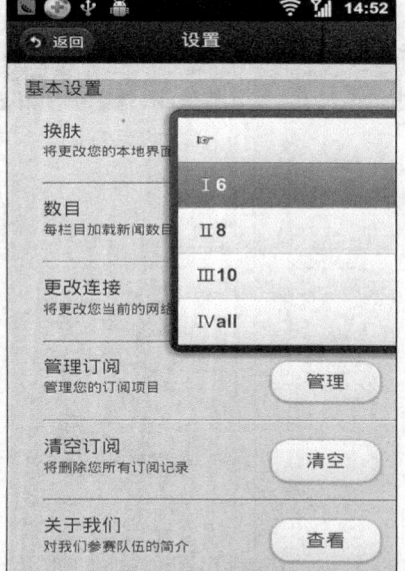

图 19-16　更改每栏目新闻条数　　　　　　图 19-17　更改网络连接

注　意　如果出现无法加载新闻或者其他异常情况，则需要在"设置"界面中单击"清空订阅"按钮，以将数据清除并恢复到初始化后再操作。